시간은 왜 흘러가는가

시간은 **왜** 흘러가는가

Why Time Flies

Alan Burdick

시간에 관한 거의 모든 과학적 탐구와 최신 정보

앨런 버딕 지음　이영기 옮김

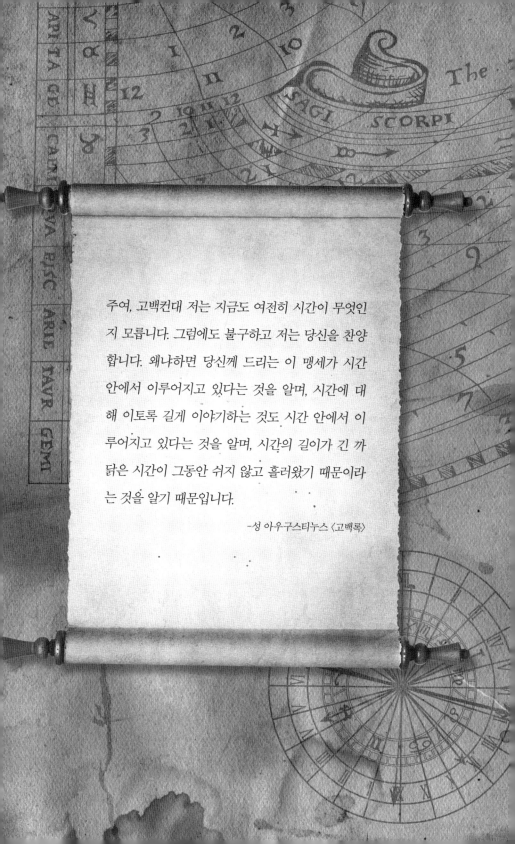

주여, 고백컨대 저는 지금도 여전히 시간이 무엇인지 모릅니다. 그럼에도 불구하고 저는 당신을 찬양합니다. 왜냐하면 당신께 드리는 이 맹세가 시간 안에서 이루어지고 있다는 것을 알며, 시간에 대해 이토록 길게 이야기하는 것도 시간 안에서 이루어지고 있다는 것을 알며, 시간의 길이가 긴 까닭은 시간이 그동안 쉬지 않고 흘러왔기 때문이라는 것을 알기 때문입니다.

-성 아우구스티누스 〈고백록〉

서문

나는 가끔 한밤중에 침대 맡의 시계 소리 때문에 잠에서 깬다. 최근
이런 경우가 부쩍 잦아졌다. 사물을 분간할 수 없을 정도로 방은 칠
흑같이 어둡고 그 어둠 속에서 방이 점점 커지는 것 같다. 마치 내가
끝없이 펼쳐진 하늘 아래 있는 것 같으면서도 동시에 거대한 지하 동
굴에 있는 것처럼 느껴진다. 내가 지금 텅 빈 공간에서 추락하고 있
는 것일까. 아니면 꿈을 꾸고 있는 것일까. 어쩌면 죽어 있는 상태일
지도 모르겠다. 오직 시계만 한결같이 째깍째깍 소리를 내면서 서두
르지 않는 채 끈질기게 움직일 뿐이다. 이럴 때면 나는 시간이 오직
한 방향으로만 움직이고 있다는 것을 너무도 명료하게, 너무도 오싹
하게 깨닫는다.

태초에는 혹은 태초의 바로 직전에, 시간이라는 건 없었다. 천문학

자들에 따르면 우주는 약 140억 년 전 빅뱅과 함께 시작되었다. 아주 짧은 순간에 현재의 우주와 같은 크기로 팽창했으며, 지금도 광속보다 빠르게 팽창 중이다. 하지만 이 모든 것 이전에는, 무(無)였다. 질량도, 물질도, 에너지도, 중력도, 운동도, 변화도 없었다. 물론 시간도 없었다.

당신은 무의 상태에서 우주가 탄생한다는 게 어떤 것인지 상상할 수 있는지 모르겠다. 난 도통 감이 잡히지 않는다. 천문학자들의 주장도 받아들이지 않는 쪽이다.

대신 이런 질문은 계속 던지고 싶다. 우주는 대체 어디서 왔는가? 도대체 무에서 어떻게 무엇이 나올 수 있는가? 좋다. 빅뱅 이전에는 우주가 존재하지 않았지만 무엇인가로부터 폭발해 생겨났다는 사실을 받아들이기로 하자. 그래도 여전히 의문은 남는다. 그 무엇인가는 도대체 무엇인가? 우주의 시작 이전에는 과연 무엇이 있었는가?

천체물리학자인 스티븐 호킹은 이런 질문을 하는 것은 마치 남극점에 서 있는 사람이 어느 쪽이 남쪽이냐고 묻는 것과 같다고 말한다. "우주 탄생 이전의 시간은 정의할 수 없다(Earlier times simply would not be defined)"는 것이다. 호킹은 우리를 안심시키려는 것 같다. 그가 말하고자 하는 바는, 인간의 언어로는 우주 이전을 설명하는 데 한계가 있다는 것이다.

우리(적어도 호킹을 제외한 우리)는 우주에 대해 곰곰이 생각할 때마다 이런 한계에 봉착할 수밖에 없다. 그래서 비유나 은유를 동원해 상상하게 된다. 그토록 기묘하고 광활한 우주를 작고, 친근한 어떤 것으로 바꿔서 생각해 보는 것이다. 이를 테면 우주는 대성당이 되고, 시계태엽장치가 되고, 하나의 달걀로 축소된다. 하지만 그런 비유나 은유에서 나타나는 우주와의 유사성은 결국 사라질 수밖에 없다. 달걀은 달걀일 뿐이다. 그래도 이런 비유가 먹히는 까닭은 그런 것들이 우주를 구성하고 있는 사물이기 때문이다. 하지만 사물은 말 그대로 스스로를 담고 있을 뿐, 자신을 담고 있는 더 큰 그릇, 우주를 담을 수 없는 법이다.

시간은 무엇인가?

시간도 마찬가지다. 우리는 시간에 대해 얘기할 때 시간보다 훨씬 작은 어떤 것을 비유적으로 이야기한다. 열쇠꾸러미처럼 시간을 잃어버리기도 하고 되찾기도 하며, 돈처럼 시간을 모으기도 하고 축내기도 한다. 또한 시간은 슬금슬금 기기도 하고, 느릿느릿 걷기도 하며, 날아가기도 하고, 달아나기도 하고, 흐르기도 하고, 가만히 멈춰 있기도 한다. 넘칠 듯이 많을 때도 있고, 턱없이 모자랄 때도 있다. 시간은 상당한 무게로 우리를 짓누르기도 한다. 또 벨 소리가 '길게' 울린다 혹은 '짧게' 울린다고 얘기할 때는 마치 벨 소리가 울리는 시간을 자로 잴 수 있는 것 같다.

어린 시절은 점점 멀어지고, 마감시간은 위협하듯이 다가온다고 말한다. 현대 철학자인 조르주 라코프와 마크 존슨은 하나의 사고실험을 제안했다. 어떤 비유나 은유도 동원하지 않고 시간 자체의 용어만 사용해 시간을 생각해 보라는 것이다. 그러면 우리는 금방 빈손이 된다는 걸 알게 된다. 우리 손 안에 남아 있는 시간은 없다는 얘기다. 두 철학자는 "우리가 시간을 가지고 낭비할 수도, 예산을 짤 수도 없는데 시간을 우리 것이라고 말할 수 있는가?"라고 묻고는 "시간은 우리 것이 아니라고 생각한다"고 했다.

아우구스티누스는 신(하나님)이 그렇게 했듯이 독자들에게 하나의 말(a word)로써 시작하라고 권유한다. "당신께서는 말씀을 하셨고 그러자 사물이 만들어졌다. 하나님은 만물을 말씀으로 창조하셨다."

때는 397년, 43세의 아우구스티누스는 북아프리카에 있는, 패망한 로마제국의 도시 히포에서 정신적으로 충만한 상황에서 주교직을 수행하며 인생의 중반기를 보내고 있었다. 이미 수십 권의 책-설교집과 자신의 반대자들을 신학적으로 논파하는 글-을 저술한 그는 〈고백록〉을 집필 중이었다. 4년 뒤 완성될 이 책은 이전에는 볼 수 없었던 낯선 내용으로 독자의 마음을 사로잡게 될 터였다.

총 13장으로 구성된 〈고백록〉의 앞부분 9개 장에서 그는 어린 시절부터 기독교를 공식적으로 받아들이게 되는 386년과 어머니가 세상을 떠나는 이듬해까지 자기 인생의 주요한 사건을 회상한다. 이 과정에서 그는 자신이 저질렀던 죄를 털어놓는다. 도둑질(이웃집 나무에서 배를 훔쳤다)과, 결혼한 몸으로 다른 여자와 동침한 것, 점성술과 점 같은 미신에 빠졌던 일, 연극에 빠져들었던 것, 섹스에 탐닉했던 것 등이다.[1]

....

1 아우구스티누스는 두 번 결혼했다. 처음에는 자신을 오랫동안 돌봐 주던 하녀와, 다음에는 중매를 통해 결혼했고 나중에는 육체적인 관계를 더 이상 하지 않겠다고 선언했다. 아우구스티누스는 하녀와 사이에 자식을 낳았으나 어머니 반대로 결혼하지 못했고, 이후 어머니가 소개한 여성과 약혼했으나 애정을 느끼지 못해 결혼에는 이르지 못한 것으로 알려져 있다.

〈고백록〉의 마지막 네 장은 앞부분의 내용과는 전혀 다르다. 기억과 시간, 영원성, 천지창조로 주제를 옮겨 가면서 사색을 확대한다. 아우구스티누스는 자신이 신의 질서와 자연의 질서에 무지하다고 솔직하게 고백하면서 이를 제대로 알기 위해 집요하게 물고 늘어진다. 그가 이 책에서 이끌어 낸 결론과, 결론에 이르기까지 그가 사용한 내적인 성찰 방법은 이후 데카르와 하이데거, 비트겐슈타인에 이르기까지 많은 철학자들에게 영감을 주었다(데카르트의 코기토 에르고 숨(cogito ergo sum)-나는 생각한다, 고로 존재한다-은 아우구스티누스가 말한 두비토 에르고 숨(dubito ergo sum)-나는 의심한다, 고로 나는 존재한다-에서 직접적으로 영향을 받은 것이다).

그는 태초를 어떻게 규정해야 할지 고심하기도 한다. "하나님은 천지창조를 하기 전에 무엇을 하고 있었습니까, 라는 질문에 답해 보려고 했다. 하지만 '하나님은 세상의 비밀을 알아내기 위해 꼬치꼬치 캐묻는 사람을 벌하려고 지옥을 만들고 있었지'라는 식의 농담에는 개의치 않을 것이다."

아우구스티누스의 〈고백록〉은 최초의 진정한 자서전-시간의 흐름에 따라 자아가 어떻게 성장하고 변해 왔는지를 스스로 털어놓는 이야기로서의 자서전-이라는 평가를 받곤 한다. 하지만 나는 〈고백록〉을 하나님을 회피한 과정을 담고 있는 회고담이라고 생각한다. 회고록의 앞부분에서 보여 주듯이 아우구스티누스는 하나님의 노크 소리에 전혀 응답하지 않았다. 그는 사생아를 낳기도 했고, 로마에서 수사학을 공부하는 동안에는 하나님을 따르지 말라고 민중을 선동하는 무리-그가 나중에 '파괴자들'이라고 불렀던 이들-와 어울렸다. 독실했던 어머니는 아들의 빗나간 행동에 안절부절못하며 애를 태웠다. 아우구스티누스는 훗날 이 시기를 '불안에 가득 찬 일탈의 시기'라고 표현했다.

그의 〈고백록〉은 심리치료에 익숙한 오늘날의 우리가 현대적인 개념이라고 간주하고 있는 것-파편적으로 흩어져 있는 과거를 다시 조립하면 현재를 해석할 수 있고 현재에 의미를 부여할 수 있다는 개념-을 이미 밝혀냈다. 우리의 기억은 우리 자신의 것이기 때문에, 이 기억을 통해 새로운 내러티브를 만듦으로써 스스로를 일깨우고 자신을 새롭게 정의할 수 있게 된다.

아우구스티누스는 "분산돼 있는 지난날을 스스로 끌어 모으면 내 정체성을 세울 수 있을 것이다"라고 썼다. 그런 의미에서 〈고백록〉은 자기계발의 자서전이라고 할 수 있다. 〈고백록〉에는 많은 내용이 담겨 있지만 무엇보다 말(words)에 관한 책이며, 말이 가진 능력을 이야기하는 책이다. 우리는 말을 통해 시간(과거)을 되돌아봄으로써 과거의 잘못과 죄로부터 구원받을 수 있는 것이다.

고백하자면 나도 꽤 오랫동안, 시간을 회피하기 위해 갖은 애를 다 썼다. 예를 들어 성인이 된 이후 한동안 손목시계를 극구 피했다. 왜 그런 결심을 했는지는 자세히 기억나지 않지만 비틀즈 멤버 존 레논의 아내 오노 요코가 시간을 손목에 묶어 놓는 것을 혐오하기 때문에 시계를 차지 않는다고 한 말을 읽은 기억이 어렴풋이 난다. 그 말이 나에게 와 닿았던 것 같다.

당시 나는, 시간은 나의 외부에서 일어나는 현상으로서 뭔가 강제적이고 억압적이라고 느꼈다-그래서 적극적으로 내 몸에서 멀리 떨어뜨려 놔야 한다고 생각했다. 이런 선택을 하자, 모반을 꿈꾸는 이들이 흔히 그렇듯이, 대단한 만족감과 안도감을 갖게 되었다. 물론 내가 어딘가로 가야 할 때나 누군가를 만나야 할 때가 되면, 시간이 완전히 나의 외부에만 있지는 않았다. 나는 시간에 얽힐 수밖에 없었고 약속 시간에 종종 늦었다. 하지만 시간을 회피하겠다는 내 결심은 한동안 매우 확고하고 유효해서 꽤 오랜 시간이 흐른 뒤에야 비로소 내가 잘못 생각했다는 것을 깨닫게 되었다.

그러한 깨달음과 함께 확인하게 된 것이 있다. 내가 시간을 회피했던 까닭은 내 마음 한 구석에서 시간을 두려워했기 때문이라는 것이다. 나는 시간을 내 바깥에 존재하는 외부적인 대상-즉, 내가 내킬 때마다 마음대로 발을 담갔다 뺐다 할 수 있는 개울물로, 혹은 마음만 먹으면 얼마든지 피해서 지나갈 수 있는 가로등 같은 것-으로 간주함으로써 내가 시간을 통제한다고 믿고 있었다.

그러나 나는 마음 깊은 곳에서 진실과 직면하게 되었다. 시간은 내 안에, 우리 안에 있었고 지금도 마찬가지다. 아침에 깨어나 잠자리에 들 때까지 시간은 내 안에, 우리 안에 있으며 공기 속에 퍼져 있고, 몸과 마음속으로 파고들며, 우리가 살아 있는 동안 몸의 세포들 사이를 헤집고 다니며, 설사 우리가 죽더라도 계속해서 앞으로 나아갈 것이다. 나는 시간에 감염되었다는 느낌을 받았다.

하지만 여전히 시간이 어디에서 왔는지, 어디로 사라졌는지, 지금도 여전히 빠져나가고 있는 시간이 어디를 향하고 있는지 알지 못한다. 두려움을 느끼는 대상에 대해 그렇듯이, 나는 시간이 무엇인지 모른다. 시간을 회피하려는 내 술책은 시간의 실체로부터 나를 더 멀리 떼어 놓았을 뿐이다.

시간 여행을 떠난 이유

그래서 오래 전 어느 날, 시간을 이해하기 위해-아우구스티누스가 했던 것처럼 '시간은 어디서 오고, 어디를 거쳐, 어디로 가는가?'에 대한 답을 얻기 위해- 시간의 세계 속으로 여행을 떠나기로 했다. 시간이 가진 물리적이고 수학적인 측면은 우주를 연구하는 뛰어난 학자들에 의해 계속 논의되고 있다. 하지만 내가 흥미를 갖는 점-과학자들이 최근에서야 관심을 갖기 시작했는데-은 살아 있는 생명체 안에서 시간은 어떻게 자신을 드러내느냐는 것이다. 즉, 세포와 세포보다 더 작은 단위들에서 시간은 어떻게 해석되며, 그런 해석은 신경생물학과 심리학, 인간의 의식으로 어떻게 이어지느냐는 것이다.

나는 시간을 연구하는 사람들의 세계를 여행하고 관련 전문가들을 방문하면서 오랫동안 나를 괴롭혔던, 어쩌면 당신도 괴롭혔을 질문에 대한 해답을 찾으려고 했다.

예컨대 이런 질문들이다. 왜 어린 시절에는 시간이 천천히 흐르는 것일까? 자동차 충돌사고를 당하게 되면 정말로 시간이 천천히 흐르는 걸까? 할 일이 산적해 있을 때는 생산성이 매우 높은데, 세상의 시간을 다 가진 것 같을 때는 왜 아무것도 한 게 없다는 느낌이 들까? 우리 몸 안에도 컴퓨터에 내장된 시계처럼 초와 시간, 날을 재는 시계가 있는가? 만약 그런 시계가 있다면 왜 그 시계는 우리가 흔적도 느낄 수 없을 만큼 고분고분하게 있는가? 나는 시간을 빠르게, 느리게, 혹은 멈추게 하거나 거꾸로 흐르게 할 수 있는가? 시간은 왜, 어떻게 날아가듯이 빨리 흐르는가?

내가 이 여행을 통해 궁극적으로 찾고자 했던 것이 무엇이었는지 정확하게 말할 수는 없다―마음의 평화일 수도 있고, 혹은 내 아내 수전이 언젠가 지적했듯이 '고집스럽게 시간의 흐름을 부인하고 싶은 마음'을 들여다보기 위한 것일 수도 있다.

아우구스티누스에게 시간은 영혼으로 난 창이었다. 현대과학은 인간의 의식(consciousness)이 어떤 체계와 내용을 가지고 있는지를 탐구하는 데 점점 더 많은 시간을 투자하고 있다. 의식이라는 것은 규정하기가 쉽지 않은 개념이다(윌리엄 제임스는 의식이란 "실체가 없는 것을 가리키는 이름으로서...철학의 공기 속으로 사라져 버리는 '영혼'이 남긴 메아리이거나 희미하게 떠도는 풍문일 뿐"이라고 일축했다). 그러나 의식을 무엇이라고 규정하든 간에, 우리는 '의식'이라는 개념을 통해 개략적으로나마 공유하는 것이 있다. 그것은 무수한 자아로 이루어진 바다에서 어떤 한 자아가 자기 자신에게 의존하면서 지속적으로 스스로를 같은 자아라고 느끼는 감각일 수도 있다.

또한 내가 우리에게 속하고, 우리 또한 훨씬 더 크면서도 좀체 이해할 수는 없는 어떤 것에 속한다고 느끼는 감각 혹은 매우 깊은 우리 모두의 희망일 수도 있다. 또는 좀체 털어낼 수 없으며 틈만 나면 되돌아오는 생각 즉, 내 시간과 우리 시간은 반드시 끝이 있으며 그렇기 때문에 중요하다는 생각일 수도 있다. 하지만 이 생각은 횡단보도를 안전하게 건너기 위해 주의한다든지, 오늘 해야 할 일의 목록을 정한다든지, 세계가 당면한 위기 같은 데는 별 관심을 두지 않는 일상적인 행위 속에서 쉽게 잊혀진다.

하지만 시간의 세계 속으로 떠나기로 결심하면서 나는 너무 낙관적이었던 것 같다. 이 자리에서 한 가지는 밝히고 싶다. 내가 직전에 낸 책은 내가 의도했던 것보다 심지어 내가 가능하다고 상상했던 것보다 집필 기간이 훨씬 늘어났다. 그래서 나는 새 책은 반드시 정해진 기간 안에 원고를 완성할 수 있다는 확신이 들 때만-그리고 그 정해진 기간이 합당하다고 확신이 들 때만- 내기로 결심했다. 실제로 이 책 〈시간은 왜 흘러가는가〉는 시간에 관한 책이 될 것이고, 그래서 정해진 시간 안에 원고를 완성한 책이 될 거라고 믿었다.

하지만, 당연하게도, 그렇게 되지 않았다. 처음 계획했던 여행은 도중에 이런저런 이유로 쓸데없이 시간을 허비했고 그러다 보니 강박적으로 시간에 쫓기게 되었으며, 이 일 저 일에 휩쓸려 들어갔고, 아기가 태어났고, 유치원에 보냈고 초등학교에 보냈으며, 해변으로 휴가도 떠났고, 그래서 마감 시간을 어겼고 저녁 약속도 취소했다.

물론 책을 집필하는 과정에서 나는 세상에서 가장 정확한 시계를 보았고, 북극의 백야를 경험했으며, 매우 높은 곳에서 중력의 품으로 자유낙하를 하기도 했다. 그토록 오랜 시간과 노고 끝에 내 주제는 안착했다. 하지만 여전히 배고픈 여행자 같은 느낌이다. 사람을 끄는 묘한 매력이 있고 알고 있는 것이 많은 것 같은데도 아직도 뭔가를 갈구하는 여행자. 어쩌면 그것은 시간의 본모습일지도 모르겠다.

나는 여행을 시작하자마자 시간에 관한 근본적인 사실 하나와 마주하게 되었다. 시간에 관해서는 결코 단 하나의 진실도 없다는 점이었다. 나는 시간을 연구하는 다양한 과학자들을 만났다. 이들은 자신들의 좁은 파장[2]에 대해 확신을 갖고 말해 주었다. 그러나 그 누구도 어떻게 해야 그 파장들을 다 합쳤을 때 백색 광선이 되는지, 혹은 어떤 색이 되는지는 자신 있게 말하지 못했다. 어떤 과학자는 "지금 일어나고 있는 현상을 이해하고 나면 상황을 조금 바꿔서 또 다른 실험을 하게 되죠. 그러면 갑자기 지금 일어나고 있는 게 무엇인지를 모르게 되는 거죠"라고 말했다.

　모든 과학자들이 동의하는 점이 있다면 시간에 대해서는 누구도 모른다는 것이다. 시간이 우리의 삶 구석구석에 스며들어 있고 우리의 삶에 필수불가결하다는 점을 감안하면 시간에 대한 그런 무지는 정말 놀라울 수밖에 없다. 또 다른 과학자는 "나는 이런 상상을 합니다. 어느 날 우주에서 외계인이 지구를 찾아와 이렇게 말하는 겁니다. '여러분 시간이란 이러저러한 겁니다'라고 설명해 주는 겁니다. 그러면 우리 모두 고개를 끄덕입니다. 마치 오래 전부터 시간이 그런 것이라는 걸 알고 있었다는 것처럼 말입니다."

　내 생각을 말하자면 시간은 날씨와 더 가깝다는 느낌이 든다. 모든 사람이 날씨에 대해 말하지만 막상 날씨를 알기 위해 뭔가를 하는 사람은 아무도 없다. 하지만 나는 그 둘 모두를 해 볼 생각이다.

....
2 시간과 관련된 자신들의 전문 분야.

THE HOURS

시간들

서로 다른 시계를 정확히 일치시키는 것보다는

차라리 철학자들 사이에 합의가 이뤄지기를 바라는 게 낫다.

-세네카, 〈신성한 클라우디우스의 바보 만들기〉

나는 파리 지하철 안에서 자리를 잡고 눈을 비벼 잠을 몰아낸다. 뭔가 붕 떠 있는 느낌이다. 달력상으로는 늦겨울이지만, 창밖으로 보이는 날씨는 따뜻하고 맑다. 나뭇잎이 매달렸던 자리는 어슴푸레 빛나고 도시는 눈부시다. 나는 어제 뉴욕을 떠나 이곳에 도착했고 친구들과 자정 너머까지 바깥에서 놀았다. 그래서 지금 내 머리는 몽롱하고 아직도 몇 시간 전의 시간대에 머물러 있는 듯하다. 손목시계를 힐끗 보니 아침 9시 44분이다. 여느 때처럼, 오늘도 늦었다.

이 손목시계는 최근 장인어른에게서 선물로 받은 것이다. 장인은 이 시계를 꽤 오랫동안 차고 있었다. 수전과 약혼했을 때 장인, 장모님은 새 손목시계를 사 주고 싶어 하셨다. 나는 정중히 거절했다. 하지만 그 후로 오랫동안 내가 그들에게 나쁜 인상-우리 사위는 시간 관념이 약한 게 아닐까?-을 심어 준 게 아닐까 싶은 꺼림칙함을 떨쳐

버릴 수가 없었다. 그래서 장인이 차던 오래된 손목시계를 주겠다고
했을 때 그 자리에서 흔쾌히 좋다고 했다.

시계 줄은 은으로 된 폭이 넓은 것이었고 다이얼(문자판)은 금으로
돼 있다. 시계 앞면에는 검은색 바탕에 상품명인 Concord(콩코드)와
quartz[3]라는 글자가 굵게 새겨져 있고, 시각은 숫자가 아니라 12개의
짧은 선으로 표시돼 있다. 나는 손목에 새롭게 닿는 무게감이 좋았
고, 마치 중요한 사람이라도 된 기분이었다. 나는 장인께 고마움을 표
하면서 앞으로 내가 시간을 연구하는 데 큰 도움이 될 것 같다고 말
했다-지나고 보니 당시 그 말을 했을 때보다 실제로는 훨씬 더 큰 도
움이 되었다.

나는 내 감각의 느낌을 통해, 벽시계나 손목시계, 혹은 기차 시각
표 같은 '나의 외부에 있는' 시간과, 내 세포들과 몸과 마음을 통해
흐르는 시간 사이에는 확연한 차이가 있다는 것을 믿게 되었다. 하지
만 나는 후자의 시간과 마찬가지로 전자의 시간에 대해서도 알고 있
는 게 거의 없었다. 벽시계나 손목시계가 작동하는 원리를 설명할 수
없을 뿐 아니라, 그 시계들이 내가 가끔 확인하는 다른 벽시계나 손
목시계와 어떻게 시각이 일치하는지도 제대로 설명하지 못했다. 내
외부의 시간과 내 내부의 시간은 물리학과 생물학 차이만큼이나 확
실히 달랐지만, 그 차이가 무엇인지는 전혀 모르고 있었다.

그래서 장인이 준 중고 시계로 일종의 실험을 해 보았다. 내가 시간
과 맺고 있는 관계를 깊이 생각해 보려고 할 때, 내 몸에 딱 달라붙어

....
3 석영 즉, 수정이라는 뜻.

있는 시간을 살펴보는 것보다 더 나은 방법이 또 어디 있겠는가? 결과는 즉각 나왔다. 손목시계를 차고 처음 몇 시간 동안은 오직 손목시계만 생각하게 되었다. 손목에 땀이 찼고 한 쪽 팔 전체를 끌어당기는 느낌이 들었다. 문자 그대로 시간이 나를 당겼고, 내 정신이 그 당김을 골똘히 생각하게 되었기 때문에 비유적인 의미에서도 시간은 나를 당겼다. 시간이 좀 지나자 나는 손목시계를 잊을 수 있게 되었다. 그러나 둘째 날 저녁 불현듯 손목시계 생각이 났고 손목을 확인했을 때 그것은 물속에 잠겨 있었다. 그때 나는 욕조에서 쌍둥이 아들 중 한 명을 목욕시키고 있었다.

1초(秒)란 시간은 어떻게 만들어졌을까

나는 이 손목시계가 약속시간을 정확히 지키게 해 줄지 모른다는 은밀한 희망을 품었다. 예컨대 내가 손목시계를 자주 들여다보게 되면 파리 인근의 세브르에 위치한 국제도량형국(國際度量衡局, International Bureau of Weights and Measures)에서의 10시 약속에 정확히 도착할 수 있을지도 모른다. 이 기구는 전 세계에서 사용하는 측정 단위들을 완벽하게 보정해서 표준화하기 위해 과학자들이 만든 조직이다.

경제가 점점 세계화함에 따라 동일한 도량형을 정밀하게 사용하는 것은 정말 긴요한 문제가 되었다. 스톡홀름에서의 1킬로그램은 자카르타에서의 1킬로그램과 정확히 똑같고, 바마코(말리 공화국의 수도)의 1미터는 상하이의 1미터와 한 치의 오차도 없고, 뉴욕의 1초와 파리의 1초도 동일해야 한다.

국제도량형국은 단위에 관한 한 유엔이라고 할 수 있으며, 표준을 표준화하는 기관인 셈이다. 국제도량형국은 1875년 미터협약(Convention of the Metre)에 따라 설립되었다. 이 협약은 측정의 기본 단위는 국가에 상관없이 동일해야 한다는 취지를 담고 있었다(미터협약으로 처음 시행된 것은, 자를 30개 만들어 배포한 것이었다. 백금과 이리듐 합금으로 만든 정밀한 자인데, 1미터의 정확한 길이를 놓고 국가 간에 분쟁이 생겼을 때 사용한다). 처음 이 단체에 가입한 국가는 17개국이었으나 지금은 58개국으로 늘었다. 선진공업국은 모두 가입돼 있다. 이 단체가 관장하는 표준 단위도 7개로 늘었다. 즉, 미터(길이), 킬로그램(무게), 암페어(전류), 켈빈(온도), 몰(부피), 칸델라(광도, 밝기) 그리고 초(second, 시간)다.

국제도량형국은 전 세계적으로 적용되는 단 하나의 공식적인 시각 즉, 협정세계시(協定世界時, Coordinated Universal Time, 약자로는 UTC)를 정하고 유지하는 일도 한다. 1970년 협정세계시가 처음 만들어졌을 때 약자를 영어 머리글자를 딴 CUT로 할지, 프랑스어 머리글자를 딴 TUC로 할지 합의하지 못했다. 그 결과 타협안으로 UTC로 결정되었다. 지구 궤도를 돌고 있는 위치추적위성(GPS)에 들어 있는 초정밀시계에서부터, 톱니바퀴로 돌아가는 손목시계에 이르기까지 세계의 모든 시계는 UTC에 맞추어져 있다. 당신이 어디서 살고 어디를 가든, 지금 시각이 어떻게 되느냐고 누구에게 묻든, 그 대답은 궁극적으로 국제도량형국이 정한 시계의 관리를 받고 있는 것이다.

"시간이란 모든 사람이 그 무엇이라고 동의하는 것"이라고 어느 시간 연구자가 나에게 말한 적이 있다. 따라서 늦는다는 것은, 그렇게 합의된 시간에 비추어 늦는다는 뜻이다. 정의상 국제도량형국의 시간은 전 세계의 시계들 가운데 가장 정확한 시간일 뿐 아니라, 그 자체가(다른 시계와의 비교 없이) 정확한 시간이다. 나는 손목시계를 다시 확인하면서 약속시간에 늦었다는 것을 확인했다. 이는 단지 지금 내가 늦고 있다는 뜻일 뿐 아니라, 그 이전부터 내가 늦었다는 뜻이며 앞으로도 늦을 가능성이 있다는 뜻이다. 내가 정해진 시간에서 정확히 얼마나 뒤처져 있는지는 곧 알게 될 것이다.

시계는 두 가지 일을 한다. 째깍거리면서 동시에 그 째깍거리는 횟수를 센다. 클렙시드라(clepsydra) 즉, 물시계는 일정한 속도로 물방울을 떨어뜨리면서 째깍거린다. 좀 진전된 형태의 물시계는 기어들이 바늘을 밀어 숫자나 기호로 된 표시판을 지나가도록 함으로써 시간의 경과를 나타내도록 했다. 물시계는 적어도 3000년 전부터 사용되었다. 로마시대의 원로원들은 물시계를 이용해 동료들이 너무 오랫동안 발언하는 것을 막았다(키케로에 따르면 '시계를 찾는다'는 말은 발언권을 신청한다는 뜻이고 '시계를 준다'는 것은 발언권을 허용한다는 뜻이다). 물시계에서는 똑딱거리면서 떨어지는 물이 모여 시간이 되었다.

그렇지만 역사적으로 볼 때 가장 오랫동안 째깍거린 것은 지구다. 지구가 축을 중심으로 자전하기 때문에 태양은 하늘을 가로질러 지나가고 그림자를 드리우게 된다. 이를 이용한 것이 해시계다. 거기에 비친 그림자는 그때가 하루 중 언제인지를 가리켰다.

1656년 크리스티안 호이겐스가 발명한 진자시계는 지구의 자전에 영향을 받는 중력을 이용한 것인데 추가 왔다 갔다 하면서 두 개의 바늘을 움직인다. 일정한 리듬으로 추가 한 번 왔다 갔다 할 때마다 한 번씩 째깍거리게 되는데, 그 리듬을 일으키는 게 바로 지구의 자전이다.

실제로 이렇게 측정되는 시간은 지구가 한 번 자전하는 기간 즉, 해가 떠서 다음날 다시 해가 뜰 때까지의 하루다. 이 하루 사이에 있는 모든 시간들-시와 분-은 인간이 임의적으로 하루라는 시간을 쪼개어 생활에 활용하기 위해 고안한 것이다.

하지만 생활이 점점 더 분화되면서 이제는 시와 분뿐 아니라 초에 의해 다스려지고 있는 실정이다. 초는 현대생활에서는 화폐와 같아서 페니에 해당한다고 할 수 있겠다. 초는 페니처럼 몹시 흔해서 별생각 없이 낭비할 수도 있고 한 움큼씩 집어 여기저기 뿌릴 수도 있을 정도이지만 어떤 상황에서는 1초 1초가 매우 중요하다(예컨대 촉박하게 기차를 갈아타야 할 경우가 그렇다).

수세기 동안 초는 추상적으로만 존재하는 시간이었다. 수학적인 세부단위로서, 관계에 의해 정의되는-1분의 60분의 1, 1시간의 3600분의 1, 하루의 8만 6400분의 1처럼- 단위였을 뿐이다. 초는 15세기에 독일에서 만들어진 추시계에 처음 등장했다. 그러나 1670년 영국의 시계 제작업자인 윌리엄 클레멘트가 호이겐스의 추시계에 틱-톡(tick-tock)거리는 소리 한 번이 1초가 되도록 추가함으로써 초는 구체적인 형태를 띠게 되었다. 혹은 적어도 소리의 형태를 띠게 되었다.

초가 사람들에게 온전하게 받아들여지게 된 것은 20세기 석영시계가 등장하면서다. 과학자들은 석영의 결정이 소리굽쇠[4]처럼 공명하며, 석영을 전기장에 놓았을 때 진동하는 횟수가 1분에 수십만 번이나-정확한 진동 횟수는 석영 결정의 크기와 모양에 따라 다르다- 된다는 사실을 발견했다.

1930년에 발표된 〈크리스털 시계〉라는 제목의 논문은 석영의 이런 특성을 시계로 활용할 수 있다고 주장했다. 중력 대신 전기장에서 유도되는 석영시계는 지진 발생 지역이나 달리는 기차, 수중에서 더욱 효과적일 것이라고 여겨졌다. 요즘 나오는 석영시계는 레이저를 통해 1초에 정확히 3만 2768(2^{15})번 진동한다. 진동수가 3만 2768헤르츠라는 말이다. 이를 통해 매우 편리하게 1초를 정의할 수 있게 되었다. 즉, 1초란 석영 결정이 3만 2768번 진동하는 동안의 시간이다.

1960년대 들어 과학자들은 세슘 원자가 자연 상태에서 1초 동안 91억 9263만 1770차례나 양자 진동(quantum vibration)한다는 사실을 밝혀냈고 이 진동수를 1초의 단위로 새롭게 정의했다. 이에 따라 초는 이전보다 대여섯 자리 이상 더 정확하게 자리매김할 수 있게 되었다.

이처럼 원자초(atomic second)가 등장하면서 시간의 체계가 뒤바뀌었다. 이전까지 사용되던 세계시(Universal Time)의 체계는 하향식(top-down)이었다. 이 체계에서는 지구의 자전운동을 기초로 정해진 하루라는 시간을 중심에 놓고, 그 하루를 구성하는 아주 작은 일부

....
4 두 갈래로 된 좁은 쇠막대로 특정 주파수(진동수)의 음만을 내도록 고안된 소리 기구.

로서 초를 바라보았다. 하지만 이제는 반대로 초를 중심에 놓고 하루라는 시간은 그 초가 축적돼 이루어진 것으로 보는, 상향식 체계가 받아들여지게 된 것이다. 철학자들은 이 새로운 원자시간이 과거의 시간만큼 '자연에 부합하는 것'인지를 놓고 논쟁을 벌였다.

하지만 이보다 더 큰 문제가 있었으니 두 시간체계가 서로 일치하지 않았던 것이다. 정밀한 원자시계는 지구의 자전운동이 아주 미세하게 점점 느려지고 있으며 그래서 하루의 길이도 근소하게나마 점점 길어지고 있다는 사실을 확인해 주었다. 이 차이를 조정하기 위해서는 2년마다 1초씩을 더해야 했다. 그 결과 지구의 자전과 동조시키기 위해 1972년 이후 지금까지 국제원자시(International Atomic Time)에 약 30초의 '윤초(leap seconds)'가 더해졌다.

과거에는 누구나 단순한 나눗셈으로 초를 만들 수 있었다면, 지금은 전문가들이 우리에게 초를 배달해 준다고 할 수 있다. 이것을 공식적인 용어로는 '유포(dissemination)'라고 하는데 씨를 뿌리는 활동 혹은 자신의 주장을 널리 퍼뜨리는 활동을 떠오르게 한다.

전 세계적으로 세슘 시계는 약 320개가 있다(대개 국가가 운영하는 시간연구소가 보유하고 있다). 세슘 시계는 작은 여행용 가방만 한 크기인데, 정확한 초를 '실현하기' 위한 100여개의 분자증폭기가 딸려 있다(또한 세슘 시계는 정확성을 기하기 위해 세슘 파운틴(cesium-fountain)이라는 장치가 만들어 내는 주파수 표준을 통해 체크를 하게 된다. 세슘 파운틴은 세슘 시계 하나당 10여 개가 있으며, 진공 상태에서 레이저를 세슘 원자에 쏘아 주파수 표준을 얻는다). 이렇게 얻어진 초들을 합쳐 하루라는 시간이 만들어지는 것이다. 미국표준기술연구소에서 연구팀을 이끌었던 톰 파커는 나에게 "초란 단지 째깍거리는 것(the thing)입니다. 그리고 시간이란 그 째깍거림의 횟수를 세는 것이지요"라고 말했다.

미국표준기술연구소는 연방에 소속된 국가기관으로, 미합중국에 공식적인 상용시를 제공한다. 산하에 있는 두 개의 연구소-하나는 메릴랜드 주의 게이더스버그, 다른 하나는 콜로라도 주의 볼더에 있다-에는 10개가 넘는 세슘 원자시계가 작동하고 있다. 이 시계들은 나노초 단위에서 서로 차이가 나므로 12분마다 이들을 비교해 어떤 것이 더 빠르게 가는지 느리게 가는지를 체크한다. 이 차이들을 평균적으로 조정함으로써-파커는 이를 '환상적인 평균'이라고 불렀다-공식적인 상용시의 토대로 삼는다.

내 시계의 시간은 누가 정하나

이렇게 얻어진 시간이 당신에게 어떻게 도달하게 되는지는 당신이 어떤 시계를 갖고 있고, 어디에 있는지에 따라 달라진다. 노트북 컴퓨터에 내장된 시계는 인터넷을 통해 다른 시계들을 주기적으로 체크함으로써 시각을 조정한다. 컴퓨터에 내장된 시계들은 미국표준기술연구소가 운영하는 서버나 다른 공식적인 시계들을 경유함으로써 정확한 시간을 찾게 된다.

이 연구소의 서버에는 전 세계의 컴퓨터가 정확한 시간을 확인하기 위해 매일 130억 차례나 방문한다. 당신이 만약 도쿄에 있다면 컴퓨터에 내장된 시계는 일본측정표준기관이 운영하는 시간 서버에 접속할 수 있고, 독일에 있다면 독일국립이공학연구소의 서버에 접속할 수 있다.

당신이 휴대전화로 시간을 확인한다면, 당신이 어디에 있든, GPS로부터 정확한 시간을 받게 된다. 이 시스템은 지구 주위를 도는 항법위성들을 워싱턴DC에 있는 미국해군관측소의 시간과 일치시킨 것이다. 이 관측소에는 70개 가까운 세슘 원자시계가 작동하면서 정확한 초를 만들어 내고 있다. 컴퓨터나 휴대전화 이외의 시계들-벽시계, 탁상시계, 손목시계, 여행용 알람시계, 자동차 대시보드에 달린 시계 등-은 내부에 무선수신장치가 들어 있어 미국표준기술연구소의 무선기지국인 WWVB-콜로라도 주 포트 콜린스에 있다-에서 암호 형태로 내보내는 신호를 받아 시간을 조정한다(이 신호는 주파수가 60 헤르츠로 매우 낮고 대역폭도 매우 좁기 때문에 암호화된 시간 부호가 완전히 도착하려면 시간이 좀 걸린다). 사실 이 시계들은 자체적으로도 시간을 만들어 낼 수 있다. 하지만 대개는 앞에서 언급한 일련의 지휘계통을 통해 전파되는 시간을 받아 중개함으로써 정확한 시간을 제공한다.

반면 내 손목시계에는 무선수신장치가 없으며 항법위성과 연결할 수 있는 수단도 없다. 시간의 네트워크로부터 고립돼 있는 셈이다. 그렇기 때문에 더 넓은 세계의 시간과 일치시키기 위해서는 정확한 시간을 알려주는 시계를 찾은 다음 내 손목시계에 붙은 나사를 돌려 시간을 맞춰야 한다. 이보다 더 정확하게 시간을 유지하려면 주기적으로 시계상점에 가서 손목시계의 내부장치를 석영 진동자에 맞추어 조정해야 한다. 석영 진동자는 미국표준기술연구소가 관리하는 주파수 표준에 맞춤으로써 정확한 시간을 유지한다.

이런 방식을 사용하지 않고 내버려 두면 내 손목시계는 독자적으로 움직이면서 결국에는 다른 사람들의 시계와 보조를 맞추지 못하게 될 것이다. 나는 한때 시계를 차는 것은 내 손목에 시간을 매어 놓는 것과 같다고 여겼다. 사실 지금도 내 주변의 시계에 맞춰 시간을 조정할 생각을 하지 않는다. 그런 나를 두고 "당신은 동조를 거부하는 사람이네요"라고 파커가 말했다.

17세기 후반부터 20세기 초에 이르기까지 세계에서 가장 정확한 시계는 영국 그리니치의 왕립천문대에 있었다. 이 시계는 왕실 천문학자가 천체의 운동에 맞춰 주기적으로 조정해 주었다. 그렇게 함으로써 전 세계에 정확한 시간을 제공했다. 하지만 왕실 천문학자에게는 한 가지 번거로운 문제가 생겼다. 1830년 무렵부터 사람들이 수시로 천문학자를 찾아와 "죄송하지만 지금 시간이 어떻게 됩니까?" 하고 묻는 바람에 제대로 일을 할 수 없는 지경이 됐다.

결국 그리니치 시당국은 많은 사람들이 이용할 수 있도록 왕실 천문학자에게 시각을 알려주는 적절한 서비스를 해 달라고 청원했다. 그래서 1836년 천문학자는 시간을 알리는 일만 전담하는 조수를 고용하게 되었는데, 그가 바로 존 헨리 벨빌이다. 벨빌은 매주 월요일 아침 휴대용 크로노미터-천문, 항해에 이용된 정밀한 경도 측정용 시계. 유명한 시계 제조업자인 존 아널드 앤드 선이 석세스 공작의 주문을 받아 처음 만들었다-에 천문대 시간을 맞춘 다음 런던에 있는 고객들-시계 제조업자들, 시계 수리공들, 은행업자들, 일정한 수수료를 내고 자기 시계를 정확하게 맞추고자 하는 개인들-을 찾아 나섰다(나중에 벨빌은 금으로 된 크로노미터 케이스를 은으로 바꾸었는데, "별로 호감이 가지 않는 런던 사람들"로부터 이목을 끌지 않기 위해서였다).

1856년 벨빌이 세상을 떠나자 그의 미망인이 그 일을 물려받았다. 1892년 미망인이 은퇴했을 때 그 일은 다시 딸인 루스에게로 넘어갔는데, 그녀는 나중에 '그리니치의 시간 숙녀'로 불리게 된다. 루스는 아버지, 어머니로부터 물려받은 크로노미터-그녀는 이것을 '아널드 345'라고 불렀다-를 그대로 사용했고 부모들이 돌던 루트를 그대로 오가면서 당시 영국의 공식적인 시간으로 자리잡은 그리니치 표준시를 사람들에게 전달했다. 전보의 발명으로 멀리 떨어진 시계도 그리니치 시간과 일치시킬 수 있게 되었고, 적은 비용으로 그 일이 가능해지면서 그녀가 하던 일은 더 이상 쓸모가 없게 되었다. 그러나 1940년 무렵 80대 중반에 그녀가 은퇴할 때까지도 약 50명의 고객이 여전히 남아 있었다.

세계 곳곳의 시계는 어떻게 통제될까

내가 파리에 온 것은 현대판 '그리니치 시간 숙녀'를 만나기 위해서였다. 그녀는 국제도량형국의 시간담당 부서 총책임자인 엘리사 펠리치타스 아리아스 박사다. 날씬한 몸매에 긴 갈색 머리칼을 한 그녀는 온화한 귀족의 분위기를 풍겼다. 천문학을 공부한 아리아스는 모국인 아르헨티나 천문대에서 25년간 일했는데 그중 마지막 10년은 미국해군관측소와 공동 연구를 수행했다.

그녀의 전공은 천체관측학으로, 우주에서의 거리를 정확히 측정하는 일을 연구하는 학문이다. 가장 최근에는 국제지구자전좌표국 (International Earth Rotation and Reference Systems Service)과도 공동 연구를 했는데, 이곳은 지구 자전운동의 미세한 변화를 추적해서 윤초를 얼마나 더할지 결정한다. 사무실로 찾아가자 그녀는 커피를 내주면서 "우리 부서가 하는 일은 국제적인 좌표계에 들어맞는 시간 척도를 제공하는 것"이라면서 "우리의 최종 목표는 트레이서빌리티[5]라고 할 수 있다"고 덧붙였다.

국제도량형국에 소속된 58개 회원국이 운영하는 수백 개의 시계 가운데 약 50개-마스터 시계(master clocks)로서, 회원국에 하나 꼴로 배정돼 있다-가 공식적인 시간을 제공하면서 매 시간마다 초를 조정한다. 그러나 이들은 서로 조금씩 차이가 날 수밖에 없다. 물론 나노초 즉, 1초의 10억분의 1 정도의 차이다. 이 정도 차이는 발전소나 통신회사에서 큰 문제가 되지 않는다(발전소는 1000분의 1초 정도의 정확도만 요구하며, 통신회사들은 100만분의 1초 단위의 정확도면 충분하다). 미국 국방성이 운영하는 GPS나 유럽연합의 갈릴레오 네트워크 같은 항법 시스템의 시계들은 나노초 단위에서도 일치해야 일관된 서비스를 제공할 수 있다. 따라서 전 세계의 시계는 서로 일치해야 하고 적어도 똑같은 동조점(point of synchrony)을 공유해야 한다. 즉, 협정세계시를 구축해야 하는 것이다.

협정세계시를 얻으려면 국제도량형국 회원국의 모든 시계를 비교해 그 차이를 교정해야 한다. 이는 기술적으로 엄청난 도전이다. 왜냐하면 시계들이 수십만 킬로미터 이상 떨어져 있기 때문이다. 그렇게 먼 거리를 전자적인 신호가 횡단하려면 시간이 걸릴 수밖에 없다. 예

....
5 traceability, 모든 측정 기구를 표준화해 측정 결과의 신뢰성, 통일성을 유지하는 것.

컨대 "지금 시계를 작동하시오"라는 신호를 보낸다고 해도 그 신호가 도달하는 데 시간이 걸리기 때문에 모든 시계들이 '동시'에 작동한다고 장담할 수 없다. 이 문제를 해결하기 위해 아리아스는 GPS 위성을 통해 데이터를 전송한다. GPS 위성들은 모두 미국해군관측소의 시계와 동조돼 있으며 궤도상의 위치도 알려져 있다. 이런 정보를 가지고 국제도량형국은 전 세계에 흩어져 있는 시계들이 신호를 보내 올 때 정확한 순간을 계산해 낸다.

하지만 여전히 불확실성은 존재한다. 위성의 위치를 아주 정밀하게 알 수는 없기 때문이다. 날씨가 나쁘거나 지구 대기가 불안정하면 위성에서 보낸 신호가 느려지거나 경로가 바뀌기 때문에 정확한 전송 시간을 계산하는 데 애로가 생긴다. 위성장치의 전자 노이즈가 측정을 방해할 수도 있다.

아리아스는 이런 상황을 비유를 들어 설명했다. 그녀는 사무실 문 쪽으로 걸어가더니 "여기서 내가 당신에게 '지금 몇 시에요?'라고 물으면 당신은 몇 시라고 답할 텐데, 그 시간을 내가 가진 시계와 비교하는 것과 비슷하죠." 그녀는 이어 "우리는 지금 얼굴을 맞대고 있어요. 내가 당신에게 '나가서 문을 닫고 나한테 몇 시라고 말하세요'라고 합니다. 그런데 잘 들리지 않아서 '아니, 아니. 다시 말해 주세요. 우리 사이에 노이즈가 생겼어요'라고 말하는 상황과 같은 거죠." 그러면서 그녀는 입술로 노이즈를 뜻하는 웅웅거리는 소리를 냈다. 이런 노이즈를 제대로 간파해 계산하려면 엄청난 주의력과 노력이 필요하다. 그래야만 국제도량형국에서 보내는 메시지가 전 세계에 있는 시계들의 상대적인 운동을 정확히 반영하고 있다는 확신을 회원국에게 심어 줄 수 있다.

"우리는 세계 각지에 80개의 연구소를 가지고 있어요. 어떤 회원국에는 하나 이상의 연구소가 있는 셈이죠. 우리는 이들 연구소에 있는 시간들을 모두 체계적으로 조직화해야만 해요." 그녀는 줄리아 차일드[6]가 맛있는 감자크림수프란 어떤 것인지를 설명할 때처럼 부드러우면서도 확신에 찬 목소리로 말했다. 이런 조직화를 위해 파리에 있는 아리아스 팀은 필요한 소스를 모두 모은다. 회원국 시계들 사이에 생기는 나노초 단위의 차이, 각각의 시계가 그동안 어떤 식으로 작동해 왔는지에 관한 정보 등을 말한다. 이런 정보들은 아리아스가 '알고리즘'이라고 부르는 과정을 통해 걸러지는데, 이때 시간을 제공하는 시계의 개수를 고려하게 된다. 어떤 시계들은 보수를 하거나 보정을 하기 위해 시간 정보를 제공하지 않을 때도 있기 때문이다. 그리고 정확도를 보이는 시계에 통계적인 가중치를 부여한 뒤 평균을 내게 된다.

이 과정이 순수하게 컴퓨터로만 이루어지는 것은 아니다. 사소하지만 매우 결정적인 요소들을 다루기 위해서는 인간이 개입해야 한다. 예컨대 모든 연구소들이 모두 똑같은 방식으로 자신들의 시계와 관련된 정보를 취급하지는 않기 때문에 생기는 문제가 있다. 또 어떤 시계는 이상하게도 계속 느리게 작동하는데 그런 시계가 제공하는 데이터는 가중치를 조정할 필요가 있다. 소프트웨어가 에러를 일으켜 스프레드시트에 마이너스로 돼 있어야 할 부분이 플러스로 표시돼 있으면 원래대로 다시 고쳐 놓아야 할 때도 있다. 알고리즘을 제대로

....

6 미국 출신의 프랑스 요리 전문가.

다루려면 개인적으로 수학적인 능력이 뛰어나야 한다. "이 작업에는 개인의 재능도 중요한 요소로 작용하지요"라고 그녀는 말했다.

이런 과정을 거쳐 나온 결과는 아리아스가 '평균 시계(an average clock)'라고 부르는 것으로 정리된다. 이때의 '평균'이란 말은 가장 좋은 의미에서의 평균이다. 이 시계는 다른 어떤 시계보다, 다른 어떤 국가의 시계들보다 더 확실하다. 이 시계의 시각은 정의상, 보편적인 합의에 의해, 적어도 58개 회원국의 합의에 의해, 가장 완벽하다고 할 수 있다.

세상에서 가장 정확한 시계

협정세계시를 만들려면 시간이 걸린다. GPS 수신기로부터 전해지는 불확실성과 노이즈를 가려내는 작업에만 2~3일이 걸린다. 따라서 매 순간 협정세계시를 산출한다는 것은 어마어마한 작업이 될 수밖에 없다. 그래서 국제도량형국에서는 닷새마다 협정세계시로 정확히 0시가 되었을 때 각각의 시계가 자기가 속한 지역의 로컬 타임을 읽어 들이도록 하고 있다. 각 지역의 연구소들은 이렇게 취합한 데이터를 매달 4일이나 5일에 국제도량형국으로 보내고, 아리아스 팀이 이를 토대로 분석하고 평균을 내서 결과를 발표하게 된다.

"우리는 모든 것을 다 체크하면서도 가능하면 빨리 결과를 내려고 애쓴답니다. 연구소들이 데이터를 보낸 날부터 분석이 완전히 끝날 때까지는 닷새 안팎이 걸립니다. 매달 4일 혹은 5일에 데이터를 받으면 7일부터 분석 작업에 들어가고 8일이나 9일이면 결과를 발표하게 되지요." 기술적으로 보자면 각 연구소에서 보내오는 데이터는 국제원자시이고, 협정세계시는 그 원자시에 정확히 얼마의 윤초를 더하느냐를 결정함으로써 얻어지는 시간이다. "그렇기 때문에 협정세계시를 절대적으로 정확하게 제공하는 시계란 없습니다. 단지 각 지역마다 협정세계시가 있을 뿐이지요."

이제야 나는 제대로 이해하게 되었다. 세계시계(the world clock)라는 것은 데이터들을 검토하고 분석한 결과로 나타나는, 실체가 있는 것이 아니라 종이 위에서만 존재하는 시계인 것이다. "사람들이 '세계에서 가장 정확한 시계를 볼 수 있나요?'라고 물으면 나는 이렇게 대답합니다. '물론이지요. 여기 있어요. 이것이 세계에서 가장 정확한 시계입니다'"라면서 그녀는 스테이플러로 찍어 묶은 서류뭉치를 나에게 건넸다. 매달 발간되는 보고서인데 모든 회원국의 시간연구소에 배포되는 것이다. 〈서큘러 T〉라고 불리는 이 보고서는 국제도량형국의 시간담당 부서가 하는 업무 중에서 가장 중요한 업무이자 결과물이다. 한 달에 한 번 발간되며, 지난 한 달 동안의 시간에 관한 정보들을 담고 있다.

세계에서 가장 정확한 시계는 결국 이 뉴스레터(소식지)다. 나는 페이지를 넘기면서 숫자로 이루어진 표를 살펴보았다. 표의 왼쪽 줄에는 각 연구소의 시계 이름이 적혀 있다. IGMA(부에노스 아이레스), INPL(예루살렘), IT(토리노) 등등. 제일 윗줄에는 지난 한 달 동안 데이터를 받은 날짜가 닷새 단위로 기록돼 있다. 11월 30일. 12월 5일. 12월 10일 등등. 표의 각 칸에는 조정된 협정세계시, 각 연구소가 측정한 로컬 협정세계시 사이의 차이가 적혀 있다. 예를 들어 12월 20일 홍콩의 시계에 대해서는 98.4라는 숫자가 기록돼 있다. 그날 홍콩에 있는 연구소의 시계는 협정세계시보다 98.4나노초만큼 늦었다는 뜻이다. 반면 루마니아의 부쿠레슈티 연구소의 시계 항목에는 마이너스 1118.5라고 적혀 있다. 평균 시계보다 1118.5나노초-이건 꽤 큰 수치다- 빨랐다는 뜻이다.

〈서큘러 T〉를 발간하는 목적은 회원국의 연구소들이 협정세계시를 모니터링해서 자기네 시계를 정확하게 재조정하도록-이 과정을 '조타'라고 부른다- 돕는 것이다. 연구소들은 자기네 시계가 협정세계시-지난 한 달 동안의 평균-에 비해 얼마나 벗어나 있는지 체크해 수정함으로써 다음 달에는 협정세계시에 좀 더 근접하도록 한다.

완벽하게 정확한 시계는 없다. 일관성을 유지하는 것만으로도 충분하다. 아리아스는 이렇게 말했다. "연구소들은 각자 '협정시계시'라는 배를 조종한다고 할 수 있어요. 그러니 일관성을 유지하는 것은 매우 중요하지요." 그녀의 말에 따르면 시간은 해협을 지나는 배와 같다. "연구소들은 협정세계시라는 배가 자기네 지역에서는 어떻게 움직이는지 제대로 알 필요가 있지요. 이를 위해 배가 〈서큘러 T〉를 향해 정확하게 나아가고 있는지를 체크하는 겁니다. 우리가 보내는 자료를 이메일과 인터넷을 통해 체크하는 것도 이 때문입니다. 이를 통해 지난달에는 자기네들이 협정세계시에서 얼마나 벗어나 있었는지를 알 수 있지요."

가장 정확한 시계가 되기 위해서는 '조타'가 필수적이다. "당신이 아무리 훌륭한 시계를 가지고 있어도 조타를 하지 않은 상태에서 어느 때가 되면 시간이 점프를 하게 되지요. 시간이 맞지 않게 된다는 말입니다"라고 그녀가 말했다. 그녀는 가장 최근에 발간된 〈서큘러

T)를 펼치더니 미국해군관측소와 관련된 칸을 손가락으로 가리켰다. 그 수치들은 놀라울 정도로 작았다. 모두 두 자리 나노초 범위 안에 들어 있었다. 그녀는 "이건 협정세계시에 매우 근접한 숫자"라면서, 하지만 놀라운 일은 아니라고 덧붙였다. 왜냐하면 미국해군관측소는 세계 각지에 가장 많은 수의 원자시계를 보유하고 있기 때문에 협정세계시를 산출할 때 참고하는 데이터의 약 25퍼센트를 제공하고 있다는 것이다. 또한 미국해군관측소는 GPS 위성시스템에 사용되는 시간을 책임지고 있기 때문에 협정세계시를 매우 엄격하게 추적할 필요가 있다.

그러나 모든 연구소들이 만족할 만큼 충분히 조타를 하고 있는 것은 아니다. 시계를 제대로 조정하려면 매우 값비싼 장비가 필요한데 나라에 따라 그걸 감당할 여건이 안 되는 연구소들이 있기 때문이다. "그들은 자기네 시계의 삶에 별 간섭을 하지 않은 채 방치하다시피 한답니다." 그녀는 벨로루시의 한 연구소에 있는 시계와 관련된 수치들을 보여 주었다. 표준에서 한참 벗어난, 그야말로 한가로운 생활을 하는 시계의 모습이었다. 나는 이처럼 정확도가 크게 떨어지는 시계의 경우에는 평균을 낼 때 배제하지 않느냐고 물어보았다. "전혀요. 우리는 언제나 그들의 시간을 기다리고 있지요." 어떤 국가의 시간연구소가 괜찮은 시계와 수신 장치만 갖추고 있다면 그들이 보내는 데이터는 협정세계시의 평균을 낼 때 다 포함시킨다는 것이다. "우리가 정확한 시간을 만들어 내는 목적 중의 하나는 그것을 폭넓게 '유포' 하는 것이니까요." 협정세계시가 보편적인 것이 되려면 가능한 모든 시계를 포괄해야 한다. 그 시계들이 아무리 표준에서 멀리 벗어나 있더라도 말이다.

나는 여전히 협정세계시가 무엇인지 분명하게 감이 잡히지 않았다. 톰 파커는 "나도 그것을 제대로 이해하는 데 몇 년이 걸렸어요"라고 말했다. 종이 시계[7]의 존재를 인정하더라도, 그 시계는 오직 과거 시제로만 존재한다고 할 수 있다. 왜냐하면 지난달에 보내온 데이터를 취합해서 평균을 낸 결과이기 때문이다.

아리아스는 협정세계시를 '포스트 리얼타임 프로세스'라고 불렀다. 역동적인 과거시제라는 것이다. 다시 말하면, 〈서큘러 T〉의 표에 나타난 숫자들이 실제 시계들이 올바른 방향으로 나아갈 수 있도록 도와 주는 궤도수정 장치나 수로 표지판 같은 것이라면, 협정세계시는 멀리 수평선 위로 보이는 항구처럼, 거기를 향해 나아가야 하는 미래 시제의 명사라고 할 수 있다. 당신이 볼더나 도쿄, 베를린에서 제공하는 공식적인 시각을 읽기 위해 손목시계나 벽시계, 휴대전화를 바라볼 때, 당신이 읽는 시각은 위에 언급한 과정을 통해 수정된 시각과 매우 근사한 시각을 보는 셈이다. 하지만 이 시각은 다음 달이 되면 또 달라져 있을 것이다. 완벽하게 동조화된 시간이란 존재하지 않는다. 이제까지도 존재하지 않았고 앞으로도 존재하지 않을 것이다. 우리는 그저 완벽하게 동조화된 시간을 향해 영원히 나아갈 뿐이다.

나는 파리로 오면서 국제도량형국에 있는 엄청나게 정교한 시계장치가 세계에서 가장 정확한 시간을 가리키고 있을 것이라고 짐작했

....

7 a paper clock 협정세계시를 가리킨다.

다. 그 시계장치에는 문자판도 시계침도 있고, 여러 대의 컴퓨터와 연결돼 있고, 아주 작은 루비듐[8]이 희미하게 빛을 내고 있는 멋진 모습일 거라고 생각했다.

그러나 세계에서 가장 정확한 시계는 내가 생각했던 것 이상으로 훨씬 더 인간적인 모습이었다. 세계에서 가장 뛰어난 시계 즉, 협정세계시는 위원회에 의해 만들어지고 있었다. 그 위원회는 뛰어난 컴퓨터와 알고리즘, 원자시계 등이 보내오는 데이터에 의존한다. 하지만 컴퓨터들이 계산한 결과를 검토하고 어떤 원자시계를 다른 시계보다 가중치를 더 많이 줄지 적게 줄지를 결정하는 것은 결국 사려 깊은 과학자들의 대화다. 시간이란 결국 서로 대화하는 한 무리의 사람들인 셈이다.

아리아스는 자신이 책임지고 있는 시간담당 부서는 자문위원회와 고문단, 필요에 따라 언제든지 구성되는 연구그룹, 모니터 요원 등 매우 많은 조직이 어우러지는 상황에서 일을 한다고 말했다. 국제적인 전문가들을 정기적으로 초빙하기도 하고 수시로 회의를 해서 보고서를 발간하고 외부에서 오는 피드백을 분석한다. 그녀의 부서도 협정세계시처럼 체크되고 감독을 받으며 보정을 하는 것이다. 가끔 상부기관인 국제도량형국 산하 시간주파수자문위원회(Consultative Committee for Time and Frequency. 이하 CCTF)가 끼어들기도 한다. "우리 부서는 단독

....

8 rubidium 세슘과 물리·화학적 성질이 매우 비슷해 호환되는 경우가 많다. 2004년 국제도량형국 산하 '시간주파수자문위원회'는 세슘 원자 외에 루비듐 원자도 원자시계로 이용할 수 있다는 권고안을 채택했다. 루비듐 원자시계는 세슘에 비해 안정도와 정밀도는 다소 떨어지지만 수명이 세슘보다 길고 가격도 훨씬 싸며 소형이어서 휴대가 가능하다는 장점이 있다.

으로 작동되지 않습니다. 사소한 결정은 물론 우리가 할 수 있습니다. 하지만 중요한 문제를 결정할 때는 먼저 CCTF에 제안서를 내 허락을 받아야 합니다. 최고의 전문가들로 구성된 CCTF는 우리의 제안에 '동의합니다' 혹은 '동의하지 않습니다'라는 답을 주지요."

복잡한 크로스체크 과정을 거치는 이유는 어떤 단 하나의 시계도, 어떤 단 하나의 위원회도, 어떤 개인도 완벽한 시간을 가질 수 없기 때문이다. 이는 어디에서나 통용되는 시간의 속성이다. 시간이 우리 몸과 마음에서 어떻게 작동하는지를 연구하는 과학자들과 대화를 나누기 시작했을 때 그들은 한결같이 시간은 회의의 결과물처럼 작동한다고 말했다.

우리의 신체기관과 세포들에는 많은 시계들이 퍼져 있으며, 그 시계들은 서로 서로 커뮤니케이션하면서 보조를 맞춘다. 시간의 흐름을 느끼는 우리의 감각은 뇌의 한 영역에서만 일어나는 것이 아니다. 기억과 집중, 감정 그리고 뇌의 여러 곳에서 일어나는 다른 활동이 모두 결합한 결과다. 뇌 안의 시간은, 뇌 밖의 시간처럼, 집합적인 활동인 것이다. 그런데도 여전히 우리는 뇌 안의 어딘가에서 시간에 관한 감각이 만들어진다고 상상하는 데 익숙해져 있다. 뇌 안 어딘가에 시간을 걸러내고 분류하는 핵심적인 기관이 있다고 가정하는 것이다. 마치 국제도량형국에 갈색 머리칼을 한 아르헨티나 출신의 천문학자가 운영하는 한 부서가 있는 것처럼 말이다. 그렇다면 우리 안의 어디에 아리아스 박사가 있는 것일까?

한번은 내가 아리아스에게 개인적으로는 시간과 관계가 좋으냐고 물었다.

그녀는 "대단히 안 좋아요"라고 말했다. 그러더니 책상 위에 있던 작은 디지털 시계의 문자판을 내게 보이며 "지금 몇 시죠?"라고 물었다.

나는 문자판을 보며 "1시 15분이네요"라고 답했다.

그러자 내게로 다가오더니 내 손목시계를 들여다봤다. "지금 몇 시에요?"

손목시계는 오후 12시 55분을 가리키고 있었다. 그녀의 디지털시계는 내 시계보다 20분 빨랐던 것이다.

"집에는 시계가 둘 있는데 둘 다 시간이 달라요. 내가 약속시간에 늦는 경우가 많기 때문이에요. 그래서 내 알람시계는 다른 시계보다 15분 빠르게 맞춰 놓고 있죠."

그 얘기를 들으니 안심이 됐다. 하지만 세계를 생각하면[9] 걱정이 되었다.

"그건 아마도 당신이 온 종일 시간에 관해서만 생각하기 때문이 아닐까요?"라고 말해 보았다. 만약 지구의 낮과 밤으로부터 통일된 시간을 만들어 내기 위해, 전 세계의 시계들을 조정해야 하는 일을 직업으로 삼고 있다면, 집에서는 일절 시계를 보지 않으면서 지낼 수 있도록 집을 일종의 피난처로 삼고 싶지 않겠는가. 신발을 벗어던지고 진정으로 사적인 시간을 즐기는 곳 말이다.

"모르겠어요." 그녀는 파리 사람들이 하듯이 어깨를 으쓱하면서 말을 이었다. "나는 비행기나 기차를 놓친 적이 한 번도 없어요. 그러나 얼마 되지 않는 자유를 누릴 수 있다고 생각되면 누리는 편이긴

....

9 협정세계시를 다루는 사람이기 때문에.

해요."

우리는 흔히 시간을 우리의 적대자-도둑, 억압자, 주인-인 양 말한다. 사회운동가인 제레미 리프킨은 디지털 시대가 시작되던 1987년에 〈시간과의 전쟁〉을 펴내면서 인류가 "기계장치와 전자신호로 작동하는 인공적인 시간으로 둘러싸이게 된 것"을 매우 안타까워했다. 왜냐하면 그런 인공적인 시간은 "시간을 질적으로가 아니라 양적으로만 다루고, 사람들이 바쁘게 움직이도록 몰아대고, 효율을 중시하며, 예측 가능해서 시시하기 때문"이라는 것이다.

리프킨은 특히 컴퓨터의 등장을 우려했다. 컴퓨터는 나노초 단위로 정보를 처리하는데 이는 인간의 의식 영역을 뛰어넘는 속도이기 때문이다. 그는 나노초를 '컴퓨타임[10]'이라고 부르면서 "이는 시간을 추상화한 최종 단계로서, 인간의 경험을 자연의 리듬으로부터 완전히 분리하게 될 것"이라고 주장했다. 그래서 그는 '시간에 저항하는 사람들(time rebels)'의 노력을 높이 평가했다. 이들은 제도권 교육에 반대해 대안적인 교육을 내세우고, 지속가능한 농업을 주창하고, 동물의 권리와 여성의 권리, 군비축소를 지지하는 사람들로서, "인간이 만들어 낸 인공적인 시간의 세계는 인간의 경험을 자연의 리듬으로부터 분리하는 것을 더 가속화한 것"이라고 믿는 사람들이다. 이들은 인공적인 시간은 기득권층이 자신들의 지배를 공고히 하는 도구이자, 자연과 인간 모두의 적이라고 보고 있다.

이러한 레토릭은 지나치게 과장됐다고 할 수 있지만 30년이 지난

....

10 computime. computer와 time의 합성어.

지금도 리프킨의 주장은 여전히 사람들의 공감을 사고 있다. 왜 우리는 삶을 이끌어 갈 온당한 방법을 찾지 못하고 생산성과 시간관리에 강박적으로 매달리는 것일까? 오늘날 우리가 초소형 컴퓨터와 유명 브랜드의 스마트폰에 맹목적으로 집착하고, 업무시간과 휴식시간의 구분 없이 끊임없이 일에 붙들려 있게 되는 것은 결코 '컴퓨타임' 때문이 아니다. 내가 과거에 시계를 차지 않았던 까닭은 컴퓨타임 때문이 아니라 눈에 보이지는 않지만 나를 억압하는 어떤 권위(The Man)를 떨쳐 버리기 위해서였다.

그러나 '인공적인' 시간을 비난하는 것은 '자연'에 대해 지나치게 높은 가치를 부여하는 것이다. 물론 시간이 전적으로 개인에게 속한 시기가 있었을 것이다. 하지만 그때가 얼마나 오래 전 일인지는 좀체 상상할 수가 없다. 중세시대의 농노들은 멀리서 울리는 마을의 종소리에 맞춰 피땀 흘려 일했으며, 몇 세기 전만 해도 수도사들은 교회 종소리에 맞춰 잠자리에서 일어나 성가를 불렀으며 예배를 드렸다. 기원전 2세기에도 로마의 희극 작가였던 플라우투스는 해시계가 사람들 사이에 인기를 끌고 있는 현상을 안타까워했다. 그는 해시계가 "나의 하루를 자르고 난도질해서 비참할 정도로 토막토막 조각내 버렸다"고 독설을 폈다.

고대 잉카문명은 언제 씨를 뿌리고 언제 수확할지 계산하기 위해, 희생제를 지내기에 가장 상서로운 날이 언제인지를 알기 위해 꽤 복잡한 달력을 사용했다(잉카의 달력은 1년 260일로 된 단력을 기본으로 하되 중간에 한 번씩 365일된 장력을 사용했다. '공년(Vague Year)'이라 불리는 이 장력은 20일짜리로 된 18개의 달과 마지막 달에 불길한 날을 뜻하는 '무명

날(nameless days)'을 닷새 추가해 365일로 만들었다).

초기의 인간도 사냥을 하는 데 효과적인 시간을 기억했다가 해가 지기 전에 안전하게 동굴로 돌아오기 위해 동굴 벽에 비치는 햇빛의 움직임에 주목했을 것이다. 이런 오래된 관습들이 흔히 말하는 '자연의 리듬'에 가깝다 해도, 그중 어느 것도 오늘날 지구에 사는 수십 억 인구가 따라야 할 모델로 삼기는 어려울 것이다.

나는 아리아스가 건네준 서류뭉치를 다시 바라보았고, 그녀의 디지털 시계를 보고 내 손목시계로 눈길을 돌렸다. 이제 떠나야 할 시간이다. 나는 몇 개월간 사회학자들과 인류학자들이 쓴 글을 찾아 읽었다. 그들은 시간이란 '사회적인 구성물(social construct)'이라고 주장하고 있었다. 나는 그것을 '인위적인 것이 가미된' 어떤 것을 의미한다고 해석했다.

그러나 지금은 시간이란 하나의 '사회적인 현상'이라고 이해하게 되었다. 이는 시간에 부수적으로 따라 붙는 의미가 아니라 시간의 본질이다. 시간은 인간의 몸을 이루는 세포들과 마찬가지로, 상호작용 속에서 작동하는 엔진이다. 어떤 하나의 시계는 주변에 있는 다른 시계들과 관계를 맺는 한에서만-그 관계가 빠르게 이루어지든 늦게 이루어지든, 눈에 띄는 분명한 관계든 아니든- 작동한다. 우리는 이런 사실에 화를 낼지도 모른다. 실제로도 그렇게 반응한다. 하지만 시계가 없고, 시간이라는 무대(dais)조차 없다면, 우리는 각자 침묵 속에서, 홀로 분노하게 될 뿐이다[11].

....

11 시계가 상호작용 속에서만 작동하기 때문에 시계가 없다면 다른 사람들과의 연결도 단절된다는 의미.

THE
DAYS

날들

그렇게 이 영원히 끝나지 않는 날이 시작되었다. 이 모든 것을 묘사하면 따분하고 지겨울 것이다. 아무 일도 일어나지 않았다; 그러나 내 인생에서 단 하루도 특별히 더 중요한 날은 없었다. 나는 1000년을 살았고 그 모든 시간들은 고뇌에 차 있었다. 내가 얻은 것은 조금이고 잃은 것은 많았다. 하루의 끝에서-하루의 끝이라는 데가 있다고 한다면- 내가 말할 수 있었던 것은, 고작 나는 아직도 살아 있구나 하는 것뿐이었다. 내가 처한 조건을 순순히 받아들일 뿐, 그 외의 다른 것을 기대할 권리가 나에게는 없었다.

리처드 버드 해군제독[12], 〈얼론(Alone)〉

[12] 미국의 해군소장, 탐험가. 역사상 처음으로 비행기로 남극과 북극 상공에 도달하는 기록을 세웠다.

한밤에 깨면 저절로 시계가 보고 싶어진다. 하지만 이미 지금이 어떤 시간인지 알고 있다. 늘 그렇듯 이 시간이면 눈을 뜨기 때문이다. 새벽 4시나 4시 10분. 한번은 혼란스러운 밤 시간을 보낸 끝에 깨어 보니 정확히 4시 27분이었다. 나는 시계를 보지 않고도 시간을 유추할 수 있었다. 겨울에는 침대 맡에 있는 라디에이터가 스팀을 모으면서 내는 금속성 소리를 들으면서, 거리를 달리는 차들이 얼마나 띄엄띄엄 지나가는지를 점검하면서 말이다.

"한 사람이 잠들어 있을 때, 그는 자기를 둘러싸고 있는 −시간(hours)의 사슬들, 해(years)의 연쇄들, 질서정연한 천체들로 이루어진− 커다란 원 안에 있다."

프루스트는 이어서 이렇게 썼다.

"그가 잠에서 깨어나면 본능적으로 그것들을 찾게 되며 이를 통해 자신이 지구 표면의 어디에 있는지, 자신이 잠자는 동안 시간이 얼마나 흘렀는지를 알게 된다."

지금은 몇시쯤 됐을까?

우리는 언제나 -의식하든 못하든- 프루스트가 말한 것처럼 반응한다. 심리학자들은 이를 '시간방향성(temporal orientation)'이라고 부르며, 시간에 대해 얼마나 민감한지를 판단하는 지표로 삼는다. 즉, 시간방향성이란 시계나 달력을 보지 않고도 몇 시인지, 며칠인지, 몇 년인지를 알아내는 능력이다. 인간이 왜 이런 방향성을 갖게 되었는지 알기 위해 많은 연구가 이루어졌다.

한 실험에서 연구자들은 거리를 지나가는 사람들에게 아주 간단한 질문-"오늘 무슨 요일이에요?"-을 던지거나, 옳을 수도 있고 틀릴 수도 있는 말-"오늘은 화요일입니다"-을 건넨 뒤 반응을 살펴보았다. 실험 결과 사람들은 주말이나, 주말에 가까운 요일을 물으면 정답을 훨씬 빨리 댄다는 것을 알 수 있었다. 어떤 사람들은 전날을 기준으로 답을 찾았고-"어제가 X요일이니까 오늘은 Y요일이네요"- 거꾸로 어떤 사람들은 내일이 X요일이니까 오늘은 Y요일이라는 식으로 답했다. 주말이 어느 쪽에 가까운지에 따라 즉, 주말이 지나갔는지 다가오는지에 따라 대답은 달랐다. 만약 오늘이 월요일이나 화요일이면 어제(주말인 일요일)를 기준으로 삼아 오늘이 무슨 요일인지 계산하고, 금요일에 가까운 요일을 물으면 내일(주말인 토요일)을 기준으로 삼는 경향이 있었다.

어쩌면 우리는 시간의 랜드마크를 정해 시간을 인식하는지도 모른다. 수평선 근처에 떠 있는 섬을 바라보면서 자신이 대양의 어디쯤에 있는지 추측하듯이, 주말을 랜드마크 삼아 시간의 대양에서 지금의 위치를 어림짐작하는 것이다(시간에 관해 이야기할 때 공간적인 용어를 자주 사용한다는 점을 주목할 필요가 있다. 내년은 여전히 '아주 멀리 떨어져 있고(far away)', 19세기는 '먼(distant)' 과거이며, 내 생일은 역으로 들어오고 있는 기차처럼 '가까이 다가온다(coming right up)').

우리 내부에서는 그날 할 일들의 목록에서 불필요한 일을 지워 나가는 방식으로 정확한 요일을 찾는지도 모른다("오늘이 화요일인가? 어쨌든 수요일이 아닌 건 확실해. 왜냐하면 수요일 아침에는 운동을 하러 가는데 지금 내 손에 스포츠백이 없는 걸 보면 수요일이 아니라는 걸 알 수 있어"). 어쨌든 어떤 모델도 우리가 어떤 기준이 되는 날을 잡고서 요일을 판별하는 까닭을 제대로 설명하지는 못한다.

그런데 그런 방향성은 요일뿐만 아니라 초와 분, 날과 해에 이르기까지 시간 전체를 통해 이루어지고 있다. 우리는 꿈에서 갓 깨어나거나, 극장에서 영화를 보고 막 나왔거나, 독서에 심취해 있다가 눈을 들었을 때, 내가 지금 어디에 있지? 지금 몇 시나 됐지, 생각하게 된다. 시간을 추적할 단서를 잃어버린 채 잠시 헤매다가 조금 지나서야 자신이 어디에 있는지, 시간이 얼마나 됐는지를 깨닫게 되는 것이다.

내가 한밤중에 깨어 시계를 보지 않고서도 시간을 알 수 있는 것은 단순한 추론에 의한 것일 수 있다. 밤중에 깨어났을 때 가장 늦은 시간이 4시 27분이었고 다른 때도 그보다 너무 빠르지 않았으니까 지금은 4시 27분쯤일 거라고 추정하는 것이다. 궁금한 것은 내가 왜, 어떻게 해서 한밤에 깨어나는 시간이 그토록 일정하냐는 점이다.

윌리엄 제임스는 "나는 일생을 통해 강한 인상을 받은 것이 있다. 잠자리에 드는 습관이 한번 몸에 배면 밤이면 밤마다, 혹은 아침이면 아침마다 늘 똑같은 시간, 심지어 분까지도 정확한 시간에 잠이 깬다는 사실이다"라고 썼다. 나는 잠에서 깨는 순간, 내가 무언가의 도움을 받고 있다는 것을 강하게 느낀다. 내 안에 하나의 기계가 들어 있거나, 아니면 나 자신이 어떤 기계 안에 들어 있는 유령일지도 모른다.

어떤 경우든, 그 유령이 생각을 하기 시작하면 생각해야 할 게 너무나 많다. 무엇보다도 시간이 부족해서 마음먹고 있는 것들을 다 해낼 수 없을 것 같다는 생각과, 나는 이미 너무 늦어 버렸다는 생각에 사로잡히게 된다. "지금 달력을 보며 당신 책의 출간 스케줄을 체크하고 있습니다. 원고가 얼마나 진행됐는지 알고 싶어요." 내 담당 편집자는 이런 메일을 보내온다. 나는 이 책의 프로젝트를 아내가 쌍둥이를 낳기 몇 주 전에 시작했다. 이 아이들은 첫 아기였다. 되돌아보면 책을 시작하기에는 시기가 썩 좋지는 않았다. 친구들과 가족들은 내가 시간을 어떻게 내야 할지 모르겠다고 고민하자 "걱정하지 마. 네 아기들이 아빠를 위해 잘 처리해 줄 거야"라며 놀려댔다.

잠에서 깨어나는 순간은 차분해지면서도 넓게 확장되는 느낌이 든다—이 순간 나는 내 자신이 어떤 알 속에 들어 있는 것 같은 기분에 휩싸이게 된다. 처음 그런 기분이 든 것은 잠자리에 들기 전의 어느 날 밤이었다. 나는 그 느낌을 침대 옆에 놓아 둔 노트에 기록해 두었는데, 나중에 읽어 보고는 매우 놀라웠고 기뻤다. 내 추측으로는 새벽 4시 27분에 눈을 떴을 때 나 자신이 바로 그 노트에 기록했던 그

기분을 느꼈기 때문이다. 마치 내가 잠에 곯아떨어지면서 알 속으로 떨어지고, 깨어날 때는 내가 노른자위가 된 것 같은, 확장된 현재 속에서 부드러우면서도 높이 떠있는 순수한 노른자위로 깨어나는 것 같은 느낌이었다. 그러다 아침이 되면, 시간과 분이 흘러가는 것을 새삼 실감하게 되고, 끝이 없어 보이는 이 확장되는 시간들은 증발해버리거나 멀리 손이 닿지 않는 곳에 갇혀 있을 것 같다. 나는 알의 바깥에 있으면서 다시 그 알 속으로 들어가는 상상을 끊임없이 하게 된다. 그것은 현대적인 삶이 갖는 근본적인 긴장일 것이다. 알 속에서 꾸는 꿈, 한없이 이어지는 시간에 관한 꿈. 그러나 그것은 내일을 위한 생각이다. 지금은 내 침대 밑에 있는 시계의 째깍거리는 소리가 부엌의 모래시계나 심장의 약한 박동처럼 아주 작게 들린다.

시간으로부터 고립된 자

옛날에 한 사내가 동굴로 들어가 여러 낮과 밤을 홀로 머물렀다. 그는 자연에서 오는 어떤 빛도 보지 못했다. 하루가 시작되는 것을 알리는 일출도, 끝나는 것을 알리는 일몰도 보지 못했다. 그는 벽시계도 손목시계도 없어 시간이 얼마나 흘렀는지 알 수 없었다. 그는 글을 썼고 플라톤을 읽었으며 자신의 미래에 대해 생각하고 또 생각했다. 그는 아주 오랫동안 시간과 벗하며 홀로 있었다. 하지만 자신이 생각한 만큼의 오랜 시간은 아니었다.

프랑스 출신 지질학자인 미셸 시프르가 1962년에 시간에 관한 최초의 실험을 했다. 당시 23세였던 그는 프랑스 남부 지역의 어느 지하에서 큰 빙하 동굴 '스카라손'을 막 발견한 참이었다. 당시는 냉전 시대였고, 미국과 소련이 우주개발 경쟁을 하고 있었다. 방사성 낙진을 피하기 위한 지하대피소와 우주캡슐이 떠들썩하게 논의되던 시절이었다. 다른 과학자들과 마찬가지로 시프르도 지하대피소나 우주캡슐처럼 다른 사람들과 태양으로부터 고립된 채 인간이 살아갈 수 있을지 궁금했다.

그의 첫 아이디어는 지하 동굴을 연구하면서 2주를 보내는 것이었다. 그러나 곧 계획을 바꿔 두 달 동안 머물면서, 나중에 그가 말했듯이 '삶의 목적'을 찾아보기로 했다. 2008년 잡지 〈캐비닛(Cabinet)〉과의 인터뷰에서 그가 밝혔던 것처럼 "완전한 어두움 속에서, 시간의 흐름을 전혀 모른 채 동물처럼" 살아 보기로 했던 것이다.

그는 텐트를 치고 휴대용 간이침대에 침낭을 깔고 잤다. 자신이 원할 때 자고 일어나 식사를 했으며 자기가 한 일을 기록했다. 작은 발전기로 작동하는 램프를 이용해 읽고 썼으며 빙하를 연구하고 동굴 속을 이리저리 돌아다녔다. 추위를 느꼈고 발은 마를 새가 없었다. 바깥 세계와 소통하는 유일한 창구는 전화였으며, 정기적으로 지상의 동료들에게 자신의 맥박수를 불러 주고 연구 진척 상황을 보고했다. 동료들은 오늘이 며칠인지 무슨 요일인지, 지금 시간이 어떻게 되는지 등 시간에 관해서는 아무런 정보를 주지 않도록 엄격히 주의를 받았다.

시프르는 그 해 7월 16일에 동굴로 들어가서 9월 14일에 나온다는 계획을 세웠다. 그러나 8월 20일-그 자신이 체크한 달력에 따른 날짜다-이 되었을 때 동료들이 전화를 걸어 이제 그만 머물러도 된다고 알려왔다. 정해진 기간이 끝났다는 것이다. 그의 계산으로는 35일밖

54

에 지나지 않았지만-35일 동안 자고 깨어나고 이리 저리 다녔다- 바깥 세계의 시계는 60일이 지났던 것이다. 그야말로 시간이 휙 흘러가 버린 셈이었다.

이 경험을 통해 시프르는 인간의 생리에 관한 중요한 사실을 발견했다. 이전부터 과학자들은 식물이나 동물에게는 선천적으로 24시간의 주기를 감지하는 능력이 있다는 사실을 알고 있었다. 즉, 하루를 감지하는 생체주기(circadian cycle)가 있다는 것이다 (circular는 라틴어 circa diem에서 파생된 말로 '약 하루'라는 뜻이다).

1729년 프랑스 천문학자인 장 자크 도르투드 메랑은, 해돋이와 함께 잎이 열리고 해가 지면 잎이 닫히는 향일성(向日性) 식물은 빛이 들지 않는 밀실에 놓아두어도 같은 시간에 잎이 열리고 닫힌다는 사실을 발견했다. 식물은 언제 낮이 시작되고 밤이 시작되는지를 본능적으로 알고 있는 것처럼 보였다. 농게는 위장을 위해 하루 중 정해진 때에 자기 몸의 색을 회색에서 검정으로 바꿨다가 다시 검정에서 회색으로 바꾸는데, 햇빛이 비치지 않을 때도 정확히 같은 시간에 색을 바꾼다. 초파리는 햇빛을 비추지 않아도 황혼녘이 되면 번데기에서 성충으로 탈피한다. 이때는 공기 중의 습도가 가장 높기 때문에 갓 돋아난 날개가 마르지 않게 하는 데 최적이다.

하지만 식물이나 동물 안에 들어 있는, 24시간을 주기로 하는 생체리듬은 밤과 낮의 리듬과 늘 정확히 일치하는 것은 아니다. 어떤 유기체는 생체시계가 24시간보다 좀 더 길고, 어떤 유기체는 좀 더 짧다. 만약 향일성 식물이 오랫동안 햇빛을 차단당한 채 어둠 속에 놓이게 되면 결국은 자연의 24시간 주기와 보조를 맞추지 못하게 된다.

내 손목시계도 이와 크게 다르지 않다. 왜냐하면 협정세계시를 알려주는 무선신호나 위성신호를 받지 못하기 때문에 매일 시간을 조정해 주지 않고 방치하게 되면 결국 시간 오차가 크게 날 것이기 때문이다.

1950년대 무렵 인간도 생체시계를 가지고 있다는 사실이 분명해졌다. 1963년 당시 서독 막스플랑크 행동생리학연구소에서 생물학적 리듬과 행동을 연구하는 부서 책임자였던 유르겐 아쇼프는 방음장치가 돼 있는 군용 벙커를 실험실로 개조한 다음, 실험 참가자들이 시계 없이 수주일 동안 생활하게 해 놓고 생리적인 변화를 관찰했다.

스카라손 동굴에서 행한 시프르의 시도는 우리의 생체시계가 24시간 주기와 정확히 일치하지는 않는다는 사실을 보여 준 최초의 실험 중 하나였다. 그가 매일 잠에서 깨는 시간은 짧게는 6시간에서 길게는 40시간까지 늘어졌다. 이를 평균치로 환산해 보면 동굴에 있는 35일 동안 24시간 30분의 주기로 잠자리에 들었다가 깨는 생활을 했던 셈이다. 결국 그는 바깥의 낮밤 주기와 보조를 맞출 수 없게 되었고 그 경험-삶의 목적을 깨닫기 위해 홀로 동굴에 갇힌 한 마리의 동물이 된 경험-은 그를 매우 뒤흔들었다. 극단적인 고립이 인간의 심리에 미치는 영향을 알아보기 위해 지하 동굴로 들어갔으나, 의도치 않게 시간생물학(chronobiology)의 선구자가 되어 지상으로 나온 셈이다. 훗날 이때를 회상하면서 말했듯이 "반쯤 정신이 나가고, 줄이 끊어진 꼭두각시 인형" 같은 상태로 세상으로 돌아온 것이다.

시간은 지각될 수 있는가

미국 영어에서 가장 많이 사용되는 명사는 시간(time)이다. 하지만 당신이 시간을 연구하는 과학자에게 시간이 무엇인지 설명해 달라고 하면 예외 없이 이렇게 되물을 것이다. "시간의 어떤 점을 말하는 건가요?" 이제 당신은 뭔가를 좀 알게 되었으니, 나처럼 질문을 더 좁혀서 구체적으로 던지는 게 좋다. 가령 '시간지각(time perception)'에 관해 물어 보라. 우리 외부의 시간과 우리 내부의 시간 사이에 어떤 차이가 있냐고 묻는 것이다. 이러한 이분법은 진실을 계층화하는 것일 수도 있다.

우리는 손목시계나 벽시계가 나타내는 시각이 가장 중요하며, 그것이야말로 '참된 시간(true time)' 혹은 '실재하는 시간(the actual time)'이라고 간주한다. 이런 시간이 일단 존재한 이후에 우리가 그것을 지각하게 된다고 생각하는 것이다. 이 경우의 시간지각은 기계적인 시계와 얼마나 일치하는지에 따라 정확한지 그렇지 않은지가 결정된다. 이러한 이분법은 무의미하지는 않겠지만, 인간적인 척도에서 시간이 어디서 오고 어디로 가는지를 이해하는 데는 도움이 되지 않는다.

그런데 지금 나는 너무 앞서 가고 있다. 과학 분야에서 가장 오래된 논쟁 중의 하나는 '시간'이 과연 '지각'될 수 있느냐는 것이다. 대부분의 심리학자나 신경과학자들은 시간은 지각될 수 없다는 편에 서 왔다. 우리의 다섯 가지 감각-미각, 촉각, 후각, 시각, 청각-은 모두 그에 해당하는 기관을 갖고 있다. 예컨대 소리는 공기분자들의 진동이 내이(內耳)에 있는 고막을 움직임으로써 감지되며 시각은 빛의 입자인 광자들이 눈 안쪽에 있는 특별한 신경세포를 자극할 때 발생한다.

하지만 인간의 몸 안에 시간을 감지하는 기관은 아무 데도 없다. 그럼에도 대부분의 사람들은 3초간 울리는 소리와 5초간 울리는 소리를 구분할 수 있다. 개와 쥐를 포함해 대부분의 실험실 동물들도 마찬가지다. 그런데도 과학자들은 여전히 동물의 뇌가 어떻게 그토록 세밀하게 시간을 추적하고 측정할 수 있는지 설명하는 데 애를 먹고 있다.

시간이 무엇인지를 생리적으로 이해하기 위한 하나의 열쇠는, 시간에 관해 이야기할 때 시간에 관한 경험 가운데 어떤 것을 이야기하고 있는지 명확히 아는 것이다. 그 경험에는 다음과 같은 것들이 포함돼 있다.

–지속성(duration)–어떤 두 사건이 일어나는 사이에 시간이 얼마나 지났는지를 알아내는 능력, 혹은 다음 사건이 언제 일어날지 정확하게 예측하는 능력.
–시간의 질서(temporal order)–연속적으로 사건이 일어날 때 각각의 사건을 구분할 수 있는 능력.
–시제(Tense)–과거와 현재, 미래를 식별할 수 있고, 내일은 어제와는 다른 시간 방향에 놓여 있다는 것을 이해하는 능력.
–현재성에 대한 감각(feeling of nowness)–'바로 지금' 우리를 스쳐 지나가는 시간을 느끼는 주관적인 감각. 그 감각이 어떤 것이든 상관없이.

시간에 관한 논의가 대개 혼란스러운 길로 빠지는 것은 단 하나의 단어로 다층적인 경험을 묘사하려고 하기 때문이다. 과학 감정가들에게 시간이란, 와인 감정사들에게 와인처럼 포괄적인 명사다. 시간에 관한 다양한 경험들-지속성, 시제, 동시성 등-은 기본적으로 타고나는 것이어서 특별히 구별할 필요가 없는 것처럼 여겨지기 쉽다.

하지만 그건 어른들의 관점이다. 발달심리학에서는 시간에 관한 다양한 경험은 태어날 때부터 선천적으로 주어지는 것이 아니라, 자라면서 점진적으로 획득하게 되는 것이라고 본다. 인간은 태어나서 처음 몇 달 안에 '지금(now)'과 '지금 아닌 것(not now)'을 구별하는 근본적인 직관을 얻게 되지만, 이런 인식의 씨앗은 이보다 더 이른 시기 즉, 어머니의 자궁 속에 있을 때 형성되었을 수 있다. 아이들은 네 살 전후가 될 때까지는 '이전(before)'과 '이후(after)'를 정확히 구별하지 못한다. 그리고 점점 자라면서 시간이 하나의 방향성을 띤다는, '시간의 화살(arrow of time)' 개념을 인식하게 된다. 시간에 관한 우리의 지식은 칸트가 말한 것처럼 선험적으로 주어지는 것은 아니다. 시간은 우리 안으로 들어오는 어떤 것이며, 우리 안에 완전히 자리잡기까지는 몇 년이 걸린다.

생체리듬과 시간의 관계

우리는 시간에 관해 끊임없이 생각한다. 지속기간을 계산하고 어제와 내일에 대해 숙고하고, 이전과 이후를 비교한다. 우리는 시간 안과 시간 위에 머물면서, 시간의 흐름을 예측하고, 기억하고 평가한다. 이런 것들은 대체로 의식을 통한 경험이며, 지금까지 알려진 바로는 우리 인간에게만 고유한 것이다.

하지만 무의식의 차원에서는 24시간 생체주기(circadian cycle) 즉, 날들을 재는 시간이 존재한다. 이 시간 주기는 거의 40억 년 전부터 지구상 모든 생명체에 스며든 것이다. 생물학적 현상이라는 측면에서 보자면 기계적으로 작동하는 시계만큼이나 신뢰할 만한 시간이라고 할 수 있다. 지난 20년 간 과학자들은 이 시간 주기를 유전학적, 생화학적으로 이해하는 데 큰 진전을 이루어냈다. 우리 안에 있는 시계들 가운데 생체시계(circadian clock)는 현재 가장 많이 파악된 상태다.

인간의 시간(human time)에 관한 과학적인 연구 과정을 하나의 여행으로 표현한다면, 생체시계에 대한 지식은 우리로 하여금 햇빛이 찬란하게 비치는 단단한 땅에서 여행을 시작하게 한다. 하지만 그 이후의 여행은 어두운 늪지대로 들어서는 것과 같다고 할 수 있다. 생체시계 이외의 시간에 대한 연구는 아직 초보적인 수준이라는 뜻이다.

24시간 생체리듬은 잠을 자고 깨어나는 것과 밀접히 연관돼 있다. 그러나 이 말은 자칫 오해를 부를 수 있다. 우리의 수면 패턴은 생체시계의 영향을 받지만 의식의 통제를 받기도 한다. 우리는 일찍 자고 일찍 일어나는 것을 선택할 수도 있고 올빼미처럼 낮에는 잠만 자고 밤에는 내내 깨어 있는 방식을 택할 수도 있다. 여러 날 동안 아예 잠을 자지 않을 수도 있다. 그렇게 한다고 해서 생체시계가 작동하지 않는 것은 아니다. 생체시계가 그렇게 간단히 무시될 수 있다면 중요하게 다룰 이유가 없다.

24시간 생체리듬을 -적어도 인간에게서- 확인할 수 있는 더 정확한 방법은 체온을 재는 것이다. 사람의 평균 체온은 섭씨 37도(정확하게는 36.9도)다. 이는 어디까지나 평균값이다. 체온은 수시로 변하는데 하루에도 약 2도가량 차이가 난다. 오후 3, 4시나 오후 늦은 시간이 가장 높고 잠에서 깨어나기 이전인 동트기 전이 가장 낮다. 물론 체온 차이가 얼마나 되고, 언제 최고, 최저 체온이 되는지는 개인마다 다르다. 또 활동을 많이 하거나 몸이 아프면 체온이 올라가게 된다. 어쨌든 하루 종일, 그리고 매일 매일 체온은 마치 시계가 작동하듯이 규칙적으로 오르거나 내린다.

다른 신체 기능도 24시간 생체리듬을 엄격하게 따른다. 우리가 특별한 활동을 하지 않을 때 심장의 박동수는 하루를 통틀어 20회가량 차이가 난다. 혈압도 24시간 내내 오르락내리락 하는데, 새벽 2시와 4시 사이에 가장 낮고 이후 서서히 오르다가 정오 무렵에 가장 높아진다. 우리가 낮보다 밤에 소변을 덜 보는 까닭은 밤에 물을 덜 마시기 때문이기도 하지만, 호르몬이 신장으로 하여금 낮보다 밤에 더 많은 물을 보유하도록 하기 때문이다(호르몬의 분비 역시 24시간 주기를 따른다).

따라서 우리는 생체시계를 고려해 하루 중 언제 무슨 일을 할지 스케줄을 짤 수가 있다. 신체의 활동성과 반응능력은 오후 중반에 정점에 이른다. 심장 박동이 가장 활발하고 근육이 가장 강한 시간대는 오후 5시나 6시다. 통증을 느끼는 임계점은 이른 아침에 가장 높기 때문에 치과 수술을 받기에 가장 이상적인 시간대다. 알코올은 밤 10시와 아침 8시 사이에 가장 천천히 분해된다. 같은 양의 술을 마시더라도 낮보다는 밤에 알코올이 체내에 더 오래 남아 있게 된다는 말이다. 그래서 사람들이 밤에 술을 더 찾게 되는 것이다. 피부 세포는 자정과 새벽 4시 사이에 세포분열이 가장 왕성하게 일어나며, 얼굴의 수염은 밤보다는 낮에 더 빨리 자란다. 따라서 남자들은 저녁보다는 아침에 면도를 하는 것이 더 낫다.

이러한 신체 리듬은 우리의 건강에도 큰 영향을 미친다. 뇌졸중과 심장마비는 아침 늦은 시간에 가장 흔하게 발생하는데 이 시간대에 혈압이 가장 가파르게 상승하기 때문이다. 호르몬 수치는 24시간 주기로 오르내리기 때문에 하루 중 언제 약을 복용하느냐에 따라 효험도 크게 달라진다. 그래서 요즘은 의사들도 약의 투여 시간에 점점 더 많은 신경을 쓰고 있다.

다른 동물들에게도 똑같이 적용되는 이야기다. 실험 결과에 따르면(이런 실험은 좀 당혹스럽긴 하다), 치사량에 해당하는 아드레날린을 쥐에게 투여했을 때 어느 시간대에 투여하느냐에 따라 사망률이 적을 때는 6퍼센트, 많을 때는 78퍼센트로 크게 차이가 났다. 어떤 살충제는 오후에 사용할 때 더 많은 벌레를 죽인다. 24시간 생체리듬은 사람의 기분과 두뇌 활동에도 영향을 준다. 한 연구에서 실험 참가자들에게 잡지를 주고는 30분 동안 기사에서 e가 등장할 때마다 선을 그어 지우도록 했다. 그 결과 아침 8시가 가장 신통치 않았고 밤 8시 30분에 가장 많은 e를 지운 것으로 나타났다.

집중력도 24시간 생체리듬의 영향을 받는다. 체온이 가장 높을 때 집중력도 가장 높고 체온이 가장 낮을 때 가장 산만해진다. 대부분의 사람은 동트기 전의 시간대에 체온이 가장 낮다. 그래서 야간근무는 생각만큼 생산성이 높지 않다. 특히 새벽 3시에서 5시 사이에 야간 근무자들은 경고 신호에 가장 느리게 반응하고, 계량기의 수치를 잘못 읽는 경우도 가장 흔하다. 수학자 스티븐 스트로가츠는 체르노빌, 보팔, 쓰리마일 섬, 엑센 발데즈 사건은 모두 인간의 부주의로 인한 참사였는데 모두 새벽 3시에서 5시 사이에 일어났다는 사실에 주목했다.[13] 그래서 야간 근무자들은 이 시간대를 '좀비 존'이라고 부른다.

시계는 째깍거리는 사물이다. 그 소리가 꾸준히 끊임없이 지속되는 한 어떤 의미를 갖게 된다. 원자의 진동, 추의 왕복운동, 지구의 자전이나 공전 등이 여기에 속한다. 석탄 덩어리도 째깍거리는 시계다. 석탄은 탄소원자로 이루어져 있다. 대부분의 탄소원자는 내부에 양성자 6개, 중성자 6개를 가진 구조로 돼 있으나(탄소-12), 아주 드물게 약 1조에 하나 꼴로 양성자 6개, 중성자가 8개를 갖는 경우가 있다(탄소-14). 탄소-12에 대한 탄소-14의 비율은 살아 있는 생명체 안에서는 일정하지만, 생명체가 죽으면 비율이 감소하게 된다. 왜냐하면 탄소-14가 질소-14로 붕괴해 변하기 때문이다. 이 변화는 평균적으로 약 5700년마다 일어난다. 따라서 석탄 덩어리에 들어 있는 탄소-12

....

13 체르노빌 원전사건은 1986년 4월 26일에 구소련(현재 우크라이나)에서 발생한 역대 최악의 원전 사고로 56명이 그 자리에서 사망하고, 20만 명 이상이 방사선에 노출되어 그중 2만 5000명 이상이 사망했다. 인도 중부 도시 보팔에서는 1984년 12월 3일 미국 다국적기업인 유니온 카바이드가 운영하는 공장에서 시안화물 가스가 누출돼 3000명 이상이 사망했다. 쓰리마일 원전 사고는 1979년 3월 28일 미국 펜실베이니아 주 쓰리마일 섬에서 발전소의 노심이 용해되면서 발생했다. 다행히 누출된 방사선량이 적어 피폭피해는 없었지만 이후 반핵여론이 들끓어 70여개 원전 건설계획이 백지화되고 30년 동안 원전건설이 중단되기에 이르렀다. 엑슨 발데즈 사건은 1989년 3월 24일 알래스카의 프린스 윌리엄즈 해협을 지나던 유조선 엑슨 발데즈 호에서 3만 3000톤의 원유가 유출돼 주변 환경을 심각하게 오염시킨 사고다.

에 대한 탄소-14의 비율을 알면, 이 석탄이 얼마나 오래되었는지, 그 나이를 알 수 있다. 결국 석탄은, 혹은 탄소를 품고 있는 모든 화석은, 이언[14]을 나타내는 시계라고 할 수 있다.

시계 자체가-지구든, 추든, 원자든, 탄소 화석이든- 째깍거리는 횟수를 세느냐 안 세느냐 하는 것은 오랫동안 철학적인 논쟁거리였다. 해시계가 그림자의 이동을 따라갈 때 시간은 해시계 표면에 새겨진 숫자로 나타난다. 이때 해시계 자체가 그 숫자를 세는 것인가, 아니면 그 숫자를 보는 사람이 세는 것인가? 이 시간이란 째깍거리는 횟수를 세는 사람과 독립적으로 존재하는 것인가 아닌가라는 문제로 환원된다.

아리스토텔레스는 "만약 시계의 숫자(째깍거리는 횟수)를 재는 사람이 존재하지 않는다면 시간도 존재하지 않는 것인가, 아니면 그것과는 별개로 시간은 독립적으로 존재하는 것인가, 라는 문제는 충분히 의심해 볼 만한 주제다. 왜냐하면 시간을 재는 사람이 아무도 없다면, 측정의 대상이 되는 시간 자체도 없다고 할 수 있기 때문이다"라고 말했다. 이는 선문답 같은 얘기다.

탄소-14와 탄소-12의 비율을 측정하는 과학자가 없다면 석탄은 시계로 기능할 수 없다는 말 아닌가? 아우구스티누스는 이 문제에 단호했다. 시간은 그것을 측정할 때 존재하며, 시간을 측정하는 것은 인간만이 가진 속성이라고 했다. 아우구스티누스의 말은 작고한 물리학자 리처드 파인만의 주장을 떠올리게 한다. 파인만은 시간에 관

....
14 eon, 지질시대를 구분하는 단위.

한 사전적인 정의는 순환논법이라고 지적했다. 사전적인 정의에 따르면, 시간은 기간(period)으로 정의되고 기간은 다시 시간의 길이(length)로 정의되기 때문이다. 파인만은 이렇게 덧붙였다. "어쨌든 가장 중요한 것은 우리가 시간을 어떻게 정의하느냐가 아니라 시간을 어떻게 측정하느냐이다."

생체시계의 작동 원리

생체시계에서 째깍거리는 것은 세포의 내용물-유전자들과 단백질들-이며, 그들 사이의 대화다. 모든 살아 있는 세포는 DNA-유전자 물질이 가닥으로 꼬여 있는 것-를 갖고 있다. 진핵생물-모든 동물과 식물을 포함해 광범위한 유기체들이 여기에 속한다(진핵생물은 세포 안에 막으로 둘러싸인 핵을 가진 생물로 대부분의 생명체가 여기에 해당한다. 반면 원핵생물은 분화 정도가 낮아 진정한 세포핵이 없는 것으로 박테리아, 방선균, 남조류 등이 이에 해당한다)-에서는 DNA가 세포핵을 둘러싼 막 안에 들어 있다. DNA는 실제로는 두 개의 가닥이 반반씩 지퍼처럼 연결된 이중나선 구조를 하고 있다. 이 가닥들은 뉴클레오티드로 구성돼 있으며, 뉴클레오티드는 다양한 길이의 유전자를 만들어 낸다.

DNA는 매우 다이내믹하다. 규칙적으로 지퍼를 풀어 한 개(혹은 몇 개)의 유전자를 들어낸 다음 그 유전자를 복제해 세포핵 바깥에 있는 세포질로 내보낸다. 세포질에서는 이렇게 전해진 복제된 유전자 정보를 바탕으로 여러 가지 종류의 단백질을 만들어 낸다. 이 과정을 이해하기 쉽게 외딴 섬에 매우 바쁘게 일하는 로봇 설계자가 있다고 해 보자. 그(혹은 그녀)가 설계도를 그린 다음 육지에 있는 공장에 보내면 공장에서는 이 설계도를 토대로 여러 종류의 로봇을 만들게 된다. 여기서 설계자는 DNA, 설계도는 복제된 유전자, 공장은 세포질, 로봇은 단백질이다.

대부분의 유전자들은 여러 가지 단백질에 대한 암호를 갖고 있다. 이 암호에 따라 서로 다른 단백질이 세포질에서 만들어진다. 단백질들은 서로 모여 분자가 되고, 신진대사를 일으키며, 손상된 세포를 복원시키기도 한다. 그러나 생체시계 유전자들-크게 두 가지가 있다-은 이와 다르다.

이 유전자들은 한 쌍의 단백질에 대해서만 암호를 갖고 있다. 이 암호에 따라 세포질에서 한 쌍의 단백질이 만들어지면, 이들은 다시 세포핵으로 스며들어 간다. 세포핵으로 들어간 이 단백질 쌍은 오리지널 유전자(복제 유전자를 만들어 내는 원래의 생체시계 유전자)에 들러붙어 이 유전자가 더 이상 활동을 하지 못하도록 한다. 다시 말해 더 이상 복제 유전자를 만들어 내지 못하게 한다. 간단히 말하면, 이 '시계'는 한 쌍의 유전자 그 이상도 이하도 아니며, 몇 단계 과정을 거친 다음 결국에는 스스로를 차단시키는 것이다.

외딴 섬에 있는 설계자 즉, 오리지널 생체시계 유전자는 더 이상 설계도(복제 유전자)를 우편을 통해 육지(세포질)로 보내지 않는 것이다. 대신 설계자는 미래의 자신에게 보내는 메시지를 작성해 병에 담아 바닷물에 하나씩 띄운다. 병에 담긴 메시지들이 늘어나 충분한 양이 바다에 띄워졌을 때, 미래의 설계자에게 최초에 쓴 메시지가 도착한다. 거기에는 이렇게 씌어져 있다. "낮잠을 자라."

그 설계자가 낮잠에 빠져 있을 때, 시계유전자들은 휴식을 취하고 단백질 생산도 중단된다. 세포질에서 생성된 단백질들은 거기서 분해되며, 세포핵 안으로 다시 스며들어 오리지널 유전자의 활동을 차단하는 것도 멈추게 된다. 그래서 오리지널 유전자는 활동을 재개할 수 있게 된다. 이 과정이 순환적인 것으로 들린다면, 그것은 진화론에서의 자연선택이 이런 순환방식을 선호하기 때문일 것이다. 여기서 중요한 것은 이 과정에서 무엇이 생산되느냐가 아니라, 생산의 주기다. 시계유전자들이 처음 활동을 시작한 순간부터 활동이 차단되고, 다시 활동을 재개하기까지의 사이클은 평균적으로 24시간의 주기를 갖는다.

결국 이 과정에서 무엇인가가 생산된다고 하면 그것은 다른 유전자들처럼 하나의 분자가 아니라 시간의 간격(interval)이다. 생체시계는 기본적으로 -DNA와 단백질 형성 인자 사이에- 약 하루 동안 전개되는 대화다. 이 내재적인 시계는 그 시계를 품고 있는 주체가 무엇이든-사람, 생쥐, 초파리, 꽃 등-간에 24시간이라는 사이클로 계속 째깍거릴 것이다. 설사 이 주체들이 며칠 동안 계속해서 햇빛을 받지 못한 채 깜깜한 어둠 속에 있게 되더라도 그 시계는 24시간을 주기로 계속 작동할 것이다.

생체시계는 햇빛의 주기와 정확하게 일치하지는 않기 때문에 시간이 지날수록 점점 더 태양일(solar day)과 보조를 맞추지 못하게 된다. 그래서 주기적으로 햇빛에 노출이 되어야 생체시계도 리셋이 되며 이를 통해 태양일과 보조를 맞추게 된다. 말하자면 햇빛은 생체시계가 전개하는 대화의 중재자로서, 매 순간은 아니지만 매일 매일 그 대화가 궤도를 벗어나지 않도록 개입하는 것이다.

생체시계의 주기가 24시간이라는 것은, 세포 안에서 일어나는 대부분의 생화학적 반응들이 1초보다 훨씬 작은 시간 단위에서 일어난다는 점을 감안할 때 더욱 주목할 만한 사실이다. 실제로 세포핵에 있는 시계유전자와 (그 유전자가 제공하는 암호를 통해) 세포질에서 만들어지는 단백질들 사이의 대화를 중개하는 것은 어떤 분자 무리다. 이 분자들은 자기 자신의 유전자에 의해 암호화돼 있다. 이렇게 볼 때 이 과정은 대화라기보다는 전화게임[15]과 비슷하다고 할 수 있다. 우리의 설계자 즉, 생체시계 유전자는 미래의 자신에게 메시지를 보내는데, 그 중간에는 중개인들-계약자들, 배달사원들, 문지기들 같은 분자 무리들-이 있는 것이다. 마침내 설계자의 메시지가 미래의 자신에게 도착한다. 그렇게 24시간이 지나가는 것이다.

과학자들이 생체시계에 대해 알고 있는 것들은 대부분 동물 연구를 통해 얻은 것이다. 1960년대에 시모어 벤저와 로널드 코노프카는 일련의 고전적인 실험을 통해 초파리는 24시간을 주기로 활동이 더 활발해지거나 저조해진다는 사실을 밝혀냈다. 나아가 어떤 종(種)의 초파리는 활동 리듬이 24시간보다 조금 짧거나 길었는데, 가끔은 그 주기가 크게 변하는 경우도 있었다. 생물학자들은 초파리를 이종교배하거나 DNA를 변화시킴으로써, 어떤 유전자가 생체시계에 관여하

....
15 game of telephone 하나의 메시지를 바로 옆 사람에게 속삭이면, 그 사람은 자신이 들은 메시지를 다시 옆 사람에게 귓속말로 전해 주는 식으로 계속 이어지는 게임. 가장 마지막 사람이 들은 메시지와 최초의 메시지가 동일한지 아닌지를 알아 맞히는 게임.

느지를 밝혀냈을 뿐만 아니라 생체시계가 작동하는 기본적인 모델도 얻을 수 있었다. 여기에 관여하는 한 쌍의 유전자-'per'과 'tim'(각각 주기period와 영원timeless을 뜻한다)이라는 별명으로 불렸다-는 암호를 통해 PER과 TIM이라는 한 쌍의 단백질을 만들어 낸다. 이 두 단백질은 결합해 하나의 분자를 이루며, 세포질에서 이 분자들이 충분히 축적되면 세포핵 속으로 스며들어 per과 tim 유전자가 활동하지 못하도록 차단하는 것이다.

이후의 연구를 통해 생쥐도 초파리와 매우 흡사한 생체시계가 있으며 그에 관여하는 물질도 매우 비슷하다는 사실이 밝혀졌다. 다만 생쥐의 생체시계에는 초파리에 없는 다른 유전자와 단백질들이 추가적으로 들어 있었다. 또한 인간에게도 생쥐에서 발견되는 것과 동일한 유전적 구성 물질이 있다는 것이 확인되었다. 실제로 모든 동물들-개미나 벌을 비롯해 순록과 코뿔소에 이르기까지-은 비슷한 구조의 생체시계를 가동하고 있다. 식물도 생체시계를 갖고 있다. 대부분의 식물은 아침에 곤충이 공격해 오는 것에 대비해, 이 시계를 이용해서 방어용 화학물질을 만들어 낸다. 따라서 식물들은 자신의 생체시계가 정상적으로 작동할 때 곤충의 공격에 훨씬 효율적으로 저항할 수 있는 것이다.

라이스 대학교 세포생물학 교수인 재닛 브람과 동료들은 양배추와 블루베리를 포함한 과일과 채소들이 수확되고 난 다음에도 생체시계가 계속 작동한다는 사실을 밝혀냈다. 그러나 채소가게에 켜 놓은 일정한 세기의 조명 아래 있게 되면-혹은 일정한 세기의 어두운 냉장고 안에서 오래 있게 되면- 24시간 생체리듬은 사라지기 시작한다는 것이다. 그래서 아침이면 주기적으로 분비하던 화학적인 합성물질-이 물질은 곤충의 공격에 저항하기 위해 채소의 맛을 떨어뜨리고 심지어 영양가도 떨어뜨렸을 것이다-도 더 이상 나오지 않게 된다. 어쩌면 우리는 채소(vegetables)를 식물인간(vegetables)처럼 만들고 있는 것이다.[16]

빵에 서식하는 붉은빵곰팡이조차도 생체시계가 있다는 사실이 밝혀졌다. 식물과 동물의 생체시계가 공통점을 갖고 있다는 사실은 놀라운데 사실 그 뿌리는 매우 깊다. 그래서 어떤 생물학자들은 인간을 비롯한 모든 생명체는 7억 년 전 지구상에 다세포 유기체가 처음 나타난 이후 동일한 생체시계를 작동해 온 것이 아닐까 추정하고 있다.

나는 새벽 4시 27분에 깨어나 나의 의식과 나의 유한성 즉, 죽을 수밖에 없는 운명에 대해 곰곰이 생각하는 도중에도 이 아이디어를 떠올리면 마음이 편안해진다. 나는 자신의 죽음을 예상하는, 아마도 유일한 종(種)일지도 모르는 인간의 일원이다. 잡초는 잔디 깎는 기계에 의해 제거될지도 모른다는 걱정 따위는 전혀 하지 않은 채 오직 햇빛을 받아들일 준비만 한다. 내가 잠에서 깨어나면 벌들도 깨어나고, 내 커피메이커에서 끓여질 커피를 만들어 내는 커피나무의 꽃도 깨어나며, 내 부엌 조리대의 빵에 서식하는 곰팡이도 깨어난다. 그들과 함께 오랜 과거로부터 똑같이 물려받은 유산 즉, 생체시계가 우리 안에서 째깍거리고 있는 것이다.

....
16 vegetable에는 채소라는 뜻과 함께 기능을 상실한 식물인간이라는 뜻도 있다.

뇌 안의 생체시계-시교차상핵

우리는 종종 지금이 몇 시인지를 알고 싶어 한다. 그래서 벽시계나 탁상시계 혹은 손목시계를 들여다본다. 아니면 옆 사람에게 물어본다. "죄송하지만 지금 몇 시예요?"

우리가 다른 시계를 보았을 때 처음 시계와 시간이 다르면 문제가 생긴다. 어느 쪽 시계를 믿어야 하는 거지? 그래서 두 시계를 중재해 줄 또 다른 시계를 찾아야 한다. 마을 광장의 탑에 있는 시계나, 출퇴근 시간을 찍을 때 사용되는 시간기록계, 혹은 학교 수업이 끝날 때 벨을 울리는 교장실 벽에 걸린 시계를 봐야 한다. 우리가 정해진 시각에 정확히 모이기 위해서는 그때가 언제인지 모두 동의해야 제 시각에 도착할 수 있다. 우리 모두의 시계를 일치시켜야 하는 것이다. 삶이란 다른 사람들의 시계에 내 시계를 맞추는 거대한 조정 과정이다.

우리 몸 안의 세포들도 마찬가지다. 1970년대에 포유동물의 주요한 생체시계는 뇌 안의 시교차상핵(suprachiasmatic nucleus)이라는 사실이 밝혀졌다. 시교차상핵은 뇌 아래쪽 시상하부에 위치하며 약 2만 개의 특수한 뉴런[17]이 이중으로 무리를 이루면서, 24시간 주기에 맞춰 작동한다. 시교차상핵이라는 명칭은 시신경 교차점(optic chiasma)-양쪽 눈에서 나온 시신경이 만나는 곳으로 외부의 정보를 받아들이기에 가장 편리한 곳이다- 바로 위에 위치하기 때문에 붙여

....

17 신경세포로서 신경계를 구성하는 기본단위. 뉴런이 다발을 이루고 있는 것이 신경이다.

진 이름이다.

　시교차상핵은 체온과 혈압의 오르내림과 세포분열의 속도를 조정하는 등 하루를 기준으로 여러 생체활동을 관장한다. 또 햇빛을 받아 매일매일 신체조절 리듬을 재설정하지만, 햇빛과 관계없이 고유의 리듬을 갖기도 한다. 만약 햇빛이 들지 않는 어두운 동굴에 홀로 떨어져 있거나, 햇빛처럼 강도가 변하지 않는, 일정한 세기의 빛에 계속 노출돼 있으면 시교차상핵은 평균 24.2시간의 주기로 자신의 리듬을 매일 반복한다. 그렇다고 낮과 밤으로 이루어지는 24시간 생체리듬과 완전히 일치하는 건 아니다.

　실험용 쥐나 토끼, 다람쥐원숭이에게서 시교차상핵을 제거하면 시간에 동조하는 능력을 잃어버린다. 그 결과 체온, 호르몬 분비, 신체활동 등이 24시간 생체리듬을 따르지 않게 되며, 서로 공유하는 시계가 없기 때문에 신체기관들이 제각각 따로 기능하게 된다. 이런 상태에 놓인 햄스터는 당뇨병에도 걸리고 잠도 잘 수 없게 된다. 또한 방향감각을 잃어 몸의 움직임이 종잡을 수가 없게 된다. 하지만 시교차상핵 세포를 다시 이식해 주면 생체시계를 되찾아 24시간 생체리듬으로 돌아오게 된다. 물론 이때는 시교차상핵 세포를 기증한 동물의[18] 리듬을 따른다.

당신도 시계 부자다

　그러나 시교차상핵만 우리 몸이 가진 유일한 시계는 아니다. 지난

....

18 원래 자신이 가지고 있던 리듬이 아닌.

72

10년간 연구를 통해 밝혀진 것은 우리 몸의 거의 모든 세포들이 자신만의 24시간 생체리듬을 가지고 있다는 것이다. 근육세포, 지방세포, 췌장세포, 간, 허파, 심장세포를 포함해 모든 인체기관들이 자신만의 시계를 갖고 있다. 신장이식 수술을 받은 환자 25명을 대상으로 실시한 연구에 따르면, 7명은 새로 이식받은 신장의 배설 리듬이 환자의 생체시계 리듬을 무시하고 기증자의 리듬을 그대로 반복한 반면, 나머지 18명의 신장은 새로운 주인의 리듬에 정반대로 동조하는 것으로 나타났다. 즉, 기존에 있던 하나의 신장의 활동이 가장 저조할 때 이식되면 배설활동은 가장 활발해졌고, 기존 신장의 활동이 가장 활발할 때 이식한 것은 반대로 가장 저조해졌다.

유전자들—단백질을 만들고 세포를 유지하며 체내 에너지 망을 움직이고 궁극적으로는 우리 자신을 규정하는 역할을 하는—도 24시간 생체리듬에 맞춰 기능한다. 약 10년 전만 해도 포유동물의 유전자 중 극히 일부만 24시간 리듬을 따른다고 여겨졌지만 지금은 이 리듬을 따르는 것이야말로 유전자들이 가진 기본적인 특성이라고 본다. 결국 우리 몸은 어마어마하게 많은 시계로 가득 차 있는 셈이다.

모든 생체시계는 잠재적으로는 자율적인 시계다. 각기 고유의 째깍거리는 리듬을 갖고 있어, 다른 시계로부터 고립되더라도 거의 24시간이라는 리듬에 맞춰 자유롭게 움직인다. 게다가 항상 똑같은 리듬 패턴을 유지하는 시계는 거의 없다. 생쥐의 심장과 간에서 추출한 1000개가 넘는 유전자를 연구한 결과, 유전자들의 활동은 24시간 리듬에 따라 변했지만 매일 똑같은 패턴을 따르는 유전자는 단 하나도 없는 것으로 나타났다.

오케스트라를 떠올려 보자. 현악기 파트-바이올린, 비올라, 첼로, 베이스-는 다층적인 주제를 표현하고, 금관악기와 목관악기는 대위법적으로 들어오고, 타악기는 오케스트라 뒤쪽에서 가끔씩 큰 사운드를 내면서 존재감을 부각시킨다. 그러나 지휘자가 없다면 이 모든 결과는 소음이 돼 버리고 말 것이다. 인간에게, 그리고 많은 척추동물들에게 지휘자는 시교차상핵이다. 시교차상핵은 기본적인 리듬을 유지하면서, 그 리듬을 호르몬과 신경화학물질을 통해 신체 각 기관의 시계에 전달함으로써 서로 보조를 맞추도록 한다.

시간이 형성되기 위해서는 하나의 시계가 주변의 시계들에게 자신의 시각을 알려야 한다. 혹은 적어도 다른 시계들이 하는 말을 듣고 받아들여야 한다. 시계는 콘서트이며, 그룹을 지어 나누는 대화이며, 상호작용하는 이야기다. 우리는 단지 몸 안에 수많은 시계들을 지니고 있는 것이 아니다. 그 시계들을 모두 합친 것이 바로 하나의 시계다.

그러나 이 시계-몸 안의 모든 시계를 합한 하나의 시계-도 그 자체로는 완벽한 시계가 아니다. 24시간 생체리듬에 맞추기 위해서는 매일 외부에서 들어오는 정보에 맞춰 시각이 재설정되어야 한다. 물론 이 정보들 중 가장 강력한 것은 햇빛이다. 인간의 경우-모든 포유류와 마찬가지로, 그리고 대부분의 동물과 마찬가지로- 햇빛이 몸 안으로 들어오는 관문은 눈이다. 시교차상핵이 몸의 지휘자라면 눈은 메트로놈이라고 할 수 있다. 즉, 외부의 물리적인 시간을 몸의 생리학이 이해할 수 있도록 번역해 준다. 망막시상하부 트랙트(retinohypothalamic tract)라 불리는 별도의 신경경로가 눈 뒤쪽에서부터 시교차상핵까지 이어져 있는데, 햇빛이 눈 안으로 들어오면 그 신호가 몸의 지휘자(시교차상핵)에게 전해지고 이를 통해 교향곡이 처음부터 다시 연주되는 것이다.

이런 과정은 동조(同調)라고 부르는데, 몸 안에 있는 많은 시계들이 하나의 단위, 하나의 시계처럼 작동하기 위해서는 이 동조가 필수적이다. 지휘자(시교차상핵)는 아무 때나, 모든 빛에 반응해 리셋을 하는 게 아니다. 지난 수년 간 과학자들은 어떤 빛의 파장이 가장 효과적이고, 햇빛에 노출되는 시간은 어느 정도가 최적이며, 하루 중 어느 시간대가 좋은지 등을 알게 되었다. 특별히 고안된 조명 장치를 설치해 놓은 수면실험실에서는 하루가 26시간이나 28시간인 리듬에 맞춰 우리 몸이 기능하도록 하거나, 한밤중에 일어나는 수면 습관을 주입할 수 있다.

그러나 우리 몸이 갖고 있는 자연적인 시계 장치는 우리가 지구의 자전운동에 동조해서 하루의 리듬을 갖도록 한다. 내 휴대전화가 세계의 다른 시계들과 동조하기 위해서는 지구 궤도를 돌고 있는 위성의 초정밀 시계에 신호를 보낸 다음 거기서 다시 보내는 답을 받아야 한다. 하지만 내 뇌가 세계의 다른 뇌들과 동조하기 위해서는 단지 눈을 뜨고서 햇빛이 내 눈 안으로 들어오게 하기만 하면 된다.

옛날 옛적에 세포 하나가 동굴로 들어가 수많은 낮과 밤을 보냈다. 그것은 나였고 당신이었다. 그것은 또한 세상에 나오기 몇 달 전의, 내 이란성 쌍둥이 아들인 레오와 조슈아이기도 했다.

우리는 시간 속에서 태어나는 것일까, 아니면 시간이 우리 속에서 태어나는 것일까? 그 답은 시간이 무엇을 의미하는지에 따라 다르지만, 동시에 '우리'의 정확한 의미와 이 '우리'라는 것이 언제부터 시작되는지에 따라서도 달라진다.

자, 하나의 세포에서 시작하자. 세포는 완전히 밀폐되지는 않은, 살아 있는 공장이다. 여기서는 생화학적 반응과 상호작용이 일어나고, 에너지가 흐르며, 이온들이 서로 교차하고, 피드백이 고리를 이루며 순환적으로 일어나고, 유전자들이 규칙적으로 암호를 통해 자신을 드러낸다. 이런 활동의 총합은 세포의 전기적인 에너지가 미묘한 차이로 높아졌다가 낮아지는 것으로 측정될 수 있다.

하나의 세포는 둘이 되고, 수천 개로 늘어나는 과정을 거쳐 마침내 배아가 된다. 수정이 되고 난 뒤 40~60일 사이에, 시교차상핵이 될 세포들이 만들어진다. 시교차상핵이 되는 세포들은 뇌 발생 초기에 뇌의 한 부분에서 만들어지며 이리저리 떠돌다가 수정 후 16주가 지나면-임신 전체 기간의 중간 시기에- 시상하부에 완전히 자리잡게 된다.

태아 발달과정이 인간과 유사한 개코원숭이의 경우, 시교차상핵 세포들은 임신기간이 거의 끝나는 시점에 진동하기 시작한다. 즉, 시교차상핵 세포들의 활동이 거의 24시간을 주기로 가장 활발해지거나 가장 저조해지는 것이다. 햇빛을 받을 수 없는 경우에도 거의 비슷한 주기로 시교차상핵 세포의 활동이 이루어진다. 24시간 생체리듬에 완전히 안착하는 것이다.

인간 태아의 경우에는 이보다는 빠른 임신 초기에-수정된 이후 약 20주가 지났을 때 즉, 시교차상핵이 시상하부에 정착했을 때-

24시간 리듬이 작동하는 것을 알 수 있다. 심장박동 수, 호흡 횟수, 신경 스테로이드 분비 등이 모두 24시간 주기로 규칙적으로 변하는 것이다.

그러나 앞에서 살펴본 프랑스의 동굴탐험가 미셸 시프르가 24시간 주기와 동조하지 못했던 것과 달리 태아는 어둠 속에 있음에도 불구하고 내재된 시간과 동조하는 데 어려움이 없다. 태아가 자궁이라는 어둠 속에 갇혀 있고, 망막시상하부 트랙트-햇빛을 시교차상핵으로 전달하는 통로-가 아직 형성되지 않은 상태인데도, 자궁 바깥의 자연의 빛에 동조해서 24시간 주기로 활동이 이루어지는 것이다. 그렇다면 어떻게 해서 24시간 생체리듬이 태아에 자리잡게 된 것일까?

아기의 신비한 생체시계

산모의 태반을 통해 태아에게 전달되는 영양소와 물질 중에는 두 개의 신경화학물질이 포함돼 있다. 하나는 신경전달물질인 도파민이고 다른 하나는 호르몬인 멜라토닌이다. 이 둘이 태아의 시교차상핵 시계로 하여금 자궁 바깥의 햇빛 주기와 리듬이 일치되도록 하는 데 결정적인 역할을 한다. 시교차상핵에서 도파민과 멜라토닌을 받아들이는 부분 즉, 수용체는 시교차상핵이 형성되는 초기에 이미 만들어진다.

나는 한밤중에 눈을 멀뚱하게 뜬 채 잠을 이루지 못할 때가 많다. 그럴 때면 이런 상상을 즐긴다. 자궁 안에 있는 생명체(태아)도 나처럼 이렇게 뜬 눈으로 지샐 것이다. 단지 째깍거리는 소리를 내는 시계가 옆에 없다는 점-이건 나보다 나은 상황이다-과 깜빡거릴 눈꺼풀이 없다는 점이 다를 뿐이다. 태아는 시간이 적용되지 않는 공간 속에서 유유히 순수의 상태에서 떠다니고 있을 것이다. 하지만 이건 내가 잘못 생각한 것이었다. 태아는 하루 24시간의 주기를 정확히 지키는 햇빛이라는 시계에 휩싸여 있고, 그 시간은 잠시도 쉬지 않고 태아에게 스며들고 있다. 태아는 이렇게 시간 속에서 자라나고 있는 것이다.

이렇게 간접적인 방식으로 24시간 생체리듬을 획득함으로써 태아가 얻는 이익은 무엇일까? 과학자들은 태아가 세상으로 나온 초기에 유리하게 작용할 것이라고 생각한다. 굴을 파고 사는 포유동물들-두더지, 생쥐, 얼룩다람쥐 등-의 새끼들은 태어나서 처음 며칠, 혹은 몇 주일간은 햇빛에 바로 노출되지 않는다. 만약 새로 태어난 새끼들이 마침내 땅 위로 나오게 되었을 때, 햇빛의 24시간 생체리듬에 적응하기 위해 또 다시 며칠을 더 보내야 한다면 포식자들의 손쉬운 먹잇감이 될 것이다. 그래서 이런 동물들은, 아마 인간도 마찬가지일 텐데, 자궁에서 미리 24시간 주기에 적응함으로써 햇빛에 적응하는 데 필요한 준비기간을 건너뛸 수 있는 것이다.

그러나 생체시계는 몸 내부의 환경을 조직화하는 데도 필수적이다. 동물은 배아상태[19]에서도 생체시계들의 집합이라고 할 수 있다. 세포들, 유전자들, 발달중인 기관들 등 수십 억 개라고 할 수 있을 정도로 어마어마하게 많은 시계들이 하루 약 24시간의 주기로 자신들에게 주어진 일을 하고 있는 것이다.

하지만 이 모든 시계들을 관장하는, 중심이 되는 시계(a central

....

19 인간의 경우 수정 후 첫 8주까지의 상태.

clock)–시교차상핵–가 없다면, 이 다양한 기관들은 적절히 발달하지 못할 뿐 아니라 서로 유기적으로 협조할 수도 없다. 예컨대 위가 오후 1시에 음식을 먹으려고 결정했는데 소화효소가 이보다 한 시간 늦게 분비된다면 효과적으로 소화가 되지 않을 것이다.

태아가 온전히 독립적으로 자기만의 시계를 작동시킬 수 있을 때까지는, 산모의 시계를 통해 기관들을 조직화–한 논문은 이 조직화를 '내부에서 시간의 질서가 형성되는 것'이라고 했다–한다. 산모의 시계는 배아의 생리학과 산모의 생리학을 통합시키는 역할도 한다. 그래서 산모와 태아는 같은 시간 스케줄에 따라 먹고, 소화하고 대사작용을 하게 된다. 결국 세상에 태어날 때까지 태아는 말 그대로 산모의 일부이며, 산모의 시계에 의해 다스려지고 조타되는 주변부적인 시계(peripheral clock)라고 할 수 있다.

산모의 24시간 생체리듬은 태아에게 세상에 나오는 시간을 알려주는 알람시계 역할을 하기도 한다. 연구에 따르면 많은 포유동물들은 분만을 할 때도 24시간 주기에 따르는 것으로 나타났다. 예를 들어 쥐는 전형적으로 햇빛이 있는 낮 시간–쥐들은 인간의 시간으로 밤에 먹이를 찾으러 나서기 때문에 인간의 시간으로 낮 시간은 그들에게는 잠을 자는 밤 시간이다–에 새끼를 낳는다.

또 실험실에서는 새끼를 밴 어미에게 빛을 쐬는 시간을 늘리거나 줄임으로써 출산 시간을 조절할 수 있다. 미국 여성들 중 상당수는 집에서 출산할 때 새벽 1시에서 5시 사이가 가장 많은 것으로 나타났다(그러나 병원에서 출산하는 경우 평일 아침 8시에서 9시 사이가 가장 많다. 아마도 유도 분만과 제왕절개 수술이 늘면서 의료진이 수술을 하고 보살피기에 가장 편리한 시간을 잡기 때문일 것이다).

몇몇 동물연구 결과에 따르면 태아도 분만 시기를 결정하는 데 적극적인 역할을 하는 것으로 밝혀졌다. 태아의 뇌에 있는 마스터 시계(시교차상핵)-이미 햇빛에 맞춰 24시간 생체리듬에 동조화돼 있다-는 출산 전날 신경화학물질이 평소보다 훨씬 많이 분비되도록 신호를 보냄으로써 출산할 때 정점에 이르도록 한다. 어둠 속에서 주변부 시계에 머물러 있던 어린 시계(태아의 시계)는 출산을 통해 마침내 세상 속으로 나오면서 어머니 시계로부터 자신의 독립과 해방을 천명하는 것이다.

레오와 조슈아는 통상적인 경우보다 6주 반 일찍 태어났는데, 7월 4일 이른 시간에 4분 간격으로 세상에 나왔다. 신생아들은 이상한 생명체다-세상에 대해 얼떨떨해 하고 악을 쓰고 울어 대며 태지(vernix, 胎脂)로 하얗게 덮여 있다. 지금은 솔직히 말할 수 있는데, 우리 아이들이 처음 분만실에서 나왔을 때 내가 본 것은 "반쯤 정신이 나가고 줄이 끊어진 꼭두각시"[20] 둘이었다. 약간 충격적이었다.

두 갓난아기들은 몇 달 전부터 시간이라는 것에 친숙해져 있었을 것이다. 그 시계에는 태반을 통해 들어온 두 개의 신경화학물질이 결정적인 역할을 했다. 하지만 지금은 갓 세상에 나온 두 인간이 침대 곁의 시계를 열심히 찾고 있었다. 지금 몇시예요, 라고 묻는듯이. 시계를 발견할 수 있다는 희망은 전혀 갖지 않은 채로 무의식적으로 열

....
20 앞에서 미셸 시프르가 했던 말을 다시 끌어들이고 있다.

심히 찾고 있었다.

물론 그들의 새로운 시계 즉, 24시간 생체리듬은 햇빛의 형태로 그들을 내려다보고 있었다(물론 새벽 2시여서 병원의 조명이 비추고 있었지만 몇 시간 후면 진짜 빛 즉, 햇빛을 받게 될 것이다).

미셸 시프르가 자연의 빛이 전혀 들지 않는 동굴에서 처음 육지로 나왔을 때 즉, 동굴의 시간에서 24시간 주기의 시간으로 나왔을 때, 그는 이미 몸 안에 성숙한 생체시계를 가지고 있었기 때문에 회복하는 데 유리했다. 문명세계로 돌아온 지 며칠 지나지 않아 잠자고 깨어나는 사이클이 정상적인 주기를 거의 회복했고 친구들과 가족들, 더 넓은 세계와 다시 동조할 수 있었다.

하지만 신생아들은 아직 온전하게 작동하지 않는 생체시계를 가진 채 세상에 나온다. 어머니(산모)의 시계와 동조하다가 태어난 신생아는 몇 주 동안은 처음 만나는 햇빛 속에서 시간적인 카오스 상태에 처하게 되며, 자신의 새로운 가족들로 하여금 자신과 함께 그 카오스 상태를 겪도록 만든다.

아이들이 태어난 뒤 몇 주 동안 내가 겪었던 많은 것들이 다 그 증거다. 나는 그때 일들을 생생하게 기억한다. 우리 부부는 거의 잠을 자지 못했으며 자더라도 불규칙하게 잤다. 그 결과 기억력도 가물가물해졌다. 나는 한밤중에 아이들에게 우유를 먹이면서 〈프렌치 커넥션〉이라는 영화를 몇 번이나 되풀이해 보았다. 하지만 지금은 스토리도 제대로 기억해 낼 수가 없다. 턱수염을 기른 남자, 지하철 역에서의 자동차 추격 장면, 윗부분이 납작한 중절모자를 쓴 진 해크먼이 기억날 뿐이다.

미셸 시프르와 마찬가지로 지난 며칠 동안 무엇을 했는지 거의 기억나지 않았으며, 날짜가 얼마나 지났는지, 그제가 어제 같고 어제가 그제 같아 날짜 구분이 되지 않았다. 늘 깨어 있는 것 같은 각성 상태와 잠을 못자는 불면 상태가 길게 이어지면서 몇 주의 기간이 흐리멍덩하기만 했다. 몇 달이 지나 아내와 내가 마침내 지난 시간을 여유있게 돌아볼 수 있게 되었을 때, 우리는 둘 다 그때를 이렇게 말했다. "시간이 정지해 있었지." "시간이 날아가 버렸어." 서로 모순되는 표현이지만 우리에게는 둘 다 진실처럼 느껴졌다.

산모가 알아야 할 신생아의 생체리듬

생후 첫 3개월 남짓 동안, 갓난아기는 하루에 16~17시간을 자지만 늘 같은 패턴으로 자는 것은 아니다. 그때의 수면 주기는 24시간보다 길다. 처음에는 밤보다는 낮 동안 더 많이 자다가 조금 지나면 낮보다는 밤에 12시간 이상을 자게 된다. 이렇게 수면 패턴이 일정치 않은 것은 신생아의 신체기관들이 아직은 원활하게 커뮤니케이션을 못하고 있기 때문이다.

아기는 태어날 때 이미 시상하부에 있는 생체시계가 작동하고 있지만 −뇌와 몸 전체에 생체시계의 24시간 주기 리듬을 전달하는− 신경의 연결통로와 생화학적 회로가 아직 완전히 연결돼 있지 않은 상태다. "생체시계는 작동하고 있습니다"라고 플로리다 의과대학 소아과 과장인 스콧 리브키스 교수는 나에게 말했다. "하지만 생체시계에서 일어나는 일과 다른 인체기관에서 일어나는 일 사이에 아직은 부조화가 있는 것이지요". 이는 마치 미국해군관측소가 GPS 네트워크에 시간 정보를 제대로 전달할 수 없게 되었거나, 미국표준기술연구소가 시간과 관련된 무선채널 스위치 켜는 것을 깜빡 잊어버린 것과 비슷하다고 할 수 있다. 신생아의 뇌는 24시간 생체리듬을 정확하게 실현할 수 있는 단계에 있지만 그렇게 형성된 정보를 아직 각 인체기관에 적절히 '유포'하지 못하고 있는 것이다.

이런 부조화가 과학자들로부터 임상적인 관심을 끌기 시작한 것은 최근의 일이다. 1990년대 말에 리브키스 교수는 조산아나 갓난아기에게서 망막시상하부 트랙트-눈과 시교차상핵을 연결하는 신경회로-를 발견했다. 그는 또한 망막시상하부 트랙트가 임신기간 말기에 기능한다는 것을 밝혀냈다. 평균보다 몇 주 먼저 태어난 조산아의 경우에도 망막시상하부 트랙트는 빛에 반응을 보였다. 이런 사실을 발견하고 리브키스 교수는 깜짝 놀랐다고 했다.

조산아들은 집으로 돌아갈 수 있을 만큼 건강해질 때까지는 신생아집중치료실에서 보호를 받는다. 1990년대까지만 해도 신생아집중치료실의 조명은 24시간 끄는 것이 관행이었다. 산모의 자궁은 어둡기 때문에 조산아의 병실 환경도 계속 어두워야 한다고 믿었던 것이다. 그런 논리는 이치에 맞는 것 같았다.

하지만 새로운 사실 앞에서 리브키스 교수는 그 논리에 의문을 품게 되었다. 조숙아는 태어나자마자 산모로부터 전해지는 24시간 주기의 시간 정보-이 정보는 조숙아의 인체기관과 생리적인 시스템이 서로 커뮤니케이션을 통해 동조화하는 데 필수적이다-를 더 이상 받을 수 없게 된다. 하지만 조숙아는 망막시상하부 트랙트를 가지고 있고 그것이 기능을 하고 있기 때문에 스스로 24시간 주기의 정보를 흡수하는 능력이 있다. 그래서 리브키스 교수는 신생아집중치료실에서 조명을 아예 꺼 놓는 것은 조숙아가 태어나면서 가지고 있는 시간 정보 처리 능력을 빼앗는 결과를 초래한다고 생각했다.

그는 동료 교수들과 함께 실험을 진행했다. 한 그룹의 신생아들에게는 퇴원하기 전 2주 동안 일정한 세기의 약한 조명을 24시간 계속 쐬어 주고, 다른 그룹의 신생아들에게는 주기적으로 조명을 바꿔 주었다. 즉, 아침 7시부터 저녁 7시까지는 밝은 조명을 켜주고, 나머지 시간에는 조명을 꺼 놓도록 했다. 2주가 지난 뒤 두 그룹 신생아 모두에게 심장박동수와 호흡 횟수의 변화를 체크할 수 있는 장치를 발목에 단 채 집으로 돌아가게 했다.

그 결과 집으로 돌아간 뒤 첫 1주일 동안은 두 그룹 모두 동일한 수면 패턴을 보여 주었다. 하지만 병원에서 주기적으로 바뀐 조명에 노출되었던 아기들은 밤 시간보다 낮 시간의 활동이 20~30퍼센트 더 활발한 것으로 나타났다. 반면 희미한 조명에 24시간 노출되었던 아기들은 6~8주가 흐르는 동안에도 밤과 낮의 활동에 큰 차이를 보이지 않았다.

이 결과를 통해 아기가 태어났을 때 밝기가 변하는 조명에 일찍 노출시키는 것이 아이가 시간감각을 더 빨리 체득하는 데 도움이 될 수 있다는 사실을 알 수 있다. 또한 낮 시간에 아기가 활발해지면 부모들도 자신들의 24시간 주기에 더 잘 들어맞기 때문에 아기를 돌보는 데 정서적으로 안정을 찾을 수 있어 아기와 가족의 유대가 강해지는 데도 도움이 된다.

이 연구 이후 병원의 신생아집중치료실은 주기적으로 변하는 조명을 채택하고 있다. 또한 소아과 의사들은 해가 지고 다음날 해가 뜰 때까지만 아기 방을 어둡게 해 놓도록 권장하면서 낮에 아기가 낮잠을 잘 때도 불을 끄지 말라고 당부한다.

그러나 아직도 많은 부모들이 자궁에서는 아기가 시간의 변화를 느끼지 못한다는 속설에 사로잡혀 있다며 리브키스 교수는 답답해했다. 소아과 간호사들이 가정을 방문하면 신생아들이 어두운 방이나 아주 약한 조명 아래서 낮잠을 자고 있는 걸 자주 목격할 수 있다는 것이다. "우리는 병원에서 퇴원한 아기들이 밝고 공기도 잘 통하는 방에서 지낼 거라고 생각하지만 대부분은 그렇지 않습니다."

한편 산모는 아기가 태어나자마자 아기에게 24시간 리듬을 각인시킬 수 있다. 모유에는 트립토판이라는 물질이 들어 있다. 트립토판이 소화되면 멜라토닌을 만들어 내는데, 멜라토닌은 수면을 유도하는 신경화학물질이다. 트립토판은 산모의 24시간 생체리듬에 맞춰 생산되며, 특히 낮 시간에 가장 활발하게 만들어진다. 따라서 아기에게 규칙적으로 모유를 먹이게 되면 아기는 산모의 시간 리듬에 맞춰 수면 사이클이 형성될 뿐 아니라 아기가 자연의 시간 즉, 24시간 생체리듬에 훨씬 빨리 적응하게 되는 것이다. 몇몇 연구 결과들도 모유를 먹는 아기들이 우유를 먹는 아기들보다 더 빨리 안정적인 수면주기에 적응한다는 사실을 보여 주고 있다. 신생아들에게 낮 시간이란 빛을 흡수할 뿐 아니라 모유를 통해 뭔가를 먹어야 하는 시간이다.

나는 한밤중에 아기 울음소리에 깨어난다. 레오다. 배가 고픈 것 같다. 지금이 몇 시지? 나는 손을 더듬거려 시계를 찾아 눈 가까이 가져

온다. 새벽 4시 20분. 오늘은 6월 21일, 여름이 시작되는 첫 날이다. 햇빛이 가장 오래 비치는 날이다. 결국 나는 그 오랜 낮 시간 내내 깨어 있게 될 것이다.

레오와 조슈아는 약 2만 개에 달하는 시간 세포들-시교차상핵 세포들-과 망막에서 작용하는 특별한 신경들의 도움을 받아 생후 약 365일 동안 햇빛으로 대사활동을 해 왔다. 지금은 몇 주 전부터 밤에만 자는데 동이 틀 기미가 막 보일 무렵, 새들도 깨어나기 전에 고통스러운 듯 울음을 터뜨리며 깬다. 내 친구들은 우리 부부가 아기들을 좀 더 늦게 잠자리에 누이면 지금보다 늦은 아침 시간에 깰 것이라고 충고한다. 하지만 우리 부부는 생체시계에 대해 공부를 해왔고 과학을 신뢰하고 있기 때문에 그런 주장을 믿지 않는다.

빛은 아기들의 생체시계를 리셋할 것이다. 하지만 아무 빛이나 다 그런 역할을 할 수 있는 것은 아니다. 생체시계는 햇빛의 변화에 맞춰 재조정될 것이다. 실제로 신생아들의 신체기관들은 태어난 첫날부터 빛에, 더 정확히 말하면 빛의 세기에 매우 민감한 반응을 보인다.

박쥐와 같은 야행성 동물의 생체시계는 아침보다는 저녁 어름의 햇빛의 변화에 더 많이 조율하는 반면, 주행성 동물-신생아들도 여기에 해당한다-은 황혼 무렵보다는 동틀 녘 햇빛의 세기 변화에 더 민감하게 반응한다. 그래서 우리 부부는 아기들이 저녁 6시에 잠자리에 들든 밤 8시에 들든 같은 시간에 깰 것이라고 믿었던 것이다.

내가 머릿속에 떠오르는 이런 생각들을 아내와 함께 얘기하고 있을 때, 바깥에서 새들이 노래를 부르기 시작했다. 처음에는 울새 한 마리가 지저귀더니 곧 이어 합창소리를 내기 시작했다. 시계는 4시

23분을 가리키고 있다. 아내는 레오에게 젖을 먹인다. 20분이 지나자 레오는 다시 잠이 들었고 아내도 침대에 다시 눕는다. 하지만 채 1분도 지나지 않아 조슈아가 꽥꽥거리며 깨어난다. 희미한 빛이 창문 블라인드 틈으로 스며들고 있다.

새들 울음소리는 어느 듯 불협화음을 내고 있었고, 우리 부부는 이 새 소리 때문에 조슈아가 잠을 못자고 계속 깨어 있게 될 거라고 생각한다. 과학자들은 생체시계를 리셋하는 데 기여하는 것을 '차이트게버(Zeitgeber)-시간을 뜻하는 독일어 Zeit와 주는 것(giver)을 뜻하는 Geber의 합성어. '시간을 주는 것'이란 뜻이다-라고 부른다. 차이트게버 가운데 가장 강하고 흔한 것이 햇빛이다.

만약 사람이 오랫동안 햇빛을 받지 못하게 되면 24시간 생체리듬을 맞춰 줄 수 있는 신호를 무의식적으로 찾게 된다. 알람시계나 규칙적으로 울리는 벨소리처럼, 간단하지만 주기적인 신호들이 그런 것이다. 울새의 차이트게버는 햇빛이고, 아기의 차이트게버는 울새의 울음이며, 어른들의 차이트게버는 아기들의 울음이다.

"새들아, 좀 조용히 하렴." 아내가 나직이 중얼거린다.

부모가 된다는 것은 점점 더 많이, 끊임없이 양보하는 것이다. 아기들이 갓 태어났을 때 우리 부부는 "부모가 됐다기보다는 마치 스타트업 회사의 경영자가 된 것 같다"고 말했다. 마음에는 쏙 들지만 아직 실적을 낼 만큼 기량은 충분히 갖춰지지 않은 신참사원 둘이 늘어난 것 외에는 다른 게 없으니 이전과 똑같은 생활을 유지할 수 있을 것처럼 보였기 때문이다. 우리는 스케줄에 따라 즉, 신입사원을 받아들이지 않았을 때 진행되던 스케줄을 그대로 유지하면서 두 신입사원에게 필요한 스케줄-언제 먹고, 몇 시부터 몇 시까지 잠자리에 드는 일-을 추가적으로 덧붙이면 되었다. 하지만 시간이 지날수록 우리의 스타트업 회사는 두 신입사원에 의해 접수되고 그들에 의해 운영되는 것처럼 느껴졌다.

나는 아이들이 낮잠을 자는 시간에 지나치게 집착하게 되었다. 그 두세 시간만이 이전의 나로 온전하게 돌아갈 수 있는 시간이어서 글을 쓰고 잠을 잘 수 있었기 때문이다. 하지만 그런 시간을 가질 수 있으리라는 기대는 완전한 착각이었다. 나는 두 아이를 아기용 침대에 누이고 살금살금 빠져나갔다. 그들은 조용해졌다. 하지만 이내 한 아이가 옹알옹알 대더니 나를 찾는 소리를 냈다. 내가 들여다보지 않고 계속 버티면 옆에서 곤히 자고 있는 형제는 아랑곳하지 않고 더 소리 높여 울기 시작한다. 그래도 응답이 없으면 몸을 흔들어 댈 것이다. 나는 점점 불안해졌다.

"얘야, 지금은 아빠시간이란다." 나는 설득해 보려고 했다. 아무리 달콤한 말로 구슬러 보아도 소용이 없었다. 결국 고함을 지르며 야단을 쳤다. 하지만 이건 기름을 붓는 격이었다. 그는 더욱 더 흥분했고 나는 속에서 불이 났다. 내가 무서운 표정을 하고 노려보는데도 꿈쩍도 하지 않았다. 오히려 자신의 터무니없는 행동으로 내 신경을 긁고 있는 것에서 쾌감이라도 느끼고 있는 것처럼 보였다. 나는 불현듯 이 아이에게는 내가 권위자(The Man)로 보이고, 그래서 나에게 대들면서 계속 찔러 보는 것이라고 생각했다. 그러나 마침내 상황을 이해하게 되었다. 그는 권위자를 놀려 먹으려는 것이 아니라, 내가 자기와 놀아 주기를 바라고 있는 것처럼 여겨졌던 것이다. 결국 내가 두 손을 들었다.

　나는 일을 할 수 있으리라고 믿었던 환상을 버렸다. 우리 둘은 그렇게 낮잠 시간에 깨어서 권위자를 놀려 먹으려 즐겁게 놀았다. 어느 날 오후 아이가 침실 벽에 걸려 있던 시계를 손가락으로 가리켰다. 시계의 째깍거리는 소리가 그의 잠을 방해했고 그는 시계를 좀 더 가까이에서 보기를 원하는 것 같았다. 나는 벽시계를 떼어다가 아이에게 시계 뒤쪽, 배터리와 시계작동 장치가 들어 있는 플라스틱 박스를 보여 주었다. 그리고는 다시 앞면으로 돌렸다. 우리 둘은, 뭔가 불가사의한 느낌에 사로잡힌 채, 시계 초침이 돌고 있는 것을 들여다보았다.

생체시계의 원조, 남조류

　나는 허드슨 강 옆의 언덕 아래 있는 오래된 빌딩에서 작업을 한다. 이 빌딩은 과거 맥주공장이었던 곳인데, 건설회사와 피아노 수리공, 어린이 무용학원, 다양한 예술가들과 음악가 등 여러 업종 종사자들이 입주해 있다. 벽은 얇고 바닥은 리놀륨으로 돼 있다. 아무튼 전체적으로 퇴락해 가고 있는 건물이다. 밤에 일을 마치고 집으로 돌아갈 때는, 천장에서 물이 떨어지거나 돌 부스러기들이 떨어질 것에 대비해 데스크 탑 컴퓨터를 비닐 시트로 덮어 놓아야 한다. 어느 날 아침엔 진흙말벌 한 마리가 내 사무실 천장에 보금자리를 틀고 있는 것을 발견했다. 또 어떤 날에는 얇은 벽을 통해 옆 사무실에 입주해 있는 소규모 사업주가 직원으로 여겨지는 사람에게 야단을 치는 소리가 다 들렸다. 그런데 알고 보니 야단을 맞고 있는 사람은 그 업주의 어머니였다. "마감에 걸리면 제가 얼마나 시간에 쫓기는지 아세요? 매 순간 시간이 얼마나 남았나 체크하는 게 일이라구요!"

내 사무실 바로 바깥, 주차장 옆에는 인공 연못이 있다. 그 연못에 벤치가 하나 있는데 가끔 머리를 식힐 때면 거기로 찾아간다. 연못은 폭이 약 30미터로 크지는 않으며, 가장자리를 따라 콘크리트가 덮여 있다. 연못물은 반대편 끝에 있는 수풀이 무성한 도랑에서 흘러들어 와 벤치 가까운 쪽 하수관으로 빠져나간다. 이른 봄에는 1.2미터 깊이에서 헤엄쳐 다니는 금붕어들이 훤히 보일 정도로 연못물이 맑다. 하지만 5월 중순이 되면 연못 표면에 녹색으로 된 피막이 형성되기 시작하고 6월 중순이면 조류(藻類)들이 표면에 엉겨 붙어 물속을 들여다볼 수가 없다.

사실 땅위에 있는 조류들은 합당한 대접을 받지 못하고 있다. 왜냐하면 우리가 조류라고 부르는 것들은 대개 시아노박테리아(cyanobacteria) 즉, 남조류(藍藻類)다. 물에서 살고 햇빛을 받아 자라는-광합성을 하는- 단세포로 된 원핵생물이 모두 남조류에 속한다. 남조류는 일반적인 의미에서 박테리아(세균)는 아니며-박테리아는 광합성을 하지 않는다- 엄밀한 의미에서 조류라고도 할 수 없다(조류는 핵을 가진 단세포 진핵생물이다).

그러나 남조류는 어디에나 존재한다. 이들은 지구 생물량(biomass) 가운데 꽤 높은 비중을 차지하며 먹이사슬의 밑바닥에서 토대를 이룬다. 남조류는 45억 년의 지구 역사에서 가장 먼저 형성된 생명형태 중 하나다. 이들은 아무리 늦춰 잡아도 28억 년 전에 지구에 나타난 것으로 보이며, 아마도 지구 대기에 산소가 포함되기 전인 38억 년 전에 나타났을 가능성이 높다. 사실 지구에 산소가 만들어지게 된 것은 광합성 덕분인데, 그 광합성을 하는 생물 중에서도 단세포로 된 남조류가 크게 기여했을 것으로 보고 있다. 어쨌든 어떤 방식에 의해, 어느 시점부터 공간과 시간이라는 무미건조한 특성이 생명체 안으로 내면화–구체화–되었다. 만약 시간의 역사가 어디에선가 시작되었다면, 남조류는 그런 출발점이 되기에 가장 적합한 장소라고 할 수 있다.

생체시계를 갖고 있으면 자연에 적응하는 데 매우 유익하다. 첫째 시계가 백업 역할을 할 수 있기 때문이다. 이론상으로 보자면 유기체는 시계가 없어도 기능할 수 있다. 하지만 생체시계가 없다면 시간과 관련된 활동들, 예컨대 내부의 신체기관들을 조직화하는 일을 매번 24시간 리듬에 일일이 맞춰야 한다. 그렇게 되면 밤이나 구름이 가득 낀 날에는 24시간 주기와 관련된 활동을 제대로 해내지 못할 것이다(무선으로 통제되는 시계에서 무선수신장치가 해가 지고 난 뒤에는 아무런 기능을 못한다든지, 그것을 대체할 다른 수단도 없는 상황과 비슷하다고 할 수 있다).

1980년대 후반까지만 해도 대부분의 생물학자들은 남조류 같은 미생물은 생체시계를 지니고 있지 않다고 생각했다. 왜냐하면 대부분의 미생물은 시계를 필요로 할 만큼 오래 살지 않기 때문이라는 단순한 이유에서였다. 전형적인 남조류는 몇 시간 단위로 두 개의 새로운 개체로 분열한다. 이 분열은 어두울 때보다 해가 있을 때 더 빠르고 활발하다. 따라서 하나의 모세포는 약 24시간 동안 여섯 번 이상 연속해서 후세대를 만들어 낼 수 있고, 이는 수십 개의 남조류 세포가 새로 만들어진다는 것을 뜻한다. 이에 대해 밴더빌트 대학 미생물학과 교수인 칼 존슨은 이렇게 말했다. "만약 당신이 내일이면 오늘과는 다른 사람이 된다고 할 때, 그래도 굳이 오늘 시계를 가질 필요성을 느낄까요?"

존슨은 박테리아도 생체시계를 가지고 있다는 사실을 보여 주는 연구 분야에서 20여 년 동안 선구자였다. 박테리아의 생체시계는 놀라울 정도로 정확하며, 다른 동물이나 식물, 균류(fungi, 菌類, 곰팡이류)의 세포에 있는 시계와는 유사한 점이 거의 없다. 그래서 이런 질문에 직면하게 된다. 진화과정에서 생체시계는 왜 만들어졌으며, 그렇게 진화한 생체시계들은 서로 어떤 관계를 맺고 있는가.

남조류는 광합성을 하는 과정에서 산소를 만들어 낸다. 남조류를 이루는 종들 가운데 대부분은 공기 중에서 질소를 끌어와 고정시킴으로써 식물이 이용할 수 있는 성분으로 변화시킨다. 하지만 두 가지를 동시에 진행하는 것은 쉽지 않은 일이다. 왜냐하면 산소의 존재가, 공기 중에서 질소를 포획할 때 관여하는 효소의 활동을 억제하기 때문이다. 남조류 중에서도 더 복잡한 구조를 하고 있는 사상체 남조세균(filamentous cyanobacteria)은 세포들 사이에 분업을 시킴으로써 이 둘을 동시에 수행한다. 그러나 대개의 단세포 남조류는 세포 내부가 칸막이처럼 구분돼 있지 않아 이와 같은 분업을 수행할 수가 없다. 따라서 시간에 따라 나누어 진행해야 한다. 즉, 낮 시간에는 광합성을 하고 밤에는 질소를 고정하는 일을 하는 것이다.

그렇게 24시간 주기로 활동 리듬이 존재한다는 것은 미생물도 생체시계를 보유한다는 사실을 암시하는 것으로 해석되었다. 존슨은 몇몇 동료들과 함께 시네초코커스(Synechococcus elongatus)—남조류의 하나로 연구, 실험용으로 가장 많이 사용된다-를 이용해 남조류가 어떻게 생체시계를 갖는지 밝혀냈다. 시네초코커스의 생체시계는 다른 남조류나 미생물의 생체시계와 비슷한 면이 많다.

하지만 더 고등한 생명체에서 발견되는 생체시계와는 공통점이 거의 없다. 남조류의 생체시계에서 핵심적인 장치는 세 종류의 단백질로, 각각 카이A(Kai A), 카이B(Kai B), 카이C(Kai C)라고 불린다-'카이'는 일본어 한자인 '카이텐'(kaiten, 回天)에서 온 말로, 천체의 순환운동을 가리키는 단어다. 이 셋 중에서도 특히 핵심적인 역할을 하는 단백질인 카이C는 시계의 톱니바퀴처럼, 두 개의 도너츠가 서로 겹쳐진 모습을 하고 있다. 카이C는 때때로 다른 두 단백질 중 하나와 상호작용을 하는데 이렇게 함으로써 인산 이온(phosphate ion)을 포획하거나 방출하게 된다. 아무튼 이런 과정을 통해 세 단백질이 서로 결합함으로써 페리오도섬(periodosome)이라는 수명이 짧은 분자 하나를 만들게 된다. 캘리포니아 대학 샌디에이고 캠퍼스 미생물학과 교수인 수전 골든은 단백질들의 이런 상호작용을 '그룹 허그(a group hug)'라고 부르는데, 단백질 사이의 이런 포옹이 약 24시간 단위로 일어난다고 설명했다.

"그것은 시계의 톱니바퀴들이 맞물려 돌아가는 것과 비슷합니다"라고 골든은 나에게 설명했다. 이런 작동방식에는 우리를 놀라게 하는 점이 많지만 무엇보다도 이 과정이 독립적으로 이루어지고 있다는 사실이다. 남조류보다 고등한 생명체에서는 생체시계가 DNA의 주도로 작동된다. 앞에서도 설명했듯이 세포핵에 있는 특정한 유전자들이 세포질에서 단백질이 만들어지도록 암호를 내리고, 이렇게 형성된 단백질들은 다시 세포핵에 있는 유전자들의 활동을 막는 방식이 순환적으로 일어나는 것이다.

하지만 남조류에는 세포핵이라고 할 만한 것이 없다. 그래서 남조류의 시계는 단백질들만의 상호작용에 의해서만 생겨나는 것이다. 물론 이 단백질들은 특정한 유전자에 의해 만들어진다. 그래서 이 유전자들을 제거하면 결국 시계도 멈추게 된다. 하지만 이 단백질 시계가 째깍거리는 속도는 이들 유전자와는 아무런 관련이 없다. 단백질 시계가 세포의 DNA로부터 어느 정도 독립적일까? 세포에서 단백질을 분리해 실험실의 시험관에 따로 두어도 며칠 동안은 계속해서 24시간 주기로 단백질들끼리 그룹 허그를 하는 것을 확인할 수 있다.

골든 교수는 "식물이나 동물, 균류의 생체시계는 대단히 모호합니다. 그것은 여러 가지 사건들의 총합이며, 아주 많은 요소들이 시계의 작동에 관여합니다. 반면 남조류의 시계는 단 하나로 이루어져 있다는 점에서 매우 특별합니다. 그것은 단 하나로 된 장치이기 때문에 시험관에 따로 분리를 시켜 놓아도 계속해서 작동합니다"라고 설명했다.

세포 안의 어떤 요소들-예를 들면 에너지를 생성하는 미토콘드리아나 광합성이 이루어지는 엽록체-은 기본적으로 세포 내부에서 서로 공생하는 관계다. 이들은 한때는-세포에 흡수되기 전에는- 자유롭게 유동하는 원핵생물이었으나 세포 안으로 흡수된 후에는 대사활동에 관여하지 않게 되었다.

나는 남조류의 단백질 시계도 세포 안의 요소들처럼 세포에 흡수되기 전에는 자연에서 따로 독립적으로 존재해 오다가 이후 남조류에 의해 흡수되었는지가 궁금했다. 이에 대해 골든 교수는 그렇지 않다고 답했다. 과학자들이 실험실에서 정밀한 테크닉으로 단백질을 분리해 남조류의 시계가 세포와는 독립적으로 계속 작동할 수 있다는 사실을 확인했지만, 이는 남조류 시계의 작동방식이 매우 단순하고 일정한 시간 동안 지속된다는 사실을 가리킬 뿐, 남조류에 흡수되기 이전에 독립적으로 존재했다는 사실과는 무관하다고 말했다. 작동방식의 단순함을 고려하면 남조류가 진화과정에서 정확한 시계, 나아가 세대에서 세대로 손쉽게 이어지는 시계를 만들어 내는 데 그리 복잡한 자연선택 과정이 필요치 않았으리라는 것이다.

남조류에서 하나의 세포가 둘로 나눠질 때 시계도 둘로 나눠진다. 또한 이전 세포에서 작동했던 비트(째깍거림)를 하나도 건너뛰지 않고 그대로 물려받는다. 두 개의 세포가 넷으로 되고, 8개, 16개, 수백 만 개로 나눠지더라도 이전 세포와 완전히 동일하며, 시계도 원래의 시간을 그대로 유지한 채 계속 작동한다. 말하자면 남조류 시계들은 집단적으로 서로 동조하는 것이다.

남조류의 시계는 -세포막에 있는 하나의 주머니에서 상호작용하고 있다- 단백질 무리다. 이 주머니가 세포 분열 때 나눠지면 단백질들도 나눠지기 때문에 시계의 작동메커니즘이 새로운 세포에서도 그대로 유지된다. 물론 이전의 시계 리듬도 그대로 이어 받는다. 이 메커니즘은 DNA와는 독립적으로 진행되기 때문에 남조류의 시계는 개별적인 세포들의 수명을 초월한다고 말할 수 있다. 결국 연못 표면을 덮고 있는 녹색의 막은 육안으로 보면 거의 알 수 없지만, 수십 억 개의 남조류가 모여 있는 것인데, 하나의 시계가 가진 통합된 얼굴이라고 할 수 있다.

이 시네초코커스 시계의 다른 버전들이 수십 종의 남조류에서도 발견되었다. 골든 교수는 "이들은 시네초코커스와는 다른 종류의 시계를 가진 다른 유기체라고 할 수 있습니다. 우리는 생명체에 얼마나 많은 시계들이 존재하는지 아직 제대로 모르고 있습니다"라고 말했다. 생물학자들은 동물, 식물, 균류, 박테리아에 걸쳐 워낙 많은 종류의 시계들을 접하면서 과연 이들 사이에는 어떤 깊은 관계가 있을까 궁금해 했다.

이에 대한 가설적인 답은 두 가지로 제시돼 왔다. 하나는 '다수 시계 학파(Many Clocks School)'라 부를 수 있다. 이들은 햇빛에 반응하는 24시간 생체리듬은 자연선택 과정에서 보편적으로 작용하는 힘이기 때문에, 또한 생체시계는 매우 중요한 자연적응 과정이기 때문에, 생체시계는 이루 헤아릴 수 없이 많은 형태로 진화돼 왔을 것이라고 주장한다. "서로 다른 유기체들은 부엌에 서로 다른 요리 재료를 가지고 있기 때문에, 시계를 요리할 때도 사용하는 재료들이 다 다르겠지요. 그렇다면 엄청나게 많은 시계들이 자연에 존재한다고 봐야 합니다." 골든 교수의 주장이다.

반면 이와 다른 생각을 하는 이들-'유일 시계 학파(the Single Clock School)'라 부를 수 있겠다-은 앞의 주장을 완전히 거꾸로 뒤집는다. 햇빛의 리듬이 자연선택 과정에서 보편적으로 작용하는 힘이기 때문에, 애초에 하나의 생체시계가 만들어져 계속 진화했을 것이고 지금도 그 오리지널 시계가 계속 진화하고 있는 것으로 봐야 한다는 것이다. 이 주장은 앞의 주장에 비해 입증하기가 더 어렵다. 동물과 식물

사이, 동물과 균류 사이, 혹은 균류와 남조류 사이에도 시계 형태가 크게 차이가 나기 때문에 하나의 오리지널 시계에서 진화해 왔다는 사실을 보여 주기가 쉽지 않은 것이다.

그러나 후자의 편에 서 있는 칼 존슨 교수는 결국은 입증할 수 있을 것이라고 주장한다. 그는 다세포 유기체가 시계를 작동시키는 방식- 즉, 유전자의 전사(transcription)와 단백질로의 번역(translation)을 통해 이루어지는 과정- 이면에는 남조류의 단백질 시계가 작동하는 방식이 숨어 있을 것이라고 추측한다. "나는 전사-번역 모델이 생체시계의 핵심이 아닐 수도 있다는 생각을 줄곧 해왔습니다. 남조류의 시계 작동방식이 우리에게 새로운 사고의 길을 열어 줄 것이라고 봅니다."[21]

연못의 남조류를 오랫동안 들여다보고 있으면 궁금한 점들이 하나씩 떠오르게 된다. 예를 들면 남조류의 생체시계는 굉장히 많은 단계를 거쳐 진화했는가 아니면 단 한 번만 진화했는가? 남조류는 왜 시계를 갖게 되었을까? 물론 그럴듯한 답은 찾아낼 수가 없다. 자연선택은 흔적을 남기지 않기 때문이다. 그러나 남조류 시계가 탄생하는 데 햇빛이 중요한 역할을 했으리라는 데는 의심의 여지가 없다. 모든 생명체를 통틀어 생체시계와 낮의 길이 사이에는 밀접하면서도 일관된 동

....

21 단백질은 세포핵의 DNA에서부터 시작해 전사와 번역의 두 과정을 거쳐 만들어진다. 전사란 전령RNA(messenger RNA, mRNA)가 세포핵 안에 있는 DNA에서 단백질 생성에 필요한 유전 정보를 읽음으로써 이뤄진다. 전령RNA는 핵공을 거쳐 세포질로 나온 뒤 리보솜과 결합한다. 이후 번역 과정이 진행된다. 운반RNA(transfer RNA)의 도움을 받아 유전 정보가 번역된 뒤 이를 담은 단백질 알갱이인 아미노산이 만들어진다. 이 아미노산이 특정 폴리펩티드 사슬로 뭉쳐져 소포체를 거친 뒤 원하는 기능을 가진 특정 단백질로 바뀐다.

조관계가 있다는 사실을 결코 단순한 우연으로 치부할 수가 없다.

당신이 미생물이 되었다고 한번 상상해 보라. 당신은 24시간 주기의 생체시계로 무엇을 할 수 있을까? 생체시계는 햇빛이 비치지 않을 경우에 대비해 손쉬운 백업 역할을 할 수 있다. 그것은 당신에게 앞으로 일어날 일에 대한 대비책 즉, 알람시계와 비슷한 역할을 할 수도 있다. 이를테면 태양이 내일 언제 떠오를지를 제대로 추정할 수 있게 해 준다. 당신이 준비를 잘 할 수 있도록 말이다.

만약 당신이 광합성을 한다면 시계는 당신으로 하여금 에너지를 만들어 내는 장치를 미리 준비하라고 시킬 것이고 이를 통해 다른 광합성을 하는 생명체보다 우위를 점할 수 있게 해줄 것이다-이는 시계를 재생산하고 미래 세대에게 시계를 성공적으로 전달할 수 있게 도와 줄 것이다. 이런 이점은 적도 근처에서는 그다지 도움이 되지 않을 것이다. 적도 근처에서는 낮과 밤의 길이가 똑같고 해가 뜨는 시간과 지는 시간이 변하지 않기 때문이다.

반면 북극이나 남극으로 옮겨 갈수록 밤과 낮의 비율은 매일 변하고 생체시계가 그러한 변화를 예견하도록 도울 것이다. 아마도 생체시계는 지구상에 생명체가 등장한 초기의 유기체들로 하여금 서식 영역을 확장하도록 했을 것이다. 마치 17세기에 경도의 발명과, 기계적으로 움직이는 시계의 발명이 영국인들로 하여금 대양을 향해 탐험을 나서고 먼 나라의 땅을 식민지화하는 데 크게 기여한 것과 비슷하다고 할 수 있다.

그러나 자연선택에 작용하는 보편적인 힘으로서 햇빛은 양날의 칼과 같다. 활용해야 할 대상이기도 하지만 기피 대상이기도 하다. 자외선은 세포 안의 DNA에 치명적인 해를 끼칠 수 있다. 게놈(유전자의 총체)은 세포분열-DNA가 지퍼를 열어 스스로를 복제하는 과정-을 하는 동안 가장 취약해진다.

40억 년 전-태양복사로부터 생명체를 지켜 주는 오존층이 지구에 형성되기 전-에 지구환경은 생명체가 살아가는 데 굉장히 적합하지 않았다. 이 시기에는 지구에 산소를 만들고 오존층을 형성하는 데-이렇게 되는 데는 적어도 10억 년이 걸렸을 것이다- 매우 큰 역할을 한 남조류도 생존하기에 매우 힘겨운 상황이었을 것이다. 남조류는 편모가 없어 움직일 수 없기 때문에 자외선이 비치는 시간 동안 물속 깊이 가라앉아 피하지도 못했을 것이다. 그렇다면 어떻게 남조류들은 자외선의 위험에 노출되지 않으면서 스스로 재생산할 수 있었을까?

이때 생체시계가 도움이 되었을 것이다. 생체시계의 도움으로 미생물은 하루 중 가장 덜 위험한 시간대에 세포분열을 일으키도록 스스로 조정할 수 있었을 것이다. 생물학자들은 이런 추측을 '태양복사로부터의 탈출(escape from light)' 가설이라고 부른다. 남조류는 햇빛 속에서 잠시도 쉬지 않고 세포분열을 하는 것처럼 보이지만 재생산(세포분열) 과정에서 분명히 시간적인 제약을 받을 것이다. 야생에 사는 세 종류의 미생물 집단-둘은 조류(algae, 藻類)로 이루어져 있고, 다른 하나는 남조류의 한 종-을 연구한 결과 이들은 하루 종일 광합성을 하지만, 낮 시간대의 3~6시간 동안은 새로운 DNA를 생산하지 않다가 해가 지기 직전에 생산을 재개한다는 사실이 밝혀졌다. 미생물을 구성하는 요소들 가운데 자외선에 가장 취약한 부분인 DNA는 한낮에는 그늘에서 낮잠을 자고 있는 셈이다.

현대를 살아가는 식물과 동물의 세포에는 이러한 진화과정의 유물이 크립토크롬(cryptochrome)이라는 특별한 단백질의 형태로 남아 있다. 크립토크롬은 푸른색과 자외선에 민감하며, 생체시계의 일부로서 유기체들이 햇빛의 24시간 주기 리듬에 동조하도록 도와 준다. 또한 이 단백질은 구조적인 면에서 DNA 포토리아제(photolyase)라는 효소와 매우 흡사하다. 이 효소는 푸른빛의 에너지를 이용해 자외선으로 손상된 DNA를 바로잡아 주는 역할을 한다.

어떤 생물학자들은 이 효소의 역할이 오랜 시간을 거치면서 진화돼 왔을 것이라고 보고 있다. 자외선의 손상을 고쳐 주는 도구로 작용했던 이 효소가 생체시계 속으로 통합되었고, 거기서 크립토크롬으로 진화함으로써 유기체가 태양복사로 손상당하지 않게 전체를 총괄하는 역할을 맡게 되었을 것이라고 보는 것이다. 말하자면 처음에는 의사였다가 나중에는 경영인이 된 셈이다.

'태양복사로부터의 탈출' 가설이 옳다면 생체시계는 지구상에 나타난 최초의 예방법이며, 안전한 섹스의 선구자라고 할 수 있다. 가장 위험한 시간대를 예상해서 대피한 뒤 번식함으로써 다음 세대를 재생산할 수 있게 되었던 것이다. 반면 시간을 잘못 예측해서 부적절하게 대비한 종들은 유전적으로 퇴화했을 것이다. 삶과 죽음은 아주 간단히 맬서스의 이론을 따른다.[22] 나는 연못을 바라보고 있는 동안에

....

22 맬서스는 인구는 식량 생산에 비해 급속하게 증가하는 경향이 있다고 하면서 인류와 식량이 균형을 이루기 위해서는 '예방적 억제'가 필요하다고 주장했다. 여기서 삶과 죽음이 맬서스의 이론을 따른다고 한 까닭은 유기체의 생체시계가 갖는 '예방법'이 맬서스의 '예방적 억제' 개념과 통한다고 보았기 때문이다.

는 시계를 보지 않는다. 그러나 연못 표면의 남조류들이야말로 시계가 아닌가. 우리가 생체시계를 가질 수 있게 되기까지는 그들에게 큰 빚을 지고 있는 것이다.

동굴 생활자의 시간감각

미셸 시프르는 1972년 2월 14일, '시간 고립(time isolation)'과 관련된 두 번째 실험에 돌입한다. 이는 역사상 '가장 긴 시간 고립'이 될 터였다. 그는 미항공우주국(NASA)의 자금을 지원받아 텍사스 주 델리오 근처에 있는 미드나이트 동굴에 자기만의 지하실험실을 차렸다. 동굴 안에 목재로 평판을 깔고 그 위에 매우 큰 나일론 텐트를 쳤다. 텐트 안에는 침대와 책상 의자, 여러 가지 실험장치, 음식냉장시설, 781갤런(약 3000리터) 정도의 물을 저장하는 물통을 설치했다. 하지만 달력과 시계는 없었다.

그는 취재 나온 언론사 카메라를 향해 미소를 짓고 결혼한 지 얼마 되지 않은 아내와 키스를 하고 어머니와 포옹한 다음, 100피트(30미터) 깊이의 수직갱도를 통해 동굴로 내려간다. 별다른 일이 없다면 그는 동굴에서 9월까지, 6개월 이상을 머물 것이다.

"어둠은 절대적이고 침묵만이 지배한다."

그는 훗날 동굴에서 지낸 생활을 이렇게 기록했다. 시프르는 잠이 드는 시간과 다음날 잠에서 깨어나는 시간을 체크해 하루하루 날짜를 계산했다. 일단 잠자리에서 일어나면 할 일이 많다. 깨자마자 지상에 있는 연구팀에게 전화를 걸면 시프르가 동굴에 설치한 전등에 불이 들어오게 한다. 그는 자신의 혈압을 기록하고, 페달을 밟는 운동기구에 올라 3마일(약 5킬로미터)가량을 달리며 공기총으로 사격 연습을 5라운드 정도 한다. 또 심장박동수를 재기 위해 전극을 가슴에 부착하며, 수면 상태를 기록하기 위해 머리에도 전극을 부착한다. 직장(直腸)에 체온계를 넣어 체온을 재기도 한다. 면도를 할 때는 구레나룻은 깎지 않는데 나중에 호르몬의 변화를 알아보기 위해서다. 이런 일들을 한 다음에는 텐트 안을 청소한다. 동굴 안의 암석들이 부스러기로 변해 여기저기 쌓여 있기 때문이다. 동굴에는 전에 박쥐들이 무리를 지어 서식한 탓에 박쥐의 배설물이 암석 부스러기에 섞여 있다. 그래서 동굴 안에서 먼지가 피어오를 때면 숨을 들이쉬지 않으려고 노력한다.

시프르의 관심은 우리가 시간으로부터 오랫동안 고립돼 있으면 인체 리듬에 어떤 변화가 일어나는가였다. 유르겐 아쉬오프와 다른 학자들의 연구에 따르면 약 한 달 동안 시간의 흐름으로부터 고립돼 있으면 하루를 48시간 주기로 지내게 되는 경우도 있다. 즉, 잠자는 시간도 깨어 있는 시간도 보통 사람보다 두 배나 더 길다는 것이다. 우주선이나 원자력 잠수함에 탑승한 승무원들도 이런 주기로 인체 리듬이 바뀌는 것일까? 그렇게 리듬이 바뀌면 승무원들에게 어떤 유리한 점이 있을까?

그런데 시프르는 동굴에 내려간 지 오래지 않아 싫증이 나고 말았다. 전극을 달았다 뗐다, 체온계를 넣었다 뺐다 하며 몸의 변화를 기록하고, 구레나룻을 조사해서 호르몬의 변화를 살피는 일련의 일들이 모두 지루해졌다. 첫 달이 채 지나기도 전에 그가 동굴로 가지고 내려갔던 전축이 고장 나고 말았다. 전축은 그가 동굴생활에서 기분

전환을 하는 데 매우 큰 역할을 했다. "나는 이제 책을 읽는 것밖에 소일거리가 없다"라고 그는 노트에 기록했다. 흰곰팡이가 동굴 안에 퍼지기 시작해 과학 장비의 문자판까지 덮을 정도였다.

그가 동굴 생활을 하면서 신체 변화를 기록한 바에 따르면 첫 5주 동안은 하루를 26시간 주기로 생활한 것으로 나타났다. 체온은 26시간 주기로 오르내렸으며, 본인은 인식하지 못했지만 잠자리에 들고 깨어나는 것도 같은 주기였다. 즉, 매일 2시간씩 늦게 일어났고 26시간의 3분의 1을 수면시간으로 보냈다. 스카라손 동굴에서 그랬던 것처럼 그는 바깥 시간과 동조하지 못하게 됐다. 그는 '자연으로 돌아가라'고 한 장 자크 루소의 이상에 따라 살았던 셈이다. 햇빛과도, 사회와도 연결되지 않은 채 순전히 자기 안의 시간표에 따라 생활했던 것이다.

동굴로 내려간 지 37일째 되던 날-그의 계산으로는 30일째 되던 날- 전례 없는 일이 일어났다. 시프르 자신도 모르는 사이에, 체온과 수면 사이클이 서로 따로 놀기 시작한 것이다. 그는 평소 잠자리에 드는 시간을 훨씬 지나서까지 깨어 있었고, 일단 잠자리에 들게 되면 15시간을 내리 잤다. 평소보다 2배가량 긴 수면시간이었다. 이렇게 한 번 스케줄이 꼬이고 나자, 어떤 때는 26시간 주기로 하루를 생활하고 또 어떤 때는 40시간, 심지어 50시간 사이클로 하루를 지내기도 했다. 하지만 어떤 경우에도 체온은 26시간 사이클을 유지했다. 그런데도 그는 이런 변화를 전혀 인지하지 못했다.

이를 통해 과학자들은 우리의 수면 습관은 생체시계에 의해 부분적으로만 통제된다는 사실을 알게 되었다. 하루가 지나는 동안 우리 몸에는 신경화학물질인 아데노신이 몸 안에 축적되고 이것이 수면을 유발하는 것으로 알려져 있다. 아데노신이 얼마나 축적되느냐를 결정하는 것을 '항상성의 압력(homeostatic pressure)'이라고 부른다. 우리는 짧게 낮잠을 자서 아데노신의 일부를 없애버림으로써 잠자리에 드는 시간을 밤늦게까지 미룰 수 있고, 카페인이 든 음료를 섭취해 낮잠을 자지 않고 버팀으로써 낮 시간을 오랫동안 깨어 있을 수도 있다.

하지만 일단 잠자리에 들면 생체시계가 중요해진다. 잠의 초기단계에서는 깊은 수면에 빠지지만 밤 시간이 지날수록 꿈을 꾸기 시작한다. 꿈과 렘(REM)[23] 수면은 체온이 가장 낮을 때 일어나는 경우가 많다. 대부분의 사람들에게 체온이 가장 낮은 시간대는 동트기 두어 시간 전이다. 체온이 이러한 생체시계 리듬을 따르기 때문에 동트기 직전에 긴 꿈에서 깨어나는 경우가 대부분이다. 그리고 그 시간은 거의 매일 비슷하다. 내 경우는 새벽 4시 27분이다.

바꿔 말하면 아데노신은 우리를 잠들게 하며, 수면의 깊이는 우리가 그 전에 얼마나 오랫동안 깨어 있었느냐에 따라 달라진다. 항상성의 압력에 얼마나 오랫동안 저항했느냐에 따라 결정되는 것이다. 그러나 동트기 직전에 체온이 올라감으로써 우리는 잠에서 깨어나게 된다. 첫째 요소-얼마나 오랫동안 깨어 있었느냐는 것-는 어느 정도 스스로 통제할 수 있지만 후자-체온의 변화-는 우리 마음대로 통제할 수 없다. 우리가 얼마나 오랫동안 잠을 자느냐는 것은 체온이 가

....

23 rapid eye-movement. REM은 '급속 안구 운동'을 뜻하며, 수면 중에 눈꺼풀 아래에서 안구가 활발하게 움직이는 상태를 말한다. '얕은 잠'을 자는 상태라고 할 수 있다.

장 바닥상태에 있을 때와 언제(얼마나 먼저) 잠드느냐에 달려 있다. 가장 체온이 낮은 시간대에, 그리고 늦게 잠자리에 들수록 -평소보다 낮에 오랫동안 깨어 있었을지라도- 수면시간이 짧아지는 것이다.

이 모든 것은 과학자들이 깔끔한 실험실에서 인위적인 환경을 만들어 놓고 행한 실험을 통해서 알게 된 것이다. 실험 참가자들이 시프르만큼 햇빛이 완전히 차단된 상황에 있었던 것은 아니다. 시프르가 처한 조건은 최악이었다. 아닌 게 아니라 "나는 최악의 삶을 살고 있다"고 시프르도 적었다. 77일째 되던 날, 그는 손으로 구슬을 줄에 꿸 수가 없었다. 또한 생각을 이어나갈 수 없었다. 기억력은 급격히 떨어지고 있었다. "나는 어제 일을 아무것도 기억해 낼 수가 없다. 심지어 오늘 아침 일도 잊어버렸다. 어떤 일이 일어나자마자 바로 기록해 두지 않으면 전부 다 잊어버릴 것이다." 그는 잡지에 엉겨 붙은 흰곰팡이들을 떼어 낸 뒤 기사들을 읽었다. 그런데 그 기사에서 박쥐의 오줌과 침이 광견병을 전염시킬 수 있다는 내용을 읽고는 패닉 상태에 빠진다. 79일째 되던 날, 그는 전화기를 들고 고함을 지른다. "이제 지긋지긋해!" 충분히 할 만큼 했다는 뜻이었다.

하지만 아직 충분하지 않았다. 예정된 기간의 절반도 채우지 못했다. 그는 측정하고, 기록하고, 검사하고, 전극을 붙였다 떼어 내고, 수염을 깎고, 청소를 하고, 실내자전거를 타고, 사격연습을 한다. 그런데 어느 날 갑자기 이 모든 것을 할 수가 없게 되었다. 그는 부착된 전기선들을 모두 떼어 내고 생각에 잠긴다. "나는 지금 아무 쓸모없는 연구에 내 인생을 허비하고 있어!" 조금 뒤 이렇게 전기선들을 떼어 놓고 있는 동안 지상의 동료들이 자신이 보내는 데이터들을 받지 못하리라는 데 생각이 미치자, 다시 전선들을 연결한다. 그는 자살을 생각한다-그럴 경우 사고사로 위장할 것이다. 하지만 자신이 세상을 떠나고 나면 실험에 들어간 비용 청구서가 날아들 것이고, 고스란히 부모님들이 갚아야 할 것이라는 사실을 떠올리고는 마음을 다잡는다.

160일째 되던 날, 시프르는 쥐 한 마리가 바스락거리는 소리를 듣는다. 동굴에서 지내는 첫 달 동안은 야행성인 쥐들이 이리저리 쏘다니는 게 신경에 거슬려 덫을 놓아 쥐 서식지를 없애 버렸다. 하지만 지금은 쥐 한 마리라도 친구처럼 곁에 두는 게 간절하다. 그는 쥐에게 '무스'라는 이름을 붙이고, 며칠 동안은 무스의 습성을 관찰하고 어떻게 포획할까 궁리하면서 시간을 보낸다. 마침내 170일째 되던 날, 덫으로 쓸 캐서롤 냄비와 미끼로 쓸 잼을 준비한다. 그는 앞으로 친구가 될 쥐가 경계하는 눈빛으로 자기 쪽으로 다가오는 것을 지켜보고 있다. 조금만 더, 조금만 더……그는 냄비를 들어 쥐를 덮친다. 그의 심장은 흥분으로 쿵쾅거린다. "동굴에 들어온 이후 처음으로 기쁨이 용솟음치는 것을 느낀다."

106

그런데, 뭔가가 잘못된 것 같다. 그는 냄비를 살며시 들어올린다. 아뿔싸, 냄비가 쥐를 으스러뜨려 버렸다. 그는 쥐가 죽어가고 있는 것을 넋을 잃고 바라본다. "신음소리가 사그라지고 있다. 마침내 그는 꼼짝도 하지 않는다. 고적감이 밀려든다."

아흐레 뒤인 8월 10일, 전화벨이 울린다. 실험은 끝났다. 시프르는 한 달가량 동굴에 더 머물면서 추가적인 실험을 하게 된다. 하지만 이번에는 동료들이 함께한다. 9월 5일, 200일이 넘는 동굴 생활을 마치고 지상으로 되돌아간다. 엄청난 환영 인파와 상큼한 풀냄새가 그를 반긴다. 시프르는 동굴 생활을 녹음한 오디오 테이프가 담긴 나무상 자들-테이프를 다 풀면 몇 마일이 될 것이다-을 가지고 올라왔다. 그가 동굴에서 가지고 온 것은 또 있었다. 그는 시력이 많이 약해졌 으며, 햇빛이 너무 강해 눈을 가늘게 뜨고 사물을 바라보는 증상이 생겼다. 게다가 50만 달러의 빚을 안게 돼 앞으로 10년간은 갚아 나 가야 한다.

북극에서 시간은 어떻게 흘러가나

7월에 북극에 머물 때 가장 쓸모없는 것은 손전등이다. 그렇지만 나는 두 개나 가져왔다. 왜 그랬는지는 지금도 이유를 댈 수가 없다. 북극권-북위 66도 위쪽 지역으로, 알래스카 주의 중부도시 페어뱅 크스에서 125마일(약 200킬로미터) 떨어져 있다-은 5월 중순부터 8 월 중순까지는 해가 지지 않는다. 해가 가장 낮을 때는 수평선 바로 위에 길게 늘어져 몹시 느리게 움직인다. 심지어 새벽 2시인데도 해 는 끝이 보이지 않을 정도로 넓게 펴져 있는, 높고 낮은 늪지대처럼 생긴 툰드라에 엷은 빛을 비춘다. 한마디로 여름은 아주 긴 낮의 연 속이다.

이 지역의 생태계는 해가 늘 떠 있는 특성을 활용하면서 진화해 왔 다. 즉, 5월 중순부터 8월 중순까지는 꽃을 피우고 알을 부화하고, 영 양분을 보충하고, 물속을 헤엄치고, 짝짓기를 열심히 하지만, 8월 말 에 이르러 처음으로 해가 지기 시작하면서 수 주일에 걸쳐 겨울과 같 은 밤이 계속되면 햇빛이 급격이 줄게 돼 은신처를 찾아 숨어드는 것이다. 나는 북극권으로 떠나기 전에 이런 사실들을 이미 알고 있었다. 하지만 어떤 이유에서인지 나는 어떤 지역은 5월에서 8월 사이에도 해가 들지 않아 손전등이 필요할 것이라고 생각했다. 이를테면 내가 탐험하려고 하는 동굴, 내가 관찰하려는 북극얼룩다람쥐가 서식하는 굴, 내가 머물게 될 텐트 안 같은 곳 말이다.

내가 북극권에 온 까닭은 알래스카 북부 해안의 유전지역인 노스슬로프의 툴릭 호수 근처에 있는 툴릭연구기지에서 생물학자들과 함께 시간을 보내기 위해서였다. 1975년에 세워진 이 연구기지는 첨단기술로 무장한 이동식 연구소들이 모여 있는 곳이다. 기상변화에도 굳건히 버틸 수 있게 지어진 반원형 막사들이 함께 들어서 있다. 연구기지 남쪽으로는 브룩스 산맥이 수평선을 따라 들쭉날쭉 벽처럼 에워싸고 있다. 북쪽으로 130마일(약 210킬로미터)가량 떨어진 곳에는 북극해 연안의 프루도 만(Prudhoe Bay)에 자리잡은 데드호스라는 자치구가 있다. 이곳은 알래스카를 횡단하는 송유관의 북쪽 끝에 해당하는 곳이기도 하다. 데드호스에 도착하려면 끝도 없이 이어지는 돌턴 하이웨이를 5시간 계속 달려야 한다. 이 도로는 폭이 넓은 자갈길인데, 도로 위에는 트랙터 트레일러들이 줄지어 달리고 이들이 질주하면서 주먹만 한 돌을 사방에 흩뿌린다.

연구기지와 데드호스 사이에는 수천 평방 마일 넓이의 툰드라가 펼쳐져 있고, 툴릭 호수와 같은 얕은 호수가 수백 개나 흩어져 있다. 툰드라는 겉보기에는 단조롭고 획일적인 것 같지만 실제로는 매우 풍부하고 다양한 생명체-이끼류와 지의류, 우산이끼, 사초(莎草, sedge), 잔디, 키 작은 관목 등-들이 서식하고 있다. 툰드라의 30~60

센티미터 아래는 1년 내내 얼어 있는 영구동토지만, 그 위의 얼지 않은 지층에는 들쥐와 야생토끼, 여우, 얼룩다람쥐, 호박벌, 둥지를 트는 새들이 살고 있다.

매년 여름이면 100여 명의 과학자들과 대학원생들이 툰드라를 관찰하고 호수와 개천에서 표본을 수집하기 위해 연구기지로 모여든다. 툰드라는 아주 느리게 변하지만 연구할 과제 거리는 엄청나게 풍부하다. 다른 곳에서라면 생태연구는 대개 수 년 이상을 지속하기 힘들다. 예산이 한정돼 있기도 하지만 연구에 대한 관심을 지속시킬 만큼 과제 거리가 풍부하지 않기 때문이다. 하지만 툴릭연구기지는 어떤 환경이 수십 년에 걸쳐 어떻게 변화하는지를 배우기에 더 없이 좋은 조건을 갖추고 있다.

나는 '낮의 과학(the science of days)'에 끌렸다. 연구기지에 머물고 싶다며 신청서를 제출했을 때, 나는 생체시계에 관심이 많으며 툴릭 연구기지의 생물학자들과 함께 지내면서 다음과 같은 질문에 대한 답을 찾고 싶다고 적었다. "햇빛은 미생물과 식물플랑크톤의 대사활동과 순환에 어떤 영향을 미치는가? 이런 영향이-개체분포, 성장률의 변화, 산소와 영양분을 활용하는 방식의 변화 등을 통해- 먹이사슬에는 어떤 결과를 초래하는가?" 내가 알고 싶었던 것은 한마디로 북극의 여름 같은 극단적인 환경에서 생체시계가 어떻게 작동하는가였다. 햇빛이 가장 적나라하게 작용하는 상황에서 생물학적 시간은 어떻게 나타나느냐는 것이었다.

하지만 그보다 더 알고 싶었던 것은 그런 환경에서 내 자신은 어떻게 변할까 하는 것이었다. 1937년 탐험가 리처드 버드는 남극의 겨울인 4월부터 7월까지 넉 달간, 꽁꽁 언 어둠 속에서 기상학 관련 책을 읽으며 홀로 오두막 같은 집에서 보냈다. 그는 나중에 이 시기를 회고한 〈얼론(Alone)〉에서 이렇게 썼다.

"먼저 이 점은 분명히 해 두어야겠다. 여태까지 인간의 손길이 미치지 않았던 남극 대륙에서 날씨의 변화와 극광을 관찰하는 것도 의미가 있지만, 그리고 이런 연구에 내 자신이 흥미를 가지고 있긴 했지만, 내가 진실로 원했던 것은 이런 연구들을 넘어서는 것 즉, 남극 대륙에서 지내는 경험 자체에 있었다. ....나에게 다른 중요한 목적은 없었다. 이뤄야 할 목적 같은 게 나에겐 없었다. 평화로움과 정적과 고독, 그것들이 얼마나 좋은 것인지를 발견하고 맛볼 수 있을 만큼 충분히 오랜 시간 동안 홀로 있는 것, 그런 경험을 하고 그런 경험에서 무엇인가를 배우고자 하는 욕망 외에는 다른 건 아무래도 상관없었다."

나는 연구기지에서 시계 없이 지내기를 원했다. '시간 고립' 속에서 어두컴컴하고 꽁꽁 언 동굴이나 막사 안에 몸을 숨긴 채 관련 서적을 읽으며 지내고 싶었다. 그러나 24시간 내내 햇빛이 내리비치는 2주 동안, 알래스카의 확 트인 야외에서 지내는 경험을 무시할 수가 없었다. 그것은 과거의 나로부터 벗어나 일종의 모험을 하는 것처럼 여겨졌고, 매우 매력적으로 다가왔다. 내 두 아이에 대해서는 잊기로 했다-그들은 내가 없는 상태에서 두 번째 생일을 맞게 될 터였다. 대신 태양이 나에게 영원과 같은 빛을 비추기 위해 기다리고 있었다.

1만 년 전, 가장 마지막의 빙하시대가 끝나면서 빙하들은 노스슬로프로부터 멀어져 갔다. 빙하들은 물러나면서 여기저기 개천들을 만들어 냈고, 크기가 작고 깊이도 얕지만 서로 연결돼 있는 호수들을 만들었다. 하지만 이 개천과 호수들 대부분은 도로가 연결돼 있지 않아 차를 통해서는 접근할 수가 없다. 1973년 당시 이 지역에 건설 중이던 (원유를 운송하기 위한) 파이프라인이 생태계에 어떤 영향을 미치는지를 조사하기 위해 생물학자들-매사추세츠 주 우즈홀에 있는 해양생물연구소 소속의 소규모 연구팀-이 도착했다. 이들은 툴릭 호수 근처에 텐트를 쳤다. 호수 인근에는 파이프라인 건설현장이 있었고 그 옆으로 자갈로 된 도로가 달리고 있었다. 생물학자들은 작업을 하는 중간 중간 건설현장을 찾아 빨랫감도 맡기고 냉장고에서 아이스크림을 꺼내 먹기도 했다. 얼마 뒤 생물학자들은 호수 반대편으로 자리를 옮겼다. 이후 이 연구기지는 몇 에이크까지 넓어졌고 북극 생태계 연구 분야에서 가장 앞서 있는 연구소가 되었다.

어느 날 아침 나는 존 오브라이언-노스캐롤라이나 대학 교수로 담수를 연구하는 생물학자였다-을 따라 툴릭 호수에서 남쪽으로 몇 마일 떨어져 있는, 그의 연구지역인 작은 호수 세 곳으로 갔다. 걸어서는 가기가 불가능한 곳이었다. 툰드라는 스펀지 같은 우산이끼들과 더부룩하게 자란 황새풀로 덮여 있어 이들을 헤치고 그 먼 곳까지 걸어가려면 도중에 진이 다 빠질 터였다. 마치 발목을 접질릴 각오를 하고 늪지대를 지나는 것과 같았다. 연구기지에는 야외연구에 사용할 수 있도록 소형 헬기가 준비돼 있었다.

오브라이언은 이 헬기를 미리 준비시켜 놓았고 우리는 다른 세 명의 대학원생과 함께 헬기에 탑승했다. 공기주입식 소형보트와 보트를 저을 노, 표본채취용 장비로 가득한 배낭들도 실었다. 헬기는 우리가 가려던 호수 중 한 곳 위를 바짝 낮게 날았는데, 호수의 폭은 100야드(약 90미터) 정도밖에 되지 않아 연못이라고 해도 무방할 정도였다. 헬기가 이륙했을 때 풀들은 다시 잠잠해졌고, 대신 모기들이 헬기 주위로 모여 들었다. 날씨는 청명하고 바람 한 점 없었으며 평소와 달리 포근했다.

오브라이언은 1973년 툴릭 호수 근처에 연구기지를 세울 때 참여한 멤버 중 한 명이다. 그는 이후 매년 여름이면 가족을 남겨 둔 채 몇 주씩 이곳에 머물며 담수에 사는 미세식물과 이들을 포식하는, 이들보다 몸 크기가 조금 큰 동물플랑크톤의 상호작용에 대해 연구해 오고 있다. 우리는 생태계를 떠올릴 때 흔히 거기서 서식하고 있는 생명체들-요각류[24]나 지의류, 눈벌레(초봄에 눈에 모이는 벌레), 불나방, 회색 어치, 북극 사루기[25] 등을 중심으로 생각한다.

그러나 이런 생명체들은 수명이 아주 짧기 때문에, 생태계 전체를 통해 영양분들이 영속적으로 순환하는 과정에서 일시적인 중간 단계 역할을 한다고 할 수 있다. 툴릭연구기지에는 다양한 분야-식물학, 소호학(沼湖學, 혹은 陸水學, limnology), 곤충학 등-의 과학자들이 몰려들지만 궁극적으로 그들이 공통적으로 마주하게 되는 것은 생물지구화학(biogeochemistry)이다. 즉, 탄소, 질소, 산소, 인 등이 토양

....

24 橈脚類, copepods. 동물플랑크톤 중 가장 중요한 군으로 대부분이 부유생활을 한다. 식물플랑크톤을 효과적으로 여과할 수 있도록 가슴 부분에 많은 수염이 있다.

25 하천 상류의 차고 맑은 냉수역에서만 산다. 겨울에만 깊은 곳에 있다가 봄이 되면 상류로 이동해 얕은 곳으로 나온다. 수서곤충의 유충을 섭취한다.

에서 하천으로, 잎에서 공기로, 비에서 토양으로 순환하는 과정에 관심을 갖게 되는 것이다. 이 물질들은 하나의 전체로서의 생태계가 어떻게 기능하고 어떻게 변화하는지를 판단할 수 있는 기준이 된다. 이를 위해 미생물의 생장률, 호흡률, 전체 생물량의 무게를 오랜 시간 동안, 생태계 전체에 걸쳐 꼼꼼하게 측정하는 과정이 필요한 것이다.

툴릭연구기지에서의 첫날을 보내고 난 뒤 나는 이곳에 온 과학자들 중-북극에서든 다른 곳에서든- 생체시계를 연구하는 과학자는 아무도 없다는 것을 알게 되었다. 대신 그들은 누구랄 것도 없이 점점 더 하나의 측면에 관심을 갖게 되었는데, 그것은 더 이상 부인할 수 없는 사실이 된 지구온난화 문제였다. 북극은 상대적으로 생물학적 구성요소들이 적어, 어떤 생태환경이 지구온난화에 어떻게 반응하는지를 알 수 있는 기본적인 모델로서 좋은 조건을 갖추고 있다.

또한 이 지역은 그 자체로도 매우 중요한 곳이다. 전 지구상의 탄소 중 최소한 10퍼센트가 이곳의 얼어붙은 툰드라에 갇혀 있기 때문이다. 기온이 상승하면 그 탄소가 어느 정도나 방출될까? 그렇게 방출된 탄소 중 얼마나 식물에 흡수될까? 흡수되지 않고 대기로 방출돼 지구온난화에 기여하는 탄소는 어느 정도나 될까? 툴릭 지역은 아주 오랫동안 전혀 주목받지 못했지만, 이제는 모든 것의 핵심으로 점점 자리잡아 가고 있다.

"툴릭연구기지가 세워진 초기에는 호수 저 뒤쪽 산꼭대기에 한 여름 내내 눈이 녹지 않고 쌓여 있었지요. 그런데 지금은 지구온난화로 다 녹아 버렸어요." 호수 가장자리에 서서 보트의 노에 몸을 기댄 채 남쪽 브룩스 산맥을 바라보며 오브라이언이 회고했다. 헝클어진 백발에 짧고 뻣뻣한 턱수염이 무성한 예순 여섯 살의 그는 아직도 건장했으며 호기심이 충만했다. 나는 그의 존재가, 마치 닻처럼, 다른 과학자들과 연구원들에게 지지대 역할을 하고 있다는 것을 알 수 있었다.

나는 그가 들려주는 이야기를 듣는 게 좋았다. 그는 이야기를 꺼낼 때 "옛날에는 말이죠~"라고 시작하기 일쑤였다. 옛날에는 노스슬로프에 뇌우가 친 적이 없었다. 지금은 지구온난화로 기온이 올라가 연구현장을 나갈 때 티셔츠를 입어도 충분하지만 옛날에는 그렇지 않았다. 옛날에는 컴퓨터도 없고 위치탐사장치인 GPS도 없었고 기계장비를 다루는 헌신적인 보조원들도 없었기 때문에 모든 것을 과학자들이 손수 다 처리해야 했다.

"옛날에는 동물적인 욕구를 스스로 다 해결해야 했기 때문에 우리 안에 잠재된 동물성이 겉으로 다 드러났어요"라고 그는 말했다. 그는 알래스카에 온 첫 여름 동안, 몇몇 동료들과 함께 노아탁 유역을 탐사하면서 석 달을 보냈다. 이곳은 생태환경이 순수하게 보존돼 있어 연구 장소로는 보석과 같은 곳이었다. 그들은 일주일 내내 쉬지 않고 하루 14시간을 연구에 바쳤다. 해가 지지 않았듯이 그들도 나가떨어지지 않았던 것이다. 하지만 과학자들은 서로에 대해 점점 염증이 생기게 되었고 거의 한마디도 하지 않은 채 지내게 되었다. 요리사는 최소한의 음식만 내놓았을 뿐 아니라 식기 세척을 거부했다. 하는 수 없이 과학자들은 접시나 그릇을 전혀 사용하지 않고 방수처리가 된 식탁보 위에 바로 음식을 차려 놓고 먹어야 했다. 이런 상황에서 벗어나기 위해 오브라이언은 켄 키지[26]의 〈때로는 위대한 생각〉을 읽으며 여가 시간을 보냈다.[27] 오브라이언은 소설 속 이야기와 자신이 처한 상황을 오버랩 시키면서 이 소설에 빠져들었다. 그는 자신이 소설 속 인물의 살아 있는 화신이라고 여겼으며 자신의 생활도 소설과 똑같다고 생각하기 시작했다. "그때 우리는 다들 제정신이 아니었지요."

툴릭연구기지에 2주간 머무는 동안 내 거처는 웨더포트에 있는 막사였다. 바닥에는 두꺼운 널빤지가 깔려 있었고 벽은 황토로 돼 있었다. 나는 코일용수철이 들어간 매트리스 침대에서, 모기장을 치고 잤다. 연구기지의 다른 거주자들처럼 일주일에 단 두 번, 한 번에 20분 정도 샤워를 하라는 게 관계자의 권유였다. 물이 오염되는 것을 막기 위해서였다. 생활편의 시설도 잘 돼 있었다. 고속 무선 인터넷, 24시간 개방된 큰 식당이 있었고 바나나와 구아바로 만든 소스를 친 틸라피아를 먹을 수 있었다. 유리 같은 호수 표면을 바라보면서 즐길 수 있는, 자정 이후에는 특히 더 붐비는 삼나무 사우나도 갖춰져 있었다.

그러나 어둠은 없었다. 처음 며칠 동안은 침낭에서 나와 하루를 시작했다. 그런데 막사의 벽을 비추는 햇빛 때문에 손목시계를 보게 됐고 그 시간이 새벽 3시 30분이라는 걸 확인했다. 밤에는(물론 '밤'이

....

26 1935~2001. <뻐꾸기 둥지 위로 날아간 새> 등의 소설로 1960년대 미국과 히피 문화에 큰 영향을 준 소설가.

27 이 소설은 오리건 벌목장과 그 주변이 무대로, 한 집안이 마을 사람들과 조합과 갈등을 빚고, 가족들 안에서도 불화를 겪는 이야기다. 특히 이복형제인 행크와 릴런드 사이의 갈등이 이야기를 끌고간다.

라고 의식적으로 생각해야만 했다) 대양을 횡단하는 비행기 안에서처럼 눈가리개를 하고 잠을 잤다. 시계를 보고 아침이 온 것을 확인하고는 밖으로 나가면서, "전기불 끄는 걸 잊지마"라는, 이 상황에서는 아무런 관련이 없는 말을 떠올리기도 했다.

오랜 진화의 시간을 통해 북극 지역의 서식자들은 이 긴 낮 시간의 혼란을 당연하게 받아들이게 되었을 것이다. 남극에서 턱끈펭귄들은 서식지에서 나와 먹이를 찾기 위해 바닷가로 뒤뚱뒤뚱 걸어갈 때, 자주 지나다녀서 잘 다져진 길만 따라가는 경향이 있다. 시간에 대해서도 융통성이 없다. 그들은 기온이나 햇볕의 양에 상관없이, 24시간 주기를 거의 정확하게 지키면서 하루를 시작한다. 반면 그들이 하루를 끝내면서 바닷가에서 돌아오는 시간은 좀 더 융통성이 있다.

핀란드 북부 지역의 벌들은-햇빛이 하루 종일 비치는 여름철에는- 24시간 내내 활동하지 않는다. 가장 활동이 활발한 시간대는 정오 무렵이고 자정 무렵에 활동을 정리한다. 아마도 하루 중 상대적으로 좀 선선할 때 보금자리를 데우기 위해서이거나, 아니면 밤에는 쉬면서 낮 시간에 먹이를 찾기 위해 애썼던 기억을 확실하게 하기 위해서일 것이다. 이러한 노력을 통해 적어도 동물들은 햇빛의 리듬은 무시하는 대신 생체시계의 리듬은 엄격히 따른다.

북극순록은 정반대 전략을 택해 왔다. 2010년 영국 맨체스터 대학 연구원인 앤드류 로던과 동료들은 북극순록이 두 개의 중요한 시계 유전자가 있으며, 다른 동물과는 다른 방식으로 24시간 주기를 따른다는 사실을 발견했다. 대부분의 복잡한 유기체들은 거의 24시간 리듬으로 자고, 일어나 호르몬을 분비하는데, 생체시계도 햇빛에 매우 민감하게 반응한다. 하루 종일 해가 비치는 경우에도 생체시계 리듬을 따르고 거기에 동조한다.

하지만 북극순록은 몸 안에서 생체시계와 관련된 어떤 신호도 만들어 내지 않는다. 대신 빛에 직접적으로 반응하면서 행동한다. 북극순록은 하늘이 밝아지면 잠에서 깨어나고 햇빛이 희미해지면 잠자리에 든다. 북극순록은 생체시계가 없는 것이다. 태양의 움직임, 햇빛의 변화를 전적으로 따를 뿐이다. 로던은 "북극순록의 경우는 세포 안의 시계 스위치를 꺼 버리는 방향으로 진화가 이루어진 것입니다. 그들에게도 째깍거리며 흘러가는 시계가 있을지 모르지만, 아직까지 우리는 발견하지 못했습니다"라고 말했다.

툴릭연구기지의 생물학자들도 24시간 내내 내리비치는 햇빛에 반응하면서 진화해 왔다. 데이터를 모을 수 있는 기간이 짧고, 게다가 그런 활동을 지체시킬 만한 어둠도 없기 때문에, 때를 가리지 않고 언제든지 이곳저곳을 다니면서 자료를 모으고, 측정하고, 합성하고, 비교하고 대화한다. 7월 4일에 나는 북극해를 보기 위해 데드호스로 갔다. 새벽 2시 30분에 연구기지로 돌아왔을 때 나는 과학자들이 식당에 모여 바닷가재와 필레 미뇽(소의 두터운 허리 살코기)을 먹고 있는 것을 보았다.

툴릭연구기지에 있는 모든 사람들은 불면증에 관한 저마다의 스토리를 하나씩 갖고 있었다. 이들은 언제라도 가끔씩이나마 잠을 잘 수 있도록 트레일러로 된 연구실에 캠핑용 매트리스를 비치해 두고 있었다. 어떤 사람은 잠들지 못해 축구게임용 테이블을 만들거나 작은 항해용 배를 만들기도 했다. 또 다른 이는 툴릭에 머무는 동안은 아예 손목시계를 어디 다 넣어 놓고 시간 자체를 생각에서 지워 버리기도 했다. 먹고 싶을 때 먹고 자고 싶을 때 자면서 끊임없이 일만 하는 것이다. 그는 나에게 "이런 생활을 하다 집으로 돌아가면 한동안은 밤마다 환각상태에 있는 것처럼 느껴집니다"라고 말했다. 어떤 여성 과학자는 최근에 저녁을 먹고 난 뒤 하이킹을 했다고 말했다. 하이킹을 하는 동안 그녀는 시간의 흐름을 따라잡지 못해 기지로 돌아왔을 때 요리 담당 스태프가 아침 식사를 준비하고 있는 것을 보고는 깜짝 놀랐다고 했다.

그러나 철저하게 시간의 흐름을 준수하는 사람들도 있었다. "나는 잘 시간이 되면 잠을 자야합니다." 오브라이언 팀에 소속된 한 대학원생은 이렇게 털어놓았다. 우리 두 사람은 -오브라이언이 호숫가에서 작은 그물로 동물플랑크톤을 걸어 올려 조사를 하고 있는 동안- 호수 한가운데서 고무보트를 탄 채 담수 시료를 채취하고 있었다. 그는 "내가 만약 지금처럼 억지로 잠자리에 드는 대신, 저절로 잠이 올 때까지 기다린다면 아마도 밤새 깨어 있으면서 식당에서 케이크를 먹으며 시간을 축내게 될 겁니다"라고 말했다. 오브라이언은 시계의 리듬을 엄격하게 따르는 편이었다. 그래서 학생들도 자기 스케줄에 맞춰서 따라오도록 하는 걸로 기지 내에서 정평이 나 있었다. 그는 학생들이 밤에 제때 잠자리에 들고 매일 아침 식사 시간에 맞춰 식당에 나오도록 했다. 하지만 학생들은 꼼수를 부렸다. 그들은 밤새 맡은 과제를 하느라 깨어 있다가 아침이 되면 식당에 가서 오브라이언을 만나 자신들이 진행한 과제에 대한 조언을 듣고 그날 할 일에 대해 회의를 한 다음에는 자기 방으로 가서 잠을 잤던 것이다. 오브라이언은 학생들이 꼼수를 부리고 있다는 사실을 20년이 지나고 나서야 알아챘다.

여름에 내리쬐는 햇빛의 바다에서, 공통적인 시간의 랜드마크가 있다면 그것은 아침식사였다. 거의 예외 없이 기지의 모든 사람들은 하루 일정을 아침 식사를 기준으로 계획했다. 식사는 공식적으로 아침 6시 30분에 시작되며 6시 45분이면 식당 홀은 사람들로 가득 찬다. 그렇게 사람들을 끌어들이는 요인은 심리적인 측면도 있지만 사회적인 측면도 있었다. 그렇게 모여서 논의해야 할 연구계획이 있고, 데이터를 살펴보아야 하며, 일자리 정보도 공유하고, 고무보트 Sevylor66에 누가 가장 빨리 공기를 채울 수 있는지를 놓고 갑론을박이 벌어지기도 하기 때문이다.

이론적으로 보자면 사람들은 툴릭연구기지에 있는 어떤 시계도 무시하면서 자신만의 내적인 리듬에 따라 살아 갈 수 있다. 심지어 그 내적인 시계마저 무시할 수도 있다. 하지만 그렇게 하는 것은 누구에게도 별로 도움이 되지 않았다. 한 사람 이상이 관련된 프로젝트를 진행하기 위해서는 서로 시간을 조정할 필요가 있었던 것이다. 예컨대 정오에 선창에서 만난다든지, 9시 정각에 헬기가 아나크투부크 지역으로 떠난다든지, 금요일 밤 8시 30분에 식당에서 살사 댄싱 파티가 열린다든지 하는 시간표가 정해지는 것이다.

・ ・ ・

생체시계의 혼란이 불러올 재앙

나는 시계를 볼 때 문자판의 숫자를 본다. 하지만 툴릭에서 하루 하루가 지나가면서 이 숫자들은 점점 더 의미가 없어져 간다. 심지어 '하루하루가 지나가면서'라는 구절도 의미를 잃었다. 나는 낮만 내내 이어지는 하루를 살아 낼 뿐이다. 중간 중간 낮잠을 자거나 산책을 나간다. 가끔은 손목시계를 보고 몇 시간 내리 잠을 잤다는 사실을 알고는 깜짝 깜짝 놀라기도 한다. 잠자리에 드는 것은 더 이상 오늘 과 내일을 나누는 기준이 아니며 아무 때나 선택할 수 있는 것에 불 과했다. 점점 더 많은 시간을 기지 안에 있는 전화 부스에서 보내게 되었고 가족과의 통화에 목을 매게 되었다.

시간에 관한 꿈을 꾸는 횟수도 점차 늘어난다. 두 아들이 내 손목 시계를 부숴 버려서 마룻바닥에 시계 조각들이 흩어져 있는 꿈을 꾼 다. 모래언덕을 걷고 있다가 갑자기 협곡 바닥으로 미끄러져서 기어 올라오지 못하게 되는 꿈도 꾼다. 친구들은 내가 어디로 갔는지 알지 못하고, 내가 도움을 청하는 소리를 질러도 그들 귀에는 닿지 않는 다. 그래서 점점 더 협곡 깊이 빨려들어 가게 되면서 햇빛은 내 뒤로 사라져 가고, 금방이라도 엄청난 무게의 모래언덕이 나를 덮쳐 묻어 버릴 것만 같다.

그 꿈은 내가 집에 있을 때 도서관에서 빌려 온 책에서 읽었던 장 면 즉, 한 등산가가 크레바스(빙하나 바위가 갈라져서 생긴 좁고 깊은 틈) 에 빠지는 바람에 다리를 부러뜨리게 된 내용이 변형돼 꿈으로 나타난 게 분명하다. 위로 올라갈 수가 없게 된 그는 점점 더 깊은 어둠 속으로, 산의 심연을 향해 기어간다. 이끼에 스며있는 물기를 핥아가며 목숨을 지탱하던 그는 마침내 기적적으로 출구를 발견해 햇빛이 비치는 산비탈로 다리를 질질 끌며 나올 수 있게 된다.

하지만 야영지까지는 수 마일이나 더 가야 한다. 자연적으로 형성된 미로처럼, 복잡하게 얽힌 아이스 브릿지(ice bridge 강의 폭만큼이나 넓고 차량이 다닐 수 있을 정도로 단단한 얼음 다리)를 지나, 바위투성이 도랑을 내려와, 바위가 많은 호수 주변을 돈다. 그는 당시 자신을 계속 앞으로 나아가게 만든 것은 손목시계라고 훗날 기록했다. 그는 눈밭을 기어가다 머리를 들고는 100~200야드 앞의 어떤 곳을 랜드마크로 선택하고서는 손목시계를 들여다본다. "저기까지 가는 데 20분이면 될 거야." 스스로 이렇게 말하고는 계속 기어가는 것이다. 그는 혼잣말을 하는 자기 목소리 외에 다른 소리도 들었다. 몸 밖에서 들려오는, 대단한 권위를 가진 '시간을 초월한 목소리(Voice of All Time)'였는데, 그 소리는 머리 안에서 메아리치면서 그를 앞으로 나아가도록 밀어붙였다. 야영지에 거의 다다랐을 때, 그는 밤하늘의 별들이 쏟아져 내리는 속에서 갈증에 시달리며, 방향감각을 완전히 잃은 채 땅에 누워 있었다. 마치 수세기 동안 그런 상태로 계속 있었던 것 같이. 거의 의식이 나간 상태로 있던 그를 동료 산악인이 발견했다.

툴릭 같은 곳에서 적막감 속에 있다 보면 시간이 흐르지 않는 것처럼 착각하기 쉽다. 그러나 여기서도 시간은 어김없이 흐르며 그렇게 흘러 왔다. 하늘을 빠르게 흘러가는 구름 속에서, 동물플랑크톤의 미세한 움직임 속에서, 오랜 옛날부터 툰드라가 얼어붙고 다시 해동하는 과정 속에서, 시간은 계속 흘러왔고 흘러가고 있다. 이곳에서도 매우 빠르게 변화가 일어나고 있으며 그것은 인류에게 많은 문제를 일으키게 될 것이다.

툴릭을 비롯한 북극 지역에서는 평균 기온이 조금씩 상승하고 있으며, 노스슬로프에서는 30년 전만 해도 뇌우가 드물었지만 이제는 흔한 일이 되었다. 과학자들은 북극해에서 해빙(海氷)이 물러나고 있는 것이 기후변화를 일으키는 원인이라고 생각한다. 해빙이 사라지면서 이 지역은 점점 더 건조해지고 번개도 더 자주 치게 될 것이다. 2007년에는-툴릭연구기지에서 기온을 측정한 이래 가장 높은 온도를 기록했으며 가장 건조하기도 했다- 툴릭에서 20마일가량 떨어진 아나크투부크 강을 따라 형성된 툰드라에 번개가 내리쳐 화재가 발생했는데 두 달 반이나 계속 이어졌으며 400평방 에이크에 이르는 면적-케이프 코드(미국 매사추세츠 주에 있는 반도)와 맞먹는 면적-을 태워 버렸다. 이는 알래스카의 툰드라에서 일어난 최대 규모의 화재일 뿐 아니라 아마도 지구 역사상 가장 큰 화재일 것이다.

내가 방문했던 그 해 여름에 과학자들은 이 화재의 영향을 알아내기 위해 분주히 움직였다. 대화재로 단열층 역할을 하는 토탄이 모두 사라져 버리는 바람에 토양으로 강한 열(햇빛)이 침투하게 되었다. 몇몇 지역에서는 영구동토층이 부분적으로 녹아 버린 탓에 구릉이 내려앉고 토양과 영양분이 개천으로 흘러들었다.

어느 날 아침 나는 우즈홀의 해양생물연구소에서 일하는 수생생물학자(aquatic biologist) 린드 디건을 따라 나섰다. 그녀는 브룩스레인지에서 프루도만까지, 노스슬로프를 따라 흐르는 쿠파룩 강을 조사하러 떠나던 참이었다. 그녀는 북극 사루기를 연구하기 위해 1980년대부터 툴릭연구기지를 매년 찾았다. 북극 사루기는 봄에는 강 하류로 이동했다가 늦여름이 되면 다시 상류로 돌아온다. 사루기는 쿠파룩 강에 서식하는 유일한 물고기인데 이동 과정에서 몇몇 새들과 덩치가 큰 호수 송어(연어과에 속하며 알을 낳기 위해 강을 거슬러 올라가는 습성을 갖고 있다)의 주요한 먹잇감이 된다. 디건은 몇 년간 계속 사루기를 추적해 오고 있는데, 이를 통해 기후 변화가 사루기의 숫자와 이동 습성-언제, 얼마나 빨리, 얼마나 멀리 떠나는지- 등에 어떤 영향을 미쳤는지 알아내려고 한다.

모든 이동하는 동물들이 그렇듯이, 사루기는 유전적으로 햇빛의 변화에 동조하도록 돼 있다. 북극에서는 봄이 되면 매일 8~10분씩 해가 길어진다. 이에 맞춰 사루기의 생체시계도 광주기(photoperiod)를 늘리게 되며, 또한 생리적인 변화를 통해-산란을 위해- 강 하류로 떠날 채비를 하게 된다.

디건은 사루기가 하류로 내려가는 동안 먹잇감으로 취하게 되는 벌레들에 관심을 가졌다. 이 벌레들은 햇빛이 아니라 수온의 변화에 동조하도록 돼 있다. 그래서 지금처럼 매년 강의 수온이 상승하게 되면 이 벌레들도 좀 더 빨리 부화하게 될 가능성이 높다고 보았다. 반면 사루기는 햇빛의 변화를 따르기 때문에 벌레들이 이전보다 빨리 부화에 들어가면 강 하류로 내려가는 동안 벌레들을 먹잇감으로 온전히 이용할 수 없게 된다. 이전까지는 일치돼 왔던 사루기와 벌레들의 생명 주기가 어긋나게 되는 위험에 처하게 되는 것이다. 디건은 아직 명확하게 입증하지는 못했으나 그런 현상에 대한 연구가 그동안 북극에서 면밀하게 진행돼 온 것은 아니라고 했다. "아직은 단지 제느낌일 뿐이에요"라고 말했다.

하지만 북극 이외의 다른 곳에서는 온도(수온)의 세계와 시간(생체시계)의 세계 사이에 점점 간극이 커지고 있는 현상을 활발히 연구하고 있고 입증하는 사례도 나타나고 있다. 봄의 기온이 점점 높아지면서 이동성 새들 중 일부는 과거에 비해 2주일가량 먼저 북극으로 와서 번식기를 시작하고 있다. 그 결과 이들보다 늦게 도착하는 새들은 불리한 조건에 처하게 된다. 북쪽으로 이동하는 다른 새들도 현지에 서식하는 새들과 먹잇감을 놓고 경쟁을 벌인다. 어떤 종들은 이런 환경 변화에 빠르게 적응하고 있다. 월든 호수(미국 매사추세츠 주 북동부의 호수. 1845~47년 소로가 이곳 호반에서 생활하며 작품을 썼다) 주변의 많은 식물들은 지금 헨리 데이비드 소로가 살던 때보다 훨씬 일찍, 훨씬 더 많은 꽃을 피우고 있다.

그러나 햇빛의 변화에 동조하는 생체시계에 따라 움직이는 개체들은 훨씬 취약한 상황에 놓여 있다. 얼룩딱새는 서부 아프리카에서 겨울을 보내다 봄이 되면 번식을 위해 유럽의 숲으로 날아간다. 이 이동 스케줄은 햇빛에 의해 통제되기 때문에 거의 변함이 없다. 하지만 얼룩딱새의 먹이가 되는 벌레들은 20년 전에 비해 훨씬 이른 봄에 알을 낳는다. 그래서 얼룩딱새가 도착할 무렵이면 벌레들이 거의 남아 있지 않아 지난 20년간 개체 수가 90퍼센트 가까이 감소했다. 마치 지구 전체가 일종의 시차를 겪고 있는 것처럼 보인다. 이런 와중에도 어떤 종들은 기후온난화에 적응하면서 외려 더 번창할 것이다. 이들은 변화된 환경에 맞춰 좀 더 일찍, 혹은 좀 더 늦게 이동하거나 줄어든 먹잇감을 대체할 다른 먹잇감을 찾아낼 것이다. 그러나 적응에 실패하는 종들은 결국 종말을 맞게 될 것이다.

시간은 어떻게 결정되는가

시간이 흐르지 않는 듯한 느낌은, 깊은 동굴이나 북극에서 햇빛이 들지 않는 밤이 계속되거나 낮만 계속되는 환경에서 경험할 수 있다. 하지만 굳이 그렇게 험한 곳까지 가지 않더라도 손쉽게 느낄 수 있는 방법이 있다. 비행기 여행을 하면 되는 것이다. 이동거리가 멀수록 더 좋다.

물리학으로 시작을 하자. 당신은 지상 몇 마일 위의 공중에 있고 중력으로 낙하하고 있다고 하자. 아인슈타인의 특수상대성이론에 따르면 매우 빠르게 움직이는 물체 위에 있을 때의 시간이, 정지해 있는 관찰자의 시간보다 더 느리게 움직인다. 이는 실험을 통해 증명된 사실이다. 제트기에 놓인 원자시계가 지상에서 정지해 있는 원자시계보다 더 느리게-대 여섯 시간 동안 몇 나노초 정도- 흘렀던 것이다 (제트기 안에서도 1초는 정확히 1초의 길이를 갖는다. 정지해 있는 관찰자가 제트기 안의 시간을 쟀을 때 1초보다 길게 측정된다는 의미다). 그 시간 차이는 엄청나게 작지만 느리게 흐르는 것만은 분명한 사실이다.

2016년 3월, 우주비행사인 마이클 켈리가 520일 동안 -시간당 약 1만 8000마일(2만 9000킬로미터)의 속도로- 지구궤도를 돌고 지구로 귀환했다. 그 520일 동안 지구에 있었던 쌍둥이 형 마크-그는 마이클보다 6분 먼저 태어났다-는 동생보다 5밀리초(1000분의 5초) 더 나이를 먹었다(궤도를 빠르게 돌고 있던 우주선에서는 시간이 늦게 흘렀기 때문이다).

한편 표준시간대(time zone)라는 것이 있다. 지구의 경도를 따라 15도마다 한 시간씩 차이를 두면서 지구 전체를 24시간으로 설정하는 것이다. 여기서 시간의 원점(time zero)은 왕립천문대가 있는 영국의 그리니치다. 지구는 회전하는 구체이기 때문에, 태양에서 나오는 빛이 한 번에 지구 전체를 비출 수는 없다. 당연히 햇빛이 비치는 낮 시간도 모든 지역에서 동일할 수가 없다.

표준시간대는 '정오'의 의미가 전 세계에서 동일하게-태양이 하늘의 정점에 오는 하루의 중간- 받아들여지게 했다. 표준시간대는 19세기부터 조금씩 사용되기 시작했는데, 철도망이 급격히 확장되면서 기차 시각표를 서로 통일할 필요가 있었기 때문이다. 1929년에는 전 세계 대부분 국가들이 표준시간대규약(hourly time-zone scheme)에 서명했다. 몇몇 국가들은 지금도 자체적으로 만든 시간대를 사용하고 있는데, 이들은 30분 단위, 혹은 네팔 같은 경우는 45분 단위로 구분되는 체계를 사용한다. 1949년 지리적으로 매우 폭넓은 면적을 갖게 된 중국은 정반대 전략을 택해 다섯 가지의 시간대를 하나의 시간대로 합쳤다.

오늘날 항공여행이 활발해지면서 표준시간대를 넘나드는 것은 흔한 일이 되었다. 파리에서 뉴욕까지 비행하는 데는 7시간이 걸리는데, 이 비행시간 동안 승객들은 두 도시의 표준시간대 차이인 6시간을 지나치게 된다. 시계란 결국 지역적이다. 시간은 당신이 지금 어디에 있느냐에 따라 결정된다. 당신이 지금 비행기를 타고 가고 있다면-빠르게 날고 있는 비행기 안에서 끝없이 펼쳐진 대양을 내려다보고 있다면- 당신의 위치와 당신의 시간은 매 순간 변하고 있는 셈이다. 내 시계는 여전히 파리의 시간으로 맞춰져 있다. 내 앞 좌석 머리받침대에 있는 시계는 지금 현재의 뉴욕 시간을 알려주고 있다. 파리 시간은 내 뒤에 처져 있고 뉴욕 시간은 나로부터 몇 시간 떨어져 있다. 나는 불분명한 시간-어쩌면 영원한 시간- 사이에 놓여 있는 것이다.

비행기 여행을 하는 동안 기준이 되는 시계는 조종석 상단에 있다. 파리에 있는 국제도량형국의 알고리즘이 전 세계에 있는 많은 원자 시계들을 적절히 조정한 다음, 위성을 통해 실시간으로 비행기와 화물선과 임대자동차 등에 정보를 보내고 있는 것이다. 그러나 조종실 바깥의 객실에서는 각자가 나름의 시간을 가지고 있다. 어떤 승객들은 졸고, 어떤 승객은 음식을 먹고, 어떤 이들은 다음날 오후의 미팅 준비를 하고, 어떤 이들은 비행기를 놓치지 않으려 아침 일찍부터 서두른 탓에 산만해진 정신을 가다듬고 있다. 또 어떤 이들은 항공사에서 제공하는 영화에 빠져 있다. 계속 햇빛을 받으면서 서쪽을 향해 비행하게 되면 햇빛의 변화를 통해 시간을 구분할 수 있는 계기가 없기 때문에 각자가 자기만의 시간 체계를 따르게 된다.

시차를 깔끔하게 극복하는 방법

뇌에 있는 시교차상핵이 어떤 방식을 통해 몸 전체에 시간 정보를 전달하는지는 아직 완전히 이해할 수 없다. 그러나 시교차상핵에서 몸의 각 부분으로 시간정보가 전달되는 데는 수 시간에서 수일까지 소요된다.

만약 평소의 햇빛의 변화가 갑작스럽게 돌변하는 상황에 놓이거나, 새로운 시간 스케줄에 적응해야 하는 상황이 되면-이를테면 한번에 몇 곳의 표준시간대를 지나가야 하거나, 서머타임이 시작되거나 끝난 뒤의 하루나 이틀 동안- 우리 몸의 각 부분에 있는 시계들이 동시에, 같은 비율로 일사분란하게 변화된 상황에 대처하지는 못한다. 몸에 있는 모든 시계들이 서로 연합해 동조하지 못하고, 대신 한동안 각각의 시계가 자율적으로 변화된 상황에 대처하게 되는 것이다. 시차가 생기는 것은 이 때문이다.

나의 시교차상핵은 뉴욕에 도착했는데도, 나의 신장은 여전히 캐나다의 노바스코샤 주 시간에 맞춰져 있고, 내 췌장은 아이슬란드의 어느 도시 시간대에 맞춰져 있을 수 있는 것이다. 아직 음식을 소화시킬 준비가 제대로 돼 있지 않은 시간대에 뇌가 음식을 먹도록 명령을 내림으로써 며칠 동안 소화 장애가 생길 수도 있다.

우리 몸은 평균적으로 하루에 하나의 표준시간대를 회복한다. 예컨대 표준시간대가 6시간 차이 나는 프랑스-뉴욕 간 비행을 했다면 원래대로 회복하는 데 6일이 걸린다는 뜻이다. 그 결과 위염을 앓게 되는데, 이는 장거리 여행자나 비행기 승무원들이 자주 호소하는 병이다. 시차는 우리의 머리 안에 있는 것이 아니다. 그것은 시간의 동조가 허물어진 우리 몸 전체에서 일어나는 현상이다.

과학문헌에서는 우리 몸 각 부분에서 작동하는 시계를 시교차상핵에 매어 있는 '노예시계(slave clock)'라고 부르기도 한다. 그러나 이 시계들도 시교차상핵과 상관없이 자율적으로 작동할 수 있으며, 적절한 환경에서는 자신들의 24시간 생체리듬을 '주인 시계(master clock)' 즉, 시교차상핵이나 햇빛의 주기에 맞춰 동조하는 것이 아니라, 다른 곳에서 받아들인 지시를 따른다. 특히 음식물은 이 시계에 강한 메시지를 전달하는 것으로 밝혀졌다.

지난 10년간 이뤄진 몇몇 연구에 따르면 규칙적으로 식사를 하면 신장에서 작동하는 생체시계에 변화가 일어나 뇌에서 전달되는-햇빛에 기반한- 시간체계를 무시할 뿐 아니라, 심지어 신장이 자체적으로 형성한 시간 체계를 거꾸로 뇌에 전달하는 것으로 밝혀졌다. 햇빛에 의한 시계가 아니라 식사 시간이 신장의 24시간 리듬을 규정하는 것이다.

"실험실의 쥐에게 잠자는 시간 중간에 깨워 먹이를 계속 주게 되면, 얼마 지나지 않아 먹이를 주는 시간에 맞춰 스스로 미리 잠에서 깨어나게 됩니다." 생체시계 연구에서 두각을 나타내고 있는 캘리포니아 대학교 로스앤젤레스 캠퍼스(UCLA) 크리스 콜웰 교수의 말이다. "나는 학생들에게 이런 얘기를 합니다. 만약 피자가게 직원이 매일 새벽 4시에 여러분 집으로 피자를 배달하면 얼마 지나지 않아 여러분이 새벽 3시 30분에 잠에서 깰 것이라고 장담할 수 있다구요."

장시간 비행에서 시차를 최소화할 수 있는 한 가지 방법은 기내에서 제공되는 음식을 가급적 피하는 것이다. 승무원들은 의례적으로 두세 시간 마다 이런저런 음식을 승객들에게 제공한다. 이 스케줄은 비행 출발지의 시간에 맞춰 서빙하는 것이다. 비행을 하는 동안 햇빛에 의한 신호를 거의 받지 못하는 상태에서, 신장의 생체시계는 당신을 출발지의 표준시간대에 묶어 두려고 한다.

따라서 당신의 손목시계를 도착지 시간대에 맞춰 놓고 식사시간을 그에 맞추는 것이 시차를 극복하는 데 도움이 된다. 콜웰 교수는 "장시간 비행을 하는 사람들에게 충고를 하라면 가능한 한 비행기 안으로 비쳐드는 햇빛에 자신을 많이 노출시키고 도착지 시간에 맞춰 식사를 하고 다른 승객이나 승무원과 이야기를 많이 하는 것입니다"라고 말했다. 그는 또 도착지 시간에 맞춰 아침을 챙겨먹으라고 권했다. "만약 사람이 실험실의 쥐와 같은 행동패턴을 따른다면, 햇빛에 의한 신호가 없는 상태에서는 아침식사가 생체시계를 평상시처럼 유지하는 데 매우 중요합니다."

콜웰 교수의 연구에 따르면 생체시계의 리듬을 유지하는 데는 규칙적인 운동이 큰 도움이 된다. 실험실의 쥐를 대상으로 한 실험 결과 규칙적으로 쳇바퀴를 도는 운동을 시킨 쥐는 그렇지 않은 쥐보다 시교차상핵으로부터 훨씬 강한 신호가 나오는 것을 확인했다고 한다. 특히 잠에서 깨어나 더 일찍 달리는 쥐일수록 효과도 더 크게 나타났다.

그러나 효과가 가장 극대화된 것은 특별한 시계 단백질(clock protein)을 지니지 않은 쥐가 하루 중 이른 시간과 늦은 시간에 규칙적으로 운동한 경우다. 시교차상핵이 심장과 신장 등의 신체 부위에 시간 정보를 보낼 때 능력이 향상되는 것을 보여 주었다. 쥐의 경우, 더 많이 달릴수록 시계도 더 잘 달리는 것이다.

하지만 사람의 경우에도 규칙적인 운동이 쥐만큼 효과를 내는지는 아직까지 확인되지 않았다. 그렇지만 운동으로 시교차상핵의 신호가 강해질 수 있다는 아이디어는 사람에게도 충분히 적용해 볼 만한, 매력적인 생각이다. 왜냐하면 -콜웰 교수의 주장에 따르면- 우리 몸의 생체시계도 나이가 들수록 기능이 떨어지기 때문이다. "나는 이제 겨우 50살인데도 밤에 잠을 설칠 때가 많습니다. 낮에도 피로를 훨씬 더 많이 느끼지요." 생체시계도 노화를 겪는 것이다.

시차는 일시적인 현상이다. 그러나 인간은 햇빛과 어두움의 구분을 거스르는, 보다 지속적인 다른 방식을 만들어 내고 있으며 그것이 초래하는 결과는 무척 우려스럽다. 오늘날 수백 만 명의 미국인들은 교대제 근무를 한다. 밤을 새워 운전을 하고, 항만에서 야간근무조로 화물을 내리고, 병원에서도 빡빡한 일정으로 근무가 돌아간다. 생체시계를 연구하는 생물학자들이 '사회적인 시차(social jet jag)'라고 부르는 이런 현상으로 인해 많은 사람들이 고통을 겪고 있다. 이는 단순히 몸이 불편하다거나 괴롭다는 것 이상의 고통이다.

생체시계가 신체대사에 미치는 영향

생체시계의 주요한 기능 중 하나는 신체의 대사 작용을 관장하는 것이다. 즉, 배고플 때 먹게 함으로써 세포들이 적절한 시간에 필요한 영양소들을 흡수할 수 있도록 하는 것이다. 그러나 많은 연구 결과에 따르면 상시적으로 교대근무를 하는 사람들은 비만과 당뇨병, 심장질환에 걸릴 가능성이 훨씬 높은 것으로 밝혀졌다. 생체시계가 제대로 작동하지 않는 것-수면 사이클이 생체시계와 보조를 맞추지 못하는 것-과 대사이상(metabloic disorder) 사이에는 매우 밀접한 연관이 있다는 사실은 수많은 연구를 통해 입증되고 있다. 이는 소화계가 에너지를 만들고 저장하는 과정과 보조를 맞추지 못함으로써 발생하는 것으로, 당뇨병도 그런 원인으로 발생하는 질병 중 하나다.

우리가 무엇을 먹어야 하는지에 대해서는 수백 만 달러를 들여서 많은 연구가 진행되고 있지만, 언제 먹어야 하느냐는 문제도 그에 못지않게 중요하다. 최근 한 연구는 잠을 자야 할 시간에 먹이를 먹는 쥐-즉, 생체시계에 어긋나는 식사시간을 갖는 쥐-는 정상적으로 시간에 맞춰 먹는 쥐보다 몸무게가 훨씬 더 나간다는 사실을 보여 주었다. 생체시계가 제대로 작동하지 않아서 생기는 문제에 관한 그동안의 연구는 주로 쥐, 토끼 같은 설치류와 영장류를 대상으로 이뤄져 왔으나, 의학적인 관점에서 인간에 대해서도 점점 관심을 쏟고 있다. 하버드 대학의 한 연구팀은 자발적으로 지원한 10명을 대상으로 28시간 주기 리듬으로 생활하도록 하는 실험을 진행했다.

그 결과 나흘째 되던 날부터 이들의 생체리듬이 바뀌기 시작했다. 이들은 한밤중에도 잠을 자지 않고 식사를 했다. 그런데 다시 나흘 뒤에는 이전의 리듬으로 되돌아왔다. 실험을 진행한 열흘 사이에, 이들의 혈압은 크게 높아졌으며, 혈당수치도 정상보다 높게 나왔다. 이 중 세 명은 당뇨병 전 단계 증상을 보였다. 이런 증상의 원인이 수면 부족 때문은 아닌 것으로 나타났다. 신체기관과 지방세포들이 음식을 대사시킬 준비가 돼 있지 않은 밤 시간에 지속적으로 식사를 했기 때문이었다. "실험을 진행한 지 며칠이 지나지 않았는데도 실험 참가자들은 포도당 대사 기능에서 급격한 변화를 나타냈다"고 한 연구자가 지적했다. "단 며칠 만에 그토록 급속히 신체 기능에 변화가 생겼다는 사실은, 장시간 비행기 여행을 통해 시차를 경험하는 사람들도 일시적으로나마 시차로 인해 신체에 나쁜 영향을 받을 수 있다는 사실을 보여 준다."

최근 비만이 널리 번지고 있는 데는 많은 원인-앉아서 생활하는 시간이 많은 라이프 스타일이나 음식 섭취량 조절에 실패하는 것 등-이 있다. 하지만 생체시계를 연구하는 이들은, 눈에 잘 띄지는 않지만 중요한 다른 원인을 제시한다. 즉, 깨어 있어야 할 시간과 그렇지 않은 시간의 구분이 무너졌기 때문이라는 것이다. "우리 몸에는 오래된 규칙에 기초해서 작동하는 완벽한 시간 체계가 존재합니다. 그런데도 전기와 전등을 발명했다는 이유로 그 완벽한 시계 체계를 무시해도 괜찮다고 생각하는 것은 미친 짓입니다"라고 콘웰 교수는 주장했다.

인류는 화성에서 살 수 있을까

과학자들의 주장이 옳다면, 인간은 가까운 시일 안에 화성으로 이주하게 될지도 모른다. 이는 하나의 새로운 도전이 될 것이다. 화성은 지구로부터, 두 행성 사이의 거리가 가장 가까울 때 3600만 마일(약 5800만 킬로미터) 떨어져 있다. 현재의 제트추진 기술로는 화성에 도착하는 데만 6개월이 걸린다. 동행들과 함께 우주선 안에 갇혀 인공조명 아래서 6개월을 지내야 한다는 말이다. 지구의 자기장 차폐(magnetic shield)를 지나 오래 비행하는 동안 우주방사선에 최대한 노출되지 않도록 우주선에는 창문도 설치하지 않을 것이다. 설사 창문이 있다고 해도 깜깜한 공간과 별 외에는 볼 게 없을 것이다.

과학자들은 이미 우주선 승객에게 쾌적한 여행이 될 수 있도록 많은 연구-어떤 음식이 건강에도 좋고 입맛도 돋울 수 있는지, 지루함을 덜어줄 수 있는 활동에는 어떤 것이 있는지, 의학적으로 비상상황이 발생했을 때는 어떤 조치를 취할지 등-를 진행 중이다. 어쨌든 화성에 도착해 우주선을 나오면 작열하는 화성의 여름 태양이 쏟아져 내릴 것이고 승객들은 이미 건설돼 있는 거주시설을 찾아 서둘러 들어갈 것이다. 하지만 이 거주지 역시 창문이 없을 것이고 에너지를 아끼느라 인공조명에서 나오는 불빛은 흐릿할 것이다.

화성에서의 첫날은 인간이 경험했던 그 어느 하루보다도 길 것이다. 화성의 자전 속도는 지구보다 느리기 때문에 화성의 하루는 지구의 하루보다 긴 24.65시간이 될 것이다. 즉, 지구에서보다 39분이 길다. 그다지 큰 수치로 보이지 않을지 모르지만, 화성 거주민들은 오래지 않아 그로 인한 부작용을 느끼게 될 것이다. "화성의 하루가 지구보다 39분이 길다는 것은 사흘 동안 표준시간대 두 곳을 지나는 여행을 하는 것과 같은 효과를 냅니다." 하버드 의대 산하 '브리검 앤드 위민즈 호스피털' 생리학 교수인 로라 바저는 이렇게 말했다.

그녀는 같은 병원에서 수면의학연구소 소장으로 있는 찰스 차이슬러를 비롯한 동료들과 함께 우주비행사들의 생체시계 리듬과, 우주비행사들과 항상 접촉을 유지해야 하는 -지상에서 근무하는- 우주비행 관리자들의 생체시계 리듬을 연구해 왔다. 이들은 자발적인 실험 참가자들을 대상으로 24.65시간을 하루로 삼아 생체시계 리듬의 변화를 조사한 바 있다. 바저가 말했다. "실험 참가자들은 바뀐 리듬에 적응하지 못했습니다. 그들은 제대로 잠을 자지 못했고 깨어 있는 동안에는 핏기 없는 창백한 얼굴로 돌아다녔습니다."

2007년 차이슬러는 특정한 파장을 지닌 인공조명을 사용하고, 화성의 하루와 비슷한 시간 주기를 설정한 상태에서, 생체시계가 어떤 변화를 보이는지를 알아보는 실험을 진행했다. 대여섯 명의 실험 자원자들은 희미한 조명 아래에서 시계도 없고, 창문도 없고, 시간을 알아낼 수 있는 어떤 정보도 주어지지 않은 상태에서 65일간 지냈다. 과학자들은 처음 사흘간은 실험 참가자들이 24시간 주기로 생활하도록 했다. 하지만 그 다음날부터 조명을 비추는 시간을 늘려, 참가자들이 하루에 한 시간씩 더 깨어 있도록 했다. 특히 참가자들이 바뀐 환경에 적응하도록 한 시간이 추가된 하루가 끝날 무렵, 해돋이나 황혼녘의 햇빛과 비슷한 세기의 조명을 한 시간 단위로 45분간 두 번씩 비추었다. 이렇게 30일이 지나자 실험 참가자들은 25시간을 하루로 하는 리듬에 적응하게 되었다.

  이처럼 한 시간이 늘어난 하루의 주기에 사람들이 적응할 수 있다는 사실이 입증되었다. 즉, 태양이 인간의 생리에 가하는 통제를 –짧은 시간이나마, 적어도 어느 정도는– 극복할 수 있다는 사실이 실험을 통해 증명된 것이다. 그렇다면 화성에 거주하는 미래의 인류는 더 늘어난 하루의 추가 시간 동안 무엇을 하며 보내게 될까? 아마 생산적인 일을 하며 보낼 수 있을 것이다. 위의 실험을 진행한 연구팀은 논문에서 밝은 조명이 켜진 온실 모듈(greenhouse module, 모듈은 우주선 본체에서 떨어져 나와 독립된 기능을 하는 작은 부분이다)에서 농작물을 돌볼 수 있을 것이라고 주장했다. 그런 다음에는 술을 마실지도 모르고, 창이 없어 바깥 경치를 볼 수 없으니 컴퓨터에서 지구 사진을 불러와 감상할지도 모른다.

1999년 11월 30일, 스카라손 동굴로 내려간 지 37년이 지난 시점에서, 미셸 시프르는 자신의 세 번째이자, 어쩌면 마지막이 될 '시간고립' 실험에 들어간다. 예순 살이 된 그는 이번 실험을 통해 노화가 생체시계에 어떤 영향을 미치는지를 알고자 한다. 이번에도 그는 자연적으로 형성된 동굴을 고른다. 프랑스 남부 랑그도크의 석회암 지대에 있는 클라무스 동굴이다. 큰 동굴 안에 나무로 짠 넓은 평상을 깔고 그 위에 나일론 소재로 된 텐트를 쳤다. 동굴 입구에는 과학자들과 성공을 기원하는 지지자들, 취재진들이 모여 있다. 이들은 램프가 달린 광부용 헬멧을 착용한 시프르가 자신의 손목에서 시계를 풀어 다른 사람에게 넘기고는 손을 들어 작별인사를 한 후 어둠 속으로 저벅저벅 걸어가자 응원의 소리를 크게 지른다.

그가 지내게 될 공간에는 할로겐램프가 빛을 내고 있다. 또한 시프르가 찍어서 보내는 비디오 동영상을 통해 나무로 짠 작업대에서 일하는 모습, 연어 통조림을 먹는 모습, 식사 시간 등 데이터를 컴퓨터에 입력하는 모습을 지상에서도 볼 수 있다. 지상의 연구실에서는 그가 보내는 데이터, 각종 활동, 건강 상태 등을 모니터한다. 시프르는 녹색 고무장화를 신고 빨간색 양모로 된 조끼를 입고 있다. 심지어 스테어클라이밍기(stair-climbing machine)에서 운동을 할 때도 이 복장 그대로다. 그는 자신의 오줌을 유리병에 모은다. 잠은 접이식 의자에 묶여 있는 슬리핑백에서 잔다. 또한 책이 가득 꽂혀 있는 선반에서 책을 꺼내 편안하게 등을 기댄 채 독서를 할 수도 있다. 그는 혼잣말은 전혀 하지 않지만 가끔 노래를 흥얼거리기는 한다.

2000년 2월 14일 월요일, 시프르는 자신의 지질학적 자궁(동굴)에서 나와 지상으로 올라온다. 마중 나온 사람들이 박수를 치고 환호하며 카메라 플래시가 여기저기서 터진다. 그는 다시 한 번 햇빛으로부터 고립된 인간의 생체시계는 지구의 자전주기와 동조하지 않으며, 지구 자전주기보다 느리게 흐른다는 사실을 입증했다. 그가 지하세계로 내려간 지 76일이 지났지만 시프르 자신은 67일이 지났다고 느낀다. 그래서 그날을 2월 5일이라고 믿었다.

2000년 1월 1일에도, 동굴 바깥의 세계에서는 새로운 밀레니엄이 시작된 것을 반겼고, 한편으로는 우려했던 것과 달리 컴퓨터가 제대로 작동한다는 사실에 안도의 한숨을 내쉬면서[28] 떠들썩하게 보냈지만 시프르는 아무것도 하지 않았다. 왜냐하면 그의 날짜 계산으로는 아직 12월 27일로, 새해가 도래하지 않았기 때문이었다. 그의 신년은 지상의 달력으로는 1월 4일에야 찾아왔다.

몇 년 뒤 그는 한 인터뷰에서 그토록 오랜 시간 지하세계에 고립된다는 것은 영원한 현재(eternal present) 속에서 사는 것과 같다고 말했다. "거기서의 생활은 굉장히 긴 하루를 보내는 것과 같습니다. 잠에서 깨어나고 잠자리에 드는 것 외에는 변화라는 게 없지요. 뿐만 아니라 그 시간들은 완전한 공백과 같습니다." 클라무스 동굴에서 나오면서 그는 한 기자에게 "내 기억력이 망가진 게 아닌가 하는 생각이 듭니다. 동굴에서 어제 무엇을 했는지, 그저께는 무엇을 했는지 하나도 기억을 해 낼 수가 없습니다."

그는 햇빛 속으로 나간다. 그는 햇빛이 비치는 확 트인 공간에서,

....

28 당시 컴퓨터가 2000년이라는 연도 인식을 하지 못해 큰 혼란이 벌어질 것이라고 걱정하는 목소리들이 있었다.

시작과 끝이 있는 시간 속에서, 깊이 안도한다. "저 푸른 하늘을 다시 볼 수 있다니 너무나 멋지고 기쁩니다."

THE PRESENT

현재

대마초에 취하면 시간이 기이할 정도로 늘어지는 것 같은 느낌
에 사로잡히게 된다. 예컨대 어떤 한 문장을 소리 내어 말하면,
문장이 채 끝나기도 전에 문장의 첫 마디를 무한정 오래 전에 입
밖에 낸 것처럼 여겨지는 것이다. 또한 끝이 보이는 막다른 길에
들어섰는데도 마치 그 길의 끝에 결코 이르지 못할 것 같은 느낌
을 받게 된다.

－윌리엄 제임스의 〈심리학의 원리(The Principles of Psychology)〉

'지금'은 얼마나 긴 시간인가
(How Long Is Now?)

나는 다른 도시에 사는 친구를 방문하고 집으로 돌아오는 기차 안의 '카페 카'에 앉아 이 글을 쓰고 있다. '카페 카'의 앞쪽에 설치된 역방향 부스를 차지하고서 벽에 등을 기댄 채, 달리는 기차의 후미를 보고 있다. '카페 카' 전체가 내 앞에 마치 무대처럼 펼쳐져 있다. 내 옆 테이블에는 댓 명의 대학생이 커피를 마시면서 교과서 얘기를 나누고 있다. 또 다른 테이블에서는 기차 승무원이 쉬고 있는 '카페 카'의 여종업원과 잡담을 하고 있다. 저 끝에서는 몇몇 승객이 한 청년의 노트북 주위에 옹기종기 모여 경기 종료 시간이 몇 분 남지 않은, 박진감 넘치는 축구 경기를 보고 있다.

내 눈은 '카페 카' 옆면 전체를 덮고 있는 기다란 창유리 위에서 표류하고 있다. 바깥은 땅거미가 짙어지고 있고, 기차는 집들의 실루엣과 가로등 불빛을 스치며 지나간다. 집과 가로등은 내 바로 오른쪽에 있는 창문 가장자리에서 갑자기 튀어 나와서는 창문의 길이만큼 달리다가 내 시야와 내 마음으로부터 사라진다. 그리곤 다시 더 많은 가로등 불빛이 나타나고 집들의 실루엣이 시커먼 개울물처럼 덮치듯이 다가온다. 나는 이 가로등과 집 하나하나가 내 오른쪽 어깨 바로 뒤의 어느 지점으로부터 튀어 나와서 '바로 지금(just now)'이라는 시간 속으로 들어오고 있다는 생각을 해 본다. 그것들은 마치 현재와 과거의 기억을 응시하면서 미래를 향해 거꾸로(기차의 역방향으로 앉아 있기 때문에) 돌진하고 있는 나한테서 나오고 있는 것 같다.

반면 동트기 전 아직 어두운 시간대에 집의 침대에 누워 있을 때는 이와는 정반대의 경험을 한다. 침대 머리맡의 시계에서 1초 1초씩 째깍거리는 소리는 내 앞의 어둠 속에서 어떤 형태를 갖추고 있는 것처럼 여겨진다. 마치 깜깜한 밤의 도로변에 세워진, 거리를 나타내는 표지판 같다. 초를 가리키는 그 소리들은 나에게 다가왔다가 나를 스치고서는 베개 뒤쪽 어딘가로 사라져 버린다. 그러면 나는 그 소리가 어디에서 오는 건지, 소리의 간격은 얼마나 정확한지 궁금해진다.

나다니엘 호손은 이렇게 쓴 바 있다. "당신이 한밤에 한 시간이라도 온전히 깨어 있을 수 있다면, 그 시간은 당신에게 어떤 특별한 공간이 될 것이다. 그 공간으로는 잡스러운 일상의 생각이 전혀 침입할 수 없고, 스쳐 지나가는 한 순간이 길게 늘어지면서 그 자체가 참된 현재로 변하게 되는 경험을 하게 될 것이다." 나는 1초 1초가 내는 소리들이 어디를 향해 가는지 알 수 없다. 하지만 한밤에 깨어나 있는 이 시간, 오직 이 시간에만, 내가 세계의 모든 시간을 다 가진 것처럼 느껴지고 그것에 대해 깊이 생각하게 된다.

지난 2000여 년 동안, 지상에서 가장 뛰어난 정신을 가진 이들은 시간의 참된 본질에 관해 꾸준히 생각해 왔다. 시간은 유한한가 무한한가? 시간은 연속적인가 불연속적인가? 시간은 강처럼 흐르는가, 아니면 모래시계에서 흘러 내리는 모래처럼 작은 조각들로 이루어진 알갱이 같은 것들의 흐름인가? 무엇보다도 '현재'란 무엇인가? 지금이란 과거와 미래 사이에 놓인 한 줄기 순수한 증기(pure vapor)처럼 따로 분리할 수 없는 순간인가, 아니면 측정될 수 있는 순간인가? 측정될 수 있다면 그 순간, 지금은 지속기간이 얼마나 되는가? 그리고 그 순간들 사이에는 무엇이 놓여 있는가? 한 순간이 다음 순간으로 넘어갈 때는 어떤 식으로 이동이 일어나는가? 지금은 어떤 방식으로 다음(next)이나 나중(later) 혹은 단순히 지금이 아닌(not now)것으로 변하는가?

"매우 기묘한 특성을 가진 이 순간(instant)이라는 것은, 운동 (motion)과 정지(rest) 사이에 삽입된 어떤 것으로, 결코 시간이 아니다. 그러나 순간으로 들어가고, 순간으로부터 나옴으로써, 운동하던 것은 정지하는 것으로 변하고 정지하던 것은 운동하는 것으로 변한다." BC 4세기의 플라톤은 이렇게 말했다.

플라톤보다 1세기가량 앞서 엘레아의 제논은 이러한 질문들을 거부하기 힘든 패러독스 속으로 몰아넣었다. 자, 날아가는 화살을 생각해 보자. 화살은 궤적을 날아가는 동안 어떤 순간마다 궤도 위의 어떤 지점을 지나게 된다. 한 순간이 지나고 다음 순간이 지나면 그 지점도 바뀌게 된다. 그렇다면 화살은 어떻게-언제, 어느 시간 동안에-한 지점에서 다른 지점으로 옮겨 가는가?

제논에게 한 순간이란 더 이상 줄일 수 없는 짧은 기간이다. 화살은 그런 순간에는 움직일 수가 없다. 만약 움직인다면 그 순간은 -처음과 끝이 있는- 지속성을 가진다는 뜻이 된다. 지속성을 갖는다는 것은 그 순간을 나눌 수 있다는 뜻이 된다. 즉, 순간의 절반 동안 화살도 그만큼 움직일 것이고, 또 그 다음 순간의 절반 동안에도 화살이 그만큼 움직이고..이런 식으로 더 이상 나눌 수 없을 때까지 화살의 운동은 계속될 것이다. 거북이와 경주를 벌인 아킬레스처럼 최종 결승선까지 이를 수가 없는 것이다.

플라톤의 제자인 아리스토텔레스는 제논의 역설을 성가시게 생각했다. 그는 제논의 논리를 정리하면서 "제논의 논리에 따르면 운동은 불가능하다. 왜냐하면 움직이는 물체는 마지막 지점에 이르기 전에 또 다른 중간 지점에 이르러야 하기 때문이다"라고 했다. 운동이 불가능하다면 시간 역시 불가능하다. 왜냐하면 시간이 출발을 하지 못하기 때문이다.

아리스토텔레스는 이 난제를 풀기 위해 거친 의미론(semantic)을 끌어들였다. 즉, 시간과 공간은 동의어라는 것이다. 시간은 사건들이 펼쳐지는 천공(天空, firmament)이 아니라, 운동-태양이 움직이거나 화살이 날아가는 것과 같은-이 곧 시간이라는 것이다. 또 한 순간은 어떤 실제적이고 측정할 수 있는 지속성을 가지며 그 기간 동안 운동이 펼쳐진다고 주장했다. "시간은 분리할 수 없는 '지금들'로 이루어진 것이 아니다. 크기(magnitude)를 가진 또 다른 존재일 뿐이다."

그러나 이런 주장은 혼동을 초래할 뿐이었다. '지금'은 현재와 미래를 나누는 것 이상의 어떤 역할을 하는가? '지금'은 늘 똑같은 지금인가, 아니면 변화하는가? 만약 변한다면 그 변화는 언제 일어나는가? 아리스토텔레스가 보기에 그 변화가 '지금' 안에서 일어나지 않는 것만은 분명하다. "지금은 그 자신의 순간에는 소멸할 수가 없다. 왜냐하면 그 순간에는 지금이 존재하기 때문이다."

이처럼 무한소(無限小)를 향해 접근해 가면 결국은 존재론적 공백(existential caverns)에 처하게 된다. 우리가 시간이 한 순간에서 다음 순간으로 어떻게 이동해 가는지를 설명할 수 없다면, 변화나 새로움, 창조에 대해 어떻게 설명할 수 있을까? 어떻게 무(無)로부터 무엇인가가 나타날 수 있는가? 우주와 시간은 애초에 어떻게 탄생했는가?

자아에 대해서도 의문이 생긴다. 나는 한 순간 이전의 나, 혹은 지난주나 작년, 어린 아이 시절의 나와 같은 나인가? 내가 변화하는데도 계속 나로 남아 있을 수 있는 것은 어떤 이유에서인가?

제논보다 앞선 시대에 나온 그리스 희극에는 이런 내용이 나온다. 한 사내가 다른 사내에게 자신이 일전에 빌려 주었던 돈을 받으러 온다. 그러자 빚을 진 사내가 이렇게 대꾸한다. "무슨 말이야. 당신은 나한테 돈을 빌려 준 적이 없어! 나는 더 이상 당신이 돈을 빌려 주었던 그때의 내가 아니란 말이야. 자 봐. 돌멩이 한 무더기가 있어. 거기에 다른 돌들을 더 얹거나 혹은 거기서 돌들을 빼낸다고 해봐. 그러면 처음의 돌무더기와 나중의 돌무더기가 같다고 할 수 있어? 다르지. 그와 같은 이치야." 이 말을 듣자 채권자인 사내가 이 자의 뺨을 갈겼다. "왜 때려?" 빚을 진 사내가 대들었다. 그러자 채권자 사내가 말했다. "누가? 내가 때렸어?"

아우구스티누스의 시간 통찰

시간을 연구하는 전문가들이 시간 자체만큼이나 얘기하고 싶어 하는 것이 하나 있다면, 그것은 우리가 시간에 관해 이야기하는 방식이다. 시간은 우리가 쓰는 언어로 부호화돼 있다. 과거, 현재, 미래 같은 시제와, 다양한 하위 카테고리가 언어로 표현된다.

우리는 이런 표현을 어릴 때부터 직관적으로 터득한다. 두 살 먹은 아이는 아직 어제와 내일, 이전과 이후를 완전히 구별하지는 못하지만, 과거 시제를 웬만큼 구사할 수 있다. 브라질의 아마존 열대우림에 사는 피라항 족들이 쓰는(그리고 소수의 언어학자들이 사용하는) 피라항 어(Pirahã)에는 시간을 가리키는 말이 거의 없다. 근대 철학자들은 자신들을 시제주의자들(tensers)과 반시제주의자들(detensers)로 나눈다. 시제주의자는 과거와 미래는 실재한다고 주장하는 철학자이며, 반시제주의자는 이에 동의하지 않는 철학자다.

하지만 아우구스티누스에게 그건 매우 단순한 질문이었다. 시간의 생물학(생체시계 같은 특성)과 시간의 개념을 연구하는 거의 모든 과학자들은 아우구스티누스의 접근법을 인용하게 되는데, 아우구스티누스야말로 우리의 내적인 경험을 통해 시간을 설명한 최초의 인물이기 때문이다. 즉, 그는 시간이 무엇인가라는 질문은 우리가 시간을 어떻게 느끼느냐를 탐색하는 것이라고 주장했다. 시간이란 우리 손에서 쉽게 빠져나가는 몹시 추상적인 존재이지만 동시에 우리와 매우 친밀한 존재이기도 하다.

아우구스티누스는 시간이란 우리가 취하는 모든 행동과 우리가 말하는 모든 언어 속에 깃들어 있다고 주장한다. 그래서 시간이 전하는 메시지를 읽으려면 우리 자신이 말하는 것을 주의 깊게 듣기만 해도 충분하다고 생각했다. 그는 시간의 본질, 시간이 가진 모든 특성과 패러독스는 다음과 같은 한 문장으로부터 길어질 수 있다고 보았다.

Deus, creator omnium.

이는 신, 만물의 창조자(God, creator of all things)라는 뜻의 라틴어 문장이다. 이 문장을 큰 소리로 읽거나 묵독해 보라. 라틴어에서 이 문장은 -짧고 긴 음절이 교대로 나타나는- 여덟 개의 음절로 이루어져 있다. 아우구스티누스는 이렇게 썼다. "뒤에 나오는 음절의 길이는 앞 음절의 두 배이다. 그것은 실제로 발음해 보면 알 수 있다." 하지만 뒤 음절의 길이가 앞 음절의 두 배라는 것을 우리는 어떻게 측정할 수 있는가? 이 문장은 일련의 음절로 이루어져 있으며, 이 문장을 말하는 사람은 각 음절을 하나씩 구별할 수 있다. 하지만 이 문장을 듣는 사람은 어떻게 한꺼번에 발음되는 두 음절을 듣고서 각 음절의 길이 즉, 지속기간을 분간해 낼 수 있을까? "어떻게 하면 짧은 음절을 하나의 막대 자처럼 취급해 긴 음절을 재는 데 사용할 수 있을까? 짧은 음절이 끝나고 긴 음절이 시작되기 전에 말이다."

마찬가지로, 긴 음절은 어떻게 마음속으로 붙잡아 둘 수 있을까? 그것의 지속기간은 발음이 완전히 끝날 때까지는 잴 수 없는데 말이다. 게다가 발음이 끝나는 순간 두 음절은 이미 사라져 버리는데 말이다. "두 음절은 각각 고유의 소리를 가지고 있으며 일단 발음이 되면 훅 지나가 버려 더 이상 존재하지 않는다. 그렇다면 내가 측정할 수 있는 것이 더 이상 남아 있지 않게 되는데 이를 어떻게 할 것인가?" 아우구스티누스의 말이다.

간단히 말하면 현재는 무엇이며, 현재와 관련해서 우리는 어디에 있는가? 이때의 현재란 지금 세기 현재, 올해 현재, 오늘 현재라고 할 때의 현재가 아니라, 지금 바로 우리 앞에 있으며 바로 사라져 버리는 것으로서의 현재다. 만약 당신이 심란한 마음으로 한밤에 깨어 개울물이 졸졸 흐르는 소리를 듣거나, 혹은 당신에게 들어왔다가 나가는 여러 가지 생각들-윌리엄 제임스가 '의식의 흐름'이라고 불렀던 것-을 붙잡으려고 한 적이 있다면, 아우구스티누스가 하는 말을 이해할 수 있을 것이다.

그는 아리스토텔레스의 말을 빌려 "현재가 모든 것"이라고 주장했다. 미래도 과거도 존재하지 않는다. 내일 뜨는 해는 "아직 존재하지 않는다." 어린 시절도 더 이상 존재하지 않는다. 과거는 현재를 남겨 놓을 뿐이며, 현재란 일시적인 지속으로서 어떤 외연(extension)도 갖지 않는다. 아우구스티누스는 결국 "시간이란 과거 속으로 미끄러져 가고 있는 것"이라고 주장한다.

그럼에도 불구하고 우리는 시간을 잰다. 우리는 한 음절의 소리가 다른 음절의 소리보다 두 배 더 길다는 것을 입증할 수 있다. 우리는 어떤 사람의 말이 얼마나 지속되는지를 판단할 수가 있다. 그렇다면 우리는 이 시간을 언제 측정하는가. 과거나 미래의 시점에서 측정하는 것이 아니라는 건 분명하다. 존재하지 않는 것을 잴 수는 없기 때문이다. "우리는 그것이 우리 곁을 스치고 지나갈 때만 잴 수 있다." 즉, 현재 시점에서만 측정할 수 있는 것이다. 그것은 어떻게 가능한가? 어떤 것의 지속기간-하나의 소리가 이어지는 기간, 혹은 하나의 침묵이 이어지는 기간-을, 그것이 완전히 끝나기 전에 어떤 방식으로 잴 수 있는가?

아우구스티누스는 이 패러독스를 통해 하나의 통찰에 이르게 된다. 이 통찰은 워낙 근본적인 것이어서 시간의 개념을 다루는 현대과학이 기정사실로 받아들인다. 즉, 시간이란 마음의 한 속성이라는 것이다. 우리가 하나의 음절이 다른 음절보다 더 긴지 짧은지를 평가할 때, 실제 발음되는 순간의 음절들을 측정하는 것이 아니라(측정하려고 하는 순간 그 음절들은 이미 존재하지 않는다) 우리의 기억 속에 남은 어떤 것-아우구스티누스의 말을 빌리면 "우리 안에 고정되어 영속적인 어떤 것"-을 측정한다. 음절들은 이미 떠나가 버렸지만 어떤 인상(impression)은 남아 있으며 그것이 바로 현재다.

아우구스티누스는 우리가 세 개의 시제라고 부르는 것은 실제로는 단 하나라고 말했다. 과거, 현재, 미래는 그 자체로는 존재하지 않는다. 그것들은 우리 마음속에서 모두 현재다. 즉, 과거에 일어난 사건들은 지금 우리의 기억 속에서 존재하며, 현재의 사건들은 바로 지금 우리가 주목하는 것 속에서 존재하며, 앞으로 다가올 사건들도 지금 우리가 품고 있는 기대와 전망 속에서 존재한다. "세 개의 시제 혹은 시간이 있다. 그것은 각각 과거 일들의 현재, 현재 일들의 현재, 미래 일들의 현재이다."

아우구스티누스는 시간을 물리학의 영역에서 빼내 오늘날 우리가 심리학이라고 부르는 영역으로 정확하게 옮겨 놓았다. 아우구스티누스는 "나는 내 마음 안에서 시간을 판단한다"고 썼다. 시간에 대한 우리의 경험은 어떤 진실하고 절대적인 것이 동굴에 비쳐진 그림자[29]와 같은 것이 아니다. 시간이란 바로 우리 자신이 경험하는 지각이다. 말들, 소리들, 사건들은 일어났다가 사라진다. 하지만 그것들은 우리의 마음 안에 인상을 남긴다.

시간은 다른 어느 곳도 아닌 바로 거기(인상)에 깃들어 있다. "시간이 이러한 인상이 아니라면, 내가 측정하는 것은 시간이 아니다." 오늘날 과학자들은 아우구스티누스의 이러한 통찰을 컴퓨터로 고안한 모델을 통해, 혹은 쥐나 토끼 같은 동물이나 학부 학생들을 피실험자로 삼아서, 혹은 수백 만 달러짜리 자기공명영상장치 등을 통해 탐색하고 있다. 반면 아우구스티누스는 우리 모두가 일상적으로 늘 하고 있는 행위-말하고 듣는 것-를 통해 시간을 탐구했다.

"아우구스티누스는 시간에 관한 철학이나 신학을 하려고 했던 게 아니지요. 그는 시간에 관해 심리학적인 설명을 하려고 했던 겁니다. 즉, 시간 안에 존재한다는 것은 어떤 느낌일까? 그걸 밝히려고 했던 거지요." 내 친구인 톰은 어느 날 점심 식사를 하면서 이렇게 말했다.

톰은 같은 동네에 살면서 알게 된 친구다. 아이들도 같은 또래라서로 어울려 놀고 가끔은 대장놀이를 하기도 한다. 톰은 낮에는 꽤

....
29 플라톤의 이데아론을 비유한 것이다.

괜찮은 대학에서 신학을 가르치고 밤에는 밴드에서 베이스를 연주하며, 음악과 대중문화, 영성에 관한 글을 블로그에 올리기도 한다. 나는 영성에 대해 정확히 알지 못하지만, 톰이 쓰는 영성에 관한 글은 지적으로 강렬하고 시원시원하다. 우리는 우리가 사는 소도시의 한 레스토랑에 마주 앉아 있다. 거리는 한산하다. 전몰장병추모일[30]을 앞둔 금요일이고, 바깥 날씨는 화창하며 봄기운이 완연하다.

"시간은 우리 안에 있다"

톰은 신학개론 수업 중 아우구스티누스 파트를 강의하는데 학생들이 아우구스티누스의 관점을 잘 받아들인다고 했다. 그는 "우리는 시간을 우리 바깥에 있는 어떤 것-째깍거리면서 흘러가고, 눈으로 확인할 수 있는 어떤 것-으로 바라보도록 훈련돼 있습니다. 하지만 시간은 우리 머리 안에, 우리 영혼 안에, 우리의 정신 안에 즉, 우리의 현재 안에 있습니다"라고 말했다.

그의 설명이 이어진다. 시간은 관찰되는 것이 아니다. 시간은 어딘가를 차지하고(occupy) 어딘가에 머문다(inhabit). 아마도 시간은 우리를 차지하고 있을 것이다. 아우구스티누스는 시간을 부피를 가진 어떤 것으로 비유한 적도 있다. 우리는 시간을 담고 있는 그릇이다. 따라서 시간은 추상적으로 논의될 수 있는 것이 아니다. 대신 우리가 말하는 것-음절과 음절로 이어지고, 단어와 단어로 이어지는 것들-을 자세히 들여다보고 경청해야 한다. 내용물을 통해서 그릇을 알아

....

30 5월 마지막 주 월요일로 공휴일이다.

야 한다. 즉, 시간을 통해서 우리 자신을 알아야 한다.

아우구스티누스의 이런 논증 방식은 매우 미묘한 스타일로서, 훗날 하이데거 같은 철학자들에 의해 현상학으로 정립되었다. 현상학이란 주관적인 관점에서 의식이 체험하는 것을 연구하는 학문이다. "시간에 대한 아우구스티누스의 주장은 결국 우리 자신에 관해서 말하고 있는 것이지요. 왜냐하면 그는 시간을 어떻게 경험해야 하는지를 우리에게 가르쳐 주고 있기 때문이지요." 결국 아우구스티누스는 하나의 목적을 가지고 레토릭(수사학)을 구사했다고 할 수 있다.

톰은 이렇게 덧붙인다. "아우구스티누스는 우리를 끌어들여서 우리의 인식을 변화시키고, 세계를 대하는 우리의 방식을 변화시키려는 의도를 가지고 있었던 겁니다." 최근에 사람들은 시간을 관리하고 경험하고 잘 다루기 위해서 주말에 열리는 세미나에 열심히 참여한다. 하지만 아우구스티누스는 우리 자신이 하는 말에 주목하라고 강조했다.

아우구스티누스의 목적은 독자들로 하여금 심리적인 변화를 일으키도록 하는 것 즉, 독자들이 자아와 영혼을 탈바꿈하도록 자극을 주는 것이었다. 그것은 오직 현재에 집중할 때만 이뤄질 수 있다고 아우구스티누스는 주장했다. 톰은 이렇게 덧붙인다. "우리가 아름다운 것을 경험할 때 그것은 어떤 특별한 순간, 곧 사라지게 될 어떤 일시적인 순간, 그 시간 안에서만 즉, 현재라는 시간에만 일어나는 것입니다. 그런데 아우구스티누스가 던진 문제는 아름다운 것이 아니라 영적인 경험을 하기 위해서는 어떻게 해야 하느냐는 것입니다. 즉, 어떻게 해야 시간 안에서 올바른 것(영적인 것)을 해 낼 수 있느냐는 것입니다."

우리는 시간을 우리가 소비할 수 있는 양적인 어떤 것, 자아실현을 위한 도구로 생각하는 데 길들여져 있다. 하지만 아우구스티누스에게 시간이란 되돌아보고 들여다봐야 하는 어떤 것이다. 영적으로 중요한 것은, 시간을 관리하면서 최대한 활용하는 것이 아니라 시간 안에 제대로 머무는 것이다-즉, 음절 안에서 살아가는 것이다. 다시 말해 자신이 하는 말을 자세히 들여다보고 경청하는 것이다.

"학생들을 대하다 보면 그들이 시간에 대해 갖는 생각은 부모로부터 물려받은 것이 대부분입니다. 학생들은 자신들이 가진 시간 안에서 최대한 무언가를 해내야 한다는 생각에 사로잡혀 있습니다. 그것은 지속성에 관한 문제이자 생산성과 관련된 문제이지요. 시간을 경험하는 한 가지 방식은 아우구스티누스가 주장한 것처럼 사다리를 이루는 각각의 가로대에 집중하는 것입니다. 다른 하나는 각각의 가로대는 무심코 지나친 채 그저 사다리를 빨리 올라가서 목적지에 빨리 도달하는 수단으로 시간을 대하는 것입니다."

레스토랑은 오후 3시에 문을 닫는다. 우리 외에는 이제 손님이 없고 직원들은 은근히 우리를 압박하면서 주변을 서성거린다. 톰은 레스토랑을 나서면 집으로 향할 것이다. 오후 시간에는 아이들을 돌봐야하기 때문이다. 우리 두 사람은 부모가 된다는 것이 어떤 것인지를 일찌감치 깨닫고 있었다. 아이들은 매우 지독한 시간 관리자들이다. 자신들의 시계로 봤을 때 뭔가 제때 이뤄져 있지 않으면 난리가 난다. 나는 부모가 해야 할 일들 중 하나는 아이들에게 '나중에(later)'나 '기다려(wait)'라는 말을 하는 것이라는 것을 알게 되었다. 사실 육아의 상당 부분은 아이들에게 시간 교육을 시키는 것이라는 사실이 점점 분명해지고 있다. 아이들로 하여금 시간을 말하게 하고, 시간을 지키고, 시간을 존중하고, 시간을 활용하고, 시간을 체계화하고, 시간을 관리하는 요령을 가르칠 뿐 아니라 때로는 그 모든 의무들을 무시할 수도 있도록 가르쳐야 하는 것이다.

봄은 여름을 향해 미끄러져 가고 있다. 지난 몇 주일 동안 레오-이제 네 살이 되었다-는 점점 더 일찍 잠에서 깨고 있다. 그를 더 일찍 잠자리에서 깨우는 것은 아마 햇빛일 것이다. 아침 5시 30분, 동틀 녘의 희미한 빛이 블라인드를 비추고 있고, 울새들이 일제히 쏟아 내는 합창소리가 요란하다. 나는 레오가 발을 끌며 느릿느릿 현관으로 나갔다가 욕실로 갔다가 다시 자기 방으로 돌아가는 소리를 듣는다. 그는 제 방에 가만히 있지 않을 것이다. 레오 침대와 나란히 붙어 있는 옆 침대에서는 동생이 햇빛이 눈에 들어오지 않도록 동물 인형을 얼굴에 갖다 댄 채 잠을 자고 있을 것이다. 레오는 눈을 반짝이면서, 까치발로 살금살금 우리 부부 침실로 들어와서는 침대 주변을 맴돈다. 그는 "아래층에 내려가서 놀고 싶어요"라고 속삭이듯 말한다. "엄마 아빠도 같이 내려가요"라는 뜻이다.

나는 원래 아침형 인간은 아니다. 특히 겨울에는 어둠이 가시지 않은 아래층으로 내려가 놀이방에서 아이와 함께 놀아 준다는 생각을 좀체 할 수가 없다. 우리 부부는 아직 시간 구분을 제대로 하지 못하는 아이들을 위해 교통신호등을 닮은 시계를 하나 구입했다. 특정한 시각에 맞춰 놓으면, 예컨대 아침 6시 45분에 맞춰 놓으면, 시계의 빨간등이 녹색등으로 바뀌게 돼 있다. 그것은 아이들에게 이제 일어나도 좋으며, 시끄럽게 소리를 내도 되고, 하루가 시작된다는 신호다. 톰은 그 시계가 자기 딸에게도 매우 효과적이었다고 말했다.

하지만 이 시계는 우리 부부가 의도했던 것과는 정반대 효과를 가져 왔다. 레오는 평소처럼 일찍 일어나서 아직 시계가 빨간색인 것을 보고는 자기 침대로 돌아가 시계 옆에서 꼼짝 않고 눕는다. 하지만 빨간색이 좀체 녹색으로 바뀌지 않자 인내심의 한계를 드러낸다. 그는 우리 부부 침실로 살금살금 들어와 "아직도 녹색등으로 바뀌지가 않아요"라며 소곤거린다. 어떤 때는 자기 침대 옆에 털썩 주저앉아 큰 소리로 한숨을 내쉬는 바람에 결국 동생인 조슈아를 깨우게 된다. 그러다가 둘은 재잘거리면서 왜 빨간색이 바뀌지 않는지 모르겠다며 서로 낄낄거린다. 마침내 6시 45분이 돼 녹색으로 바뀌면 둘은 환호성을 지르며, 공식적으로 구속에서 해방된 것을 축하한다.

아무튼 나는 레오 혼자 아래층으로 내려가게 하는데 가끔은 아내가 따라 내려간다. 그러면 나는 베개로 얼굴을 덮고는 다시 잠을 청한다. 그런데 시간이 지날수록 내가 침대에서 가장 먼저 일어나게 되고, 아래층에도 가장 먼저 내려가게 된다. 조만간 두 아이는 보육원을 마치고 9월이면 공립학교에 딸린 유치원에 들어가게 된다. 이제 두 아이가 우리 곁에 머무는 시간은 줄 것이고, 집 바깥에서의 생활에서 더 많은 활기를 찾게 될 것이다. 물론 그런 변화는 점진적으로, 눈치 채지 못하는 사이에 진행될 것이다.

최근에 그런 변화가 시작되고 있다는 것을 감지하기 시작했다. 두 아이들과 함께한 기억 속에서 그들을 바라보는 경우가 늘었다. 두 아이도 우리 부부의 변화를 통해 그것을 느끼는 것 같다. 그래서인지 아이 한 명과 함께 30분간이라도 조용히 둘만의 시간을 보내는 것이 소중하기만 하다. 레오와 나는 원목 마루에 앉아, 열어 둔 뒷문으로 들려오는 울새 울음소리를 들으면서, 빙고 게임을 하거나, 서양장기를 두거나, 마우스트랩(Mousetrap 고무줄을 최대한 팽팽하게 감은 후 손을 떼면 튀어나가는 자동차) 놀이를 한다. 이윽고 조슈아가 들어와 뚱한 표정으로, 머리는 헝클어진 채, 이런저런 요구조건을 내놓으며 우리를 방해한다. 이런 날들, 이런 시간들은 달콤하다. 아이들 성화에 밀려 중간에 깨지 않고 계속 잘 수 있는 행운은 별로 없지만 말이다.

우리는 시간을 어떻게 지각할까

윌리엄 제임스는 잠을 이룰 수가 없었다. 때는 1876년, 청년 제임스는 하버드 대학의 심리학과 조교수로 막 부임한 터였다. 당시 심리학은 학문으로서 막 태동기에 있던 때였다. 그는 자신의 아내가 될 앨리스 기븐스를 생각하며 침대에 누워 있다. 기븐스를 향한 그의 사랑은 정신이 혼미할 정도로 열정적이다. "7주 내내 불면증에 시달리고 있소. 다른 일을 못할 지경이오." 그녀를 향한 자신의 열망을 거침없이 토해 낸 편지에서 그는 이렇게 말한다.

10여 년 뒤에도, 그는 여전히 어둠 속에서 잠을 설치고 있다. 자신이 오랜 시간에 걸쳐 저술한 책이 어떤 반응을 얻을지 조바심을 내고 있다. 이 책은 1890년 출간되자마자 고전으로 자리잡게 되는, 2권으로 구성된 1200쪽 분량의 〈심리학의 원리〉다(윌리엄 제임스의 전기 〈미국 모더니즘의 소용돌이 속에서〉를 쓴 로버트 리처드슨에 따르면 제임스의 불면증은 자신의 저술 작업이 잘 진행되고 있을 때 더 악화되었다고 한다. 1880년 대 후반에 제임스는 잠들기 위해 마취제의 일종인 클로로포름에 자주 의존해 야만 했다).

제임스는 어네터 드레서가 자신에게 해 준 '마음 치료(mind cure)' 의 효험을 의심한다. 어네터는 쾀비정신치료법의 지지자다. 쾀비정신 치료법은 창시자인 피니어스 쾀비의 이름을 딴 것이다. 시계 제조업 자이기도 했던 그는 육체적인 질병은 마음에서 비롯되며 따라서 최 면술과 환자와의 대화, 올바른 생각 등을 잘 조합하면 병의 증상을 완화할 수 있다고 믿었다.

"나는 그녀(어네터) 곁에 앉아 있고, 그녀는 내 마음 속에 엉켜 있는 혼란스러운 것들을 풀어 준다. 그러면 나는 금방 잠에 빠져 버린다." 제임스는 누이에게 이렇게 말했다. 어둠 속에서 깨어 있는 동안 제임 스는 의사가 좀 더 큰 베개를 사용해 보라고 했던 말을 떠올리고 따 라해 본다.

또 그렇게 누운 상태에서 현재의 순간에 몰입해 본다. "현재라는 시간의 한 순간에 주목하고 주의를 집중해 보라. 도저히 이해할 수 없는 경험과 마주하게 된다. 현재라는 것은 어디에 있는가? 그것은 우리 손으로 들어오지만 미처 만져 보기도 전에 또 다른 존재의 순 간 속으로 사라진다."

〈심리학의 원리〉는 다양한 주제를 다룬다. 기억, 주의(attention), 감 정, 본능, 상상, 습관, 자아에 대한 의식, '자동 이론(automaton theory)' 등이 포함돼 있다. '자동 이론'은 오래전부터 내려온 개념인데, 우리 의 신경기제 안에는 호문쿨루스(homunculus)−'작은 사람, 소인(miniman)'을 뜻하는 라틴어-가 있어 마음 안에서 일어나는 모든 것들에 대해-그것들이 아무리 미세한 것일지라도- 신체적 반응을 보인다는 개념이다. 하지만 제임스는 이 개념을 탐탁지 않게 여겼다.

〈심리학의 원리〉 가운데 후대에도 꽤 큰 영향을 미치고 있는 것은 우리가 시간을 지각하는 방식을 다룬 챕터다. 이 챕터는 다른 연구자들이 이룬 성과와 제임스 자신의 생각을 능숙하게 결합하고 있다. 당시 유럽의 학문 풍토는 순수 생리학-신체를 기계학적으로 접근하는 학문-으로부터 신경학으로, 엄격한 철학으로부터 마음과 인지를 다루는 더 정밀한 과학으로 옮겨 가고 있었다.

1879년 독일 라이프치히에서는 빌헬름 분트의 주도 아래 최초로 실험심리학 연구소가 만들어졌다. 분트는 인간의 감각 경험과 내적인 경험을 계량화하는 데 깊은 관심을 갖고 있었다. 그는 "인간의 의식을 정확히 묘사하는 것이 실험심리학의 목적"이라고 말했다. 시간에 대한 지각은 실험심리학의 주요한 연구주제였다.

제임스는 의식을 그 자체로는 믿지 않았다. 즉, 신체와 관련 없는 '정신적인 어떤 것'으로는 의식을 제대로 표현할 수 없다고 보았다. 그는 시간을 어떻게 지각하는지를 검토하면, 의식을 제대로 이해할 수 있게 될 것이라고 생각했다. 그는 시간을 1인칭의 경험을 통해 표현하는 것을 선호했다. 시간을 다루기에 가장 좋은 위치는 자기 자신이라고 믿었던 것이다.

그는 다음과 같이 제안했다. 조용히 앉아 눈을 감은 채 세상으로부터 자신을 분리한 다음 "시간의 흐름에만 주의를 집중하세요. 어느 시인이 '한밤중에 시간이 흐르는 소리를 듣고, 만물이 세상의 마지막 날(day of doom)을 향해 움직이는 소리를 듣는다'고 했듯이 말입니다."[31] 이 상태에서 우리는 무엇을 발견할 수 있을까? 아마 발견할 수 있는 게 거의 없을 것이다. 텅 빈 마음, 같은 생각의 반복만 있을 뿐이다.

하지만 우리가 무언가를 알아낸다면 그것은 순간들이 하나씩 이어지면서 피어나는 것(blooming) 같은 감각일 것이라고 제임스는 말한다.

"그것은 우리의 숨 막힐 듯한 응시 속에서 지속성이 싹을 틔우고(budding) 점점 자라나는(growing) 일련의 순수한 과정이다."

그것은 실재하는 어떤 것을 경험하는 것일까 아니면 환각일까? 제임스는 이 질문이 심리학적인 시간의 본성과 관련 있다고 했다. 만약 그 경험이 실재하는 것이라면-즉, 텅 빈 한 순간(a blank moment)을 진짜로 포착할 수 있다면- '순수한 시간에 대한 특별한 감각'을 갖게 된다. 이 논리를 따르면 순수한 시간은 텅 비어 있고, 텅 빈 지속성이 시간에 대한 감각을 불러일으킨다.

반면 이 경험이 환각이라면, 시간이 지나가고 있다는 인상을 받는 것은 시간을 채우고 있는 것에 대한 반응이거나, "이전의 순간과 지금의 순간을 비교하는 우리의 기억"에 대한 반응에 불과하다. 따라서 앞의 질문을 이렇게 바꿀 수 있다. 시간은 자신 안에 아무것도 포함하고 있지 않은가 즉, 텅 비어 있는가, 아니면 무엇인가를 담고 있는가? 시간은 용기(그릇)인가, 아니면 용기에 담긴 내용물인가?

....

31 알프레드 테니슨(1809~1892년. 영국의 계관시인)의 시를 인용한 것이다.

"현재란 시간은 내가 만들어 내는 것"

제임스는 시간을 내용물이라고 보았다. 우리는 텅 빈 시간을 지각할 수는 없다. 그 안에 아무것도 담기지 않은 길이나 거리를 직감하듯이, 텅 빈 시간도 그 정도로만 지각될 뿐이다.

청명한 푸른 하늘을 올려다보라. 그 하늘까지의 거리는 얼마나 되는가? 100피트(30.48미터) 떨어져 있는가? 아니면 1마일(1.6킬로미터) 떨어져 있는가? 기준이 될 만한 것이 없다면 우리는 이 질문에 답할 수가 없다.

텅 빈 시간도 마찬가지다. 우리가 시간이 흐르는 것을 지각할 수 있다면, 그것은 우리가 시간의 변화를 지각하기 때문이다. 그리고 변화를 지각하기 위해서는 시간이 무엇인가로 채워져 있어야 한다. 텅 빈 지속성은 우리의 감각을 자극할 수가 없다.

그렇다면 시간을 채우고 있는 것은 무엇인가? 간단하다. 바로 우리 자신이다.

"시간의 변화는 구체적인 어떤 것이어야 한다. 외적으로 느끼는 감각이거나 내적으로 느끼는 감각, 혹은 주의를 집중하는 과정이거나 자유의지를 발휘하는 과정이어야 한다."

제임스는 〈심리학의 원리〉에서 이렇게 썼다. 어떤 한 순간은 겉으로 보면 텅 빈 것처럼 보이지만 결코 그렇지 않다. 왜냐하면 우리가 멈추어서(조용히 의자에 앉아 눈을 감듯이) 하나의 순간에 대해 숙고할 때, 우리는 생각의 흐름으로 시간을 채우고 있기 때문이다. 눈을 감고 자신과 세계를 분리해 보라. 그래도 여전히 눈꺼풀 안쪽으로 햇빛의 흔적-"모호하기 이를 데 없는, 응고된 빛"-을 볼 수 있다. 이처럼 마음도 시간을 채우는 것이다.

제임스는 몇 세기 전 아우구스티누스가 제기했고, 그보다 앞서 아리스토텔레스가 제시했던 아이디어-시간이란 마음의 속성이라는 것-주위를 맴돌고 있다. 그는, 시간은 그것을 지각하는 인간 너머에 존재하지 않으며, 인간의 뇌는 시간을 지각하는 데 기여하며, 주관적인 경험 이외의 방식으로는 결코 시간을 경험할 수 없다고 강조한다. 이런 제임스의 주장은 동어반복처럼 들릴지 모르겠다.

하지만 그의 주장은 현대 심리학자들과 신경과학자들이 도달한 지점에서 그다지 멀리 떨어져 있지 않다. 사람들은 상황에 따라 시간이 평소보다 더 빠르게 흐르거나 더 느리게 흐르는 것 같은 느낌을 갖는다. 그 느낌이 생기는 까닭은 우리의 뇌 어딘가에서, 어떤 알 수 없는 방식으로, 시간의 길이를 추적하고 있기 때문이다. 그러나 뇌가 시간의 길이를 추적할 때 사용하는 그런 시계는 존재하지 않을지도 모른다. 뇌는 컴퓨터가 하듯이 실제 세계의 객관적인 시간을 측정하는 것이 아니라, 세계를 대하는 뇌 자신의 반응을 측정할 뿐이다.

어쨌든 우리는 우리 자신으로부터 벗어날 수가 없다. 제임스는 이렇게 말했다.

"우리는 항상 빌헬름 분트가 '의식의 황혼(twilight of our general consciousness)'이라고 불렀던 것으로 침잠한다. 우리의 심장박동, 우리의 호흡, 우리의 맥박, 우리가 쓰는 말들, 우리의 상상력을 통과하는 문장들, 이들은 모두 의식의 황혼에 머문다. …. 한마디로 (텅 빈) 우리의 마음은 변화의 과정을 담고 있는 어떤 형식이다. 이 변화들은 의식 바깥으로 추방되지 않기 때문에 우리가 얼마든지 느낄 수 있다."

시간은 텅 비어 있지 않다. 왜냐하면 우리가 끊임없이 시간을 차지하기(occupy) 때문이다. 우리가 그렇게 시간을 점령하고 있기 때문에 시간을 신뢰할 수 있다. 나는 조용히 눈을 감고 앉아서, 혹은 동이 트기 직전의 시간에 침대에 누워 시간이 흘러가는 것을 응시한다.

다시 제임스는 이렇게 쓴다. "우리는 맥박을 재면서 시간을 말할 수 있다. '지금! 지금! 지금!'이라고 하거나 '또(more)! 또! 또!'라고 하면서 시간이 싹트는 것을 셀 수 있다." 이럴 때 시간은 불연속적인 단위로 흐르는 것처럼 여겨진다. 즉, 독립적이고 자족적인 것으로 보인다.

제임스는 시간이 불연속적으로 흐르는 것처럼 보이는 까닭은, 실제로 시간이 불연속적인 단위로 흐르기 때문이 아니라, 우리의 지각 행위 자체가 불연속적이기 때문이라고 주장했다. 지금이 반복적으로 떠오르는 까닭은 우리가 반복해서 '지금!'이라고 말하기 때문이다. 현재라는 순간은 '하나의 종합된 재료'일 뿐이기 때문에, 실제로 현재의 순간이 생산되는 양만큼 정확하게 경험되지는 않는다[32]. 현재는 우리가 우연히, 아무런 의식의 작용 없이 관계하는 어떤 것이 아니다. 현재는 우리가 우리 자신을 위해 순간 순간 끊임없이 반복해서 만들어 내는 것이다.

아우구스티누스는 모든 중요한 것은 문장 속에서 전개된다고 말한

....
32 현재를 연속적으로 경험하지는 못한다는 즉, 불연속적으로만 경험한다는 뜻이다.

다. 마음속으로 시나 찬송가를 암송하는 장면을 떠올려 보라. 단어들을 하나씩 말할 때, 우리의 마음(정신)은 방금 말해진 것을 상기하려고 애쓰고 앞으로 말해질 단어에 주의함으로써 문장을 앞으로 밀고 나간다. 이를 위해서는 기억이 중요한 역할을 한다. "내가 하고 있는 일에서 필수적인 에너지는 그 둘 사이의 긴장관계에 있다." 필수적인 에너지(the vital energy), 그것이 바로 아우구스티누스의 핵심이고, 우리의 핵심이기도 하다. 지금 이 순간의 단어들을 흡수하고 기억하려고 애쓰고, 다음에 무엇이 올지를 궁금해 하는 에너지다.

"시간이란 그러한 긴장 외에는 아무것도 아니다. 그 긴장은 바로 의식 자체에서 일어나는 긴장이다"라고 아우구스티누스는 썼다. 이후 수 세기가 지난 뒤에도 과학자들은 여전히 의식이 무엇인지, 자아가 무엇인지, 시간이 무엇인지를 정의하기 위해 애쓰고 있다.

아우구스티누스는 이 셋을 언어와 연관 지었다. 우리는 단어들이 문장으로 펼쳐질 때 그 펼쳐지는 시간을 측정함으로써만 시간에 접근할 수 있다. 바로 그때 우리의 마음(정신)은 팽팽하게 긴장한 상태에서 현재에 머문다. 바로 그 현재에서만 즉, 단어들이 펼쳐지는 시간들에 집중할 때에만 우리는 자신이 무엇을 하고 있는지 깨닫게 된다. 아우구스티누스에게 있어서 지금이란 정신적인 경험이다.

네 번째 시제, '표면적 현재'

제임스는 아우구스티누스의 이런 주장을 조금 더 비틀었다. 그는 세 가지 시제-미래, 과거, 현재-는 존재하지 않는다고 주장하면서 네 번째 시제를 끌어들였다. 그는 그것을 '표면적 현재(specious present)'라고 불렀다(그는 이 용어를 클레이(E R Clay)에게서 빌려 왔다. 클레이는 거대 담배제조회사를 소유했던 인물로 일선에서 은퇴한 뒤 E 로버트 켈리(E. Robert Kelly)라는 필명으로 아마추어 철학자로 활동했다). 표면적 현재와 반대되는 진짜 현재는 차원이 없는 흔적(dimensionless speck)일 뿐이다.

반면 표면적 현재는 "우리가 직접적으로, 끊임없이 감지할 수 있는 짧은 지속기간을 갖는다." 표면적 현재는 날고 있는 새나 별똥별이 떨어지는 것을 충분히 인지할 수 있을 만큼의 시간이며, 노래의 한 소절에 담긴 음표들이나 말해진 한 문장에 담긴 단어들을 모두 이해할 수 있을 만큼의 시간이다.

제논의 역설은 잊으라. '우리는 선험적으로 시간의 본성을 직감할 수 있다'고 믿었던 칸트의 개념 따위도 잊어버리라. 과거와 현재, 미래라는 시제도 잊으라. 현재에 관해서 논의할 때 의미 있는 것은 현재에 대한 우리의 지각일 뿐이며, 그 지각만이 '표면적 현재'가 무엇인지를 정의해 준다.

그렇다면 날아가는 새를 보거나, 시의 한 행을 읽을 때, 혹은 한밤에 머리맡에서 째깍거리는 시계 소리를 들을 때, 나는 이 '표면적 현재'에 관해 무엇을 말할 수 있는가? 제임스는 그것(지각 속에서 드러나는 그것)은 끊임없이 변하고 있다고 강조한다. "시간지각에 대한 어떤 설명도 우리 경험의 이런 측면을 설명할 수 있어야 한다." 아우구스티누스와 마찬가지로 제임스도 변화를 인지하기 위해서는 기억에 의존해야 한다는 점을 강조한다. 시계는 째깍거리고 있고 새는 날고 있다고 자신 있게 말할 수 있기 위해, 우리는 그러한 행위가 시작되었고,

한 순간 점에서 시작되었으며, 지금도 계속되고 있다는 사실을 마음 속에서 놓지 말아야 한다.

현재에 대한 지각은 바로 직전에 지나간 과거의 어떤 측면을 언급하는 것이고 그래서 이런 지각은 짧은 시간 동안 진행된다. "실제로 지각되는 현재는 결코 칼날 같은 것이 아니라 말안장 같은 것이다. 우리가 걸터앉을 수 있는 어느 정도의 폭을 가지고 있으며, 이를 통해 우리는 시간이 가진 두 방향을 모두 바라볼 수 있다. 시간지각의 구성단위는 지속기간으로서, 배의 이물과 고물을 모두 가지고 있다. 즉, 뒤도 보면서 앞도 보는 것과 같다.....우리는 시간의 간격을 하나의 전체로서 동시에 느끼는 것 같다. 즉, 간격의 두 끝이 하나로 합쳐져 있는 것처럼 느끼는 것 같다."

'표면적 현재'는 의식을 측정하는 대리인이다. 제임스는 하나의 은유를 제안했다. 표면적 현재는 "앞쪽 가장자리로도 희미하게 사라져 가고, 뒤쪽 가장자리로도 희미하게 사라져 가는" 어떤 것, 박공지붕을 가진 보트라고 말했다. 표면적 현재는 심지어 "폭포수가 만들어내는 무지개처럼 영구적으로 존재한다." 중요한 것은 그 아래에서 흐르는 생각의 흐름 즉, 의식의 흐름이다.

우리의 의식은 늘 몇 개의 생각 혹은 감각적인 인상을 동시에 갖고 있다. 우리는 어떤 사건 C를 경험한 다음 불연속적으로 D를 경험하고 다시 E를 경험하는 게 아니다. 오히려 CDEFGH식으로 첫 번째 사건이 현재로부터 희미하게 사라질 때쯤(완전히 끝난 뒤가 아니라) 새로운 사건이 등장하는 식이다. 즉, 사건들은 서로 중첩된다. 의식의 흐름에서는 현재와 다른 부분들도 항상 현재 속에 섞여 들어와 있다. 만약 그렇지 않고 이미지와 감각들이 염주구슬처럼 이어져 있는 것이 의식이라면, 우리는 현재라는 순간만을 알 수 있을 뿐이다.

제임스는 존 스튜어트 밀을 인용한다. "의식을 이루는 각각의 상태들이 연속적으로 이어져 있는 상황에서 각각의 의식 상태는 의식의 흐름이 멈추는 순간 영원히 사라져 버린다. 순간적으로만 존재하는 그 각각의 상태들이 모여서 우리 존재 전체를 구성한다." 제임스는 이렇게 덧붙였다. "우리의 의식은 반딧불이의 불똥과 같다. 순간적으로 타오르지만 그 순간이 지나면 완전한 어둠에 잠기기 때문이다."

제임스는 그런 환경-의식이 순간적으로만 타오르는 조건-에서는 현실적인 삶이 가능하지 않을 거라고 생각했다. 그런 삶을 "상상할 수는 있지만" 말이다. 하지만 실제로는 상상하는 것 이상으로 힘든 삶이다.

1985년, 뛰어난 지휘자이자 음악가였던 클리브 웨어링은 바이러스성 뇌염에 걸려 해마-기억을 되살리고 새로운 기억을 저장하는 데 핵심적인 역할을 한다-를 비롯해 뇌에 있는 몇 개의 엽(lobe)이 손상되었다. 병을 앓고 난 뒤 그는 걷고 말하는 데는 아무런 문제가 없었고 혼자서 면도도 하고 옷도 갈아입을 수 있었다. 심지어 피아노를 연주하기도 했다.

그러나 기억하는 기능이 거의 마비되었고 30년이 지난 지금도 마찬가지다. 자기 이름은 물론 주변 사람들의 이름도 전혀 기억하지 못하며, 어떤 음식이 어떤 맛을 내는지, 자신이 지금 말하고 있는 문장 바로 직전에 말했던 문장을 기억하지 못한다. 어떤 질문에 답하려고 하면, 답변하려는 순간 질문 내용을 잊어버린다. "바이러스가 클리브의 뇌에 몇 개의 구멍을 내 버린 거지요. 기억이라는 것을 완전히 상실해 버렸습니다." 그의 아내인 데보라는 나중에 〈텔레그라프〉지에 기고한 글에서 이렇게 썼다.

그는 아내 데보라의 이름도 모른다. 그는 아내가 옆방에 잠깐만 다녀와도, 굉장히 오랜 만에 만난 사람처럼 매우 기쁜 표정으로 포옹을 하면서 인사를 한다(다른 사람에게는 그런 식으로 인사를 하지 않는다). 또 아내가 친구를 만나러 몇 시간 동안 외출을 하고 있으면, 그 사실을 기억하지 못한 채 안절부절못하면서 아내에게 전화를 걸어 "해 뜰 때는 집으로 와"라든지 "빛의 속도로 빨리 와"라고 하면서 닦달한다.

웨어링에게는 표면적인 현재만 존재하는 것이다. "그는 시간의 아주 작은 조각 안에 꼼짝 없이 갇혀 있는 꼴입니다." 데보라는 BBC 인터뷰에서 이렇게 말했다(웨어링은 엄청 많은 다큐멘터리와 기사로 다뤄졌다). 그녀는 남편에 대한 책을 펴내기도 했다. 그 책에 따르면 어느 날 그녀는 남편이 초콜릿 하나를 들고 열심히 들여다보고 있는 것을 보았다. 그는 한 쪽 손바닥에 초콜릿을 올려 놓은 채 다른 쪽 손바닥으로 -몇 초마다- 그 초콜릿을 가렸다 말았다 하면서 들여다보고 있었다.

"이것 봐." 그가 말했다. "이건 새 초콜릿이야!"

"아니에요. 그건 같은 초콜릿이에요." 그녀가 말했다.

"아니라니까....이걸 보라구! 초콜릿이 바뀌었잖아. 아까 그 초콜릿이 아니야...." 그는 손바닥으로 초콜릿을 가렸다 말았다 하는 '트릭'을 보여 주었다. "보라니깐! 다시 다른 초콜릿이 됐잖아! 어떻게 이럴 수가 있는 거지?"

그에게는 모든 사물과 모든 사람이 -그 자신을 포함해서- 매번 새로운 대상이었다. 마치 매번 처음으로 세상에 눈을 뜨는 것 같았다. 한번은 그가 데보라에게 이렇게 말했다. "나는 당신을 볼 수 있어! 나는 지금 모든 것을 다 제대로 볼 수 있다구!" 혹은 "나는 그동안 누구도 보지 못했고, 어떤 말도 듣지 못했어. 심지어 꿈을 꾼 적도 없어. 밤이나 낮이나 늘 똑같아. 텅 빈 것 같아. 죽음처럼 말이야." 그는 몇 년 동안 이런 말을 몇 번이고 반복해서 말했다. 말하는 투만 조금씩 바뀔 뿐이었다. "나는 어떤 소리도 듣지 못했고 어떤 것도 보지 못했으며, 어떤 것도 만지지 못했고, 어떤 냄새도 맡지 못하고 있어. 마치 죽어 있는 것 같아."

잠에서 깨었다는 것을 알고, 현재라는 시간을 인식하는 것도 모두 순간적으로만 일어나는 일이기 때문에 웨어링은 계속 같은 것만을 기록하게 된다. 그는 시간을 먼저 적고-예컨대 아침 10시 50분-그 순간에 자신이 '깨달은 것'을 기록한다. "처음으로 잠에서 깼다!" 하지만 몇 분 뒤, 자기 손목시계를 들여다보고는 시각이 잘못 기록된 것임을 알고는-마치 누군가가 자신에게 사기를 친다고 여기기라도 하듯이- 위 문장에 줄을 그어 지우고는 새로운 내용을 기록하고, 이를 강조하기 위해 밑줄까지 친다. 그러나 몇 분 뒤 다시 손목시계를 바라보고는 이 문장 역시 줄을 그어 지워 버리고 새로 쓴다. 이렇게 반복된, 시간만 달리 기록된 문장들이 수천 페이지에 걸쳐서 수 십 권 분량의 노트를 채운다. 이를테면 다음과 같은 식이다.

오후 2시 10분: 이 시각에 깼다

오후 2시 14분: 이 시각에 마침내 깼다

오후 2시 35분: 이 시각에 완전히 깼다

오후 9시 40분: 앞 문장과는 달리 이 시각에 처음으로 깼다.

그리고 아침 8시 47분에 잠에서 깼다.

그리고 아침 8시 49분에 완전히 깼다. 그리고 나를
이해하는 데 문제가 있다는 것을 알게 되었다.

시간여행자의 시간지각

허버트 조지 웰스의 〈타임머신〉에 등장하는 시간여행자는 저녁
식사에 초대한 사람들에게 자신이 경험한 이야기를 풀어 놓는다. 서
기 802,701년으로 옮겨 가서 지상에 사는 귀족풍의 엘로이(Eloi)족과
지하에 사는 야수 같은 멀록(Morlocks)족을 만난 이야기를 비롯해,
3000만 년 뒤의 미래에서는 해변에 생명이 모두 사라지고 없다는 것
을 알게 되었고, 물을 얻어 마시기 위해 어느 집의 응접실에 들어간
이야기 같은 것들이다. 그는 이 시간여행을 위한 기계장치를 어떻게
만들었는지 설명한 뒤, 타임머신의 안장에 걸터앉아 레버를 당기고
"미래를 향해 뛰어들었다"고 말한다.

열차가 지그재그로, 전후좌우로 마구 움직이는 데도, 몸이 거꾸
로 뒤집힌 채 속수무책으로 앉아 있어야 하는 느낌과 똑같았다....내
가 속도를 높이자 검은 날개가 펄럭이듯이 밤이 낮을 뒤쫓았다. 실험
실에 스며드는 흐릿한 빛은 금세 나에게서 멀어져 갔고, 태양은 깡충

깡충 뛰듯이 빠르게 내 곁을 스치고 지나갔다. 태양은 1분에 한 번씩 하늘을 가로질렀고 그렇게 하루가 지나갔다. ...느릿느릿 기어가는 달팽이조차도 무서운 속도로 내 곁을 스치고 지나갔다...나는 나무들이 수증기가 피어오르듯이 빠르게 자라나는 것을 보았다. 갈색이었던 나무는 금방 녹색으로 바뀌었다. 나무들은 위로 자라자마자 옆으로 넓게 퍼졌으며 몸을 떨면서 멀어져 갔다. 또 거대한 건물이 눈 깜짝할 사이에 세워지고 꿈결처럼 사라지는 것을 보았다. 지구 표면 전체가 변하고 있었다. 내 눈 아래에서 녹아 흐르는 것처럼 보였다...속도를 더 높이자 이제 내가 날아가는 속도는 1분에 1년을 넘었다. 하얀 눈이 지구를 밝혔다가 곧 사라지고 곧 이어 화창하고 푸르른 봄이 다가오는 현상이 1분마다 일어났다.

1895년 출간된 〈타임머신〉은 시간여행이라는 개념을 소설적으로 멋지게 옮겨 놓았다. 미래와 과거를 향해 나아가는 대부분의 여행은 불현듯 일어나며, 불확실한 방법을 통해 이루어진다. 〈뒤돌아보며(Looking Backward)〉와 〈미지로부터 온 소식(News from Nowhere)〉의 주인공들은 19세기에는 잠에 빠져 있다가 오랫동안 잠을 자고 난 뒤 21세기에 잠을 깬다. 〈크리스털 시대(A Crystal Age)〉에서는 시간여행자가 절벽에서 떨어진 뒤 수천 년 뒤에 잠에서 깬다. 〈영국식 야만인(The British Barbarians)〉에서는 21세기에서 온 인류학자가 멋진 회색 트위드 정장을 입고서 서리(잉글랜드 남동부에 있는 주)에 도착한다.
　〈타임머신〉이 시간여행을 다룬 다른 소설과 차별되는 점은 여행을 하는 방식, 시간 그 자체에 접근하는 방식이 흥미롭기 때문이다.

이 소설에서 시간여행자는 수동적이지 않다. 그는 어느 시간대에 도착할지 스스로 결정한다. 또한 아무런 행위를 하지 않은 채 목적지에 도착하기만을 기다리지 않는다. 그는 현재와 과거 혹은 미래 사이에서 매 순간 가속을 하거나 감속을 스스로 한다. 시간은 그의 손 안에서 측정되고 대체된다. 표면적 현재는 팽창해 계절을 포함할 수도 있고, 사람의 수명만큼 늘어날 수도 있고, 심지어 지질학적 시간만큼이나 확대될 수 있다. 그에게 현재라는 것은 그렇게 지각된 시간 이상도 이하도 아니다. 시간여행자는 자신의 지각을 변화시킴으로써 시간도 변화시키는 것이다.

웰스는 이 소설을 쓰면서 당대의 과학이론에 많이 기대었다. 그는 대학에서 T H 헉슬리의 지도 아래 생물학을 공부했다. 그는 또 윌리엄 제임스의 〈심리학의 원리〉를 분명히 읽어 보았을 것이다. 왜냐하면 그가 속한 서클 멤버들은 거의 이 책을 읽었기 때문이다. 그는 1894년 〈새터데이 리뷰〉에 당시의 심리학을 비평하는 글을 기고했는데, 이 글을 보면 그가 〈심리학의 원리〉에서 다뤄진 기억, 의식, 시각적 지각, 암시, 환각 등에 대한 주제를 제대로 이해하고 있었음을 알 수 있다(〈타임머신〉을 시간대별로 분석한 어떤 학자는 주인공이 저녁식사 시간에 초대 손님에게 하는 이야기는 꾸며 낸 것이라 지적하면서, 그 이야기는 주인공이 그날 오후 바퀴가 셋 달린 자전거를 타고 나들이를 하고 돌아와 낮잠을 자는 동안 꿈에서 본 장면들이라고 주장했다).

〈타임머신〉의 첫 장은 당시에 퍼져 있던 시간지각의 개념을 짧으면서도 효과적으로 전달하고 있다. "시간과 삼차원 공간 사이에는 어떤 차이도 없습니다. 단 하나 차이가 있다면 우리의 의식이 공간과는 관계없이 시간을 따라 움직인다는 점입니다." 주인공인 시간여행자는 자기 손님들에게 이렇게 말하면서, 자신의 시간이론을 사차원 기하학으로 설명하기 시작한다. 이 이론은 웰스가 1893년 뉴욕 수학협회에서 들었던 한 강연에서 따온 것으로 보인다. 주인공의 설명을 듣고 있던 한 손님이 이의를 제기한다. "하지만 우리는 현재로부터 벗어날 수가 없습니다." 이에 대해 시간여행자는 이렇게 답한다. "아니요, 우리는 현재로부터 늘 벗어나고 있지요." 흥미롭게도 첫 항해에 사용될 타임머신을 보내야 할 때가 되었을 때, 스위치를 켜는 것은 심리학자다.

윌리엄 제임스는 자신의 독서 목록을 꼼꼼하게 기록했는데 〈타임머신〉에 대해서는 어디에서도 언급한 흔적이 없다. 그는 아우구스티누스에서부터 〈트리스트럼 샌디〉, 〈지킬 박사와 하이드〉(제임스는 〈지킬 박사와 하이드〉를 쓴 로버트 루이스 스티븐슨에 대해 "이 사람은 마술사다(magician)"라고 썼다)에 이르기까지 많은 책을 읽었지만 〈타임머신〉을 읽었다는 기록은 없다. 제임스는 웰스와 주고받은 편지에서 웰스의 〈유토피아〉와 〈처음과 끝〉을 높이 평가하면서 그를 키플링과 톨스토이에 버금가는 작가라고 치켜세웠다.

한편 웰스는 제임스의 실용주의 철학을 받아들였고 그를 "내 친구이자 스승"이라고 불렀다. 일설에 의하면, 1899년 두 사람은 스티븐 크레인(1871~1900년. 미국 출신의 저널리스트이자 작가)의 집에서 열린 파티에서 밤늦게까지 포커를 치며 함께 어울린 적이 있다고 한다. 리처드슨이 쓴 윌리엄 제임스의 전기에는, 이로부터 몇 년 뒤 웰스가 윌리엄의 동생인 헨리 제임스의 집에서 윌리엄을 차로 데려다 주기 위해 기다리고 있을 때 일어났던 상황을 기록하고 있다.(윌리엄 제임스와 미국 소설가인 헨리 제임스는 형제지간이었다. 윌리엄이 헨리보다 한 살 위였다).

갑자기 동생 헨리가 화들짝 놀라 고함을 질렀다. 왜냐하면 형 윌리엄이 사다리에 올라서서 정원 건너편을 바라보고 있는 데 그 모습이 너무 위태로웠기 때문이었다. 헨리 집 바로 옆은 여관이었는데, 마침 여관 마당에 서 있던 사람이 소설가인 길버트 키스 체스터턴(1874~1936년. 영국 작가)인 것을 알고는 조금이라도 더 자세히 그를 보기 위해 사다리에 올라갔던 것이다. 웰스는 이날 일을 회상하면서 "나는 윌리엄이 그런 행동을 하는 유형의 인물이라고는 전혀 생각하지 못했다"고 말했다.

그러나 윌리엄 제임스는 그런 예기치 못한 행동을 자주 하는 인물이었다. 그는 충동적이었고 필요하다면 1초의 망설임도 없이, 마치 낭비할 시간이 없다는 듯이, 사다리로 달려갈 수 있는 유형이었다. 그는 평소에도 계단을 오를 때 한번에 두 세 계단을 건넜다. "그는 항상 시간에 쫓기듯이 사는 사람이었습니다"라고 리처드슨은 나에게 말했다.

그는 나에게 헨리 제임스가 쓴 자전적 소설인 〈꼬마와 사람들〉에 대해 얘기해 주었다. 이 작품은 윌리엄 제임스가 비교적 이른 나이인 68세에 세상을 떠나고 3년이 지난 뒤 1913년 출간되었다. 그 작품에서 헨리는 형 윌리엄에 대해 "늘 모퉁이를 서성이면서 사람들 눈에 띄지 않았다"고 썼다. 헨리는 이 문장을 비유적인 의미로 썼지만, 실제로도 윌리엄은 그런 인물이었다고 한다. 리처드슨은 "윌리엄은 항상 대단히 활기가 넘쳤으며, 시간의 맨 앞자리(right on the edge of time)에 있었습니다. 시간에 쫓기다 보니 신경쇠약 직전의 상황이었습니다. 윌리엄은 늘 자신에게 남은 시간이 많지 않다고 느낀 것 같습니다. 실제로도 그는 오래 살지 못했지요."

1860년 늦여름 어느 날 저녁, 러시아곤충학회 회원들이 첫 번째 회의를 위해 상트페테르부르크에 모였다. 주제 발제는 독일의 권위 있는 동물학자였던 카를 에른스트 폰 베어가 하기로 돼 있었다. 그는 다윈이 주창한 개념-모든 살아 있는 유기물은 하나의 공통된 조상으로부터 진화했다-에 반대한 인물로 흔히 기억되고 있다. 비교발생학의 선구자인 폰 베어는 종의 변화(transmutation)는 인정했으나, 다윈이 주장한 자연선택론에는 반대했다.

그러나 다윈 자신은 폰 베어를 높이 평가했다. 그는 매우 지적이며 획기적인 업적을 이룬 생물학자이자 자연 관찰자였다. 인간을 포함해 모든 포유류는 알에서 나왔다고 주장한 최초의 인물이다. 폰 베어는 포유류의 난자를 처음 발견했고 인간의 난자도 처음으로 관찰한 인물이다. 그는 크기가 작고 형태도 없는 배아상태의 닭과 다른 동물들을 현미경으로 자세히 관찰하는 지루한 작업을 계속한 끝에 겉보기에는 서로 엄청나게 다른 유기체들이 결국에는 비슷한 형태에서 발생한다는 결론에 이르게 되었다.

이날 그가 발표한 주제 '살아 있는 자연에 대해서는 어떤 개념이 올바른 것인가? 그리고 그 개념은 곤충학에 어떻게 적용할 수 있는가?'는 일반 청중은 물론이고 곤충학자들에게조차 쉽게 이해될 수 없는 것이었다. 폰 베어는 주제를 얘기하던 중 17세기 이후로 철학자들 사이에서 논의되어 왔고 당대의 자연철학자들 사이에서도 자주 화제에 올랐던 한 가지 문제 '지금은 얼마나 긴 시간인가(How long is now)?'란 의문을 제기했다.

'지금'의 지속기간은 얼마나 되나

폰 베어는 청중들에게 "'지금'은 지속기간을 전혀 갖지 않는다"고 말했다. 우리가 지속한다고 받아들이고 있는 것-산이나 강이 영구적으로 존재하는 듯이 보이는 것 같은-은 실제로는 우리의 짧은 생애에서 도출한 환각에 불과하다는 것이다. 그는 잠시 이런 상상을 하자고 했다. "사람이 살아가는 속도가 지금보다 훨씬 빠르거나 혹은 느리다고 해 봅시다. 그러면 우리가 자연과 맺는 모든 관계가 지금과는 완전히 딴판이 될 것입니다."

사람이 태어나 노쇠할 될 때까지의 기간이 단 29일이라고 하자. 이는 평균 수명의 약 1000분의 1에 해당하는 기간이다. 이 사람-Monaten Mensch 즉, '달의 인간(man of the month)'-은 한 달 단위인 달의 공전주기를 다 경험하지 못할 것이고 계절이라든가 눈, 혹은 얼음 같은 개념도 낯설 것이다. 이는 빙하시대가 지금의 우리에게 낯선 것과 마찬가지다. 단 며칠밖에 살지 못하는 곤충이나 버섯 같은 많은 생물들은 실제로 이런 경험을 하고 있을 것이다. 이번에는 인간의 수명이 이보다 1000배나 더 짧아져 단 42분간만 살 수 있다고 하자. 이런 인간-Minuten Mensch 즉, '분의 인간(man of minutes)'-은 밤과 낮을 구별하거나 경험할 수가 없다. 또 이들에게는 꽃과 나무는 전혀 변화가 없는 생명체로 비칠 것이다.

폰 베어는 계속해서 정반대 시나리오를 제시했다. 우리의 맥박이 지금보다 1000배나 천천히 뛰고 있다고 하자. 맥박이 한 번 뛸 때마다 감각이 같은 양의 경험을 한다고 가정하면 "그런 사람의 수명은 약 8만 년이 될 것입니다. 그때는 1년이 지금의 8.75시간과 맞먹게 되겠지요. 그렇게 되면 우리는 얼음이 녹는 것을 확인할 수 없게 되고, 지진을 느낄 수도 없으며, 나무에서 잎이 자라고 열매를 맺고 낙엽이 지는 것도 볼 수 없게 됩니다."

대신 우리는 산맥이 부침하는 것을 볼 수 있다. 하지만 무당벌레의 일생은 보지 못하게 될 것이고 꽃이 피고 지는 것도 못 보게 된다. 단지 나무가 존재한다는 인상만을 받게 될 것이다. 또 태양은 유성이나 포탄처럼 재빠르게 하늘을 지나가게 될 것이다. 그런데 이 수명을 다시 1000배나 더 늘려서 8000만 년을 산다고 하자. 이렇게 되면 지구가 태양을 한 번 공전하는 동안 심장박동 수는 31.5회에 불과할 것이다. 태양은 윤곽이 뚜렷한 원 모양이 아니라 불꽃이 뻘겋게 작열하는-겨울에는 밝기가 덜하겠지만- 타원 형태가 될 것이다. 심장이 열 번 뛸 동안 지구는 녹색을 띨 것이고, 열 번을 더 뛰면 눈으로 하얗게 덮일 것이며, 그 눈은 심장이 1.5회 박동하는 사이에 녹아 버릴 것이다.

17세기와 18세기를 거치는 동안 망원경과 현미경의 사용이 폭발적으로 증가하면서 척도의 상대성에 대해 많은 생각들을 하게 되었다. 우주는 양쪽 세계 즉, 거시세계와 미시세계 모두에서 상상했던 것보다 훨씬 더 크다는 사실을 알게 되었다. 인간의 관점이 다른 생명체에 비해 특권적인 위치에 있다는 과거의 생각이 무너지기 시작했다. 인간의 관점은 다른 관점들 중의 하나에 불과할 수 있다는 생각이 자리잡게 된 것이다.

1678년 니콜라 말브랑슈(1638~1715년. 프랑스의 철학자이자 신부로 데카르트 철학에 큰 영향을 받았다)가 말했듯이, 신이 세계를 굉장히 방대한 크기로 창조한 까닭에 나무 하나가 우리에게 엄청나게 크게 보이는 것은 당연하고 반대로 너무 작은 크기의 우주를 창조하는 바람에 극소의 존재들 눈에 하품을 하는 것처럼 보인다고 했다. 말브랑슈는 이렇게 적었다. "어떤 것도 그 자체로는 크거나 작지 않다." 조너던 스위프트는 이 아이디어를 채택해 소설 〈걸리버 여행기〉를 썼다. 소인국 사람들과 거인국 사람들은 세부(detail)를 보든 외부(expanse)를 보든 동일한 관점을 가지고 있는 것이다.

그것은 시간에 대해서도 마찬가지다. 프랑스 철학자인 에티엔 보노 드 콩디야크는 1754년에 쓴 글에서 이렇게 밝히고 있다. "우리 자신이 헤이즐넛(개암)만 한 크기로 이루어진 세계를 상상하자. 그런 세계에서는 별들도 한 시간 사이에 수천 번 뜨고 질 것이다." 혹은 우리 자신이 소인국의 소인 크기로 줄어든 세계를 상상해 보자. 이럴 경우, 이보다 훨씬 더 큰 세계에 사는 존재에게 소인국 사람들의 수명은 불꽃이 반짝이는 정도로 극히 짧은 수명을 가진 것처럼 보이게 될 것이다.

반면 우리의 몸 크기가 헤이즐넛만 한 행성에 거주하는 존재에게는 소인국 사람들이 수십 억 년을 살아가는 것처럼 보일 것이다. 이처럼 시간의 지속성이라는 것은 상대적인 개념이다. 어떤 존재의 눈에는 한 순간에 불과한 것이 다른 존재에게는 더 긴 시간 동안 지속하는 것으로 보일 수 있는 것이다.

물론 이런 이야기는 어느 정도는 재치 있는 말장난에 불과할 수도 있다. 왜냐하면 하루를 지구가 축을 따라 한 번 자전하는 시간으로 정의한다면 그 하루라는 시간은 인간에게도, 진드기에게도, 헤이즐넛에게도 똑같은 양의 지속기간을 의미하기 때문이다(생체시계를 연구하는 생물학자들은 그렇게 정의된 하루가 헤이즐넛에서 인간에 이르기까지 각각의 생명체에 모두 유전적으로 새겨져 있다고 말할 것이다. 생명체들이 그것을 의식하든 못하든 간에 말이다). 그러나 콩디야크가 말하고자 한 바는, 우리 몸이 헤이즐넛만 하게 줄어든 세계에서 진드기에게 하루 24시간이라는 시간은 아무런 쓸모가 없는 시간이며 심지어 인지될 수도 없는 시간이라는 것이다.

이러한 사고는 오늘날에도 여전히 통용될 수 있는 시간개념이다. 예컨대 우리는 한순간이 얼마나 긴 지속기간인지 판단하려고 할 때, 그 한순간 동안 일어나는 사건이나 행위의 수, 혹은 마음을 스치고 지나가는 생각이나 관념의 수를 가지고 판단하게 된다. "우리는 시간의 지속성을 감각적으로는 지각할 수가 없다. 대신 우리의 마음속에서 차례로 일어나는 일련의 생각들을 고찰함으로써 시간의 지속성을 인지할 수 있다." 존 로크는 1690년에 쓴 글에서 이렇게 주장했다. 그래서 우리가 짧은 시간 동안 많은 생각과 관념을 경험한다면, 그 지속기간은 매우 밀도 있게 채워져 있기 때문에 상대적으로 다른 시간 동안보다 더 길게 느껴질 것이다.

로크는 계속해서 이렇게 주장한다. 우리에게 한순간은 아무런 차원을 갖고 있지 않은 대상이다. 물론 한순간을 감각적으로 지각할 수 있는 다른 정신적인 존재가 있을 수 있지만 우리 인간은 그런 존재가 아니다. 따라서 "옷장의 서랍에 갇혀 있는 벌레가 인간의 감각이나 마음을 이해하는 것보다 우리 인간이 우리 자신의 감각과 마음을 더 잘 이해하고 있다고 말할 수는 없다." 우리의 마음-매순간 굉장히 빠르게 움직이고 있는-은 많은 생각들을 동시에 포착하기 때문에 우리가 지각할 수 있는 시간의 길이에는 한계가 있다. "하지만 만약 우리의 감각이 변해서 지금보다 더 빠르고 예리하게 작동한다면, 사물의 외관과 체계가 지금과는 완전히 다른 면모로 우리에게 다가올 것이다."

윌리엄 제임스는 바로 이 아이디어에서 영감을 받았다. 만약 대마초를 피움으로써 우리의 감각이 바뀐다면 어떻게 될까. 그는 1886년에 이렇게 기록했다. "우리는 폰 베어와 스펜서가 설명했던, 수명이 아주 짧은 존재들과 비슷한 시간 경험을 하게 될 것이다.....그것은 현미경에 의해 공간이 크게 확장되는 것에 비유될 수 있다. 즉, 사물들이 평소보다 훨씬 더 큰 공간을 차지하게 되면서, 시야에 들어오지 않는 사물의 다른 부분들은 멀리 사라지게 될 것이다." 웰스는 1901년에 〈신 가속기(The New Accelerator)〉라는 단편소설을 발표했다. 이 작품은 우리가 어떤 묘약(elixir)을 먹으면 몸과 감각기관이 인식하는 속도가 평소보다 1000배나 더 빨라지는 이야기다. 예컨대 물 컵을 떨어뜨리면 바닥에 떨어지기 전에 공중에 떠 있는 것을 우리가 볼 수 있게 되는 것이다. 그는 "우리는 이 가속기를 제작해 팔게 될 것이다. 그리고 그 결과 엄청나게 향상된 감각 인식을 경험하게 될 것이다"라고 썼다.

시간 척도가 세상을 바꾼다

거의 인식하지 못하고 있지만, 우리는 서로 다른 시간 척도들 속에서 살아가고 일을 해 나가고 있다. 사람의 심장박동수는 평균적으로 1초에 한 번이다. 번개가 한 번 치는 속도는 1000분의 1초다. 가정용 컴퓨터가 하나의 소프트웨어에 지시를 내리는 데 걸리는 시간은 몇 나노초(10억 분의 1초)다. 교류 전류는 몇 피코초(picosecond, 1조 분의 1초)마다 바뀐다. 몇 년 전에 물리학자들은 단 5펨토초(femtosecond, 1000조 분의 1초)만 지속하는 레이저파를 만들어 내기도 했다. 사진을 찍을 때 카메라 플래시는 1000분의 1초의 '정지시간(stop time)'을 갖는데, 이는 야구경기에서 투수가 던진 공을-웬만큼 강속구가 아니라면- 타자가 타격하는 순간을 정지 상태로 잡을 수 있는 시간이다. 마찬가지로 펨토초의 속도로 작동하는 '플래시전구(flashbulb)'는 과학자들이 이전에는 정지화면으로 볼 수 없었던 현상들-분자들이 진동하는 모습, 화학반응이 진행되는 동안의 원자 결합 상태 같은 순식간에 일어나는 현상들-을 관찰할 수 있게 해 주었다.

펨토초 동안 지속되는 레이저파는 매우 유용한 도구로 진화했다. 특히 아주 작은 구멍을 뚫는 데 탁월한 성능을 보인다. 레이저의 에너지가 순식간에 모였다 사라지기 때문에 뚫고자 하는 구멍 주변의 물질이 열로 뜨거워질 시간이 없다. 그래서 깔끔하게 구멍을 뚫을 수 있는 것이다. 광속을 고려하면-빛의 속도는 초당 약 30만 킬로미터다- 1펨토초 동안 나아가는 빛의 길이는 1000분의 1밀리미터에 불과하다. 반면 1초 동안 나아가는 빛의 길이는 지구와 달 사이의 거리의 5분의 4에 해당한다. 이 레이저는 아주 작은 스마트 폭탄에도 사용될 수 있다. 물질에 아무런 흠집을 내지 않으면서도 표면 바로 아래를 겨냥해 타격할 수 있는 것이다.

펨토초로 작동하는 레이저는 판유리 내부에 광학적인 도파관(waveguide, 道破管 전송로로 사용되는 속이 빈 도관)을 새기는 데도 이용되고 있다. 이 기술은 데이터 저장기술과 통신기술을 혁명적으로 바꾸어 놓았다. 펨토초를 연구하는 과학자들은 안과수술에도 레이저를 이용하는 기술을 발전시켰는데, 이를 이용하면 주변 조직을 손상시키지 않은 채 망막에 바로 시술할 수 있다. "거의 아무런 힘을 들이지 않고 신체기관 안으로 손을 밀어 넣는 것과 같다고 할 수 있습니다." 캐나다 오타와 대학 물리학 교수인 폴 코컴이 나에게 이렇게 말했다.

그러나 초고속으로 작동하는 것만으로는 충분하지 않다. 모든 중요한 것들은 몇 펨토초 사이에 일어나는데, 플래시전구가 이 속도를 따라오지 못한다면 제대로 효과가 나올 수 없다. 그래서 과학자들은 플래시전구에 의지하지 않으면서도 물리세계를 연구할 수 있는 더 작은 시간의 창을 찾으려고 노력했다. 마침내 몇 년 전 코컴 교수를 포함해 각국 물리학자들로 구성된 연구팀은 이른바 펨토초 장벽(femtosecond barrier)을 극복하게 되었다. 한결 복잡한 과정을 얻어지는 고에너지 레이저를 통해 0.5펨토초 동안 지속되는 광파(pulse of light)를 만들어 낸 것이다. 더 정확히 말하면 650아토초 동안 지속되는 것이었다. 1아토초(10^{-18}초)는 100경 분의 1초다. 아토초는 그동안 이론상으로만 존재해 온 시간 단위였지만, 마침내 실제로 경험할 수 있게 된 것이다. 아토초는 새로운 시간의 조각으로서 작지만, 어마어마한 잠재력을 지니고 있다. "아토초는 실재하는 시간 척도이며 이를 통해 우리는 원자와 분자의 내부세계를 있는 그대로 들여다 볼 수 있게 되었습니다." 코컴 교수의 말이다.

물리학자들은 아토초의 빛을 얻자마자 얼마나 유용한지 보여 주었다. 아토초의 지속기간을 가진 파와, 이보다 긴 파장을 가진 적색 광파를 크립톤 원자로 이루어진 가스에 쏘았다. 그 결과 아토초의 파는 크립톤 원자들을 활성화시켜 원자 주변을 돌고 있던 전자들을 방출하게 만들었다. 그 뒤 적색 광파가 방출된 전자들을 맞춰 전자들이 가진 에너지를 읽어 들였다. 이 두 파 사이의 시간차이를 확인해 베타 붕괴가 일어나는 시간을 아토초 단위로 정확히 측정할 수 있었다. 이전에는 이처럼 작은 시간단위에서 전자의 움직임을 연구할 수 없었다. 이 실험은 물리학의 세계를 바꾸어 놓았다. 국립브룩헤이븐연구소(미국원자핵물리학연구소)의 물리학자 루이 디-모로는 "아토초는 우리가 전자에 관해 완전히 새롭게 인식하도록 만들 것입니다. 아토초는 물질을 탐구하는 새로운 도구로서 앞으로 모든 과학에 적용될 것입니다. 아토물리학(attophysics)의 시대가 이미 열렸습니다"라고 말했다.

물론 멀리 않은 미래의 어느 날에는, 아토초로도 만족하지 않게 될 것이다. 원자핵을 살펴보기 위해서는 젭토초(zeptosecond)의 영역으로 들어가야 하기 때문이다. 이는 1초의 10^{-21}에 해당하는 시간이다. 그동안에는 아토초로 그럭저럭 꾸려 가야 할 것이다. 아토초가 응용되기 시작하면 엄청난 일이 일어날 것이다. 하드 드라이브를 전자 홈비디오(electron home video)로 채울 수도 있고, TV 방송도 아토초 단위로 전송하기 때문에 초단위로 진행되는 콘텐츠는 지루해서 하품을 하게 될 것이다. 결국 사람들의 생활방식을 이전과는 확연히 다르게 바꾸어 놓을 것이다.

그러나 코컴 교수는 이런 일은 일어나지 않을 것이라고 확신에 차서 말했다. "실제 현실에서 우리가 원하는 것은 합리적인 시간 간격(reasonable period of time)입니다." 아주 큰 시간단위에서와 마찬가지로 아주 작은 시간단위에서도 지루함이라는 요소가 작용하기 때문이라는 것이다. "최근에 제 처남이 자기 아이들의 모습을 찍은 홈무비를 보냈습니다. 처음에는 재미있었습니다. 하지만 15분이 지나자, 와우, 너무 지루했습니다."

지금보다 젊었던 시절에 나는 시간적인 여유가 많았다. 특히 여름철이면 풀밭에 누워 있는 걸 즐겼다. 그럴 때면 가만히 누워 눈을 감고, 동시에 들을 수 있는 소리가 몇 가지나 되는지 세어 보곤 했다. 저쪽에서는 매미가 윙윙거리는 소리가 들리고, 저 위에서는 제트기가 굉음을 내며 질주하는 소리가 들린다. 내 뒤쪽에서는 산들바람에 나뭇잎들이 바스락거리는 소리가 들린다. 어떤 소리들은 일정하고 어떤 소리들은 큰어치의 울음소리처럼 커졌다가 사라진다.

나는 한번에 너덧 가지의 소리를 들을 수 있다는 걸 알게 되었다. 그 소리들 중 하나가 사라지면 나는 금세 다른 소리를 찾아냈다. 마치 저글링하는 사람이 공을 바꿔 가면서 계속 던져 올리듯이 말이다. 저글링을 할 때 공들이 안정적으로 자리잡을 때까지 처음 얼마간은 공들이 일정하게 운동하도록 하는 것이 필요하듯, 이렇게 너덧 가지의 소리들이 안정적으로 내 안에서 자리잡도록 하기 위해 처음에는 그 소리들을 잡아 내 안에서 움직이도록 신경을 써야 했다.

이는 내 나름의 휴식을 취하는 방식이기도 했지만, 나만의 측정 방식이기도 했다. 당시에는 정확히 무엇을 측정하려고 했는지 확실하지 않았다. 내 주의력이 얼마나 지속될 수 있는지를 측정했던 것일까? 아니면 내 인식의 한계를 알고자 했던 것일까? 되돌아보면, 현재라는 순간이 얼마나 긴 시간인지를 양적으로 표현해 보고자 하는, 내 나름의 아주 초보적인 방식이었던 것만은 확실하다. 윌리엄 제임스가 E R 클레이에게 영감을 받아 '표면적 현재'라는 개념에 도달하기 전에도, 대부분의 과학자들은 심리학적으로는 현재가 어느 정도의 지속 기간을 가진다는 사실을 받아들이고 있었다. 그래서 그 심리학적인 현재를 수량적으로 표현하기 위해 많은 노력을 기울였다. 지금이라는 것은 과연 얼마나 긴 시간인가?

184

'지금'이라는 순간은 얼마나 긴가?

현재를 측정하는 한 가지 방식은 그 현재 안에 얼마나 많은 정신적인 항목들이 있는지를 세는 것이다. 예를 들면 리듬이 좋은 기준이 될 수 있다. 티케타-틱-틱-틱 티케타-틱-틱-틱(tiketta-tik-tik-tik tiketta-tik-tik-tik) 식으로 이어지는 리듬이 있다고 하자. 만약 각각의 비트가 너무 느리거나 너무 빠르면 그 리듬을 분간할 수가 없을 것이다. 어느 정도 적당한 속도일 때만 각각의 비트가 우리 마음에 들어와서 전체 리듬을 만들게 된다. 다르게 표현하면, 인식할 수 있을 정도의 짧은 지속기간 동안 충분한(하지만 너무 많지는 않은) 수의 비트들이 우리 마음에 들어올 때 리듬이 생겨난다고 할 수 있다. 빌헬름 분트는 이것을 '의식의 범위'-서로 다른 인상들이 지금이라는 감각 안으로 스며들어 오는 짧은 간격-즉, 블릭필트(Blickfield)라고 불렀다.

분트는 1870년대에 그 간격을 측정하기 시작했다. 한 실험에서 그는 16개의 비트-두 개의 같은 비트로 이루어진 8개의 쌍-를 가지고 1초에 비트 하나 혹은 하나 반이 울리도록 소리를 냈다. 즉, 블릭필트가 10.6초(1초에 비트가 하나 반일 때)와 16초(1초에 비트가 하나일 때) 사이가 되도록 했다. 그는 이 소리를 실험 참가자들에게 두 번 들려주었다. 먼저 한 번 들려주고 잠시 멈춘 다음 다시 들려주는 식이었다. 실험 참가자들은 리듬을 확실히 인지하면서 둘 다 같은 리듬이라는 것을 알아냈다.

그런데 두 번째 들려줄 때 비트 하나를 덧붙이거나 비트 하나를 빠뜨리자 실험 참가자들은 바로-비트 수를 일일이 세지 않고도- 그것을 알아챘다. 그들은 비트의 전체 패턴을 인식하고 있었던 것이다. 분트는 이를 "각각의 리듬이 하나의 전체로서 의식 안에 들어 있었다"고 표현했다. 그는 속도를 더 높여 12개의 비트 각각을 2분의 1초와 3분의 1초마다 들리게 했다. 이번에도 실험 참가자들은 '전체' 리듬을 구분해 낼 수 있었다. 이 경우 지금은 4초(3분의 1초마다 하나의 비트가 들리게 했을 때)와 6초(2분의 1초마다 들리게 했을 때) 사이에서 한동안 지속된다고 할 수 있다. 이어 40개의 비트-8개의 비트가 다섯 그룹으로 이루어진-를 1초에 4개 비트의 비율로 들려주었을 때도 실험 참가자들은 리듬을 구분해 낼 수 있었다(이때 '의식의 범위' 즉, 지금이 지속되는 시간은 10초다). 여러 실험을 통해 가장 짧은 지속기간은 12개의 비트-4개의 비트가 세 그룹으로 이루어졌고, 1초에 3개의 비트를 들려주었다-로 이루어진 리듬을 들려주었을 때의 4초였다.

그런데 다른 실험을 통해 '지금'의 지속기간은 더 짧아질 수 있었다. 1873년 오스트리아 생리학자인 지그문트 엑스너는 전기불꽃이 연속적으로 '탁'하고 튈 때, 둘 사이의 시간 간격이 500분의 1초 즉, 0.002초일 때도 그 둘을 분간할 수 있었다고 보고했다. 분트의 실험에 참가한 사람들은 무엇인가로 채워진 순간(비트로 이루어진 리듬)을 측정한 반면, 엑스너는 텅 빈 순간의 경계를 측정했다고 할 수 있다.

엑스너는 '지금'의 지속기간은 어떤 감각기관이 측정에 관여하는지에 따라 다르다는 점을 발견했다. 귀를 이용해 전기불꽃이 '탁'하고 연속적으로 내는 소리를 감지할 때가 0.002초로 간격이 가장 짧았다. 눈으로 연속적인 전기불꽃을 구별할 수 있는 가장 짧은 간격은 귀로 들었을 때보다 긴 0.045초였다. 만약 먼저 소리를 들은 뒤 눈으로 다음 불빛을 볼 때는 둘을 구별할 수 있는 가장 짧은 간격은 0.06초였다. 반대로 눈으로 먼저 보고 귀로 다른 불꽃 소리를 들었을 때 둘을 구별할 수 있는 가장 짧은 간격은 0.16초로 길어졌다.

이보다 몇 년 앞선 1868년 독일의 내과의사인 카를 폰 피에로르트는 '지금'의 지속기간을 잴 수 있는 다른 방법을 제안했다. 그는 실험 참가자들에게 텅 빈 시간 간격을 들려준 다음-주로 메트로놈을 이용해 틱 소리를 두 번 내도록 설정했다- 그 간격만큼 재생해 보도록 했다. 재생 방식은 참가자가 회전하는 종이 드럼에 시간 간격만큼 건반을 누르도록 했다. 이어 메트로놈이 8번의 틱 소리를 내게 한 다음 그것을 재생하도록 했다.

이 실험결과를 분석한 그는 이상한 점을 발견했다. 시간 간격이 1초보다 짧을 때는 참가자들이 더 길다고 판단하고, 1초보다 더 길 때는 간격을 실제보다 짧다고 판단한 것이다. 이 둘 사이 어딘가에서 참가자들은 가장 정확한 지속기간에 반응했다. 피에로르트는 실험을 여러 번 반복하면서 참가자들이 가장 정확하게 반응하는 시간 간격을 찾아냈고, 그 시간 간격을 '균등점(the indifference point)'이라고 불렀다. 균등점은 사람에 따라 조금씩 달랐지만, 이후의 연구자들은 평균적으로 약 0.75초의 지속기간을 갖는다고 주장했다.

그런데 그 뒤에 밝혀진 사실이지만 피에로르트의 실험에는 몇 가지 방법상의 결함이 있었다. 그중의 하나는 그가 얻은 데이터 거의 대부분이 단 두 사람의 참가자 즉, 피에로르트 자신과 그의 박사과정 학생에게서 얻어졌다는 점이다. 그럼에도 불구하고 균등점은 중요한 의미가 있는 것으로 널리 받아들여졌다. 분트를 비롯한 학자들은 좀 더 정확한 균등점의 지속기간을 알아내기 위해 더 많은 실험을 진행했다. 이들이 얻어낸 값은 대부분 4분의 3초 즉, 0.75초 근처에서 왔다 갔다 했지만, 가끔은 3분의 1초 즉, 0.34초까지 내려가기도 했다.

그러나 이후의 추가적인 연구를 통해 균등점이 존재한다는 것을 입증할 근거가 없다는 데 많은 학자들이 동의하고 있다. 하지만 한동안 과학자들은 균등점을 시간에 대한 심리적인 단위와 동일시했다. 어느 역사학자가 지적했듯이 그것은 "모든 사람의 마음에 언제든지

현재

적용할 수 있는, 어떤 절대적인 지속기간"이었다. 다시 말하면 인간이 직접적으로 인식할 수 있는 가장 작은 순간이 균등점이었던 것이다.

'지금'이라는 순간이 얼마나 긴 시간인지에 관한 연구는 20세기에도 이어졌다. 오늘날의 과학자들은 이와 관련해 두 가지 개념을 구분한다. 하나는 '지각하는 순간(perceptual moment)'이다. 이는 거의 동시에 발생하는 사건처럼 보이지만-두 개의 전기불꽃처럼- 실제로는 연속적인 두 사건들 사이의 지속기간이다. 다른 하나는 '심리적인 현재(psychological present)'다. 이는 전자보다는 약간 더 긴 것으로, 하나의 사건-드럼 소리 같은-이 펼쳐지는 동안의 시간 간격이다. 전자의 시간 간격은 사람에 따라 90초이기도 하고 0.0045초이기도 하고, 0.2초에서 0.05초 사이이기도 하다. 후자의 경우는 2~3초, 4~5초 혹은 5초 이상이 되기도 한다. 한 그룹의 인지과학자들은 시간 간격을 구분할 수 있는 절대적으로 가장 낮은 한계는 약 0.0045초라고 주장하기도 했다.

윌리엄 제임스는 1890년 〈심리학의 원리〉를 출간할 즈음, '지금'이 어느 정도의 시간 간격인지는 기본적으로 해결되었다고 말했다. "우리는 끊임없이 어떤 지속성-표면적 현재-을 의식하는데, 그 지속기간은 몇 초에서 1분을 넘지 않는다." 그러면서 그는 '지금'의 지속기간을 찾으려는 다른 연구들은 품위가 결여돼 있다고 지적했다. "그들은 새로운 프리즘, 추, 크로노그래프(chronograph 시간을 정확히 재는 장치)를 찾고 있지만 그 연구는 당당하지 않다. 그들은 기사도가 아니라 장사꾼이다"라고 몰아붙였다.

그는 당시 독일에서 진행되던 '지금의 지속기간에 대한' 연구들을

'현미경적 심리학'이라고 규정하면서 "그들은 인내심을 극한까지 몰아댄다. 그런 연구는 사람들이 쉽게 지루함을 느끼는 나라에서라면 결코 이뤄질 수 없었을 것이다"라고 말했다. 시간을 죽어라 하고 쪼아 먹지 않고서도, 시간으로 할 수 있는 더 나은 연구가 많다는 것이다.

앞에서 예를 든 실험들이 '시간감각'에 대해 어떤 결론을 이끌어 냈든지 간에, 그런 실험들이 진행될 수 있었던 것은 시계의 정확도가 점점 더 높아지고 있었기에 가능한 일이다. 과학자들은 근육을 움직이는 운동과 인지작용, 시간에 대한 지각을 가능하게 하는 '동물의 영혼'과 '신경활동'에 대해 오랫동안 궁금증을 품어 왔다. 그러나 오늘날 '신경자극'이라고 불리는 이런 활동은 1초에 400피트 즉, 시속 250마일(약 400킬로미터)의 속도로 정보를 전달한다. 이는 18세기의 기술로는 측정할 수 없는 빠른 속도였다.

당시 과학이 관심을 가졌던 것은 뇌에서 어떤 행동을 생각하자마자 그 행동이 바로 실행에 옮겨지는 과정이었지만 이렇게 빠른 속도로 이루어지는 과정을 측정할 수단이 없었던 것이다. 그러나 19세기 들어 시간을 측정하는 기술이 진보하면서-추시계, 크로노스코프(chronoscope), 크로노그래프, 키모그래프(kymograph), 그리고 천문학에서 빌려 온 다른 시간 측정 장치들- 1초의 10분의, 100분의 1, 심지어 1000분의 1까지 잴 수 있게 되었다. 우주를 탐색하기 위해 고안한 측정 도구들은 생리학 연구에도 도입되었고, 무의식을 밝힐 수 있을 정도로 새로운 시간의 창을 제공해 주었다.

지난했던 시간 측정의 역사

최근 원자시계와 만국표준시간이 도입되면서 시간의 정확도가 크게 향상되기 이전에는, 천문관측대가 별들로부터 시간 정보를 얻어 벽시계나 손목시계에 전달해 주었다. 우리 머리 위로 선이 하나 지나간다고 상상해 보자. 그 선은 정북쪽과 정남쪽을 잇는 선이다. 당신이 어디에 있든 태양은 매일 정오에 그 선-천구자오선(celestial meridian)이라고 부른다-을 가로지르게 된다(태양 정오(solar noon)란 바로 태양이 이 선을 지나가는 때를 말한다). 그리고 밤에는 별들이 정확한 시간에 이 천구자오선을 통과하게 된다. 천문학자들은 별들이 이 선을 통과하는 때를 자세히 관찰하게 되었다. 이를 통해 천문학자는 물론이고 시계 제조업자들도 시계 시간을 맞추었던 것이다.

시계 제조업자나 시계를 소유한 이들은 처음에는 이들 천문학자들을 졸라 정확한 시간 정보를 받았으나 나중에는 천문관측대에서 제공하는 '시간 서비스'를 신청해 받아 보게 되었다. 1858년 스위스의 뇌샤텔에도 천문관측대가 세워져 시계 제조업자들에게 정확한 시간을 제공할 수 있게 되었다. "시간은 수도나 가스처럼 각 가정에 배달될 것입니다." 뇌샤텔 천문대의 설립자이자 총괄책임 천문학자였던 아돌프 허쉬는 당시 이렇게 자랑스럽게 말했다. 지역의 시계 제조업자들은 자신들이 만든 벽시계와 손목시계들은 천문관측대에 맡겨서 테스트를 받고 제대로 작동하는 시계임을 공식적으로 인증받았다.

또한 이들은 매일 전보를 통해 시보(time signal)를 받았다. 1860년이 되면 스위스 전국의 모든 전신국이 뇌샤텔 천문관측대로부터 시보를 받았으며, 이를 통해-바이마르에 소재한 바우하우스 대학의 미디어 이론학과 교수이자 역사학자인 헤닝 슈미트겐이 말했듯이-'표준시간의 거대한 풍경'이 형성되었다.

지구상의 모든 곳에서 동일하게, 특정한 시각에 정오가 되는 건 아니다. 지구가 자전하고 있기 때문에 태양은 우리 모두에게 동시에 빛을 비출 수는 없다. 예컨대 뉴욕의 정오는 홍콩의 자정이다. 당신이 동쪽을 향해 여행을 하고 있다면 일출과 일몰 그리고 정오는 출발지에 비해 상대적으로 조금 더 일찍 시작될 것이다. 서쪽을 향해 여행한다면 그 반대 현상이 일어날 것이다. 경도는 동쪽과 서쪽으로 15도씩 나뉘져 있기 때문에(전체는 360도이다), 정오는 15도마다 각각 한 시간 더 빨리 오거나 늦게 오게 된다.

당신이 망원경과 시계만 있으면 전 세계의 시간을 알아낼 수 있다. 당신이 경도가 0도인 그리니치천문대에 있는 천문학자라고 하자. 당신이 있는 위치에서 어떤 별이 천구자오선을 통과하는 시간을 알고 있다면, 당신은 예컨대 서경 35도 지역-대서양을 중간에서 가로지르는 지점-에서는 그 별이 언제 천구자오선을 통과할지 정확히 예상할 수 있다. 반대로 당신이 서경 35도 지역의 대서양을 항해하는 배에 타고 있다면, 망원경과 시계를 이용해 같은 별이 당신이 있는 위치의 천구자오선을 통과하는 정확한 시간을 잴 수 있을 것이다.

당신이 그리니치천문대에서 그 별이 천구자오선을 언제 통과할지 시각을 알고 있다면, 이 두 시간의 차이를 통해 당신이 타고 있는 배가 경도 몇 도에 위치하고 있는지를 계산해 낼 수 있다. 이런 계산 방법은 실제로 16세기와 17세기에 영국탐험대가 사용한 것이다. 이 방법은 보다 정확한 항해용 시계를 발명하는 데 촉매 역할을 했으며

1675년 그리니치에 왕실천문대를 건설하게 되는 계기가 되었다. 그리니치 천문대는 대양을 항해하는 배들이 현재 어디에 있는지를 알려주는 기준점을 제공한 최초의 천문대였다.

별이 천구자오선을 통과하는 것으로부터 정확한 시간을 얻는 과정은 매우 번거롭고 힘든 일이었다. 별이 통과하는 순간이 다가올수록 천문학자는 초 단위까지 정확성을 유지하려고 애쓰면서 벽시계를 흘끔흘끔 바라보는 동시에 망원경을 들여다보아야 했다. 그의 시야는 일정한 간격으로 그어진 수직선-대개는 망원경 렌즈에 거미줄 모양으로 표시돼 있다-들을 향해 있다. 별이 -은색 빛을 띤 밝은 점 형태로- 서서히 시야에 들어오면 천문학자는 벽시계의 초침이 내는 소리와 미리 맞춰 놓은 메트로놈의 비트 소리에 신경을 집중하면서 별이 수직선들을 언제 지나가는지, 특히 천구자오선을 의미하는 가장 중간에 있는 선을 언제 지나가는지 주의를 기울인다. 이어 별이 자오선을 통과하기 직전과 통과한 직후에 메트로놈의 비트가 어떻게 됐는지 정확히 기억해야 한다.

이 둘(자오선을 통과하기 직전의 시각과 직후의 시각)을 비교하여 그 차이를 10분의 1초 단위까지 구분해 낼 수 있어야 했다. 이런 과정을 며칠 혹은 몇 주간에 걸쳐 계속 반복함으로써 오차를 줄여 나가는 과정을 거치게 된다. 별은 항상 같은 시각에 천구자오선을 통과하기 때문에 며칠, 몇 주에 걸쳐 최대한 정확한 시각을 얻은 다음 시보 서비스를 하게 된다.

천문학자들은 이런 방법으로 1초의 10분의 2 즉, 0.2초의 오차 범위 안에서 정확한 시각을 얻을 수 있었던 것 같다. 하지만 이런 방법에는 많은 오류가 포함될 수밖에 없었다. 망원경의 선명도는 천문대마다 달랐고, 천문대의 시계가 얼마나 일정하고 정확하게 가는지, 외부의 노이즈나 진동으로부터 시계가 얼마나 보호받는지도 다 달랐다. 또한 기준이 되는 별은 밝기가 늘 일정한 것은 아니어서 어떤 날은 별빛이 흐려 관측에 애로가 생기기도 했고, 공기 흐름(기류)에 따라 빛이 흔들리기도 했다. 결정적인 순간에 구름에 가려 별빛이 사라지는 경우도 간혹 있었다.

하지만 이런 원인들보다 더 끔찍한 것은 누가 관측하느냐에 따라 측정값이 달라지는 문제였다. 즉, 사람이 오류의 원인인 경우를 말하는 건데 천문학에서는 이를 '개인 오차(personal equation)'라는 말로 부르고 있다.

1795년 그리니치천문대의 왕립천문학자는 자기 조수를 해고시켜버렸다. 왜냐하면 조수가 기록한 시각(별이 천문자오선을 통과하는 시각)이 천문학자 자신이 기록한 시각보다 늘 1초씩 늦었기 때문이었다. 천문학자는 "그 조수는 불규칙하고 잘못된 자기만의 방식으로 측정하고 있었다"고 주장했다. 하지만 얼마 지나지 않아, 두 사람 모두 별이 자오선을 통과하는 시각을 정확히 기록하지 못했다는 사실이 밝혀졌다. '개인 오차'는 누구에게나 생기는 일이었다. 이후 50년간 유럽의 천문학자들은 이런 개인 오차를 줄이기 위해 자신들이 측정한 값을 서로 비교해 보는 수고를 했지만 결과는 썩 신통치 않았다.

왜냐하면 개인 오차는 인간의 생리학 자체에 내재된 것이기 때문이다. "개인 오차는 천문학자들의 신경계가 가진 불운한 특성이다." 1862년 아돌프 허쉬는 이렇게 결론 내렸다. 그보다 10년 전, 독일 물리학자이자 생리학자인 헤르만 폰 헬름홀츠는 실험을 통해 인간의 지각과 사고, 행동은 즉각적이지 않다는 사실을 발견했다. 인간의 사고(생각) 속도는 유한하다는 것이다.

신경은 시속 몇km로 자극을 전달할까?

그는 실험 참가자들의 몸 여러 부분에 약한 전기 충격을 준 뒤 그 자극에 얼마나 빨리 반응하는지-참가자는 머리를 흔들어 자극을 받았음을 알렸다-를 체크했다. 이를 통해 헬름홀츠는 인간의 신경이 전달되는 속도는 초당 약 125피트(시속 약 140킬로미터)라는 걸 계산해 냈다. 이 수치는 다른 연구자들이 주장했던 시속 900만 마일(시속 약 1450만 킬로미터)보다는 엄청나게 느린 것이었다.

헬름홀츠는 인간의 신경을 "한 국가의 중앙정부가 가장 먼 국경 근처에 있는 지역으로 전보를 보내는" 전신케이블과 비교했다. 그는 "신경이 정보를 전송하는 데 걸리는 시간은 자극을 알게 될 때까지의 시간, 반응을 실행하는 데 걸리는 시간, 그리고 그 둘 사이에 뇌가 신호를 지각하고 반응하려고 의지하는(willing) 시간이 있다"고 썼다. 그는 지각하고 의지하는 단계에 걸리는 시간은 1초의 10분의 1 즉, 0.1초라고 계산했다.

아돌프 허쉬는 헬름홀츠가 주장한 시간 간격(신경이 자극에 대한 정보를 전달해서 반응을 일으킬 때까지 걸리는 시간)을 인용하면서 이것을 '생리학적 시간'이라고 불렀다. 이 생리학적 시간 때문에 '개인 오차'가 발생할 것이라고 추측했다. 그는 이를 확인하기 위해 다양한 실험을 했다. 한 실험에서 그는 강철로 된 공을 널빤지로 된 바닥에 떨어뜨리고, 참가자들에게 바닥에 떨어지는 소리를 듣자마자 전신기의 키를 누르도록 했다. 그런 다음 소리가 난 시간과 전신기 키를 누른 시간 사이의 차이를 크로노스코프로 측정했다. 이 크로노스코프는 1000분의 1초 단위까지 잴 수 있는 장치였다.

그 결과 신경이 자극 정보를 전달하는 속도가 헬름홀츠가 계산한 것의 약 절반(시속 약 70킬로미터)이라는 걸 밝혀냈다. 크로노스코프는 이보다 몇 년 전에 매티아스 힙이 발명한 시간 측정 장치였다. 힙은 나중에 허쉬가 진행한 실험에 참가해 산탄총의 탄알 속도와 떨어지는 물체의 속도를 재기도 했다. 힙은 이후 스위스 전신국 총책임자로 취임했고 1860년 은퇴해 뇌샤텔에 자신이 직접 전신회사를 차려 허쉬의 시보 서비스 사업에 필요한 장비를 공급하기도 했다.

허쉬는 인위적으로 별을 만들어 그것이 자오선을 통과하도록 하는 복잡한 장치를 제작했다. 개인 오차에 관한 실험을 하기 위해서였다. 그 결과 개인 오차는 단지 사람에 따라 다르게 나타나는 것만은 아니라는 사실을 발견했다. 같은 사람이라도 하루 중 언제 관측하느냐에 따라 달랐고 1년 중 언제 관측하느냐에 따라 측정값이 달랐다. 별의 밝기와 별이 움직이는 방향에 따라서도 다르게 나타났다. 또한 별이 자오선을 언제 통과할지 미리 예측하고 망원경을 들여다보는 경우에는 그런 예상을 하지 않고 보는 경우보다 개인 오차가 더 크게 난다는 사실도 발견했다.

천문학자들은 개인 오차를 제거하기 위해서는 관측 과정을 객관화하는 것이 필요하다는 사실을 깨닫게 되었다. 그래서 눈으로 보고 귀로 듣는 방식 대신 전기기록시계(electrochronograph)-회전하는 종이 드럼(drum of paper)을 시계에 직접 부착한 장치-를 채택했다. 천문학자들은 별이 자오선을 통과할 때 키를 누름으로써 종이에 별의 통과 시각을 기록할 수 있었던 것이다. 이를 통해 망원경을 보면서 동시에 시계를 보거나 시계를 생각함으로써 생기는 개인 오차를 제거할 수 있었다. 이제 천문학자들은 똑같은 시계로 잰 별의 통과시간을 서로 비교함으로써 객관적으로 오차를 줄일 수 있게 되었다. 몇 마일 이상 떨어진 천문대에서도 별의 통과시각을 동시에 기록할 수 있게 되었고, 이 기록을 전보를 통해(전보를 전송하는 데 걸리는 시간을 제외한 뒤에) 공유함으로써 서로의 측정시각을 비교해 더 정확한 시각을 산출할 수 있게 되었다.

그러나 개인 오차라는 개념은 천문학을 넘어 생리학과 심리학 연구에 영향을 미치게 되었다. 1862년에 발표한 허쉬의 논문-'생리적 시간'을 다룬 논문-은 독일어에서 다른 언어로 번역돼 세계 각지의 과학자들에게로 퍼져 나갔다. 그가 시도한 실험방식은 이후 빌헬름 분트가 의식의 시간적 범위(temporal span of consciousness)를 밝히기 위한 실험에 그대로 도입되었다.

신체의 반응시간(response time)에 대한 관심은 점점 높아져 갔다. 미식축구팀 코치 출신인 버니스 그레이브스는 스탠포드 대학에서 심리학 석사 논문을 쓰기 위해 스탠포드 대학 미식축구팀 선수들을 상대로 신체의 반응시간을 알아보는 실험을 진행했다. 이 실험에는 심리학자 월터 마일스가 지도교수로 참여했고 유명한 미식축구팀 감독인 글렌 팝 워너가 지원했다. 이 실험에 사용된 시간을 재는 장치는 월터 마일스가 만든 것으로-그는 이 장치를 '다중 크로노그래프

(multiple chronograph)'라고 불렀다- 이전에 아돌프 허쉬가 사용한 것과 유사했다. 이 장치를 7명의 라인맨에게 동시에 연결한 다음, 쿼터백이 공을 스냅한다는 신호를 한 뒤에 이들이 얼마나 빨리 라인으로부터 뛰쳐나오는지를 측정하자는 것이었다.

그런데 쿼터백이 공을 스냅하는 신호를 할 때 어떤 방식이 가장 좋은지를 놓고 갑론을박이 있었다. 먼저 소리로 신호를 하는 방식-즉, 쿼터백이 동료들에게 어떤 플레이를 할 것인지를 몇 개의 숫자로 불러 준 다음 큰 소리로 "하이크(Hike!)"라고 외치는 방식-이 있었다. 이 방식은 공격하는 라인맨들이 상대편의 수비하는 라인맨들을 계속 주시하면서 소리를 통해 신호를 받을 수 있기 때문에 훨씬 유리할 것으로 보였다.

그러나 이 방식은 라인맨들이 "하이크!"라는 외침소리에 깜짝 놀랄 수도 있고, 혹은 소리가 날 것을 예상해 라인맨들이 마음속으로 미리 준비를 하게 될 수도 있는 단점이 있다. 또는 외침소리의 억양이 일정치 않고 매번 바뀔 수 있다는 문제도 있었다. 결국 그레이브스는 여러 변수들을 고려하면서 다양하게 실험을 진행했다. 예컨대 쓰리 포인트 스탠스(three-point stance 미식축구에서 공이 스냅되기 전에 라인맨이 취하는 자세로, 양발을 벌리고 상체를 굽혀 한쪽 손을 지면에 댄다)에서 각각의 라인맨은 신호가 울림과 동시에 움직이게 되는데, 이때 신호는 골프공을 회전하는 종이 드럼에 떨어뜨려서, 신호가 내려진 시각이 종이 드럼에 표시되도록 했다. 반응시간은 1000분의 1초 단위로 측정되었다.

그 결과 그레이브스는 라인맨들이 신호를 미리 예상하지 않거나,

신호가 일정한 리듬 없이 내려질 때는 반응이 일정하다는 사실을 밝혀냈다. 반대로 라인맨들이 신호를 예상하거나 신호가 리드미컬하게 내려질 때는 앞의 경우보다 반응시간이 10분의 1초 단위로 더 빠르게 나타났다. 이는 갑작스럽게 신호가 떨어졌을 때보다 생각할 시간이 줄어들기 때문인 것으로 해석됐다. 월터 마일스는 이렇게 말했다. "코치들은 선수들이 모두 일체가 되어 간명하고 정확하게 행동하도록 훈련을 시킨다. 그런 훈련 과정을 통해 선수 11명의 신경계가 하나로 통합된, 강력한 기계처럼 되는 것이다."

점심 식사를 한 후 걸어서 내 사무실로 돌아가는 길이었다. 은행 건물 벽에 높이 걸려 있는 벽시계를 힐끔 쳐다본다. 그 시계는 선박에서 사용하는 커다란 나침반을 닮았다. 나는 불현듯 이 벽시계가 여러 가지 방식으로 나를 적응시킨다는 사실을 깨닫는다.

사실 이 시계는-혹은 내 휴대전화에 있는 시계나 내 침대 옆 테이블에 놓은 탁상시계, 내가 가끔씩 차는 손목시계도- 시간에 관해 나에게 몇 가지를 말해 준다. 그중에서 가장 기본적인 것은 시계는 타이머(timer)라는 것이다. 즉, 시계를 통해 조금 전에 무엇을 했고 조금 후에는 무엇을 해야 할지 알게 된다. 마르틴 하이데거는 이렇게 말했다. "내가 지금 시계를 꺼내서 들여다본다면 가장 먼저 이렇게 말할 것이다. '지금 9시네. 그 일이 일어난 지 30분이 지났네. 앞으로 세 시간 뒤면 12시가 되네.'" 다시 말하면, 시계는 과거와 미래에 관해 방향을 제시한다. 하이데거가 지적했듯이 "시계의 목적은 '지금'을 구체적으로 고정하는 것이다." 지금은 끊임없이 이동하는 표적이 되는 것이다.

그러나 그런 정보만으로는 우리에게 그다지 도움이 되지 않는다. 확실한 랜드마크가 없다면 '지금'이라는 것은 대양에서 정처 없이 떠도는 배와 다를 바 없다. 그런 랜드마크의 하나가 태양이다. 즉, 시계는 내가 지금 하루 중 어느 곳에 위치하고 있는지 말해 준다. 만약 지금이 한밤중이라는 사실을 알고 있는데도 침대 옆 테이블에 놓인 탁상시계가 오후 2시를 가리키고 있다면 그 시계는 매우 심각하게 잘못된 정보를 제공하고 있는 셈이다. 그 시계는 지구의 자전과 보조를 맞추지 않고 있는 것이다.

또한 시계는 내가 지금 보고 있는 시계만이 아니라 그 밖의 다른 시계들과의 관계 속에서 내가 지금 어디에 있는지(혹은 어떤 시간대에 있는지)를 암묵적으로 말해 준다. 예를 들어 내가 2시 15분에 출발하는 기차를 타기 위해 걸어가고 있던 중 은행 건물 벽에 붙은 시계가 오후 2시를 가리키고 있다고 하자. 역까지 걸어서 5분 정도가 걸린다면 나는 충분히 기차 시간에 닿을 수 있다고 생각할 것이다. 그런데 막상 역에 도착해 보니 역 시계는 오후 2시 30분을 가리키고 있다면 기차를 놓쳐 버리게 된다. 이처럼 우리는 시계가 지구의 자전(태양의 움직임)과 동조하기를 기대할 뿐 아니라 시계들 상호간에도 동조가 되어야 한다고 기대한다. 그래야만 당신이 설사 지구 반대편에 있더라도 나의 지금과 당신의 지금이 같아지는 것이다.

이러한 기대는 현대의 디지털적인 삶에 스며들어 있다. 하지만 과거에는 항상 그렇지만은 않았다. 19세기에 유럽과 미국, 그리고 그 밖의 지역에서는, 과학사학자인 피터 겔리슨이 언급했던 "시간이 조정되지 않아 생긴 혼돈"으로부터 빠져 나오기 위해 갖은 노력을 했다. 천문학자들은 정확한 시계를 원하는 모든 도시들이 도시마다 하나의 정확한 시계를 갖도록 하는 데는 성공했다.

하지만 이러한 로컬 시계는 그 지역을 벗어나지 않는 한에서만 정확성을 유지할 수 있었다. 철도망이 널리 퍼지고 지리적으로 더 넓은 곳을 더 빠른 속도로 여행하는 것이 가능해지면서 여행자들은 한 도시의 시간이 다른 도시와 정확히 같은 시간을 공유하지 않는다는 사실을 깨닫게 되었다. 1866년을 예로 들면, 워싱턴DC의 시계가 정오를 가리킬 때 미국 조지아 주에 있는 서배너의 공식적인 시간은 오전 11시 43분이었으며, 버팔로는 11시 52분, 로체스터는 11시 58분, 필라델피아는 12시 7분, 뉴욕은 12시 12분, 보스턴은 12시 24분이었다. 또 일리노이 주 한 곳에서만 20개가 넘는 서로 다른 로컬 시간이 적용되고 있었다. 1882년 윌리엄 제임스가 유럽의 뛰어난 심리학자들을 만나 자신이 저술하고 있던 책의 내용을 보충하기 위해 배로 여행을 떠났을 무렵에는 미국에만 60개에서 100개에 달하는 로컬 시간이 있었다.

여행객들의 편의를 도모하고, 열차들이 자칫 충돌이나 추돌 사고를 일으키지 않도록 철도시간표를 단순화하려는 노력이 이루어졌다. 그것은 철도가 지나가는 도시들이 자신들의 로컬 시간을 전보를 통해 서로 교환하는 방식으로 이루어졌다. 이제 동시성은 유통되는 물자가 되었다. 시간의 풍경도 이전에는 울퉁불퉁 솟아난 여러 개의 지형이 모인 것이었다면 이제는 더 규칙적으로 구획된 광활한 지대로 바뀌게 되었다. 윌리엄 제임스는 1883년 봄에 미국으로 돌아갔다.

그 해 말, 미국 정부는 11월 18일 일요일 정오를 기해 그동안 수십 개가 존재하던 자국의 표준시간대를 단 네 개로 줄이는 조치를 취했다. 이 조치는 '정오가 두 개인 날(the Day of Two Noons)'이라고 불렸다. 왜냐하면 새로운 시간대의 도입으로 인구의 절반은 원래보다 시간을 조금 뒤로 돌리게 돼 정오를 두 번 경험하게 되었기 때문이다. 〈뉴욕 헤럴드〉는 이를 다음과 같이 보도했다. "동부 지역에 있는 사람들은 '같은 시간을 한 번 더 살게' 되었고 반대편에 있는 사람들은 약 30분 정도 미래로 건너뛰었다."

시간이라는 관습

19세기에서 20세기로 넘어가는 전환기에 전 세계의 시간을 통일시키려는 노력이-정치적으로도 엄청난 지원을 받으면서- 활발히 이루어졌다. 눈에 보이지 않는 선들이 지구에 그어져, 24개의 동일한 간격을 가진 표준시간대가 도입되었다. 이에 따라 '지금'은 전 세계 모든 사람들에게 동일한 것으로 고정되었다. 시간 통일 운동을 가장 앞장서서 주창했던 프랑스 수학자 앙리 푸앵카레는 시간이란 '관습(convention)'일 뿐이라고 주장했다. 피터 갤리슨은 푸앵카레의 '관습'에 대해 설명하면서 프랑스어로 'convention'에는 두 가지 의미가 있다고 지적했다. 하나는 컨센서스(consensus) 즉, 의견의 일치이고, 다른 하나는 편리함(convenience)이라고 했다. 이를 풀어 보면 '지금'이란 우리의 삶을 '편리'하게 하기 위해 우리 모두가 '동의'한 때라고 할 수 있다.

이는 과거에 없던 새로운 개념이었다. 17세기 이후 물리학자들은 아이작 뉴턴의 믿음을 따랐다. 즉, 시간과 공간은 "무한하며, 동질적이고, 연속적인 실체로서 우리가 측정하려고 하는 어떤 물체나 운동으로부터도 완전히 독립해 있다"는 것이었다. 뉴턴은 또한 "절대적이고 참되며 수학적인 시간은 자연적으로, 그 자체의 본성에 의해, 외부의 어떤 것에도 구애받지 않고 항상 일정하게 흐른다"고 덧붙였다. 시간이란 처음부터 우주에 내재하고 있었으며, 그 자체의 무대를 가지고 있다는 것이다. 하지만 20세기에 들어 시간은 절대적으로 평범한 것(quotidian)이 되었다. 이제 시간은 (절대적이면서 객관적인 존재가 아니라) 측정하는 순간에만 존재한다. 아인슈타인은 직설적으로 이렇게 말했다. "시간이란 우리가 시계로 측정하는 것, 그 이상도 이하도 아니다."

따라서 내가 한밤에 깨어나 침대 곁의 탁상시계를 보지 않으려고 할 때, 나는 일종의 저항을 하고 있는 셈이다. 시간의 세계는 (시간의 정의에 따라) 사회적이며, 공통의 합의(common accord)다. 이 합의에 따라 사람들과 국가들은 자신들의 문제와 필요를 헤쳐 나간다. 내 시계는 나에게 지금이 언제인지를 가르쳐 주지만–특별한 숫자로서 지금을 고정시켜 준다. 그것은 내가 보편적인 관습에 동의하는 경우에만 해당한다. 그렇지만 나는 한밤중이든 언제든 시간이 나만의 것이 되기를 바라는 것이다.

물론 이런 바람이 허상이라는 것을 잘 알고 있다. 모든 살아 있는 생명체–내 자신을 비롯해, 심해의 해파리나 내가 잠자는 사이에 내 치아에서 자라는 치태 등등–는 부분들–세포들, 섬모들, 세포 골격들, 세포기관들, 각 개인의 특성을 유지시켜 주는 유전정보를 담고 있는 유전자 조각 등등-이 유기적으로 조직된 것이다. 이 부분들이 조직되기 위해서는 커뮤니케이션이 필요하다. 어떤 부분이 무엇을, 언제, 어떤 순서로, 어떻게 해야 하는지를 서로 조정해야 하는 것이다. 이처럼 시간은 신체 각 부분이 나누는 대화이며, 이 대화를 통해 신체 각 부분은 단순한 총합을 넘어 더 큰 전체로 창조된다. 나는 한밤중에 깨어나 홀로 떠돌면서 신체 각 부분들의 대화를 한동안은 무시할 수 있다. 하지만 그런 무시는 '나(I)'라는 정의, 내가 어떻게 형성되는지를 깊이 생각해 보면 더 이상 (신체 각 부분들의 대화 즉, 시간을) 무시할 수가 없다.

19세기 후반의 산업화 시대는 흔히 비인간적인 시대로 여겨진다. 노동은 갈수록 지루하고 반복적이고 기계적으로 되었으며, 노동자들은 기계의 톱니바퀴처럼 되어 갔다. 그러나 20세기가 가까워지면서 도시는 이전 세기와는 정반대의 모습으로 변해 갔다. 즉, 살아 있는 생명체의 특성을 띠기 시작한 것이다. 도시의 경계는 넓어졌으며, 거주자들이 늘어나 인구밀도도 높아졌다. 도시인들의 수요를 충족시키기 위해 배관 파이프와 전선들이 복잡하게 망을 이루게 되었다.

"대도시는 점점 하나의 완벽한 유기체를 닮아 간다. 자체의 신경망을 갖고 있으며....자체의 혈관과 동맥, 정맥을 통해 가스와 물을 도시의 한 쪽 끝에서 다른 쪽 끝까지 공급하고 있다." 1873년 베를린의 한 교과서에 실린 내용이다. "만약 보수를 위해 도시의 도로를 모두 파헤친다면 사람들은 도시를 움직이고 있는 숨겨진 힘들의 실체를 눈으로 확인할 수 있을 것이다. 그 힘들(각종 배관 파이프와 전선들)은

지하에서 자신들의 불가사의한 힘을 발휘하고 있는 것이다."

한편 살아 있는 유기물에 대한 연구는 점점 기계에 대한 탐구로 이어져 갔다. 독일 생리학자인 에밀 두 보이스-레이몬트(1818~1896년. 베를린 대학에서 신학과 화학, 자연철학, 의학을 공부했다. 동물자기(動物磁氣) 연구를 통해 신경과 근육에서의 전류현상을 탐구함으로써 현대 신경생리학의 기초를 닦은 것으로 평가받는다)가 말한 '동물기계(animal machine)'-호흡, 근육의 움직임, 신경 신호, 피와 림프액의 흐름, 심장의 박동-의 작동 원리를 이해하기 위해서는 기계장치-이를테면 벨트 풀리(belt pulley 벨트를 걸기 위한 목적으로 축에 부착하는 바퀴), 엔진의 회전, 가스 동력 같은 것들-를 알 필요가 있었다.

당시 어떤 연구실에서는 지하실에서 두 대의 모터를 작동시키면서 회전운동이 동물-주로 개구리와 개를 실험대상으로 삼았다-에게 어떤 영향을 미치는지 실험했다. 또 고양이와 토끼를 살아 있는 채로 해부해 신체기관들이 어떻게 작동하는지를 살피기도 했다. 이때 고양이와 토끼가 계속 호흡을 하도록 하기 위해 풀무를 사용해 공기를 불어넣었다. 하지만 실험실 조수가 풀무질을 하는 것은 고된 일이어서 1870년대에는 기계화된 펌프가 대신했다. 그 결과 실험에 사용된 동물은 마치 시계처럼 일정하고 정확한 간격으로 호흡을 하게 되었다. 이에 대해 역사학자인 스벤 디리그는 이 생리학 공장에서 "부분적으로는 기계이고 부분적으로는 동물인 최초의 살아 있는 유기체가 창조되었으며 과학적인 목적을 위해 사용할 수 있게 되었다"고 지적했다. 이는 정교한 시간측정 장치 덕분에 가능해졌다.

이 시기는 자동장치(automata)의 황금시대였다. 내부에 복잡한 시계장치를 가지고 있는, 인간을 닮은 기계가 열차를 끌고, 알파벳을 외우고, 그림을 그리고, 이름을 말하게 되었다. 카를 마르크스는 공장들 자체가 하나의 자동장치와 같다고 보았다. "이전에는 개별적으로 고립돼 있던 기계들을 대신해 이제는 기계화된 괴물이 공장 전체를 채우게 되었다. 이 괴물은 처음에는 느리고 신중하게 움직이기 때문에 그것이 가진 악마적인 힘을 눈치 채기가 어렵다. 하지만 결국에는 무한히 계속 작동할 수 있는 기관들(organs)을 빠르고 맹렬하게 움직이면서 그 본색을 드러내게 된다."

마르크스의 문장에 사용된 메타포들(기계화된 괴물, 악마적인 힘, 기관들)은 자동장치가 가진 불가사의한 힘에 의문을 증폭시킨다. 인간과 기계장치, 인간의 정신과 움직이는 신체를 구별하는 것은 정확히 무엇인가? 살아 있는 기계도 의식을 가질 수 있는가? 우리 눈에 보이지 않는 어떤 것들-우리 안의 호문쿨루스, 영혼, 도로 아래의 힘들-은 어디에 숨어 있는 것인가? "호문쿨루스를 끌어 모아 조립하는 것은 실현 가능성이 매우 낮고, 그것을 꿈꾸는 것은 헛된 희망이겠지만, 그럼에도 불구하고 과학자들은 그런 방향으로 계속 시도함으로써 중요한 진전을 이루어왔다." 빌헬름 분트는 1862년에 이렇게 기록했다.

그 전 해에 프랑스 해부학자 폴 브로카는 사람의 뇌 좌측 전두엽에 있는 피질 섬유는 말하고 기억하는 데 본질적인 역할을 한다는 사실을 발견했다. 토머스 에디슨은 이 발견에 매우 매료되었다. 그는 1922년에 이렇게 말했다. "뇌에 82차례나 실험을 해 본 결과 인간적인 특성의 핵심이 뇌의 한 부분-'브로카의 겹(the fold of Broca)'으로 불리는-에 있다는 사실이 증명되었다. 우리가 기억이라고 부르는 것들은 모두 길이가 4분의 1인치도 되지 않는 가느다란 조각에서 나오고 있는 것이다. 이곳이 바로 우리를 위해 기록을 담당하고 있는 소인들(little people-호문쿨루스)이 머물고 있는 곳이다."

시간을 '만들고(manufacture)' 시간을 연구하는 분야도 급속히 규모가 커져 갔다. 1811년에 그리니치천문대가 고용한 사람은 왕실천문학자 단 한 명뿐이었다. 하지만 1900년 무렵에는 직원 수가 53명에 달했고, 그들 중 절반은 오직 계산만을 담당해 '컴퓨터(computers)'라고 불렸다. 심리학 연구실에서는 전보, 크로노그래프, 크로노스코프를 비롯해 훨씬 정교해진 시간측정 장치들을 도입했고, 이를 이용해 신체의 반응시간과 시간에 대한 사람들의 지각을 연구했다. 그런데 천문학자들과 심리학자들은 실험실에 스며드는 잡음-기계가 작동하면서 내는 웅웅거리는 소리, 차들이 달리면서 내는 덜커덩거리는 소리, 실험실 바깥에서 들려오는 각종 소음과 진동 등등- 때문에 불평을 늘어놓았다.

그런데 이 중에서도 가장 큰 소음은 실험실 자체에서 나는 것이었다. 심리학자들은 실험 참가자들이 지속기간을 측정할 때-예를 들면 벨소리가 얼마나 길게 울리는지를 잴 때- 그들이 얼마나 집중하고 주의를 기울이느냐에 따라 측정값이 달라진다는 것을 알게 되었다. 실험 참가자의 집중력이 중요한데도, 실험에 사용된 측정 장치의 딸그락거리는 소리와 윙윙거리는 소리가 바깥의 소음만큼이나 실험 참가자들의 주의력을 흩트러 놓았던 것이다. 한 실험 참가자는 "크로노스코프에서 소리가 났고, 이 잡음 때문에 계속 신경이 쓰였다"고 말했다.

과학자들은 실험실의 잡음을 없애기 위해 노력했다. 그들은 소리가 좀 덜 나도록 도구와 장치를 개선했고 바깥의 소음이 들어오지 않도록 실험실 환경에도 주의를 기울였다. 또 실험 참가자들을 실험 도구나 장치로부터 분리된 방에 들어가도록 했고, 연구자들과 실험 참가자의 연결도 전신선이나 전화선을 이용했다. 그 결과 시간에 관해 연구하는 실험실은 점점 각종 배관 파이프와 전선들이 얽혀 있는 도시와 뇌의 신경망을 닮아갔다. 오늘날 우리는 별 생각 없이 뇌가 '신호(signals)'을 보내면 신경은 그 신호들을 '전송(transmit)'한다고 말한다. 이러한 은유(메타포)는 19세기 생리학에 처음으로 도입되었으며, 이는 당시 활기차게 퍼져 나갔던 전보 산업으로부터 빌려 온 것이다.

결국 실험 참가자를 소음으로부터 완전히 차단하기 위해 고립된 부스가 개발되었다. 예일 대학교 심리학과 교수였던 에드워드 휠러 스크립처는 이런 고립된 부스를 어떻게 만들어야 하는지 다음과 같은 가이드를 제시했다. 건물 중앙에 있는 방에 또 하나의 방을 만든다. 방의 벽은 고무 지지대 위에 밀폐된 벽돌을 쌓아 만든다. 벽과 벽 사이는 톱밥으로 채우도록 한다. 출입문은 매우 육중하게 만든다. "그곳은 하루 일을 마치고 저녁에 집으로 돌아와 편안하고 쾌적하게 휴식을 취하는 방처럼 가구를 비치하고 햇빛이 들어오도록 설계되어야 한다. 각종 전선과 전화선, 도구나 장치들은 눈에 띄지 않게 배치해야 한다. 그 방에 들어선 사람이 거실처럼 안락한 느낌을 받도록 꾸며야 한다. 그는 자신이 그 집에 초대받은 손님이라고 믿도록 해야 한다."

당신이 창도 하나 없는 전화 부스에 들어가 있다고 상상해 보라. 조명은 꺼져 있고 자신을 관찰하는 사람은 어두움 속에서, 완전히 침묵을 지키고 있다. 하지만 스크립처 교수도 제거하지 못한 소음이 하나 있었다. "아뿔사! 애석하게도 방해 요인 하나를 없애지 못했다. 바로 실험 참가자 자신이었다." 스크립처는 자신의 경험을 이렇게 기록했다. "내 옷이 바스락거리고 긁히는 소리가 나고, 호흡을 할 때마다 숨소리가 들린다. 볼 근육과 눈꺼풀이 씰룩거린다. 어쩌다 이빨을 마주치게 되면 그 소리는 엄청나게 크게 들린다. 머리에서 나는 웅웅거리는 소리도 끔찍할 만큼 크게 들린다. 이는 피가 귀에 있는 동맥을 지나가면서 내는 소리라는 걸 알고 있다.....그럼에도 그것은 마치 구식 시계에서 나는 소리 같아서 시계 안의 톱니바퀴들이 돌고 있다고 생각하게 된다."

방금 일어난 일
(What Just Happened)

1906년 4월 18일 오전 5시 28분. 윌리엄 제임스는 평소처럼 정신이 말똥말똥한 채로 깨어 있었다. 그는 캘리포니아 주 서쪽에 자리잡은 팰로 앨토에 살면서 한 학기 동안 스탠포드 대학에서 강의를 하고 있었다. 그는 5월에 친구인 존 제인 채프먼에게 보낸 편지에서 "매우 소박한 생활이었소. 한때나마 캘리포니아의 일하는 기계의 일부가 되었다는 사실에 기쁨을 느끼오"라고 썼다.

갑자기 그의 침대가 격렬하게 흔들리기 시작한다. 제임스는 침대에서 벌떡 일어나지만, 곧바로 바닥에 나뒹굴면서 몸이 심하게 떨리는 걸 느낀다. 그는 훗날 또 다른 편지에서 이 상황을 "마치 태리어 종 개가 자기 앞의 쥐를 흔들어 대는 것 같다"고 썼다. 지진이 일어난 것이다. 제임스는 그동안 지진이 일어나면 어떤 느낌일까 궁금했다. 그런데 지금 바로 그 지진을 만난 것이다. 그는 정신이 아득하고 아찔했다. 하지만 그렇게 마냥 넋을 잃고 있을 수만은 없다. 책상과 양복장이 흔들리더니 급기야 넘어지고, 회반죽으로 된 벽이 갈라졌다. 오싹한 굉음이 울리고 있다. 그러나 조금 뒤, 언제 그랬냐는 듯 사방이 정적에 휩싸인다.

제임스는 다치지는 않았다. 그는 채프먼에게 보낸 편지에서 "지진은 매우 강렬한 인상을 남긴 경험이었고, 정신을 확장시키는 경험이었다"고 썼다. 그는 지진이 났을 당시 기숙사 4층 방에서 잠자고 있던 스탠포드 대학생이 겪었던 일도 회상했다. 지진 때문에 잠에서 깬 그 학생은 책과 가구들이 바닥에 쏟아지고 넘어져 있는 것을 발견했다. 하지만 바닥이 흔들려 몸을 가눌 수가 없었다. 곧 이어 굴뚝이 무너져 내리면서 이 학생도 책과 가구와 함께 바닥으로 곤두박질쳤다. 제임스는 이렇게 썼다. "무시무시하고 불길하고 끝없이 계속될 것 같은 굉음과 함께 모든 것-굴뚝과 바닥 받침대와 벽 등-이 무너져 내렸고, 4층에 있던 그 학생은 지하실 바닥에 떨어졌다. 그는 '이게 나의 마지막이다. 이제 나는 죽는구나'라고 느꼈다. 하지만 그는 떨어지는 내내 공포심은 전혀 느끼지 않았다고 한다."

210

• • •

나는 지금 아래로 떨어지고 있다. 나는 그 사실을 잘 알고 있다. 내가 마지막으로 하늘을 보았을 때, 하늘은 더할 수 없이 푸르렀다. 이제 내가 땅에 가깝게 떨어져 내려갈수록, 하늘은 점점 더 커지고 거리도 점점 멀어지고 있다.

나는 물론 100피트(약 30미터) 높이에서 떨어지면 낙하하는 데 걸리는 시간이 불과 3초밖에 안 걸린다는 사실을 잘 알고 있다. 나는 지금 달라스의 '무중력 놀이공원'에서 자유낙하를 경험하는 놀이기구인 '낫싱 벗 네트(Nothin' but Net 100-foot Free Fall attraction)'를 타고 내려가고 있는 중이다. 그 짧은 낙하시간 동안 나는 내가 정확히 어느 위치에 있는지 모른다. 단지 낙하가 시작되었고 낙하가 아직 끝나지 않았다는 사실만 알 뿐이다.

시간이 느리게 갈 수도 있을까

트라우마나 극심한 스트레스를 받는 상황에서는 시간이 느리게 간다고들 말한다. 한 친구는 자전거를 타고 가다 충돌 사고를 당했는데 몇 년이 지난 뒤에도 사고 순간을 마치 시간을 확대시킨 듯이 생생하게 기억하고 있었다. 그 친구는 사고가 나기 직전 자전거에서 떨어지지 않기 위해 한 손을 뻗었고, 뒤따라오던 트럭이 급정거하면서 친구의 머리 몇 인치 못 미쳐서 간신히 멈추었다.

또 어떤 남자는 자동차를 몰고 가다 철길 위에서 차가 정지하는 바람에 오도 가도 못하게 되었다. 한편에서는 기차가 달려오는 중이었다. 그런데 그 순간, 나중에 자신이 생각해도 놀라울 정도로 생각과 행동이 명료해지면서, 기차와 충돌하기 직전에 앞좌석에서 딸을 끌어내고 자신의 몸으로 딸을 보호하면서 위험을 벗어날 수 있었다.

은행에 강도가 침입해 상황이 긴박하게 돌아가는 모습이 담긴 비디오를 실험 참가자들에게 보여 준 연구가 있었다. 그 결과 참가자들은 사건이 진행된 시간이 실제보다 더 길었다고 느끼는 것으로 나타

211

났다. 또 초보 스카이다이버들은 자신들이 처음으로 점프를 했을 때, 공중에 떠 있었던 시간을 실제보다 더 길게 느끼게 된다. 일반적으로 두려움을 많이 느낄수록 떠 있는 시간도 더 길게 느끼는 것으로 조사됐다.

나는 지금, 여기서, 현재를 통과하며 낙하하고 있다. 나에게도 시간이 느리게 흐르는지를 알아보기 위해서다. 과연 나는 '팽창된 현재(dilated present)' 동안 평소보다 더 빨리 반응하고 주변 환경을 더 세밀하게 지각하게 될까? 이런 현상을 연구하려면 어디서부터 시작해야 할까? 이런 문제에 대한 해답을 찾으려고 하는 과학자들은 난관에 부딪힐 수밖에 없다. 현재는 언제 팽창하는가? 사건이 일어난 바로 그 순간의, 근접할 수 없는 짧은 기간인가 아니면 사건이 일어난 이후인가. 게다가 기억은 반드시 믿을 만한 것은 아니기 때문에 실제로 일어난 일과 기억하고 있는 것이 일치한다고 장담할 수 없지 않은가?

이처럼 우리는 시간에 대해 깊이 파고들수록 의문의 늪에 빠지게 된다. 이를테면 '현재'는 얼마나 긴 지속기간이며, 그 지속기간 동안 인간의 정신은 어디에 위치하고 있는가? 심리학의 역사를 연구하는 에드워드 보링은 이렇게 말한 적이 있다. "우리는 시간의 흐름 가운데서 어떤 순간에 시간을 지각하는가?" 이에 대해 아우구스티누스는 이미 다음과 같은 답을 준비해 놓고 있다. "우리는 시간이 우리 곁을 스쳐 지나갈 때만 시간을 측정할 수 있다…왜냐하면 시간이 일단 우리 곁을 지나쳐 버리고 나면 더 이상 존재하지 않아서 측정할 수가 없기 때문이다."

아우구스티누스가 가리킨 것 즉, 우리 곁을 스쳐 지나가는 시간은 '지금'을 의미하며, '지금'은 우리가 존재하는 한 언제든지 매순간 존재한다. 어떤 심리학자들은 우리가 '현재'라고 부르는 것은 우리 눈의 깜빡거림으로 구분이 된다고 주장하면서, 그 지속기간(눈을 한 번 깜빡거렸다가 다음 깜빡거림이 있을 때까지 걸리는 시간)은 약 3초라고 결론지었다.

하지만 나는 내 눈을 신뢰할 만한 시간의 척도라고 생각하지 않는다. 눈은 빨리 깜빡거릴 수도 있고 한동안 깜빡거리지 않을 수도 있다. 자기 눈의 깜빡거림을 의식하는 사람이 얼마나 될까? 내가 낙하하고 있는 동안 바람이 내 귀를 스치고 지나갔을 게 분명한데도 나는 바람소리를 듣지 못한다. 3초라는 시간은 무엇인가를 생각하기에는 충분히 긴 기간이 아닌 것 같다. 또한 내가 나중에 이 시간을 되돌아보더라도 지금 내가 느끼는 것과는 다른 기억을 떠올릴 것 같다. 어쨌든 지금은, 내가 점점 빠른 속도로 낙하하고 있다는 점만이 내가 확실하게 느낄 수 있는 사실이다.

데이비드 이글먼이 지붕에서 떨어진 것은 여덟 살 때였다. "그때 일을 대단히 생생하게 기억합니다. 지붕 가장자리에 타르 페이퍼가 깔려 있었습니다-당시에는 타르 페이퍼라는 말을 몰랐지만요. 나는 그 위에 발을 올렸습니다. 그 순간 아래로 떨어져 내렸지요."

그는 몸이 땅으로 떨어지는 동안 시간감각이 느려진 것을 정확히 기억하고 있다. "'저 타르 페이퍼를 잡을 시간이 있을까' 같은 명료한 생각들을 잇달아 했습니다. 물론 타르 페이퍼를 잡으면 찢어지리라는 것도 알고 있었지요. 그걸 잡을 시간이 나에게 없다는 것도 깨달았지요. 벽돌이 깔린 바닥으로 떨어지고 있는데 그 바닥이 나에게로 다가오는 것도 볼 수 있었지요."

이글먼은 운이 좋았다. 그는 잠시 의식을 잃었지만 곧 깨어나 혼자서 걸을 수가 있었다. 코뼈가 부러졌을 뿐이었다. 하지만 그는 지붕에서 떨어질 때 경험했던, 시간이 느리게 흐르는 느낌을 떨쳐 버릴 수가 없었다. "10대와 20대를 거치면서 시간과 시간의 수축을 다룬 -〈우주와 아인슈타인 박사〉 같은- 대중적인 물리학 관련 서적을 엄청나게 읽었죠. 시간에 관한 연구가 굉장히 흥미롭다는 사실을 알게 되었고, 시간이란 늘 일정하게 흐르는 것이 아니라는 사실도 알게 되었죠."

이글먼은 스탠포드 대학 신경학과 교수로-최근에 이 대학 교수로 **214** 임용됐으며 그 전에는 휴스턴에 있는 베일러 의대에서 오랫동안 가르쳤다- 시간에 대한 인간의 지각을 연구하고 있다. 시간을 연구하는 학자들은 전공 분야가 다양하다. 어떤 학자들은 생체시계에 초점을 맞춰 연구하고, 또 어떤 학자들은 '인터벌 타이밍(interval timing)'-뇌가 어떤 것을 계획하고, 평가하고, 결정을 내리는 데까지 걸리는 시간으로, 1초에서 몇 분까지 다양하다-을 집중적으로 탐구한다. 하지만 밀리초(1000분의 1초) 단위로 작동하는 뉴런을 기반으로 연구를 수행하는 그룹은-이글먼을 포함해- 그다지 많지 않다.

사실 인간의 기본적인 활동들-예컨대 언어를 사용하고 이해하며, 사건의 인과관계를 직관적으로 파악하는 것- 대부분은 밀리초 단위에서 이루어진다. 그렇게 짧은 순간을 이해하기 위해서는 -뇌가 인간의 기본활동을 어떻게 인지하고 수행하는지를 알기 위해서는- 인간 경험의 기본 단위(밀리초)를 파악할 필요가 있다. 생체시계의 작동에 대해서는 지난 20년간 꾸준히 연구가 진행돼 데이터가 많이 축적된 데 반해, 뇌의 '인터벌 타이밍'에 대해서는-그것이 뇌의 어디에서 일어나는지, 하나의 시계 모델로 그것을 설명할 수 있는지 등- 최근에서야 과학자들이 관심을 갖기 시작했다. 밀리초 단위의 '인터벌 타이밍' 시계-만약 그런 것이 있다면-는 생체시계보다 연구하기가 훨씬 까다롭다. 그 이유 중 하나는 그토록 짧은 시간 단위를 측정할 수 있을 만큼 정확도를 가진 측정 도구를 확보하는 게 여의치 않기 때문이다. 신경과학자들은 최근에서야 그런 도구를 손에 넣을 수 있게 되었다.

열정과 아이디어가 넘치는 이글먼은 대학에서 규정하고 있는, 틀에 박힌 학과의 경계에 구애받지 않는다. 내가 처음 그를 만났을 때 그는 막 〈합(Sum)〉이라는 제목의 소설 한 권을 마친 참이었고, 시간은 왜, 어떻게 느리게 흐르는가를 연구하는 실험도 진행 중이었다. 여기에는 달라스의 무중력 놀이공원에서 자유낙하 놀이기구인 '낫싱 벗 네트'를 타고서 하는 실험도 포함돼 있다. 그 후로도 그는 다섯 권의 책을 저술했고 뇌를 다룬 TV시리즈를 진행했다. 〈뉴요커〉를 비롯한 잡지에 그의 이야기가 소개되기도 했으며, TED 강연을 통해 인기를 끌기도 했다. 또 샌프란시스코의 베이 에어리어로 옮겨 자신이 품고 있던 아이디어 두 가지를 구체화하기도 했다. 하나는 시각장애인들이 점자를 통해 책을 읽듯이, 청각장애인들이 소리를 들을 수 있도록 하는 -소리의 진동을 촉각으로 바꾸어 줌으로써- 장치였다. 또 하나

현재

는 사용자가 뇌에 손상을 입었는지를 알 수 있도록 하는 인지 게임을 개발해 스마트폰과 태블릿 앱으로 출시한 것이다.

그의 이런 활동은 다른 신경과학자들로부터 회의론적인 시선이나 직업적인 질투를 받을 수도 있는 일이다. 왜냐하면 대부분의 신경과학자들은 인간의 뇌를 직접 다루기 때문에, 인지과학자들이 하듯이 절대적인 확신을 갖고 단정적으로 주장하지 않기 때문이다. 하지만 시간 연구 분야를 선도하는 한 학자는 "데이비드 이글먼의 작업에서 많은 영감을 받고 있으며, 그의 작업에 매우 흥미를 느낍니다"라고 나에게 말했다. 이글먼의 동료들도 그의 연구가 신경과학 분야에서 큰 족적을 남기고 있다고 거들었다.

나는 이글먼이 베일러 의대에 근무할 때 그를 방문한 적이 있다. 그때 그는 듀크 대학 신경생물학과 교수이자 인터벌 타이밍 분야의 권위자인 워런 멕을 초대해 멕이 연구하고 있던 분야를 나에게 설명하도록 해 주었다.

조용하면서도 위엄을 갖춘 멕은 자신이 연구하는 주제를 소개하기 전에 입가에 쓸쓸한 미소를 띠면서 이렇게 말했다. "나는 이제 한물간 사람입니다. 내가 시간의 할아버지(father time 시간을 의인화한 존재. 대머리에 긴 수염을 기르고 손에 낫과 모래시계를 든 노인)라면 데이비드 이글먼은 미래를 이끌어 갈 젊은 인재입니다."

이글먼은 뉴멕시코 주 알부퀘크에서 성장기를 보냈다. 정신과 의사인 아버지와 생물학 교수인 어머니 사이에서 둘째 아들로 태어났다. 당시 그의 이름은 David Egelman이었다(Egelman은 Eagleman(이글먼)'과 발음이 같다. 하지만 사람들이 스펠링을 보고도 다르게 발음했고, 자신의 이름을 불러 주면 스펠링을 다르게 적는 경우가 많아 공식적으로 사용하는 이름을 아예 David Eagleman으로 바꾸었다). 그는 "어릴 때 가족들 사이에서 뇌에 관한 대화는 우리 집의 배경복사(background radiation)의 일부였지요(이는 우주배경복사(cosmic background radiation)를 빗대 뇌에 관한 대화가 가정에 항상 넘치고 있었음을 뜻한다. 우주배경복사란 빅뱅으로 우주가 탄생할 때 엄청난 고온의 빛이 생겨났으나 우주의 팽창과 함께 점점 식어 지금은 절대온도 3도K의 전파가 되어 우주의 모든 방향에서 감지되고 있는 것을 말한다)"라고 말했다.

그는 라이스 대학 학부과정에서는 문학과 우주물리학을 복수 전공했다. 성적은 나쁘지 않았으나 2학년을 마치고 대학을 자퇴했다. 학과 공부가 지루하고 의욕을 불러일으키지 못했기 때문이다. 그는 옥스퍼드 대학에서 한 한기를 공부한 후 LA로 건너가 1년을 살면서 영화 제작사에서 시나리오를 검토하거나 호화로운 파티-자신은 법정 연령이 안 돼 참석할 수도 없었다-를 준비하는 일을 했다. 그는 문학 학사학위를 따기 위해 라이스 대학으로 다시 돌아갔으나, 남는 시간의 대부분을 대학 도서관에서 뇌에 관련된 서적이라면 가리지 않고 읽으면서 보냈다.

졸업 학년이 되었을 때, 그는 UCLA 영화학교 대학원 과정에 지원했다. 영화학교에 다니던 중 한 친구가 자신에게 신경과학자가 돼 보는 게 어떻겠냐고 조언했다. 10학년 이후로는 생물학을 전혀 공부하지 않았지만, 그 말을 듣고 그는 베일러 의대 신경과학과 대학원과정에 지원서를 냈다. 그는 지원서에 자신이 대학 학부를 다닐 때 수학과 물리학을 공부했던 사실을 강조하는 한편 도서관에서 닥치는 대로 읽었던 책들에 기초해 뇌에 관한 자신의 생각을 정리한 긴 에세이를 첨부했다(그는 "되돌아보면 그런 지원서를 제출한 것은 굉장히 무모한 시도였지요"라고 말했다). 그는 만약 베일러 의대에 입학하지 못하면 비행기 승무원이 되고 싶었다. "비행기를 타고 여러 나라를 다니면서 소설을 쓰고 싶었거든요."

UCLA 영화학교 졸업을 거의 눈앞에 두고 있었지만, 입학허가가 떨어지자 그는 베일러 의대로 옮겼다. 하지만 대학원 과정에 입학한 지 첫 주는 밤마다 악몽을 꾸었다. 이를테면 자신의 지도교수가 데이비드 엥글먼이라는 이름을 가진 다른 학생에게 갈 입학허가서가 잘못 발송됐다고 말하는 꿈이었다. 하지만 결국 그는 무사히 대학원 과정을 마쳤고, 샌디에이고에 있는 솔크연구소로 옮겨 박사후 과정을 밟았다.

얼마 지나지 않아 다시 베일러 의대 초청을 받아 기금으로 운영되는 작은 연구소인 '지각 및 행동 연구소'를 책임지게 되었다. 이 연구소는 복도가 미로처럼 얽혀 있는 긴 통로에 나란히 자리잡은 여러 연구실 중 하나로, 대학원생들이 사용할 수 있도록 칸막이가 대여섯 개 있는 큰 방과, 회의용 탁자 하나, 작은 부엌, 이글먼 자신의 사무실로 이뤄져 있었다. 나는 이글먼에게 시간과의 관계는 어떠냐고 물어 보았다. 그러자 그는 "좋을 때도 있고 나쁠 때도 있어요"라고 답했다. 그는 프로젝트 마감을 자주 어기며, 글을 쓸 때는 서서 일을 하며, 낮잠 자는 것을 싫어한다고 말했다. "어쩌다 35분 동안 낮잠을 자게 되면, 일어나서 이렇게 생각하게 되죠. '그 잃어버린 35분을 다시는 되찾지 못할 거야'라구요."

플래시지연효과

이 연구실에서 박사후 과정을 밟으면서 이글먼은 인간의 뇌 안에서 신경이 어떻게 상호작용하는지 알아내기 위해 컴퓨터를 여러 대 연결해 뇌신경을 시뮬레이션 하는 작업을 했다. 그가 시간의 지각 문제에 관심을 갖게 된 것은 플래시지연효과(flash-lag effect)를 알게 되면서부터였다. 이는 이전까지는 거의 알려져 있지 않았던 감각의 착각현상 중 하나였는데, 이글먼의 발견 이후 심리학자들과 인지과학자들이 관심을 갖게 되었다.

자신의 사무실에서 이글먼은 나에게 알 세컬이 쓴 〈착시백과사전〉을 보여 주었다. 이 책은 가장 오래 전에 알려진 착시현상 중 하나인 '운동잔상효과(motion aftereffect)'-가끔 '폭포수효과(waterfall effect)'로 불린다-를 포함해 수백 개에 이르는 착시현상에 대해 설명하고 있다. 폭포 앞에서 1분가량 물이 떨어지는 것을 뚫어지게 본 다음 눈을 다른 곳으로 돌려보라. 눈에 들어오는 모든 사물이 위쪽 방향으로 서서히 움직이는 것처럼 보일 것이다. "물리학에서는 운동을 시간에 따른 위치의 변화로 정의합니다. 하지만 뇌에서는 다릅니다. 위치가 변하지 않아도 뇌는 운동을 느낄 수 있습니다"라고 이글먼은 설명했다.

이글먼은 착각현상을 좋아한다. 착각은 마치 연극을 보면서 소품이나 조명을 담당하는 무대 관계자들이 세트를 분주히 오가는 것을 보는 것과 비슷하다. 즉, 우리의 의식이 경험하는 것(연극 공연 장면)은 (자연적인 것이 아니라) 만들어진(manufactured) 것이며, 그 과정이(공연이 진행되는 과정이) 매끄럽고 자연스럽게 보이도록 막후에서 뇌(무대 담당자들이)가 관계하고 있다는 사실을 일깨워 준다.

플래시지연효과는 시간과 관련된 착각현상 중에서 비교적 사소한 범주에 속한다. 이 효과는 여러 가지 방식으로 나타낼 수 있는데 그 중 하나는 컴퓨터 화면에서 검은색 고리를 볼 때 일어난다. 이 고리가 화면 왼쪽에서 오른쪽으로 나아갈 때(고리가 화면에 규칙적으로 나타나느냐 그렇지 않느냐는 중요하지 않다), 어느 시점에 고리 내부에서 아래 그림처럼 플래시(불꽃)가 터진다고 하자.

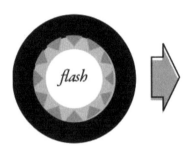

하지만 실제로 보는 것은 이런 모습이 아니라 -언제나 예외없이- 아래 그림과 같이 보이게 된다. 즉, 플래시와 고리가 겹쳐서 보이는 것이 아니라, 검은색 링이 플래시가 터진 지점을 지나친 것처럼 보인다.

이는 너무나 분명하게 확인되는 현상일 뿐 아니라 몇 번을 반복해도 똑같이 나타나기 때문에 컴퓨터에 뭔가 이상이 있다고 여기

게 될 정도다. 하지만 컴퓨터에 이상이 있는 것이 아니라 실제로 일어나는 현상이다. 이는 뇌가 정보를 처리하는 방식이 매우 특이하다는 것을 보여 주는 한 예다. 매우 당혹스럽고 쉽사리 이해하기 힘든 현상이 아닐 수 없다. 플래시가 터지는 순간-그 순간을 '바로 지금(right now)'이라고 하자-에 검은색 링을 분명하게 보고 있는데도 왜, 어떻게 링은 '지금 현재'보다 시간상으로 뒤에(거리상으로는 플래시보다 앞서 있지만 시간상으로는 뒤에 일어난 일이다) 나타나는 것일까?

이런 현상에 대한 일반적인 설명-이는 19세기에 처음 제기되었던 설명이다-은 우리의 시각계(visual system)가 링이 나아가는 방향을 미리 예측하기 때문이라는 것이었다. 진화론적인 관점에서 보면 이런 설명은 어느 정도 설득력이 있다. 뇌가 하는 주요한 일 중의 하나는 가까운 장래에 주변에서 어떤 일이 발생할지를 예측하는 것이기 때문이다. 그런 예측에는 호랑이가 언제, 어디에서 공격해 올지, 공중에 떠 있는 야구공을 글러브로 잡으려면 어느 위치에 가 있어야 할지, 등도 포함된다(철학자인 대니얼 데닛은 뇌를 '예측하는 기계(anticipation machine)'라고 불렀다).

이처럼 우리의 시각계는, 뇌가 링의 속도와 궤적을 예측하면서 플래시가 터지는 시점-'바로 지금'-에 링이 어디에 있을지(플래시가 터진 후에는 링이 어디 있을지)를 미리 예측하는 과정에서 속고 있다. 즉, 뇌는 플래시가 터지는 순간보다 앞서서(정확히 말하면 약 80밀리초 앞서서) 링이 어디에 있을지 예측하고, 시각계는 그 예측에 사로잡혀 링의 위치를 미리 시각화한다는 것이다.

이글먼은 이런 설명이 과연 올바른지는 간단한 테스트로 확인해 볼 수 있다고 생각했고 실제로 그렇게 해 보았다. 그는 이렇게 말했다. "나는 뇌의 예측 능력 때문에 그런 현상이 생긴다고 믿었습니다. 그런 설명을 믿지 못해서가 아니라 단지 호기심 때문에 테스트를 했던 것이지요. 그런데 실제 결과는 내가 예상했던 것과 전혀 달랐습니다."

플래시지연효과에 대한 표준적인 실험에서는 링이 이미 알려진 경로를 통해 나아간다. 뇌는 플래시가 터지기 전-링이 진행하고 있던 궤적에 기초해서-에 이미 플래시가 터진 이후의 위치를 예측하고 있는 것이다. 그렇다면 링의 진행 방향을 뇌가 미리 예측할 수 없도록 하면 어떻게 될까? 플래시가 터진 직후에 링의 경로가 바뀐다면-즉, 진행 방향의 각도를 바꾼다든지, 방향을 반대로 돌린다든지, 갑자기 진행을 멈추면- 어떻게 될까?

그는 이 세 가지 경우를 놓고 실험을 했다. 실험을 진행하면서 이글먼은 플래시가 터지는 순간, 원래 진행하던 방향에서(바뀐 진행 방향이 아니라) 링이 플래시보다 약간 앞서 있는 모습을 볼 수 있을 것이라고 추측했다. 왜냐하면 뇌는 플래시가 터지기 이전 링의 진행 방향의 연장선 속에서 링의 위치를 예측할 것이기 때문이다. 그렇기 때문에 플래시가 터지고 난 이후의 진행 방향에는 영향을 받지 않아야 하는 것이다.

하지만 그가 실험을 해 봤더니-다른 자원자들과 함께 이글먼 자신도 실험에 참여했다- 전혀 다른 결과를 얻게 되었다. 모든 경우에서-링이 곧장 나아가다가 위쪽으로 방향을 틀거나, 아래쪽으로 방향을 틀거나, 진행하던 방향과는 반대 방향으로 나아갔을 때- 링은 바뀐 궤적을 따라 플래시보다 조금 앞선 위치에 나타났다. 진행방향을 전혀 예측할 수 없도록 임의적으로 바꾸어도 같은 결과가 나타났다. 실험 참가자들은 100분의 1퍼센트 오차 내의 정확도로 링의 진행 방향을 예측하고 있는 것처럼-궤적을 임의로 바꾸었기 때문에 전혀 예측할 수 없는데도 불구하고- 보였다. 어떻게 이런 일이 가능했을까?

이글먼은 실험 내용을 바꾸어 링이 플래시가 터지는 것과 동시에 앞으로 나아가도록 했다. 이렇게 하면 플래시가 터지기 전에 링이 어떻게 진행하는지를 뇌가 전혀 예측할 수 없게 된다. 그런데 이 경우에도 실험 참가자들은 정확히 링의 궤적을 따라가면서 플래시보다 조금 떨어진 위치에서 링을 관찰했다. 또 다른 경우 즉, 링이 왼쪽에서 오른쪽으로 계속 나아가도록 하다가 플래시가 터지고 난 뒤 몇 밀리초 지나서 링의 진행을 오른쪽에서 왼쪽으로 바꾸었다. 이는 플래시가 터지고 80밀리초 이내에 링의 진행 방향을 바꾼 것인데도 불구하고 참가자들은 아래 그림처럼 새로운 방향(오른쪽에서 왼쪽으로 진행하는 방향) 위에서 플래시지연효과를 관찰할 수 있었다.

방향을 어떻게 바꾸어도-플래시가 터지고 난 뒤 80밀리초 이내에서- 플래시가 터지는 시점에서 자신들이 보고 있다고 믿는 것에 영향을 준다는 사실을 알 수 있었다. 특히 플래시가 터진 직후에 링의 진행 방향이 바뀌면 플래시지연효과가 더 크게 나타난다. 반대로 플래시가 터지고 난 뒤의 시간이 길수록 플래시지연효과는 더 작게 나타난다(링과 플래시 사이의 간격이 더 짧아진다). 이는 플래시가 터지는 사건이 일어났을 때 사건 발생 후 80밀리초 동안 뇌가 사건과 관련된 정보를 계속 모으고 있다는 것을 의미한다. 이렇게 수집된 정보는 뇌의 소급적인 분석(retrospective analysis)-사건이 언제, 어떻게 일어났는지에 대한 분석-에 반영된다. 이글먼은 이에 대해 이렇게 말했다. "처음에는 이 현상을 어떻게 받아들여야 할지 매우 혼란스러웠습니다. 하지만 이를 설명할 수 있는 것은 단 하나밖에 없다는 결론에 다다랐습니다. 뇌는 사건을 사전에 예상하는(prediction) 것이 아니라, 사후에 추정한다(postdiction)는 것이지요."

224

사전 예측과 달리 사후 추정은 소급적인 과정이다. 기본적으로 플래시지연효과는 관찰자가 시간상으로 어디에 있는지(지금인지 지금이 아닌 어느 시점인지) 질문을 던진다. 뇌가 사전 예측을 한다고 믿는 사람들은, 플래시가 '바로 지금' 터지기 때문에 그 터지는 순간이 곧 '지금'이라고 간주한다. 따라서 플래시보다 약간 앞서 있는 링은 '지금을 막 지난(just ahead of now)', 예측된 아주 짧은 미래가 되어야 한다. 이는 관찰자가 플래시 위에 걸터앉아 앞을 응시하는 것과 같다.

그러나 이글먼은 정반대 관점을 제안했다. 플래시가 '바로 지금' 터지는 것처럼 보일 수 있지만, 지금 이후에 링을 정확히 볼 수 있는 유일한 방법은 당신이 그 자리에(플래시가 터지고 난 뒤에 링이 가 있을 자리에) 미리 가 있어야만 가능하다.

이렇게 되면 링이야말로 현재이고 플래시는 '지금의 바로 직전(just before now)' 혹은 '지금의 시작점(the beginning of now)'-직전의 과거로부터 이어진 환영(ghost)-이라고 간주하고 싶은 유혹을 느끼게 될 것이다. 하지만 그건 매우 이상한 관점이라고 이글먼은 강조했다. 그는 링도 플래시도 현재가 아니라고 말했다. 둘 다 가까운 과거의 환영이라는 것이다. 의식적인 사고-예를 들면 '바로 지금'이란 언제를 가리키는지를 결정하는 행위 같은 것-는 구체적인 경험 바로 뒤에서 따라오는 것이다.

뇌에서 벌어지는 시간결합

우리가 리얼리티라고 부르는 것 중에는 TV에서 생방송으로 중계되는 시상식 같은 것이 있다. 그런 생방송 시상식에는 방송 사고에 대비해 방송 송출을 짧게 지연시키는 장치가 있다. 이글먼은 이렇게 설명했다. "뇌는 바로 직전의 과거에 살고 있습니다. 뇌는 정보를 모은 다음 잠깐 기다렸다가 그 정보들을 하나의 스토리로 엮어 냅니다. 따라서 우리가 '지금'이라고 믿고 있는 현실은 사실은 조금 전에 막 일어난 일이지요."

우리는 '리얼 타임'에 대해 말하지만 실제로 그것이 무엇을 의미하는지는 거의 알지 못한다. 이른바 생방송으로 진행되는 TV 프로그램들은 실제 일어나는 시간 그대로 방영되는 것이 아니라 짧은 지연 시간(delay time)을 둔다. 전화로 하는 대화도 마찬가지다. 실시간으로 상대편과 대화를 나눈다고 생각하지만 실제로는 통신신호들이 빛의 속도로 먼 거리를 가로지를 때 일어나는 지연 시간(lag time)이 있다. 세계에서 가장 정확하다고 하는 시계들도 서로 합의된 데이터를 통해 다음 달에 시각이 조정되는 과정을 거친 다음에야 '지금'을 정의할 수 있다.

인간의 뇌도 이와 마찬가지다. 어떤 주어진 밀리초 안에서 모든 형태의 정보들-시각, 청각, 촉각 등에서 얻는 정보들-은 서로 다른 속도로 뇌에 도착하며, 이 정보들은 정확한 시간 순서에 따라 처리된다. 손가락으로 테이블을 두드려 보자. 기술적인 측면에서 보면 빛은 소리보다 빠르게 전달되기 때문에 손가락을 두드리는 모습이 소리보다 몇 밀리초 앞서 인식되어야 한다. 하지만 뇌는 그 두 신호가 동시에 일어난 것처럼 보이도록 하기 위해 두 신호를 동기화한다(synchronize). 시각과 청각의 이런 동기화는 방에서 건너편에 있는 사람과 대화를 나누고 있을 때 더욱 확연히 알 수 있다.

만약 두 정보가 동기화되지 않는다면 더빙이 형편없는 영화처럼(배우의 입모양과 더빙하는 말의 속도가 일치하지 않는 영화) 대화가 진행되겠지만 다행이 우리의 일상적인 대화 모습은 그렇지 않다. 하지만 100피트(약 30미터) 이상 떨어진 곳에서 누군가가 바닥에 농구공을 튀기고 있거나 나무를 패고 있을 때, 그 모습을 자세히 보면 소리와 행위가 약간 어긋나는 것을 알 수 있다. 그 정도 거리에서는 시각과 청각 사이의 지연 시간이 충분히 커서-약 80밀리초 이상이 되어서- 뇌가 더 이상 두 개의 입력 신호를 동시에 처리할 수 없는 것이다.

이런 현상-시간결합문제(temporal binding problem)라고 부른다-은 인지과학에서 오래된 수수께끼였다. 뇌는 어떻게 서로 다른 시각에 도착하는 정보들을 추적하며, 그 정보들을 어떻게 재결합해 우리에게 통일된 경험으로 제공하는가? 뇌는 어떤 요소들과 사건들이 하나의 세트를 이룬다는 사실을 어떻게 아는가?

데카르트는 우리 몸의 감각기관들이 받아들이는 정보는 솔방울샘(pineal gland, 혹은 송과선松科腺. 좌우 대뇌 반구 사이의 제3뇌실 뒤에 있는 작은 공 모양의 내분비기관)으로 모인다고 주장했다. 그는 이 솔방울샘을 의식을 위한 무대 혹은 극장과 같은 것이라고 상상했다. 즉, 감각기관을 통해 자극이 솔방울샘에 도착하면 그것을 인식해 신체로 하여금 반응하도록 지시한다는 것이다.

지금은 데카르트의 이런 중앙 무대 개념을 진지하게 받아들이는 사람은 거의 없다. 하지만 아직도 그 개념의 유령이 떠돌고 있어서 대니얼 데닛 같은 철학자들을 귀찮게 한다. 데닛은 이렇게 썼다. "뇌 자체가 본부이며 궁극적인 관찰자다. 그런데도 뇌 어딘가 더 깊은 곳에 본부가 있으며, 이 본부야말로 의식적인 경험을 위한 필요충분조건을 갖춘 성스러운 곳이라고 믿는 건 잘못이다."

이글먼은 우리의 뇌는 많은 소구역으로 이루어져 있다고 강조한다. 이 소구역들은 저마다 고유한 구조를 가지며 가끔은 자기만의 고유한 역사도 갖는다. 또한 이 소구역들은 오랜 시간의 진화 과정에서 만들어진 패치워크(patchwork)이기도 하다. 하나의 자극에서 오는 정보-예를 들어 호랑이의 밝고 어두운 줄무늬를 얼핏 봤을 때처럼-는 뇌 안에서 서로 다른 경로를 밟으면서 서로 다른 지연 시간을 겪게 된다. 신경잠복기(neural latency)-하나의 자극이 일어나는 순간과 하나의 신경이 그 자극에 반응하는 순간 사이의 시간 차이-는 환경적인 조건과 뇌가 담당하는 영역에 따라 크게 달라진다.

물론 정보의 형태도 영향을 미친다. 시각피질(visual cortex)에 있는 신경과, 시각적인 정보를 처리하는 뇌의 주요 단위들은 희미한 플래시(신호)보다는 밝은 플래시에 더 빨리, 더 강하게 반응한다. 어떤 한 도시에서 다른 도시들로 메시지를 전달하기 위해 말을 탄 기수들이 여러 방향으로 줄지어 달리면서 퍼져 나가는 모습을 상상해 보자. 기수에 따라 더 빨리 달리기도 하고 상대적으로 느리게 달리기도 할 것이다. 이처럼 하나의 자극으로 시작된 정보들은 뇌 전체에 걸쳐 시간적인 차이를 두면서 널리 퍼져 나가게 된다.

228

이글먼은 이렇게 말했다. "우리의 뇌는 뇌 바깥에서 지금 막 일어난 사건을 하나의 스토리로 엮어 내려고 노력하고 있습니다. 문제는 사건과 관련된 정보들이 서로 다른 시간에 뇌의 각 영역에 도착하도록 우리의 뇌가 작동하고 있다는 점입니다."

얼핏 생각하면 시각피질을 가장 먼저 자극하는 정보가 가장 먼저 지각될 것이라고 여기기 쉽다. 그래서 플래시지연효과를 설명하기 위해 신경잠복기 개념이 도입되기도 한다. 신경잠복기 개념은 플래시지연효과를 이렇게 설명한다. 뇌가 플래시와 움직이는 링에 대한 정보를 처리하는 과정에 있을 때, 플래시의 정보가 (링보다 먼저) 눈에서 시상(thalamus, 視床)을 거쳐 시각피질에 도착할 때쯤이면 링은 그 시간 동안(플래시가 시각피질에 도착하는 시간만큼) 새로운 위치로 이동해 있다. 그 결과 우리는 플래시와 링을 서로 다른 위치에서 인지하게 된다고 설명한다.

신경잠복기 이론에서는 뇌 안에서 정보들이 처리되는 시간이 뇌 바깥의 사건들이 일어나는 시간을 그대로 반영한다고 믿는다(시각피질을 먼저 자극하는 정보가 실제로도 먼저 지각된다는 뜻). 하지만 사실은 그렇지 않다고 이글먼은 강조한다. 다음 그림은 밝기가 서로 다른 박스가 일렬로 쌓여 있는 모습을 보여 준다. 아래에서 위로 갈수록 밝다.

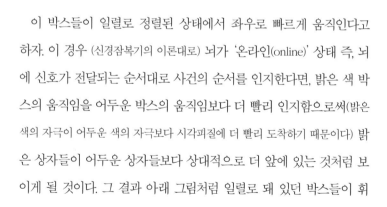

이 박스들이 일렬로 정렬된 상태에서 좌우로 빠르게 움직인다고 하자. 이 경우 (신경잠복기의 이론대로) 뇌가 '온라인(online)' 상태 즉, 뇌에 신호가 전달되는 순서대로 사건의 순서를 인지한다면, 밝은 색 박스의 움직임을 어두운 박스의 움직임보다 더 빨리 인지함으로써(밝은 색의 자극이 어두운 색의 자극보다 시각피질에 더 빨리 도착하기 때문이다) 밝은 상자들이 어두운 상자들보다 상대적으로 더 앞에 있는 것처럼 보이게 될 것이다. 그 결과 아래 그림처럼 일렬로 돼 있던 박스들이 휘

현재

어진 모습을 보이게 될 것이다.

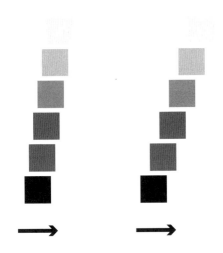

그러나 실제로 우리가 보는 것은 이런 모습이 아니다. 여전히 수직
으로 일렬로 늘어선 채 박스들이 움직이는 것을 본다(이글먼은 그것을
증명하는 논문을 발표했다). 그렇지 않고 만약 뇌가 '온라인' 상태라면
우리는 새로운 경치를 볼 때마다, 혹은 불을 켤 때마다, 눈썹을 깜빡
거릴 때마다 매번 운동의 착시현상을 겪게 될 것이다. 결국 뇌가 신호
를 처리하는 방식은 온라인이 아니라 오프라인이라는 말이다. 즉, 뇌
에 신호가 전달되는 순서대로 사건의 순서를 인지하는 것은 아니라
는 말이다.

시간결합문제에 관한 대부분의 연구들은 뇌가 시간을 결합하는
방식에 초점을 맞춰 진행돼 왔다. 뇌는 서로 다른 시간 차이로 들어
오는 사건들의 정보를 어떻게 결합시켜 하나의 세트로 인식하는가?
뇌에 들어올 때부터 그 사건들이 같은 세트라고 어떻게 표시돼 있는가? 뇌의 통로에는 영화 필름을 편집할 때 사용하는 것처럼 타임라인이나 밀리초 단위의 시계가 째깍거리고 있어서 서로 다른 신호들을 동기화시키는 것인가?

하지만 이글먼은 질문의 초점을 바꿔 다음과 같이 물었다. 시간결합(사건들의 동기화)은 언제 이루어지는가? 이글먼은 뇌는 결코 신호가 오는 순서대로 시간결합을 하지 않을 것이라고 확신했다. 뇌가 주어진 어떤 순간에 사건과 관련된 모든 정보들을 모으는 동안 지연 즉, 일종의 완충하는 시간이 있을 것이라고 보았다. 그 결과 사건이 일어난 순간들은 뇌 안에서 서로 섞여 다시 재조정된 다음 우리의 의식에 들어오게 될 것이라고 보았다. 다시 말하면 뇌 안에서도, 바깥 세계에서의 시계들이나 협정세계시처럼 정확한 시간을 만들기 위해 서로 조정하는 시간이 필요한 것이다.

뇌 안의 시각계가 서로 다른 속도로 시각피질에 도착하는 정보들을 차례대로 처리하지 않고 서로 뒤섞어서 재조정하는 시간은 약 80밀리초 즉, 10분의 1초보다 조금 짧은 시간이다. 밝은 햇빛과 희미한 전등 빛이 동시에 신호를 보낸다면, 희미한 신호가 밝은 햇빛보다 80밀리초 정도 뒤에 시각피질에 도착하게 된다. 뇌는 이 시간 차이를 이용해 사건을 해석하는 것으로 보인다. 하나의 사건-두 개의 플래시가 동시에 터진다든지, 혹은 움직이는 링 안에서 하나의 플래시가 터지는 것 같은 상황-이 언제, 어디서 발생했는지를 평가할 때, 뇌는 약 80밀리초 동안 판단을 유보한다.

사건 발생 이후 80밀리초 동안 이루어지는 이 사후 추정의 과정은 뇌가 사건과 관련된 모든 감각적인 데이터를 끌어 모으기 위해 그물을 치거나 어떤 틀을 확장하는 것과 같다. 이처럼 뇌는 늑장을 부리는 것이다. 우리가 의식이라고 부르는 것-바로 지금 일어난 사건을 의식적으로 해석하는 것(이는 의식에 관한 정의로서는 매우 적절해 보인다)-은 늑장을 부리는 뇌가 사건이 일어나고 80밀리초 뒤에 우리에게 전해 주는 스토리라고 할 수 있다.

뇌의 사후 추정

"우리는 항상 과거에 살고 있다."

나는 사후 추정을 온전히 이해하는 데 몇 년이 걸렸다. 제대로 이해했다고 느꼈지만, 얼마 안 가 정확하게 이해하지 못하고 있다는 자각에 몇 차례 당황하기도 했다. 그럴 때면 이글먼에게 전화를 걸었다. 그는 서두르지 않으면서도 쾌활하게 처음부터 다시 설명해 주었다. 마침내 나는 사후 추정에 대해 확실히 알 수 있게 되었다.

내가 납득하지 못했던 것은 예컨대 이런 의문이었다. 가장 느린 정보가 도착할 때까지 뇌가 기다리고 있다면-사후 추정이, 사건이 일어난 순서를 뇌가 올바르게 인식하기 위한 방법이라면- 왜 플래시지연효과에서처럼 잘못된 판단을 내리는 것인가? 즉, 뇌가 '바로 지금' 무엇이 일어나고 있는지 판단하기 위해 기다리고 있다면, 플래시가 링 안에서 터졌을 때 우리는 왜 링 안에 있는 플래시를 보지 못하는가? 왜 그런 착시현상이 생기는가?

이글먼은 그 질문 자체(플래시와 링이 '바로 지금' 어디에 있는가?)에 우리가 착시현상을 일으키는 원인이 있다고 말했다. 왜냐하면 플래시지연효과에 관한 실험은 일상생활에서는 거의 제기되지 않는 질문-즉,

이 움직이는 물체는 바로 지금 어디에 있는가? 플래시가 터지는 순간에 링은 어디에 있는가?-을 관찰자의 뇌에게 던지기 때문이다. 공교롭게도 뇌는 정지한 물체의 위치를 판단할 때와 움직이는 물체를 판단할 때 서로 다른 시스템을 작동한다.

우리가 공항에서 많은 사람들을 헤치면서 앞으로 나아갈 때, 혹은 빗방울이 떨어지는 것을 볼 때, 우리 뇌는 그것을 운동 벡터-벡터는 수학적으로는 크기와 방향을 동시에 가진 것인데, 운동방향을 가리키는 화살표로 표시된다-로 계산하면서, 특정한 사람과 빗방울이 특정한 어느 순간에(매 순간이 아니라) 어디에 있게 되는지를 계속 묻는다. 야구 경기에서 외야수가 내야 플라이 볼을 따라갈 때도 뇌는 운동벡터 시스템(motion-vector system)을 사용한다. 이 시스템은 박쥐가 벌레를 잡을 때나 개가 날아가는 원반을 잡을 때도 사용된다.

개구리가 "파리는 바로 지금, 또 바로 지금, 또 바로 지금 어디에 있지?"라고 매순간 파리의 위치를 묻는다면 결국 한 마리의 파리도 잡아먹지 못할 것이고 오래지 않아 개구리는 멸종하게 될 것이다. 파충류를 포함해 많은 동물은 위치를 파악하는 시스템을 가지고 있지 않다. 그들은 단지 운동만을 볼 수 있을 뿐이다. 그 동물들 앞에서 당신이 움직이지 않고 가만히 있다면 그들은 당신을 보지 못한다.

이글먼은 이렇게 말했다. "우리는 항상 과거에 살고 있습니다. 더 중요한 것은 우리가 보는 것들의 대부분 즉, 우리가 의식을 통해 지각하는 것들의 대부분은 '반드시 알아야 하는 것(a need-to-know)'과 관련돼 있다는 점입니다. 우리가 모든 것을 볼 수는 없습니다. 우리는 자신에게 가장 도움이 되는 것만 봅니다. 차를 몰고 도로를 달릴 때 우리 뇌는 끊임없이 매순간 '지금 빨간색 차는 어디 있지? 파란색 차는 어디 있지?'라고 묻지 않습니다. 대신 '지금 차선을 바꿀 수 있을까? 다른 차가 지나가기 전에 교차로를 통과할 수 있을까?' 같은 당장 필요한 질문을 던집니다. 우리 뇌는 움직이는 물체에 대해 매 순간마다 어느 위치에 있는지를 알려고 하지 않습니다. 그럴 필요가 있을 경우에만 움직이는 물체의 순간적인 위치에 신경을 씁니다. 하지만 그런 경우에도 우리는 순간적인 위치를 제대로 알아내지 못합니다."

플래시지연효과는 뇌가 취하는 두 가지 접근 방법의 차이에서 비롯된다. 뇌는 플래시가 터지기 전에는 링의 운동벡터를 추적할 뿐이다. 이 경우에는 링이 바로 지금 어디에 있는지를 따지지 않는다. 하지만 플래시가 터지는 순간 뇌는 링이 바로 지금 어디 있는지를 묻게 된다. 그래서 플래시가 터진 이후의 링에 대해 운동벡터를 다시 설정한다. 이때 뇌는 시간의 원점(time zero)에서 링이 플래시와 함께 운동을 시작했다고 간주한다. 이어서 뇌는 플래시가 터짐으로써 제기된 질문- 즉, 원점(플래시가 터진 시점)에서 링은 바로 지금 어디에 있는가?-에 답하기 위해 80밀리초 동안 기다리면서 모든 시각정보를 모으게 된다.

하지만 그 80밀리초 동안 링은 계속 운동을 하고(앞으로 나아가고), 뇌는 끌어 모은 정보를 통해 플래시가 터질 때(바로 지금) 링이 어디에 있는지 해석을 내리게 된다. 그 결과 "바로 지금 링은 어디에 있는가?"에 대한 답은 링이 나아가는 방향으로 약간 쏠린 것(플래시보다 조금 앞선 위치에 있는 것)으로 나타난다.

이글먼은 이런 주장을 증명하기 위해 하나의 실험을 고안했다. 이 실험의 기본 형태는 하나의 검은 링, 혹은 검은 점이 움직이지 않고 고정된 플래시를 지나 운동하도록 하고, 그 모습을 실험 참가자가 관찰하도록 하는 것이다. 하지만 이글먼은 이것을 조금 변형시켜서 플래시가 터지고 난 뒤 검은 점이 45도 각도로 둘로 나눠지면서 진행하도록 했다.

만약 신경잠복기 때문에 플래시지연효과가 일어난다면, 검은 점이 보내는 정보가 시상을 자극할 때 검은 점－두 개의 점 중 하나든, 둘 다든－이 자신의 궤적 위에서 차지하고 있는 위치를 우리가 지각하게 될 것이다. 하지만 우리는 실제로는 그 점들을 지각하지 못한다. 대신 두 개의 점 중간 위치에서 하나의 점을 보게 된다. 이 점은 두 점 중 어떤 것도 실제로 위치하지 않는 곳에 있다. 가상의 점이라는 뜻이다. 이에 대해 이글먼은 두 점의 운동벡터가 합쳐져 평균이 되는 위치에 있는 점을 관찰자가 본다고 설명했다.

235

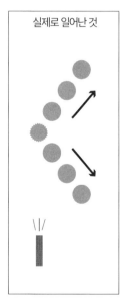
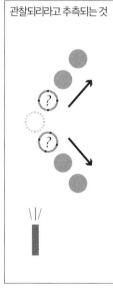
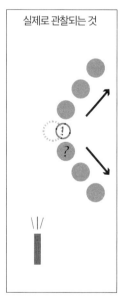

이 현상은 운동편향(motion biasing)이라 부르는데, 사후 추정의 핵심 근거다. 우리의 뇌가 정보를 소급적으로 인지한다는 사실을 받아들인다면 '바로 지금'은 이미 일어난 상태가 된다. 뇌는 사건이 일어난 순간 이후의 짧은 시간 동안(80밀리초 동안) 관련된 정보(예를 들면 플래시가 터지고 난 뒤 점의 운동에 관한 정보)를 처리한 뒤 그 순간에 무엇이 일어났는지를 판단하게 된다. 즉, 플래시가 터진 순간에 점은 어디에 있었는가를 판단하는 것이다. 이처럼 사건이 일어난 뒤의 짧은 시간 동안 정보를 처리하는 과정이 최종적인 분석에 편차를 만들게 되고 그것이 착시현상으로 나타난다. 즉, 운동하는 하나의 점이 플래시가 터지는 순간 45도 각도로 나뉘어졌지만, 실제로는 두 점이 위치하지 않는 곳에 그 점이 위치하고 있는 것처럼 착각을 일으키는 것이다.

이상하게 들리겠지만, 이글먼의 모델은 사전 예측 모델과 결과적으로는 거의 일치한다. 두 모델 모두에서, 플래시가 터진 순간 우리가 지각하는 검은 점의 위치는 뇌가 예측하는 지점-정보를 취합한 결과 검은 점이 나타날 가능성이 가장 높다고 뇌가 추정하는 지점-이다. 하지만 뇌의 이런 판단은 사전에 미리 예상하는 것이 아니라 정보를 소급적으로 모아 사후에 추정함으로써 이루어진다는 점이 두 모델의 차이다.

다시 '현재'에 대해 생각하자. "'바로 지금' 무엇이 일어나고 있는가?"라고 스스로에게 질문해 보라. 당신이 현재라는 순간의 범위를 좁게 잡을수록 당신의 대답은 a)실제 일어난 이후이거나 b)답이 틀릴 가능성이 높다. 하지만 더 중요한 것은 당신이 '바로 지금'이라는 순간에 무엇이 일어나고 있는지 알려고 할 때까지는 '바로 지금' 무엇이 일어나고 있는지 답을 알 수 없다-답은 존재하지 않는다-는 사실이다. 사후 추정을 하는 뇌는 하나의 사건을 둘러싸고 80밀리초라는 창(window)을 소급적으로 확장시켜 그 순간에 일어난 모든 정보를 취합한다.

그러나 이 창은 영화 촬영용 카메라처럼 셔터가 항상 열려 있는 것은 아니다. 우리 의식 속의 시간은 80밀리초의 프레임이 연속적으로 이어지면서 촬영되는 것(영화와 같은 것)이 아니다. 80밀리초의 창은 "'바로 지금' 이 순간 무슨 일이 일어나고 있지?"라는 질문-우리가 일상생활을 할 때는 거의 제기하지 않는 질문-을 제기할 때만 열린다. 이에 대해 이글먼은 "우리 뇌는 꼭 필요한 경우가 아니면 80밀리초의 프레임을 갖지 않습니다"라고 말했다.

철학자들은 수천 년에 걸쳐 시간의 본질을 놓고 다양한 주장을 펼쳐 왔다. 시간이란 매끄럽게 흐르는 강과 같은 것인가 아니면 진주 구슬 같은 순간들이 길게 이어진 것인가? '현재'는 시간의 흐름 속에서 정지해 있는 열린 프레임인가 아니면 지금 이 순간이 끊임없이 이어지는 속에서의 단 한순간인가? 시간이란 순간들이 연속적으로 이어져 있는 것이라는 주장과 불연속적인, 개별적인 순간들이 모여 있는 것이라는 주장 가운데 어느 것이 옳은가? 이에 대해 이글먼은 둘 다 아니라고 말한다. 하나의 사건 혹은 순간은 선험적으로 (a priori) 뇌 바깥에 존재하면서 뇌로부터 인지되기를 기다리고 있는 대상이 아니다. 하나의 사건이나 순간은 그것이 종료된 이후에야 존재하게 된다. 즉, 뇌가 그 사건과 순간에 대한 정보를 모은 다음에야 하나의 사건과 순간으로서 인지되는 것이다. 따라서 '지금'은 차후에(later) 존재한다.

뇌는 '자랑쟁이'

어느 날 아침 나는 이글먼이 더 정밀하게 고안하고 있던 하나의 실험을 테스트해 보기 위해 그의 연구실을 찾아 갔다. 그는 이 새로운 실험을 '나인 스퀘어(Nine Square)'라고 불렀다. 그는 컴퓨터를 켜더니 나 보고 컴퓨터 앞의 의자에 앉으라고 했다. 화면에 3목 두기(두 사람이 9개의 칸 속에 번갈아 가며 O나 X를 그려 나가는 게임. 연달아 3개의 O나 X를 먼저 그리는 사람이 이기는 게임) 게임판(tic-tac-toe)처럼 가로 세로로 세 개씩 정렬된, 모두 아홉 개의 정사각형이 떴다. 이들 중 하나는 다른 여덟 개의 사각형과 색이 달랐다.

나는 이글먼이 지시하는 대로 마우스 커서를 다른 색을 띤 사각형 위로 움직인 다음 클릭을 했다. 그러자 그 색이 다른 사각형으로 옮겨 갔다. 나는 다시 마우스 커서를 색이 옮겨 간 사각형에 올리고 클릭했다. 그러자 또 다시 그 색이 다른 사각형으로 옮겨 갔다. 이런 식으로 색이 옮겨 가는 사각형을 따라가면서 2, 3분가량 계속 클릭을 했다. 이는 본격적인 실험을 하기 전의 준비단계인데, 참가자가 실험이 어떻게 진행되는지를 파악할 수 있도록 돕는 과정이라고 했다. 이글먼은 이 실험을 통해 내가 아주 짧은 시간 동안 시간이 뒤로 되돌아간 것 같은 느낌을 갖게 될 것이라고 말했다.

'시간지각'에 대해서 말할 때 우리는 대개 지속기간을 떠올린다. 교통신호등의 정지신호는 얼마나 길까? 오늘은 보통 때보다 시간이 더 길게 느껴지지 않나? 냄비의 끓는 물에 파스타 면을 넣고 시간이 얼마나 지났지? 같은 것들이 그것이다. 그러나 시간에는 지속기간 외의 다른 측면도 있다. 그중 하나는 두 개의 사건이 정확히 같은 시각에 발생했다는 감각 즉, 시간의 동조(synchrony), 시간의 동시성(simultaneity)이다.

또 다른 것은, 매우 중요하지만 흔히 간과되는 것으로, 시간적인 순서(temporal order)다. 이는 시간의 동시성과는 정반대 개념이라고 할 수 있다. 두 개의 사건-예컨대 플래시가 터지는 것과 신호음 소리가 나는 것-을 선택해 보자. 만약 두 사건이 동시에 일어나지 않는다면, 차례대로 일어나야 한다. 그 경우 어느 것이 먼저 일어났는지를 어떻게 지각하게 될까? 이것이 바로 시간적인 순서다.

우리는 살아가면서 끊임없이 시간적인 순서를 판단하게 된다. 이들 중 대부분은 밀리초 단위로 판단이 내려지기 때문에 우리 자신은 미처 의식하지도 못한다. 우리가 사건들의 인과관계를 파악할 수 있는 것은 우리에게 사건의 시간적인 순서를 평가하는 능력이 있기 때문이다. 이를테면 엘리베이터를 타기 위해 버튼을 누르면 조금 뒤 엘리베이터 문이 열린다-혹은 버튼을 누르기 전에 엘리베이터 문이 먼저 열려 있을 수도 있다. 우리가 인과관계에 대한 지각을 형성하는 데는 진화과정에서의 자연선택이 매우 큰 역할을 했을 것이다.

당신이 깊은 숲으로 걸어 들어가고 있는데 나뭇가지가 딱하고 부러지는 소리가 났다고 하자. 이때 나뭇가지가 부러지는 소리가 당신의 발걸음 소리와 동시에 들렸는지, 발을 옮기기 전 혹은 옮긴 후에 들렸는지-이 경우는 호랑이 때문에 가지가 부러졌을 수 있다-를 아는 것은 생존에 매우 유리한 점을 제공한다.

그런 평가는 생존을 위해 너무나 기본적인 것이어서 '평가'라는 말 자체가 너무 거창하게 들릴 정도다. 물론 뇌는 무엇이 먼저 일어났고 무엇이 나중에 일어난 사건인지를 알고 있다. 뇌가 그것을 알지 못하면 어떻게 되겠는가? 하지만 검은 점과 플래시를 이용한 이글먼의 실험은, 뇌가 실제로는 −동시에 일어난 사건인데 그렇지 않다고 잘못 판단하는 것처럼− 차례대로 일어난 사건의 순서도 잘못 판단할 가능성이 있다는 것을 보여 준다. "뇌는 놀라울 정도로 가변적입니다. 우리는 시간에 대한 감각이 얼마나 가변적인지를 발견하고 있습니다"라고 이글먼은 말했다.

이런 사실을 입증하는 실험이 있다. 실험 참가자가 컴퓨터 화면 앞에 앉아 삐 소리가 나는 신호음을 듣는다. 신호음이 나기 직전이나 직후에 작은 플래시가 컴퓨터 화면에 터지도록 한다. 이를 보고 실험 참가자는 신호음이나 플래시 둘 중 어느 것이 더 빨리 일어난 사건이지, 그리고 두 사건 사이의 시간 차이는 얼마나 되는지를 평가하게 된다. 이 경우 두 사건의 시간 차이가 20밀리초−즉, 1초의 50분의 1− 정도로 짧은 경우에도 참가자들은 두 사건이 일어난 순서를 어렵지 않게 구분할 수 있다.

이제 같은 실험 상황에서 신호음을 들려주지 않는 대신 참가자가 컴퓨터 키보드의 키를 하나 누르도록 한다. 참가자는 가만히 앉아서 신호음을 듣는 수동적인 상태에서 자신이 직접 키를 누르는 능동적인 상태가 된다. 이 상태에서 참가자가 키를 누르기 직전이나 직후에 플래시가 화면에 나타나도록 한다. 플래시가 키를 누르는 것보다 먼저 터지는 경우, 참가자들은 둘 사이의 시간 차이가 얼마인지 꽤 정확하게 판단할 수 있다.

그러나 플래시가 키를 누르는 것보다 늦게 터지는 경우에는 시간 차이를 알아내는 데 어려움을 겪는다. 실제로 참가자가 키를 누른 후 100밀리초-1초의 10분의 1 즉, 0.1초-나 지난 뒤에 플래시가 터져도 참가자들은 둘 사이에 시간적인 차이가 전혀 없다고 느끼게 된다. 키를 누른 것과 플래시가 터진 것이 동시라고 느끼는 것이다.

이글먼은 자신의 대학원 제자였다가 지금은 캘리포니아 공대 신경학과 교수가 된 체스 스텟슨과 함께 위의 실험을 고안했다. 두 사람은 실험 참가자가 행동을 취한 직후(키를 누른 직후) 약 100밀리초 동안에는 바로 뒤에 일어난 사건들을 인지하지 못한다는 사실 즉, 두 사건이 동시에 일어났다고 느끼게 된다는 사실을 알게 되었다. 이런 착각이 생긴 주요한 요인은 실험 참가자가 능동적으로 사건과 관계를 맺기 때문이다.

뇌는 자기자랑을 하고 싶어 하는 것 같다. 자신이 직접 한 행동의 효과가 꽤 크다고 믿는 경향이 있다. 어떤 행동을 취하면-단지 키를 누르는 행위라고 할지라도- 그 직후에 일어나는 사건들은 모두 그 행동으로 인해 발생한다고 여기는 것이다. "그건 마치 뇌가 능동적으로 어떤 하나의 행위를 한 뒤에는, 뇌가 모든 것을 비추는 트랙터빔을 가지는 상태가 되는 것과 같다"고 이글먼은 말했다. 어떤 행위 다음에 이어지는 사건들의 연쇄-시간적인 순서-는 이 트랙터빔의 강렬한 조명으로 인해 사라져 버리고, 시간적인 순서를 정하는 데 필요한 1초의 10분의 1(100밀리초)은 전혀 시간으로 고려되지 않는 것이다.

이처럼 시간을 왜곡함으로써 뇌는 이상하지만 만족할 만한 서비스를 의식에 제공한다. 즉, 행위의 감각[33]을 드높여서 우리 자신이 실제보다 조금 더 강해진 느낌을 갖도록 한다. 신경과학자인 패트릭 해거드도 2002년 동료들과 함께한 실험을 통해 비슷한 결론을 얻었다. 해거드와 동료들은 실험 참가자들에게 먼저 시계 바늘이 빠르게 움직이는 시계를 제시했다. 이어 참가자들에게 자신이 원하는 때에 키보드의 키를 누른 뒤 그 순간 시계에서 키를 누른 시각을 확인하도록 했다. 또 키를 누르는 대신 신호음을 들려주고 시각을 확인하도록 하기도 했는데, 이 경우는 키를 누르는 것(능동적인 행위)보다 참가자들이 수동적인 상태가 된다.

그 다음에는 이 두 조건을 결합해, 참가자들로 하여금 키를 누르게 하고 250밀리초 뒤에 신호음이 울리게 한 다음 키를 누른 시간과 신호음이 들린 시간을 체크하도록 했다. 실험 결과 참가자가 키를 누른 뒤 신호음을 들었을 때는, 다시 말해 키를 누른 것이 원인이 되어 신호음이 들린 것처럼 느꼈을 때는, 키를 누른 것과 신호음이 들린 시간 차이가 실제 간격인 250밀리초보다 짧다고 느꼈다. 즉, 키를 누른 시간은 실제보다 늦게 일어났고(평균 15밀리초가량 뒤에 일어났고) 신호음은 실제보다 더 빨리(약 40밀리초가량 빨리) 일어난 일처럼 느꼈던 것이다. 뇌가 자신이 직접 능동적으로 개입해 사건을 일으키는 경우, 뇌는 그 원인과 결과 사이의 시간 간격이 실제보다 짧다고 여긴다는 것을 알 수 있으며, 해거드는 이런 현상을 '의도적 결합(intentional

....

33 sense of agency 자기 주변의 상황을 통제하고, 행동을 통해 무엇인가를 변화시킬 수 있다는 믿음.

binding)'이라고 불렀다.

뇌의 재조정 능력

뇌는 어떤 과정을 통해 이런 트릭을 구사하는가? 이글먼은 뇌가 키를 누르는 행위와 신호음이 들리는 사건을 서로 다르게 예측하기 때문이라고 설명했다. 즉, 각각에 대해 서로 다른 타임라인을 적용한 뒤, 그 두 타임라인을 재조정(recalibrate)한다는 것이다. 조정(calibration)은 뇌가 일상적으로 끊임없이 하는 일이다. 서로 다른 신경회로를 통해 서로 다른 속도로 처리되는 감각정보의 홍수 속에서 뇌는 사건과 행동의 일관된 그림을 그려내고 원인과 결과를 가려낸다. 이를 위해 뇌는 입력된 신호들로부터 한 걸음 물러나 어떤 신호가 먼저 발생했고 어떤 신호들이 동시에 발생했으며, 어떤 신호들끼리 서로 연결되는지를 결정해야 한다.

우리가 손으로 테니스공을 잡을 때 공이 손바닥에 닿는 모습(시각적인 신호)은 공이 손바닥에 닿는 느낌(촉각신호)보다 더 빨리 뇌에 도착하지만, 실제로 우리는 두 데이터(시각정보와 촉각정보)가 동시에 일어난 것으로 경험한다.

이를 다른 관점에서 말하면, 뇌는 몇 밀리초의 시간 지연을 통해 두 데이터를 각각 패킷(묶음) 단위-하나는 촉각 패킷, 다른 하나는 시각 패킷-로 받아들인다고 할 수 있다. 그렇다면 뇌는 어떻게 서로 다른 신호들이 같은 패킷(같은 사건)에 속한다는 것을 그토록 정확하게 구분할 수 있는가?

더구나 감각신호의 속도는 주변 조건에 따라 달라지기 때문에, 뇌는 사건이 일어난 시간을 추정할 때 주변 조건에 따라 변화시킬 줄 알아야 한다. 예를 들어 야외에서 테니스공을 던진 다음 어두침침한 실내로 들어갔다고 하자. 뇌의 신경은 어두운 빛에 더 느리게 반응하기 때문에 실내에서는 야외에 있을 때보다 시각정보가 더 느리게 뇌에 도착하게 된다. 뇌 안의 운동신경이 이런 시간 변화를 고려하지 못한다면 공을 던지고 받는 행동은 매우 부자연스럽고 어색할 것이다.

다행히 우리의 뇌는 재조정하는 능력이 있다. 뇌는 주변 조건에 따라 새로워진 타이밍을 '정상적인 것'으로 간주하고 다른 감각정보에 대한 예측도 이에 맞춰 변화시키는 것이다. 뇌는 주변 조건에 따라-하나의 행위에서 다른 행위로 넘어가거나, 하나의 환경에서 다른 환경으로 옮겨갈 때, 움직임의 속도를 높이거나 늦출 때 등등- 감각정보들을 끊임없이 재조정함으로써 우리가 현실을 매끄럽게 해석하고 받아들이도록 돕는다.

하나의 행위(키를 누르는 것)와 그것의 결과(플래시가 터지는 것)가 실제보다 더 짧은 시간 간격 안에서 일어나는 것처럼 보이거나, 혹은 두 사건 사이에 실제와는 달리 시간지연이 전혀 없는 것처럼 여겨지는 것은, 당신의 뇌가 재조정을 하기 때문이라고 이글먼은 강조한다.

일반적으로 말해 우리의 뇌는 자신이 의도해 직접 개입한 행위의 결과는 아무런 시간적인 지연 없이, 즉각적으로 나타난다고 예측한다. 그래서 우리가 직접 개입한 행위로 인해 일어난 사건을 뇌가 인지할 때-좀 더 정확히 말하면, 우리가 어떤 행위를 한 뒤 10분의 1초 이내에 일어나는 사건에 대해- 뇌는 재조정을 통해 그 사건이 우리가 행한 행위와 동시에 일어났다고-즉, 시간 차이가 없다고-단정한다. 원인과 결과가 동시에 이루어지는 것이다.

10분의 1초는 아주 짧지만 결코 무시할 수 있을 정도는 아니며 다른 상황에서라면 충분히 우리가 인지할 수 있는 시간이다. 뇌가 의식을 자신의-즉, 우리의- 최우선적인 고려 대상으로 간주하지 않는 경우가 많다는 것은 확실하다. 우리의 의식은 원인과 결과가 반드시 시간상으로 순서가 있어야 한다고 느끼지만 뇌는 원인과 결과가 동시에 일어난다고 해도 개의치 않는 경우가 많다는 뜻이다.

뇌의 이런 착각(원인과 결과의 동일시)은 이보다 더 이해하기 힘든 현상도 일어날 가능성이 있지 않을까라는 예측을 낳는다. 뇌가 재조정에 의해 원인과 결과를 동시에 일어난 것처럼 여기게 한다면, 시간적인 순서를 더 확연히 바꾸어서 결과가 원인보다 앞서서 일어나는 것처럼 보이게 할 수도 있지 않을까?

이글먼은 스텟슨과 다른 두 동료와 함께 이런 현상(결과가 원인보다 앞서는 현상)이 과연 일어나는지를 확인하는 실험을 고안했다. 이 실험은 참가자들이 키를 누르면 플래시가 터지는 방법을 다시 한 번 채택했다.

그런데 이번에는 키를 누른 뒤 200밀리초-1초의 5분의 1- 뒤에 플래시가 터지도록 했다. 그 결과 참가자들은 키를 누른 뒤 플래시가 터지는 시간이 250밀리초가 넘지 않을 때는 시간지연을 인지하지 못한 채 두 사건이 동시에 일어난 것으로 느꼈다. 우리의 뇌는 일상생활에서 끊임없이 교묘한 속임수를 쓰고 있다. 예를 들어 컴퓨터 키보드의 키를 하나 누른 뒤 화면에 그 키에 해당하는 글자가 나타날 때까지 걸리는 시간은 약 35밀리초이다. 이는 우리가 시간차이를 감지할 수 없을 정도로 짧기 때문에(250밀리초보다 짧기 때문에) 키를 누른 것과 동시에 글자가 화면에 나타났다고 느끼게 된다(이글먼은 역 인과관계(reverse-causality)에 관한 실험을 진행하면서, 키를 누른 뒤 화면에 글자가 나타나는 데 걸리는 시간이 약 35밀리초라는 사실을 입증했다).

위의 실험을 한 뒤 곧장 이어서 이번에는 조건을 바꿔 키를 누른 것과 동시에 플래시가 터지도록 했다. 그러자 특이한 일이 벌어졌다. 참가자들은 자신들이 키를 누르기 전에 플래시가 터졌다고 응답했던 것이다. 이는 바로 직전 실험에서 키를 누르고 35밀리초 뒤에 플래시가 터지는 사건에 뇌가 재조정돼 있는 상태였기 때문이다. 즉, 키를 누르는 것과 플래시가 터지는 것이 동시에 일어났다고 느끼면서 뇌는 그 두 사건이 동시에 발생한 시각을 원점 시간(time zero)으로 설정해 두고 있었다. 그런 상태에서 플래시가 이전 실험보다 (뇌가 예측했던 것보다) 더 일찍 터지자, 이것을 원점 시간 이전에 발생한 사건으로 보고, 키를 누른 것보다 앞서 일어난 사건으로 인지한 것이다. 결국 원인과 결과가 뒤바뀐 것 즉, 시간이-시간적인 순서가- 거꾸로 흐른 것처럼 돼 버린 것이다.

이글먼은 이 실험의 포맷을 다른 형태로-좀 더 빠르게 실험 결과를 알 수 있는 포맷으로- 바꾸었다. 그것이 지금 내가 하게 될 나인 스퀘어 버전이었다. 나는 색이 바뀐 사각형을 다시 클릭했고 그 색이 다른 사각형으로 옮겨 간 것을 확인하고 그것을 다시 클릭했다. 내가 마우스를 클릭하는 것과 커서가 다른 사각형으로 옮겨 가는 것 사이에는 100밀리초의 시간 간격이 있다는 것을 나는 이미 알고 있었다.

하지만 실험을 하는 동안에는 그런 시간 차이를 전혀 인지할 수가 없었다. 내가 직접 마우스를 클릭한다는 사실이 다음에 일어날 사건에 대한 시간 차이(100밀리초)를 인지하지 못하게 막았던 것이다. 즉, 나의 뇌는 다음에 일어난 사건을 일으킨 장본인이 자신이라고 믿었던 것이다. 그래서 나는 열 번 이상 클릭을 하고 사각형을 옮겨 다니는 와중에 이글먼이 실험 장치를 통해 100밀리초의 시간 차이를 없앴는데도 불구하고 그 사실을 전혀 눈치 채지 못했다. 그런데 더욱 놀라운 것은 이렇게 시간 차이를 없앤 후에 내가 마우스로 사각형을 클릭하기도 전에 색이 다른 사각형으로 옮겨 가 있었다.

그것을 보는 순간 정말이지 나는 너무나 불안했다. 마치 컴퓨터가 내가 다음에 어느 사각형을 누를지 알고서 미리 손을 써 놓은 듯한 느낌이 들었다. 나는 내가 본 것이 정말인지 확인하기 위해 몇 번이나 되풀이해서 클릭을 했지만 매번 같은 결과가 나왔다. 즉, 내가 마우스 커서를 움직이려고 준비하고 있는 사이에 색을 띤 사각형이 저절로 다음 사각형으로 옮겨 가 있었던 것이다. 내가 마우스를 클릭하는 것과 상관없이 색을 띤 사각형이 재배치되는 게 분명했다.

그래서 나는 순간적으로 마우스를 누르지 않으면 어떻게 되는지 보기 위해 클릭하기 직전에 손가락을 멈추려고 해보았으나 불가능했다. 마우스를 누르기 직전에 이미 색이 다른 사각형으로 옮겨 가 있었기 때문에, 클릭을 멈춘다는 것은 원인이 없이 결과가 나온다는 것을 의미했기 때문이다. 이미 내가 실행한 어떤 행위를 하지 않은 것으로 되돌린다는 것을 의미하는 것이었다. 내가 손가락으로 마우스 누르는 것을 멈출 수 없었기 때문에, 그리고 그것을 이미 행했기 때문에 마우스를 누를 수밖에 없다는 말이 된다. 이런 현상을 보게 되기 전까지 나는 카니발에서 여러 말들을 옮겨 가면서 타듯이 이 실험을 즐기고 있었다. 그러다 위의 현상을 접하고는, 갑자기 내가 벌어진 틈 사이로 빨려 들어가 전혀 다른 차원으로 들어선 느낌에 사로잡혔다.

이글먼은 어느 날 대학에서 학생들을 상대로 위의 현상과 관련한 강연을 한 적이 있다. 강연이 끝나자 청중 가운데 두 사람이 다가오더니 자신들이 겪은 기이한 경험을 이야기했다. 그 대학은 최근에 전화시스템을 새로 교체했는데, 그 시스템이 이상하게 작동한다는 것이었다. 수화기를 들고 전화번호를 누르면 마지막 숫자 키를 마저 누르기도 전에 상대편 전화기에서 신호음이 울리기 시작한다는 것이었다.

어떻게 그런 일이 가능한가? 이글먼은 그런 착각이 생긴 이유를 이렇게 추측했다. 즉, 전화를 거는 사람은 직전까지 컴퓨터 키보드를 사용하고 있었을 것이다-컴퓨터 키를 누르면 35밀리초의 지연 시간 뒤에 글자가 화면에 뜨고 뇌는 이 둘을 동시적인 사건으로 인식하면서 그것을 원점 시간으로 간주한다. 그런데 전화기의 숫자판을 누르는 것과 그 결과 사이의 지연 시간은 35밀리초보다 짧을 것이다. 컴퓨터 키보드를 누를 때의 시간 지연에 재조정돼 있는 뇌는 그 동시성의 감각을 전화기에도 적용했을 것이고, 전화기 숫자판을 누르는 행위의 시간 지연이 컴퓨터 키보드를 누르는 것보다 더 짧기 때문에 뇌가 착각을 일으키게 되었을 거라는 것이다.

원인과 결과가 역전된 것처럼 보이는 착시현상은 사람을 당황하게 만들지만, 우리의 감각적인 경험에서 볼 때는 매우 정상적인 것이고, 이 때문에 현실에 제대로 적응할 수 있는 것이기도 하다. 감각정보들이 서로 다른 신경회로를 통해 서로 다른 속도로 쏟아져 들어오는 상황에서 그것들의 시간적인 순서를 올바르게 설정하고 원인과 결과를 제대로 분간할 수 있는 유일한 방법은 뇌가 끊임없이 재조정을 하는 것이다.

또한 뇌로 들어오는 신호들의 타이밍을 조정하는 가장 **빠른** 방법은 외부 세계와 상호작용을 하는 것이다. 뇌는 우리가 어떤 하나의 사건을 일으키면 반드시 그 결과를 예측 가능하도록 한다. 원인이 되는 행동 뒤에 결과가 바로 뒤따라오도록 하는 것이다. 동시성이란 (실제로 동시에 일어나든 말든 상관없이) 우리의 감각경험에 의해 정의된다.

그렇게 정의할 때 기준이 되는 것이 원점 시간이고, 이 기준선에 의거해 사건들의 시간적인 순서도 결정되는 것이다. 이에 대해 이글먼은 다음과 같이 말했다. "당신이 무언가를 발로 차거나 손으로 두드릴 때 뇌는 그 행동에 바로 뒤이은 모든 사건들이 (발로 차거나 손으로 두드리는 행동과) 동시에 일어난다고 추정합니다. 동시성이란 (실제로 동시에 일어나는 것과는 별개로) 뇌가 이 세계에 부과하는 것입니다." 행동하는 것은 예측하는 것이고, 예측하는 것은 시간적인 순서(동시적인 것인지 차례가 있는 것인지)를 정하는 것과 관련돼 있다.

이런 관점은 이글먼이 제기한 여러 특이한 이론 중 하나다. 뇌는 다양한 지연과 잠복기를 가지고 있다는 사실을 떠올려 보자. 같은 광원에서 나오더라도 밝은 빛의 플래시는 희미한 플래시보다 시각신경에 더 빨리 감지된다. 또 빨간 빛은 녹색 빛보다, 빨간 빛과 녹색 빛은 파란 빛보다는 더 빨리 시각신경에 감지된다.

그래서 빨강, 녹색, 파랑 파장을 가진 이미지나 풍경을 바라볼 때, 뇌는 서로 다른 속도로 들어오는 각각의 빛의 정보들을 짧은 시간지연을 통해 서로 섞은 다음 하나의 관련 정보로 인식하게 된다. 이때 그 정보들이 섞이는 정도는 우리가 그늘에 서 있는지, 햇빛이 밝게 비치는 곳에 서 있는지에 따라 달라진다. 어쨌든 뇌는 어떤 방식을 통해 그 정보들이 하나의, 동일한 원천을 가진 정보들이라고 분류하게 된다.

그렇다면 뉴런은 어떻게 해서 서로 다른 속도로 들어오는 세 가지 색의 시각정보들이 같은 원천에 속한다는 것을 알아낼 수 있는가? 어떻게 해서 빨강은 녹색보다 항상 먼저 도착하고, 녹색은 파랑보다 먼저 도착하며, 빨강-녹색-파랑 순서로 들어오는 정보들이 하나의 원천(사건)에서 동시적으로 나오는 입력정보라는 사실을 알아내는가? 만약 뇌에 이런 기능이 없다면 성조기를 볼 때 처음에는 빨간색의 가로 줄을 먼저 감지하고, 그 다음에는 파란색의 별 문양을 감지하고, 그 다음에는 성조기 뒤에 있는 녹색 잔디를 따로따로 인지하게 될 것이다. 이렇게 되면 우리는 각각의 정보들이 따로따로 놀면서 소용돌이처럼 휘감기는 시각적인 경험을 하게 될 것이다.

이처럼 서로 다른 속도로 들어오는 정보들을 하나의 원천으로 통일시키기 위해서는 뇌가 시각정보들을 간헐적으로 재조정하고 시간을 원점으로 설정하는 방법을 강구해야 한다. 이를 위해서 뇌가 취하는 방법이 눈을 깜빡이는 것일 거라고 이글먼은 추측한다. 눈을 깜빡이는 것은 일차적으로 우리 눈을 촉촉하게 만드는 데 기여하지만 뇌가 빛을 닫았다 열었다 하는 데도 효과적으로 기여한다.

눈을 한 번 깜빡여서 빛이 닫혔다가 다시 열리는 동안 빨강-녹색-파랑 순으로 들어오는 시각정보가 서로 섞여서 희미해지는 경험을 하게 되는 것이다. 눈깜빡임을 수없이 반복하는 과정-하루에도 수천 번-을 통해 뇌는 수십 밀리초가 걸리는 눈깜빡임 속에서 서로 다른 속도를 가진 빨강-녹색-파랑의 정보들이 서로 섞이며 동시적으로 일어난다는 사실을 깨우치게 된다.

이런 점에서 눈깜빡임은 단지 수동적인 행위가 아니라, 키보드의 키를 누르는 것처럼 자신의 의도를 관철하는 능동적인 행위이기도 하다. 눈깜빡임은 강제적인 재부팅으로서, 감각을 위해 반복하는 훈련 메커니즘이기도 하다. 동시성은 우리가 사건들을 동시적으로 받아들이기 때문이 아니라, 우리의 눈이 사건들을 동시적으로 '만들기' 때문에 일어나는 현상이다. 눈은 한 번 깜빡일 때마다 "나는 이 깜빡임을 '지금'이라고 부른다"고 말한다. 그리고 눈이 깜빡일 때마다 바로 뒤이어 일어나는 우리의 모든 행동과 지각들은, '이번 깜빡임이 지금이다' '이번 깜빡임이 지금이다' '이번 깜빡임이 지금이다' 라면서 끊임없이 이어지는 '지금'의 연쇄 속에 놓이게 된다.

동시통역은 불가능하다

언젠가 이탈리아에서 열린 콘퍼런스에 패널로 초대된 적이 있다. 내 순서가 가장 마지막이었기 때문에 오후 내내 다른 패널들이 발표하는 것을 들었다. 그런데 이들은 모두 이탈리아 사람들이어서 이탈리아어로 발표했다. 나는 이탈리아 말을 전혀 몰랐기 때문에 그들이 하는 말은 귓가에서 웅웅거리는 소리로 들릴 뿐이었다. 하지만 때때로 사람들 반응을 통해 재미있거나 통찰력이 뛰어난 말을 하는 것처럼 여겨질 때는 마치 발표 내용을 이해하는 듯이 고개를 끄덕이기도 했다. 나는 마치 태양계 끄트머리에 자리잡은 명왕성 같은 신세가 된 느낌이었다. 멀리 희미하게 비치는 태양 빛을 바라보면서 다른 행성들처럼 태양계 안에 속하면 얼마나 좋을까 부러워하는 명왕성 말이다.

네 번째인지 다섯 번째인지 패널이 발표하고 난 뒤에야 나는 내 앞 테이블에 통역용 헤드폰 세트가 놓여 있는 것을 발견했다. 이탈리아어에서 영어로, 영어에서 이탈리아어로 동시통역이 되고 있었던 것이다. 뒤를 돌아보니 강연장 한쪽 코너에 유리로 된 부스가 있고 거기서 누군가가 열심히 통역을 하고 있었다. 헤드폰을 끼고 통역을 들어 보니 무슨 내용인지는 대충 알 것 같았다. 철학과 교수 한 분이 찰스 다윈과 뉴턴 물리학의 연관관계에 대해 발표하고 있는 것 같았다.

하지만 그의 장황한 논리를 좀처럼 따라잡지 못했다. 통역이 내용 전달을 제대로 못하고 있었던 것이다. 발표가 계속 진행되고 있는데도 한참 동안 통역이 나오지 않았다. 통역을 맡은 젊은 여성이 발표 내용을 이해하려고 쩔쩔매는 모습이 그대로 전해졌다. 부스 쪽을 뒤돌아보니 그 안에는 두 사람이 있었다. 헤드폰에서 여성의 목소리가 한동안 들리지 않더니 젊은 남자가 이어받았다. 그는 젊은 여성보다는 훨씬 빠르고, 정확하게 이탈리아어를 영어로 옮겨 주었다.

이윽고 내 순서가 되었을 때 청중 가운데 두세 사람이 헤드폰을 끼는 것이 보였다. 나는 이탈리아어를 할 줄 모르는 것을 사과한 뒤 발표를 시작했다. 나는 말을 천천히 해야 통역이 제대로 따라올 것이라 여기고 평소보다 느린 속도로 발표를 이어갔다. 하지만 그건 착각이었다. 평소의 절반 속도로 말을 하게 되니 나에게 할애된 45분에 맞춰 준비해 온 내용의 절반밖에 전달하지 못했다. 논지를 받쳐 줄 사례들을 건너뛰고 중간 중간 내용을 압축하고 쳐내야 했다. 그 결과 내가 들어도 제대로 연결이 안 되는 발표가 되고 말았다. 헤드폰을 끼고 있는 사람들의 얼굴도, 헤드폰을 끼지 않은 사람들과 마찬가지로 멍한 표정이었다.

1963년 프랑스 심리학자 폴 프레스는 〈시간의 심리학〉을 펴냈다. 이전 세기의 시간 연구를 다룬 이 책은 시간에 대한 연구를 하나의 분야로 취급한 최초의 심리학 서적이다. 이 책은 시간적인 순서에서부터 주관적인 현재(subjective present)에 이르기까지 시간의 지각과 관련된 다양한 측면을 다루고 있다. 프레스는 주관적인 현재를 "20에서 25개의 음절로 이루어진 문장을 발음하는 데 걸리는 시간, 길어야 5초를 넘지 않는 시간"이라고 정의했다.

그날 콘퍼런스에서 내가 느낀 주관적인 현재는 이보다 더 짧지 않았을 것이다. 말을 천천히 했기 때문에 25개 안팎의 음절을 말하는 데 5초 이상이 걸렸다는 얘기다. 프레스는 또한 우리가 시간을 느끼고 지각하게 되는 까닭은 "시간 때문에 발생하는 좌절감"이라고 주장했다. "시간은 현재 품고 있는 욕망이 충족되지 않도록 지연시키거나, 현재의 행복이 끝나리라는 예감으로 우리를 몰아간다. 시간이 지속된다는 느낌은 현재와 미래를 비교하기 때문에 생긴다." 특히 지루함은 "현재 상황에 (자신이 원하지 않음에도 불구하고) 의무적으로 매어 있어야 하는 지속기간과 자신이 원하는 지속기간 사이의 불일치 때문에 생기는 느낌"이다. 이는 아우구스티누스가 말한 '의식의 긴장상태'의 다른 표현이라고 할 수 있다.

실제로 그날 나도 내 발표를 지루하게 듣고 있던 청중에게서 어떤 긴장감을 의식하고 있었다. 나는 그날 청중에게 지식을 발하는 태양처럼 행동했어야 했다. 하지만 나는 여전히 명왕성처럼 굴었다. 태양계 안의 행성들이었던 청중은 망원경을 들여다보면서 자신들로부터 멀리 떨어져 있고 생소하고 얼어붙은 대상을 어떻게 대해야 할지 몰라 당황하고 있었던 것이다.

그날 저녁 패널들을 위해 마련된 만찬 자리에서 나는 내 발표를 통역했던 젊은이를 만났다. 그의 이름은 알폰스였고, 언어학과 대학원생으로 영어는 물론이고 프랑스어와 포르투갈어를 유창하게 구사했다. 큰 키에 마른 몸매, 까만 머리칼과 둥근 안경을 쓴 그는 이탈리아 출신의 해리 포터를 연상시켰다.

우리 둘은 '동시통역'이라는 말은 모순되는 단어라는 데 의견이 일치했다. 언어마다 문법이 다르고 단어의 배치 순서가 다르기 때문에 단어 대 단어로 한 언어에서 다른 언어로 바로 통역할 수는 없다. 그래서 통역가는 항상 약간의 시간 차이를 두고 청중에게 통역하게 된다. 발표자가 말을 하기 시작하면 통역가는 핵심적인 것으로 여겨지는 단어나 구절을 일단 마음속에서 담아 놓고 기다렸다가, 뒤이어 나오는 문장을 통해 그 단어와 구절에 의미를 부여할 수 있게 되었을 때 비로소 통역을 하게 된다.

하지만 이때 통역가가 단어와 구절을 마음에 담아 놓은 채 너무 오래 기다리게 되면 원래의 단어나 구절을 잊어버리거나 전체 맥락을 놓쳐 버릴 위험이 있다. 동시통역에서의 '동시'라는 말은 '지금 현재'에 이루어지는 활동을 의미하지만, 실제 통역과정을 보면 일단 기억한 것(마음에 담아 놓은 것)을 연속적으로 표현하는 것에 불과하다.

특히 서로 다른 어족에 속하는 언어들을 통역할 때 어려움이 배가된다고 알폰스는 말했다. 이를테면 독일어를 프랑스어로 옮기는 것은 이탈리아어를 프랑스어로 옮기거나, 독일어를 라틴어로 옮기는 것보다 훨씬 어렵다. 독일어와 라틴어는 둘 다 동사가 대개 문장 끝 쪽으로 붙어 있어서 통역가는 문장이 끝날 때까지 기다리는 경우가 많다.

반면 프랑스어는 문장의 시작 부분에 동사가 오는 경우가 많기 때문에 통역가는 문장의 첫 부분을 듣고 문장이 어떻게 흐를지 대략 추측하면서 기다릴 수 있는 시간을 벌게 된다. 따라서 독일어를 프랑스어로 통역할 때는 문장 마지막까지 독일어를 듣고 바로 프랑스어로 옮겨야 하기 때문에 시간적인 여유가 없어 상대적으로 어려움을 겪게 되는 것이다.

나는 알폰스에게 영어를 다룰 때도 비슷한 문제에 직면할 때가 많다고 말했다. 나는 오래 전부터 인터뷰를 진행할 때는 테이프레코드를 사용해 왔다. 말 한 마디 한 마디를 놓치지 않기 위해서였다. 그러나 테이프레코드를 사용하면 상대의 말을 정확하게 되살릴 수는 있지만 그만큼 시간이 오래 걸리는 단점이 있다. 한 시간 분량의 인터뷰를 푸는 데는 대체로 약 네 시간이 걸린다. 인터뷰를 진행할 때는 미처 몰랐던 몇 가지의 유용한 통찰력을 얻고 정확한 인용을 위해 이토록 많은 시간을 할애하게 되는 것이다.

　반면 필기구로 메모를 하며 인터뷰를 진행하면 별로 실익이 없다. 내 글씨체는 평소에도 악필인데 시간에 쫓기면 더 심각해지기 때문이다. 가끔 전화로 인터뷰를 하게 될 때는 대화를 나누면서 컴퓨터로 대화 내용을 받아 적는다. 그렇게 하면 적어도 손으로 메모할 때보다는 훨씬 깔끔하게 정리할 수 있다. 그런데 문제는 내 타자 실력이 보통 사람들이 말하는 속도를 따라잡지 못할 만큼 느리다는 점이다. 그래서 인터뷰가 끝나고 정리된 글을 살피다 보면 의미를 알 수 없는 문장들이 곳곳에 널려 있는 것을 보게 되는 경우가 많다. 예를 들면 다음과 같은 문장이다.

　　　　"If something surprising to it, have a faster."

　이런 경우는 차라리 다행이라고 할 수 있다. 인터뷰가 끝나자마자 입력한 내용을 살펴보았기 때문에 상대가 실제로 했던 말을 기억할 수 있었던 것이다. 위 메모의 원래 문장은 "If something surprising happens, you have a faster reaction to it(뭔가 예기치 못한 일이 발생할 때, 당신의 반응 속도도 훨씬 빨라진다)"이었다. 나는 메모에 적힌 단편적인 단어들을 살펴보면서 어디가 잘못됐는지를 차근차근 추적해 나갈 수 있었다.

　인터뷰를 할 때 나는 처음 세 단어 'If something surprising'을 정확하게 받아 적으려고 애썼는데, 그 와중에 인터뷰어의 말이 너무 빨라 다음 말을 받아 적는 것을 놓쳐 버리고 말았다. 그러나 받아쓰는 것은 놓쳤지만 그가 이 문장을 말하면서 핵심적으로 말하려고 했던 'happens'라는 동사는 머릿속에 넣어 두려고 하면서 다음 말을 받아 적었다. 마치 저글링을 하듯이 그가 말하는 단어들을 가까운 미래(즉, 단기간의 기억)로 던져 놓은 다음, 그가 다음 말을 잇기 위해 잠깐 쉬는 사이에 던져 놓은 저글링을 받았던 것이다. 그 사이에 그가 말한 다음 단어들 'to it'을 듣고 받아 적었다.

그는 쉬지 않고 계속 말을 이어 갔으며 나는 그중 몇 개의 단어들 'have a faster'를 기억했다가 받아 적을 수 있었다. 이 모든 과정은 무의식적으로 이루어졌으며 한 시간 동안 인터뷰가 진행되는 내내 수없이 반복적으로 이어졌다. 그럼에도 내가 필요한 모든 정보를 놓치지 않고 다 챙길 수 있었던 것이 놀라웠다(만약 알폰스가 하는 방식대로 핵심적인 구절을 기억하려고 하는 대신 바로 바로 기록했다면 훨씬 수월했을 것이다).

알폰스의 이야기를 듣고서, 나는 통역가란 과거와 미래 사이, 기억과 예측 사이에서 긴장의 끈을 놓지 않고 있는 사람이라고 생각했다. 알폰스는 통역가는 상대의 말을 듣고 통역하는 데 보통 15초에서 1분가량 시간을 지연시킨다고 말했다. 뛰어난 통역가일수록 시간 지연이 더 길다고 한다. 왜냐하면 시간 지연이 길수록 더 많은 정보를 머리에 담아 둔다는 의미이기 때문이다. 상대의 말을 더 많이 들은 다음에 통역을 하는 것이다. 통역가는 전문적인 용어에 미리 익숙해지기 위해 3, 4일 전부터 준비한다. 알폰스는 통역이 잘 될 때는 파도타기와 비슷하다고 말했다.

"통역을 할 때 단어를 생각하는 시간을 최소화해야 합니다. 대신

257

말의 리듬을 포착하면서 말의 흐름에 자연스럽게 올라타야 합니다. 도중에 멈추어서는 안 됩니다. 도중에 멈추면 리듬을 잃으면서 결국 타이밍을 놓쳐 갈피를 못 잡게 됩니다."

여기(here)라는 단어로 시작해서 여기(here)로 끝나는 문장-몇 개의 단어들과, 한 두 개의 구절이 포함된 문장-을 생각해 보자. 나는 그런 문장을 만드는 데 몇 초가 걸렸다. 하지만 그런 문장이 담긴 책으로 펴내는 데는 몇 년이 걸렸다. 그런데 당신은 이 문장을 단 2초 안에 읽어 버릴 것이다-아마 당신이 이 문장을 읽고 있다는 사실 자체를 인식하지 못할 정도로 짧을 것이고 그것을 읽는 데 시간이 걸린다는 사실도 인지하지 못할 정도로 짧을 것이다. 어떤 면에서 보면, 그 시간이야말로 현재라고 할 수 있다.

그러나 기술적으로 보자면 이 문장을 읽는 짧은 시간이 '현재'는 아니다. 우리의 인지 활동은 대부분 그렇게 짧은 시간에 이루어진다. 단지 뇌가-혹은 마음(mind)이 뇌와 늘 명확히 구분되는 것은 아니다- 그런 인지활동을 의식이 알지 못하도록 열심히 숨기고 있기 때문에 우리가 눈치 채지 못하고 넘어갈 뿐이다. 우리가 읽는다는 사실 자체를 인지하지 못한 채 글을 읽을 때, 우리의 눈은 앞으로 읽게 될 단어들을 미리 보거나 이미 읽은 단어들을 다시 보기 위해 페이지 위를 배회한다.

연구에 따르면 우리가 책을 읽을 때 전체 독서 시간의 30퍼센트 정도는 이미 읽은 단어들을 다시 읽는 데 쓴다고 한다. 이 '되돌아감'을 없앨 수 있다면-예컨대 색인 카드 같은 걸로 이미 읽은 행들을 가리는 방식으로- 책을 읽는 속도가 훨씬 더 빨라질 것이다. 속독 훈련을 하는 사람들은 이런 주장을 신뢰하고 있다.

독일의 심리학자이자 신경과학자인 에른스트 푀펠은 〈마인드워크: 시간과 의식의 경험(Mindworks: Time and Conscious Experience)〉이란 책에서 독서가 얼마나 불연속적인 경험인지를 밝히기 위해 자기 스스로 행한 실험을 기술하고 있다. 그는 지그문트 프로이트가 무의식에 관해 쓴 에세이에서 다음과 같은 짧은 구절을 뽑아냈다.

그는 이 글을 읽을 때, 자신의 눈이 페이지 위에서 어떻게 움직이는지를 추적하는 장치를 통해 눈이 어디를 향하고 있고, 얼마나 머무는지 기록했다. 이어 그렇게 기록된 눈의 움직임을 그래프로 만들었다. 그래프는 그가 텍스트의 첫 행에서 시작해 왼쪽에서 오른쪽으로 읽어갈수록 위로 움직였고(즉, 눈이 위로 움직였다), 첫 행의 문장 끝에 이르러 두 번째 행을 읽기 시작했을 때는 아래쪽으로 확 내려왔다. 그가 책을 읽는 경험 자체는 매끄러웠지만 눈의 움직임은 그렇지 않았다. 눈은 1초의 10분의 2 혹은 3(0.2초 혹은 0.3초) 동안 의미를 이해하기 위해 멈추었다가 앞으로 건너뛰어 다음 의미를 이해하기 위해 다시 멈추었다. 그 결과 눈이 움직이는 경로는 아래 그림처럼 계단이 이어진 모습과 닮게 되었다.

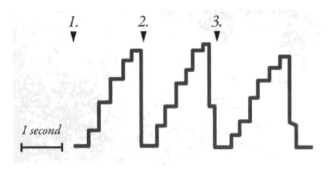

다음으로 쾨펠은 프로이트의 글보다는 자신에게 좀 더 까다로워 보이는 책을 택해 같은 실험을 진행했다. 이번에 선택한 구절은 임마누엘 칸트의 〈순수이성 비판〉에서 뽑아 낸 것으로 글의 길이는 앞의 프로이트의 것과 거의 같았다. 텍스트가 더 어려워졌다는 것은 타임코드만 보아도 할 수 있다. 프로이트의 글에 비해 칸트의 글은 각 행을 읽는 데 거의 2배의 시간이 걸렸다. 또한 의미를 이해하기 위해 눈이 멈춘 횟수도 거의 2배나 많았다.

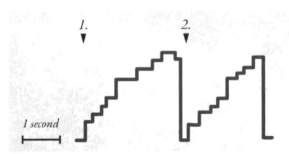

마지막으로 푀펠은 자신이 알지 못하는 중국어로 된 문장을 읽을 때는 눈의 움직임이 어떤지를 체크했다-그는 "안타깝게도 이 책의 저자에 대해 알지 못한다"고 말했다. 이 경우에는 아래와 같은 그래프가 얻어졌다. 푀펠은 첫 행에 나온 중국어 글자를 읽는 데 몇 초의 시간을 소비했고 그럼에도 3분의 2지점에서 독해하기를 포기하고 문장 끝으로 건너뛰었다가 다음 행으로 나아갔음을 알 수 있다.

시간과 언어의 관계

이 실험들을 통해 푀펠은 우리가 '지금'이라고 경험하는 것은 실제로는 '인지활동들'-음절들, 눈의 단속적인 움직임, 의미 건져 올리기 등등-로 빽빽하게 채워져 있으며, 이 인지활동들은 내적 관찰(introspection)을 통해서는 온전하게 밝혀 낼 수 없다고 주장했다. 나아가 매 순간을 채우고 있는 다양한 인지활동들은 매우 세심하게 조직돼 있다고 지적했다. 예컨대 음절을 말하는 것과 단어와 단어를 옮겨 가며 눈이 움직이는 것은 '시간표를 따라 움직이는 열차처럼' 동조돼 있다는 것이다. 그렇다면 그런 동조는 어떻게 이루어지는가?

1951년 하버드 대학 심리학과 교수인 칼 래슐리는 지금은 고전이 된 논문-'행위의 순서에 관하여(The Problem of Serial Order in Behavior)'-에서 시간과 언어 사이의 관계를 고찰했다. 그는 단어들이 의미를 띠기 위해서는 특정한 순서대로 제시되어야 한다는 사실에 주목했다. 'Little a mary had lamb'이라는 문장은 아무런 의미가 없지만, 단어의 순서를 바꾸어 'Mary had a little lamb(메리에게는 어린 양 한 마리가 있었다)'이라는 문장으로 바뀌면 사람들이 이해할 수 있는 진술이 된다.

내가 만났던 이탈리아 출신의 통역가가 지적했듯이 문법은 언어마다 다르다. 예를 들어 영어에서 형용사의 위치는 대개 수식하는 명사 앞에 온다(yellow jersey 노란 스웨터처럼). 반면 프랑스어에서는 'maillot jaune'처럼 형용사가 명사 뒤에 온다. 이런 문법의 규칙들은 고정불변이 아니어서, 사회적으로 형성되며 시간이 흐르면서 변화를 겪는다. 그럼에도 불구하고 어떤 언어에서 단어가 위치하는 순서는 매우 중요하며, 위치가 의미를 규정한다고 할 수 있다.

262

우리가 모국어를 말할 때 문법을 의식하는 경우는 거의 없다. 거의 자동적으로, 전혀 의식하지 못한 채로 말을 하게 된다(우리의 뇌는 단어의 순서를 찾는 데 매우 열중하기 때문에 'Little a mary had lamb'이라는 문장을 처음 보았을 때, 단어의 순서가 뒤죽박죽 돼 있다는 걸 미처 발견하지 못한 채 이 문장이 원래 의도했던 의미(메리에게는 어린 양 한 마리가 있었다)를 알아냈을 수도 있다). 때로는 단어의 순서를 잘못 이해하는 실수를 저지르기도 한다.

래슐리는 타자기로 글자를 입력할 때 '가끔 오타-예컨대 'these'를 'thses'로, 'rapid writing'을 'wrapid riting'으로-가 나는 것에 주목했다(사실 나도 이 문장을 쓰면서 'typed'라고 쳐야 하는데 'dypet'라고 잘못 치고는 수정했다). 이 오타들을 통해 알 수 있는 것은 미리 예측하기 때문에 이런 실수를 범하게 된다는 점이다. 뒤에 와야 할 글자나 단어가 먼저-지금- 나타나는 것이다. 마치 '마음의 눈(mind's eye)'이 앞서 나가는 바람에 손가락으로 하여금 지금 하는 일에서 벗어나도록 하는 것 같다. 그런데 우리의 뇌는 어떻게 단어들의 시간적인 순서를 굳이 의식적으로 생각하지 않고서도 척척 알아낼 수 있는가? 래슐리는 이것이 "뇌 심리학(cerebral psychology)에서 가장 중요한 문제인데도 불구하고 그동안 너무나 간과돼 왔다"고 생각했다.

뢰펠에 따르면, 래슐리는 단어의 시간적인 순서를 조직하는 메커니즘을 시계-물론 래슐리는 시계라는 단어를 구체적으로 사용하지 않았지만-로 보았다고 한다. 뢰펠은 이렇게 썼다. "단어들을 적절한 위치에 구성하거나 연결하는 것은-정신이 계획하는 대로 움직이는-하나의 시계를 통해 이루어진다. 뇌 안에 있는 이 시계는 단어를 적절히 연결하는 데 관여하는 모든 기능과 뇌 안의 모든 영역이 서로 동조해서 움직이도록 관장한다. 그 결과 단어를 순서대로 배치하는 전체 계획과 관련해 모든 기능과 뇌 안의 영역이 자신들에게 부여된 업무를 적절한 타이밍에 이행할 수 있도록 만든다." 따라서 이 뇌 시계(cerebral clock)야말로 "적절한 순서로 배치된 단어들을 매개로 하나의 생각(사고)을 표현할 수 있는 전제조건"이다. 뇌시계가 없다면 우리는 스스로를 표현할 수 없는 것이다.

"모든 복합적인 행동에는 시간이 포함돼 있습니다."

UCLA 교수인 신경과학자 딘 부오노마노는 나를 만나자마자 이렇게 말했다. "뇌가 이 세계를 어떻게 이해하는지를 알기 위해서는 필수적으로 시간적인 요소를 이해해야 합니다."

부오노마노는 밀리초 단위에서 생리학적인 시간(physiological time)을 연구하는 소수의 학자 중 한 명이다. 그는 데이비드 이글먼을 비롯한 그 분야의 다른 과학자들과 함께 공동 저자로 여러 편의 논문을 발표했으며, 우리가 일상적으로 경험하는 시간이 우리의 신경활동과는 어떤 관계가 있는지, 또한 신경의 활동으로부터 어떻게 시간이 만들어지는지에 초점을 맞춰 꾸준히 연구해 오고 있다. 그는 신경과학이 아직 신생 분야이며, '뇌는 공간을 어떻게 해석하는가' 같은 수수께끼의 답을 찾는 분야라고 말했다.

예를 들어 우리는 수직선과 수직선에 거의 가까운 것을 구별할 수 있는데, 그것은 우리의 뇌피질-이 피질은 1960년대에 발견되었다-덕분이다. 뇌피질의 뉴런은 서로 다른 방향의 신호에 대해 서로 다르게 반응하기 때문이다. 공간에 있는 점은 망막의 뉴런들이 어떤 형태로 반응하도록 지시하는데, 그것은 악보가 피아노의 어떤 건반을 누를지를 지시하는 것과 비슷하다. 그러나 신경과학자들에게 화면상에서 어떤 하나의 선이 다른 선보다 더 길게 보이는 이유를 묻는다면 그들은 대답을 못하고 당황할 것이다.

"그동안 시간을 간과한 까닭은 정교한 방식으로 시간을 다룰 수 있을 만큼 과학이 성숙돼 있지 않았기 때문입니다." 시간이라는 단어를 언급하는 것만으로도 시간에 대한 다양한 정의와 특성에 대해 논란을 부른다. "그게 바로 이 분야의 재미있는 점입니다. 어느 누구도 우리가 다루고 있는 내용을 정확히 표현할 수 없기 때문입니다."

우리는 카페 로비에서 만나 야자수가 늘어선 캠퍼스를 가로질러 그의 연구실로 걸어갔다. 부오노마노는 8살 때 물리학자였던 할아버지로부터 생일 선물로 스톱워치를 받은 이후 시간에 매혹돼 버렸다. 그는 스톱워치를 가지고 기회가 될 때마다-퍼즐을 푸는 데 걸리는 시간을 재거나, 동네를 한 바퀴 도는 데 걸리는 시간을 재는 등-강박적으로 시간에 매달렸다. 그가 뇌 안에서 시간이 어떻게 작동하는지를 연구한 논문을 〈뉴런(Neuron)〉이라는 저널에 발표했을 때, 그 표지는 그의 스톱워치 사진으로 장식됐다.

부오노마노는 밀리초 단위로 시간을 생각할 때 가장 중요한 것은 시간적인 순서(temporal order)와 타이밍(timing)을 구별하는 것이라고 했다. 여기서 시간적인 순서란 사건이 일어나는 차례이고, 타이밍은 사건의 지속기간을 가리킨다. 이 둘은 전혀 다른 현상이지만 미묘한 방식으로 함께 작동한다. 이를 보여 주는 가장 단순한 예가 모스부호다.

1838~43년에 개발돼 전보와 전신에 사용된 모스부호는 발신전류-짧은 신호(dots)와 긴 신호(dashes)-와 발신전류 사이의 공백(silence)으로 구성된다. 국제적으로 통용되는 모스부호는 다섯 가지 요소로 돼 있다. 즉, 기본이 되는 짧은 신호인 '돈(dit)', 긴 신호인 '쓰(dah)'-이는 '돈'을 세 개 합친 길이다-, 한 글자 안에서 짧은 신호와 긴 신호 사이에 들어가는 공백-'돈' 하나의 길이-, 글자와 글자 사이에 들어가는 공백-'돈' 세 개를 합친 길이, 마지막으로 단어와 단어 사이에 들어가는 공백-이는 '돈' 일곱 개를 합친 길이-으로 이루어

진다.

모스부호를 정확하게 표현하고 해석하기 위해서는 시간적인 순서와 타이밍을 제대로 알아야 한다. 아래 그림에서 보듯이 짧은 신호와 긴 신호의 시간적인 순서가 바뀌면 4를 나타내는 부호가 6을 나타내게 된다.

●●●●▬   results in   ▬●●●●
(the number 4)   (the number 6)

또 아래 그림처럼 지속기간(타이밍)을 잘못 설정하면 즉, 중간의 짧은 신호(돈)를 긴 신호(쓰)로 대신하면 D를 뜻하는 모스부호가 G를 뜻하는 것으로 바뀌게 된다.

▬●●   instead produces   ▬▬●
(the letter D)   (the letter G)

능숙한 입력자는 1분에 40개의 단어를 입력하거나 해석할 수 있다. 1분에 200개 이상의 단어를 입력할 정도로 매우 빠른 경우도 있다. 1분에 40개에서 200개의 단어를 입력한다고 할 때 하나의 '돈'은 30밀리초에서 6밀리초의 지속기간을 가지게 된다.

〈월 스트리트 저널〉에서 척 애덤스를 인터뷰한 적이 있는데, 그는 은퇴한 천체물리학자이자 모스부호 입력자로서 소설을 모스부호로 바꾸는 작업을 해 왔다. 그가 웰스의 〈우주전쟁〉을 모스부호로 1분에 100단어의 속도로 번역했을 때, 불만을 제기하는 이메일을 한 통 받았다고 한다. 단어와 단어 사이의 공백이 좀 길다는 것이었다. 원래는 7개의 '돈' 길이만큼 공백을 주어야 하는데 척 애덤스는 8개의 '돈' 길이만큼 공백을 주었다는 주장이었다. 이 주장이 사실이라면 그 사람은 0.012초만큼의 오차를 알아채고서 귀에 거슬려 했다는 말이 된다.

이토록 짧은 간격을 정확히 구분해 내려면-1초 동안 단 한 번이 아니라 수백 번, 수천 번이나 구분할 수 있으려면- 엄청나게 예민한 시간감각을 갖고 있어야 한다.

퀴펠의 말이 옳았다. 언어는 시계를 필요로 한다. 그렇다면 도대체 이 시계는 어디에 존재하며, 어떻게 작동하고 있는 것일까? 부오노마노는 밀리초 단위의 시계라는 말을 곧이곧대로 받아들이면 안 된다고 강조했다. 우리의 정신을 묘사하기 위해서 흔히 채택하는 모델들은 신경이 실제로 작동하는 복잡다단한 방식을 파악하는 데 방해가 될 수 있다는 것이다.

뇌 안에서 작동하는 밀리초 시계

우리가 지속기간을 어떻게 알게 되는지에 대한 표준적인 설명 방식은 '속도조정자-누산자 모델(pacemaker-accumulator model)'이라고 부르는 것이다. 이 모델은 우리의 뇌 어딘가에 시계와 같은 것이 있다고 추측하면서, 이 시계는 일정한 속도로 진동하는 뉴런 다발이라고 본다. 이 뉴런 다발은 진동이나 째깍거림을 만들고 그것들을 모아 저장하게 된다. 이렇게 모인 진동이나 째깍거림이 예컨대 90초를 지나게 되면 횡단보도에서 기다리고 있을 때 시간이 너무 많이 흘렀다고 즉, 신호가 너무 오랫동안 바뀌지 않는다고 느끼게 된다.

그러나 뉴런 다발이 뇌 안에서 차지하는 영역이 깔끔하게 구분되는 것은 아니다. 부오노마노는 "실제 생활의 메타포를 뇌에 적용하면 큰 혼란이 초래됩니다"라고 말했다. 그는 밀리초 단위로 작동하는 시계 즉, 뉴런 다발이 다른 특정한 뇌세포들처럼 분명하게 구분되는 어떤 것이라고는 믿지 않는다. 밀리초 시계는 뇌의 특정한 장소에 위치하는 것이 아니라, 뇌 신경망 전체에 퍼져서 작동하는 것일 가능성이 높다고 보고 있다.

"타이밍(지속기간)은 뇌 시계의 기본적인 특성이기 때문에, 그것을 관장하는 마스터 시계(master clock)를 따로 두지 않을 가능성이 높습니다. 뇌는 마스터 시계를 필요로 하지 않습니다. 뇌가 마스터 시계를 따로 두는 것은 설계상으로 보더라도 그다지 효율적인 설계라고 할 수 없습니다."

하나의 자극이 뇌에 도달하면-예를 들어 모스부호인 '돈' 하나가 청각신경을 자극하거나 혹은 플래시 하나가 시신경을 자극하면- 뉴런들 사이에서 전기적인 흥분이 잇따라 일어나게 된다. 신호는 신경화학물질을 통해 뉴런과 뉴런을 잇는 시냅스를 거쳐 하나의 뉴런에서 다른 뉴런으로 전달된다. 하나의 뉴런이 다른 뉴런을 점화(혹은 '발화' '흥분'이라고 표현하기도 한다)시켜서 자신이 가진 전기적인 신호를 전달하는 것이다. 이는 마치 과학자 한 사람이 복도에서 다른 동료 과학자에게 열쇠를 던져 주는 것과 같다.

그런데 뉴런이 점화해서 다시 점화할 때까지는 10밀리초에서 20밀리초까지의 시간이 걸린다. 그렇기 때문에 만약 이 시간 안에 다른 신호가 도달하게 되면, 뉴런은 앞선 신호가 불러일으킨 흥분 상태 속에서 다른 신호를 받아들이는 셈이 된다. 칼 래슐리는 이런 상황을 쉽게 이해하려면 뇌를 '호수의 표면'으로 생각하면 좋다고 썼다. 돌 하나를 호수에 떨어뜨렸을 때처럼, 하나의 자극이 일어나면 그 신호가 뉴런의 네트워크로 들어와 흥분의 물결(ripples)을 일으킨다. 여기에 다른 신호가 잇따라 들어오면 이미 있던 물결에 새로운 신호가 일으킨 물결이 더해지게 되고, 그렇게 연쇄적으로 파문이 일어나는 것이다. 이것이 뇌에서 끊임없이 일어나는 현상이다.

뉴런들은 모스부호 하나가 들어와서 자신들을 흥분시켜주도록 느긋하게 기다리고 있는 것이 아니다. 뉴런들은 정보를 다른 뉴런에 전달하고, 아주 짧게 쉬었다가 또 다른 정보가 들어오면 다시 전달하면서 쉼 없이 바쁘게 일하고 있는 것이다. 이와 관련해 래슐리는 "신호는 조용하고 정적인 시스템 안으로 들어가는 것이 아니라, 이미 활발하게 흥분해 있는 상태의 시스템 안으로 들어가는 것"이라고 썼다.

부오노마노는 이 물결들이 기껏해야 몇 백 밀리초 동안만 지속한다고 말했다. 이는 뉴런의 네트워크가 방금 일어난 일에 관한 정보를 아주 짧은 기간 동안 유지한다는 것을 의미한다. 또한 뉴런의 네트워크에는 두 가지 상태-가장 최근의 자극으로부터 활성화된 패턴(물결)과 그 이전의 자극으로 일어난 물결의 잔존물(부오노마노는 '숨겨진 상태'라고 불렀다)-과 동시에 존재한다. 이것이 바로 일종의 단기 기억(transient memory)이며, 밀리초 단위의 시계가 갖는 본질이다. 두 가지 상태의 물결이 병존하기 때문에 두 사건 사이에 시간이 얼마나 흘렀는지를 알 수 있게 되는 것이다.

따라서 뇌에 있는 시계는 계측기(counter)가 아니라 패턴을 탐지하는 장치(a pattern detector)다. 앞뒤에 일어나는 물결을 비교해 물결들의 공간적인 정보를 시간적인 정보로 바꾸는 것이다. 예컨대 일부분이 중첩돼 있는 상태 A와 상태 G사이에는 100밀리초의 시간이 흘렀다든가, 상태 D와 상태 Q 사이에는 500밀리초가 흘렀다는 식으로 계산하는 것이다. 부오노마노는 '숨겨진 상태'들을 가진 뉴런 네트워크를 컴퓨터로 시뮬레이션해 본 결과, 실제로 사건들의 시간 경과를 인지할 수 있다는 사실을 발견했다.

그는 이런 설명 방식이 다른 중요한 사실도 일깨워 준다고 말했다. 두 개의 동일한 신호음을 약 100밀리초의 간격-이는 뉴런의 네트워크가 리셋하는 데 필요한 시간보다 짧다-으로 들려주면, 두 번째 신호음은 첫 번째 신호음 때문에 일어난 물결이 채 잦아지기도 전에 네트워크에 도달하게 된다. 그리고 이 '숨겨진 상태'는 새로 들어온 두 번째 신호의 작동 방식에 영향을 미치게 된다. "뉴런의 현재 상태는 바로 직전의 뉴런 상태에 따라 결정됩니다." 따라서 동일한 자극이 연이어서 일어날 경우 우리는 그 둘이 (실제로는 동일한 지속기간을 갖는데도 불구하고) 서로 다른 지속기간을 갖는다고 느끼게 될 수도 있다.

부오노마노는 이를 입증하기 위해 몇 가지 실험을 고안했다. 한 실험에서는 참가자들에게 두 개의 짧은 신호음을 연이어 들려준 뒤 두 신호 사이의 간격이 얼마나 되는지를 판단하도록 했다. 이 경우 참가자들은 두 신호 사이의 간격을 여러 가지로 바꾸어도 대체로 차이를 쉽게 구별해 냈다. 두 번째 실험에서는 첫 번째와 동일한 신호음을 사용하되, 두 번째 신호음을 들려주기 직전에 다른 신호음을 들려주었다. 그는 이 추가된 신호음을 '방해자극(distractor)'이라고 불렀다. 방해자극을 두 번째 신호음보다 빨리 100밀리초 이내에 들려주면 참가자들은 (방해자극을 제외한) 원래의 두 신호음 사이의 시간 간격을 판단하는 정확도가 크게 떨어지는 것으로 나타났다.

왜 그런 결과가 나왔을까. 그는 방해자극이 첫 번째 신호음에 대한 참가자의 지각을 변화시켰기 때문이라고 설명했다. 또 다른 실험에서는, 참가자들에게 두 개의 신호음—하나가 다른 하나보다 긴 신호음—을 잇따라 들려주고 어떤 신호음이 더 빨리 들렸는지를 판단하도록 했다. 이 경우에도 두 번째 신호가 들리기 100밀리초 전에 방해자극 신호음을 들려주었을 때 대부분의 참가자들은 두 신호음 중 어떤 신호가 더 길었는지, 그래서 어느 쪽이 더 빨리 일어났는지를 정확히 알아내지 못했다. 이를 통해 밀리초 단위의 척도에서는 타이밍과 시간적인 순서가 서로 뒤엉키게 된다는 것을 알 수 있다.

실제로 다른 연구에 따르면, 난독증을 가진 사람들은 두 음소 (phoneme 의미 구별 기능을 갖는 음성상의 최소 단위)가 연이어 나오면 둘 사이의 정확한 순서를 인지하지 못하는 것으로 나타났다. 이는 밀리초 단위에서 일어나는 사건들의 지속기간과 시간 간격을 제대로 판단하지 못하기 때문에 일어나는 것이라고 할 수 있다. 어쨌든 부오노마노의 이론모델은 우리 뇌 안에 밀리초의 시계가 있을지라도, 그 시계는 째깍거리지 않을 뿐 아니라, 사건과 자극들을 하나하나씩 세는 것도 아니라는 것을 보여 준다.

윌리엄 제임스는 50세에 접어든 1892년, "실험실 업무에 싫증이 나서" 자신이 관장해 오던 하버드 대학 심리학연구소를 후고 뮌스터베르크에게 넘겼다. 그는 독일 출신의 심리학자로 3년 전 파리에서 열린 제1차 국제심리학자회의에서 윌리엄 제임스를 만난 이후 돈독한 관계를 맺었다. 그는 라이프치히에서 제임스의 멘토였던 빌헬름 분트에게서 심리학을 배웠으며, 심리학을 산업과 광고에 응용한 최초의 인물로 평가받고 있다. 뮌스터베르크는 펜실베이니아 철도회사와 보스턴 고가철도회사가 엔지니어와 노면전차 운전자를 고용할 때 활용할 심리 테스트를 시행했다. 또 사무실 구조를 바꿔 피고용인들이 작업 중에 서로 대화하기 어렵도록 만들면 생산성을 높이는 데 도움이 된다는 연구결과를 발표하기도 했다.

그는 〈경영심리학〉 〈심리학과 산업의 효율성〉 등 수많은 저서를 남겼고, 1910년 〈맥클루어 매거진〉에 발표해 인기를 끈 '자신의 천직을 발견하는 법' 등 주목받는 글도 다수 발표했다. 이 글에서 그는 심리적인 테스트는 '개인의 참된 소명'을 밝혀 낼 수 있으며, 이를 통해 미국인들이 직업을 무모하게 선택하는 것을 미연에 막을 수 있다고 주장했다.

뮌스터베르크는 최초의 영화평론가로도 널리 인정받고 있다. 그는 초기 영화에 매혹된 나머지 '우리는 왜 영화를 보는가?' 같은 에세이를 발표했다. 1916년에 출간한 〈영화의 심리학적 연구〉에서 영화

는 인간의 정신이 어떻게 작동하는지를 거울처럼 거의 그대로 반영하기 때문에 예술의 한 형식으로 받아들여야 한다고 주장했다. 그는 영화와 관련한 일련의 심리 테스트를 개발하기도 했다.

이 심리 테스트에 대해 그는 1916년 열린 제1회 민족영화제에서 "관객들에게 영화를 보기 전에 갖춰야 할 것이 무엇인지를 알려주고, 이에 따라 각자가 적절한 심리상태를 유지하도록 돕기 위한 것"이라고 설명했다. 그중 한 테스트는 아래 사진처럼 관객들에게 뒤죽박죽 뒤섞인 글자들을 보여 준 뒤 글자들의 순서를 재배치해 의미를 띤 단어로 구성해 보도록 하는 것이었다. 이 또한 "영화에서 주어지는 상황이 어떤 의미를 띠는지 재빨리 파악할 수 있도록 미리 관객들의 마음상태를 형성하기 위한 것"이었다.

<그림>뮌스터베르크의 영화관련 작업

이 문자그림(ideograph)은 하버드 대학 교수가 고안한 심리 테스트의 하나로, 스탠리에서 발행되는 영화잡지 <파라마운트 픽토그래프>에 실린 것이다. 관객들에게 먼저 왼쪽 그림처럼 글자들이 뒤죽박죽 섞여 있는 화면을 보여 준 후, 몇 초 동안에 이 글자들을 재배열해 WASHINGTON으로 만들 수 있으면 그 관객은 창의적이라는 판정을 받게 된다.

역사학자 스티븐 컨은 영화의 출현으로 느슨한 내러티브가 가능해졌다고 썼다. 사진이 시간을 고정했다면 영화는 시간을 해방시켰다. 영화의 스토리는 시간을 점프해서 앞으로 진행할 수도 있고 시간을 뒤로 돌려 과거로 돌아갈 수도 있으며, 과거와 미래가 나란히 같은 속도로 진행될 수도 있다. 또 영사기를 거꾸로 돌리면 시간을 거꾸로 흐르게 할 수도 있다. 예컨대 어떤 사람의 발이 먼저 물 밖으로 나와 높이 솟아오른 다음 해안 절벽에 안전하게 착지하는 것이 가능하고(해안 절벽에서 바다로 점프한 사람의 영상을 거꾸로 돌린 것), 스크램블 에 그가 노른자로 변할 수도 있다.

컨은 〈시간과 공간의 문화: 1880-1918〉에서 버지니아 울프가 했던 다음과 같은 말을 인용했다. "영화는 무시무시할 정도의 영향력을 가진 내러티브 산업이다. 영화의 내러티브는 점심식사 시간에서 저녁식사 시간으로 한달음에 건너뛸 수 있다. 하지만 이는 가짜이고 비현실적이며 관습적인 것에 불과하다."

그러나 뮌스터베르크는 시간을 자유자재로 건너뛸 수 있는 영화가 가진 능력은 인간의 기억이 작동하는 방식과 거의 유사하다고 보았다. 예컨대 클로즈업은 무엇인가를 골똘히 관찰하는 사람의 내면의 모습을 반영한다. 이에 대해 그는 "카메라는 우리가 무언가에 집중할 때 우리 마음 안에서 일어나는 일을 그대로 보여 준다"고 썼다. 또 다른 곳에서는 "카메라가 그리는 내적인 마음은 카메라 자체의 작동방식에 녹아 있다. 카메라의 작동을 통해 공간과 시간의 한계를 뛰어넘을 수 있으며 주의, 기억, 상상력, 감정과 정서가 가시적으로 구현된다"고 기록했다.

이후 수십 년 간 영화와 비디오는 뇌가 시간을 어떻게 지각하는지를 설명하는 데 주요한 메타포가 되어 왔다. 즉, 눈은 우리의 카메라 혹은 우리의 렌즈이고, 현재는 짧은 순간을 찍은 스냅사진이며, 시간의 흐름이란 그런 이미지들의 연속이라는 식으로 설명되었다. 우리의 기억은 장면들이 사진으로 기록될 때 거기에 이름을 붙이는 것이며, 그렇게 함으로써 사건과 자극들을 시간이 지난 뒤에 다시 끌어내 사건이 일어난 순서대로 회상하는 것이다. 기억이란 그래서 영화와 같은 것이었다.

시간을 이렇게 이해하는 관점은 신경과학에도 깊이 들어와 있다. 데이비드 이글먼의 연구는 이와 같은 관점을 불식시키는 것을 목표로 삼고 있다. 그는 뇌 안의 시간은 영화 속의 시간과는 전혀 다르다는 것을 널리 알리고 싶어 한다.

어느 날 오후 이글먼은 자신의 연구실에서 최근 착시에 대해 쓴 논문 즉, '마차바퀴 효과'로 알려진 현상에 관해 설명해 주었다. 그런 착시현상은 오래된 서부영화에서 흔히 볼 수 있다. 달리는 역마차의 바퀴(바퀴살이 달린 스포크휠, spoked wheel)가 거꾸로 돌고 있는 것처럼 보이는 것이다. 이는 역마차 바퀴의 회전비율과 그것을 찍는 카메라의 프레임이 회전하는 비율[34]의 차이 때문에 생긴다. 바퀴의 회전 속도가 영화필름 회전속도보다 느리면서도 영화 필름 회전속도의 절반 이상일 때, 스크린 상에서 보면 바퀴가 거꾸로 도는 것처럼 보인다.

....

34 영화는 필름 조각들을 연속적으로 상영함으로써 이루어진다. 이 각각의 필름 조각을 프레임이라고 부른다. 영화는 보통 초당 24프레임의 속도로 촬영되고 상영된다.

시각적인 착각이 발생하는 이유

이러한 시각적인 착각현상은 실제 생활에서도 볼 수 있다. 콘퍼런스 룸에서 장시간 모임을 가질 때, 천장에 돌고 있는 팬을 쳐다보면 팬이 거꾸로 돌고 있는 것처럼 보일 때가 있다. 이는 형광등 때문에 일어나는 현상이다. 형광등의 깜빡임이 이른바 스트로보 효과를 일으키는 것이다. 예컨대 영화의 경우는 영사기의 조명이 필름 조각들(프레임)의 정지된 이미지를 비춤으로써 스크린에 상이 맺히게 된다. 마찬가지로 형광등의 깜빡이는 조명이 팬의 움직임을 불연속적인 이미지들로 나누어 우리 눈의 망막에 맺히게 하는 것이다. 이때 형광등이 깜빡이는 비율과 팬의 비율이 맞지 않으면 즉, 팬의 회전 속도가 형광등이 깜빡이는 비율보다 낮으면 팬이 거꾸로 돌고 있는 것처럼 보이게 되는 것이다.

아주 드물지만 밝기가 일정한(형광등처럼 깜빡이지 않는) 햇빛 아래에서도 이런 시각적인 착각현상이 일어날 수 있다. 듀크 대학 신경과학과 교수인 데일 퍼브스는 1996년 실험실에서 이런 착각현상을 재현하는 데 성공했다. 그는 작은 원통 둘레에 점들을 그려 넣은 다음 실험 참가자들에게 원통이 빠르게 회전할 때 측면에서 이를 지켜보도록 했다. 원통을 왼쪽을 향해 회전시키자 점들도 왼쪽으로 회전했다. 그러나 조금 지나자 점들이 거꾸로 즉, 오른쪽으로 회전하기 시작했다. 하지만 참가자들 모두가 바로 이것을 알아챈 것은 아니었다. 참가자들 중 일부는 거꾸로 회전한 지 몇 초 안에 이를 깨달았지만, 몇 분이 지나서야 눈치를 챈 이들도 있었다. 하지만 원통이 처음 회전하고 난 뒤 어느 정도 시간이 지나서야 그런 역전 현상이 일어나는지는 아무도 예측하지 못했다. 어쨌든 거꾸로 회전하는 현상 자체는 모두가 눈으로 확인했고, 실제로 일어난 일이었다.

원통은 왜 거꾸로 도는 것일까? 퍼브스와 동료들은 실험실에서 관찰한 착각현상이 '마차바퀴 효과'처럼 우리의 시각체계가 영화 카메라처럼 작동하기에 일어나는 것이라고 해석했다. 즉, 우리의 지각 프레임(preception frame)의 인지 속도와 원통의 회전 비율이 서로 다른 데서 오는 현상이라는 것이다. 밝기가 일정한 햇빛 아래에서도 그런 착각이 생긴다는 것은 "우리가 사물의 움직임을 마치 영화처럼 시각적인 조각들이 이어져 있는 것처럼 인지한다는 것을 의미한다"는 것이다. 다른 과학자들도 이 연구를 인용하면서, 우리가 세계를 불연속적인 순간들이 이어져 있는 것으로 받아들이는 증거로 삼았다.

그러나 이글먼은 이런 주장에 의심을 품었다. 만약 우리가 정말로 영화 프레임처럼, 불연속적인 순간들로 세계를 인식한다면 그 결과는 훨씬 예측 가능하고 규칙적이어야 한다는 것이다. 예를 들어 원통이 거꾸로 도는 현상은 일정한 회전비율로 원통이 돌 때마다 일어나야 한다. 하지만 실제로는 이와 같지 않다는 것이다. 이를 보여 주기 위해 이글먼은 '나의 15달러짜리 실험'이라고 부른 실험을 진행했다. 고물상에서 거울과 낡은 전축을 구입한 그는 퍼브스의 실험을 그대로 되살리기 위해, 작은 원통에 점들을 그린 다음 원통을 턴테이블 위에 올려놓고 그 앞에 거울을 배치했다. 그리고는 턴테이블을 회전시켜 원통이 왼쪽으로 회전하도록 했다 이 경우 거울에서는 원통이 오른쪽으로 돌고 있는 것으로 보이게 된다.

만약 퍼브스의 주장대로 뇌가 영화 카메라처럼 불연속적인 정지장면(스냅숏)을 연이어 지각하는 것이라면, 원통의 회전과 거울에 비친 원통의 회전 모두 어느 시점에서는 동시에 반대 방향으로 돌아야 할 것이다. 그러나 그런 일은 일어나지 않았다. 실제 원통과 거울에 비친 원통 모두 거꾸로 돌았지만 동시에 일어나지는 않았다.

　이글먼은 시각적인 착각은 지각 프레임의 속도나 시간에 관한 우리의 지각과는 무관하다는 결론을 내렸다. 오히려 그런 현상은 폭포수 효과 즉, 운동잔상이나 경쟁(rivalry)이라고 불리는 현상과 관련이 있다. 점들이 찍힌 원통이 왼쪽으로 돌 때, 뇌 안에서는 왼쪽으로 향하는 운동을 추적하고 뉴런 다발들이 자극을 받게 된다. 그런데 뇌가 운동을 추적하는 과정에서 생기는 어떤 기이한 현상으로 인해, 오른쪽으로 도는 운동을 추적하는 뉴런 다발 중 일부도 자극을 받게 된다는 것이다.

　이글먼은 이것을 선거에 비유해서 설명했다. 선거에서는 다수당이 대부분의 지역에서 승리하듯이, 원통이 회전할 때도 다수를 차지하는 뉴런 다발은 제대로 된 회전 방향을 지각한다. 그러나 통계적으로 소수당이 선거에서 이길 확률이 조금이라도 있듯이, 아주 가끔은 소수의 뉴런들이 지각을 지배할 때가 있고 이 경우 원통이 반대 방향으로 움직이는 것처럼 착각을 일으키게 된다는 것이다. "그 소수의 뉴런들은 경쟁개체군(competing populations)이라고 할 수 있습니다. 아주 가끔은 이 소수의 경쟁파가 승리를 거두기도 합니다"라고 이글먼은 말했다.

뇌는 주관적인 시간만 처리한다

그럼에도 영화-카메라 메타포는 여전히 신경과학에서 더 은밀한 형태로 지속되고 있다. 우리 앞에 똑같은 이미지-예컨대 신발의 이미지-가 잇따라서 스크린에 빠르게 투영되고 있다고 해 보자. 이미지들이 스크린 위에서 지속되는 시간은 모두 동일하지만 대개는 가장 먼저 투영된 이미지가 이후에 등장하는 이미지들보다 더 오래 지속되는 것처럼 느껴지게 된다. 연구에 따르면 50퍼센트 정도 더 오래 지속되는 것처럼 보인다고 한다. 이는 '카메오 효과' 혹은 '첫선 효과(debut effect)'로 알려져 있다(이런 효과는 신호음을 들려줄 때와 같은 청각에서도 찾아볼 수 있다. 물론 그 효과는 시각적인 이미지보다 두드러지지는 않는다).

마찬가지로, 동일한 이미지가 연속해서 등장할 때 새로운 이미지가 중간에 끼어들게 되면-예컨대 신발 이미지가 계속 나오는 도중에 배 이미지가 불쑥 끼어드는 경우처럼- 새로 들어온 이미지는 실제로는 다른 이미지들과 지속기간이 동일한데도 더 길게 지속하는 것처럼 보인다. 과학자들은 이것을 '별종 효과(oddball effect)'라고 부른다.

이런 현상에 대한 표준적인 설명 방식은 시간에 대한 '속도조정자-누산자 모델'을 상기시킨다. 앞에서 보았듯이 이 모델은 뇌 안의 어딘가에 밀리초 단위에서 작동하는 '체내 시계(internal clock)'가 있다는 이론이다.

이 시계는 펄스나 째깍거림을 꾸준히 만들어 내 그것들을 모으고 저장한다. 여기에 별종 이미지가 들어오면 새로운 것이기 때문에 주목을 끌게 되고, 그런 주목은 별종 이미지의 데이터를 처리하는 속도를 높여 그 이미지를 바라보는 동안 뇌 안의 시계가 조금 더 빠르게 작동하도록 만든다. 그 이미지를 보는 동안 뇌가 상대적으로 더 많은 '째깍거림'을 모으기 때문에, 그 이미지의 지속기간도 더 길다고 느끼게 되는 것이다.

이는 마치 우리가 영화를 보고 있을 때 갑자기 색다른 이미지가 들어오면 순간적으로 그 이미지의 등장 시간이 길게 느껴지는 것과 같다. 그래서 어떤 과학자는 별종 이미지를 경험하는 것을 '주관적인 시간의 팽창(subjective expansion of time)'이라고 표현하기도 했다.

하지만 이글먼은 이런 표준적인 설명 방식이 옳다고 보지 않았다. 경찰차가 범인의 자동차를 추격하는 장면이 등장하는 영화를 본다고 생각해 보자. 만약 이 추격 장면에서 영화의 속도를 늦추게 되면 오디오와 비디오 둘 모두가 영향을 받게 될 것이다. 즉, 차들이 달리는 속도가 줄어들고 경찰차에서 나오는 사이렌 소리의 강도도 떨어질 것이다. 하지만 실제 생활에서는 지속기간을 왜곡하게 되면 한 번에 하나의 감각에만 변화가 일어나게 된다(영화에서처럼 시각과 청각 모두가 영향을 받는 것이 아니라 둘 중 하나만 영향을 받는다). "시간은 하나로 이루어져 있지 않습니다." 이글먼은 나에게 이렇게 말했다. 뇌 안의 시간은 단일하게 통일된 현상이 아니라는 것이다.

그렇다면 그는 별종 효과를 어떤 식으로 설명하는 걸까? 그는 별종 이미지가 뇌의 주목을 끄는 것이 아닐 거라고 생각한다. 뇌가 어떤 것에 주목하게 되면 시간이 느려진다. 우리가 갑자기 어떤 것에 관심을 갖게 될 때 그것을 제대로 파악하는 데는 최소한 120밀리초가 걸린다. 그런데 실제로는 이보다 더 빠른 속도로 별종 이미지가 우리에게 제시될 때도 별종 효과가 일어난다. 게다가 뇌의 주목이 시간을 팽창시킨다면 주목을 더 많이 끄는 이미지일수록 별종 효과도 더 크게 일어날 것이다. 그러나 이글먼이 '무서운 별종들'로 실험을 해 본 결과-거미나 상어, 뱀을 비롯해 정서적으로 놀라움을 일으키는 이미지들로 실험을 해 본 결과- 이들은 보통의 별종 이미지들에 비해 조금도 시간을 팽창시키지 않았다.

그래서 이글먼은 첫선효과나 별종효과에 관한 표준적인 이론은 틀렸을 것이라고 생각하게 되었다. 그는 처음 등장하는 이미지나 별종 이미지는 보통 이미지보다 지속기간이 더 길지 않다고 본다. 오히려 첫선 이미지나 별종 이미지 다음에 오는 이미지들-이미 뇌에 친숙해진 이미지들-의 지속기간이 평소보다 짧아져서 상대적으로 그 둘(첫선 이미지나 별종 이미지)의 지속기간이 더 길게 느껴진다는 것이다. 별종 이미지가 시간을 팽창시키는 것이 아니라, 이미 친숙해진 이미지들의 지속기간이 단축되는 것이다.

뇌 생리학 연구에서도 이와 비슷한 결론을 보여 준다. 과학자들은 뇌파(electroencephalograms)나 PET 스캔, 신경 활동을 기록하는 다른 방법들을 사용해, 반복되거나 친숙한 자극을 연이어 볼 경우(혹은 듣거나 느낄 때) 그 자극과 관련된 뉴런들이 점화되는 비율은 같은 자극이 계속 이어짐에 따라 점점 감소한다는 사실을 밝혀냈다. 물론 이 경우 자극을 보는(듣거나 느끼는) 관찰자는 이런 변화를 전혀 의식하지 못한다. 말하자면 동일한 이미지를 계속해서 볼 때 뉴런들은 그 자극을 점점 효율적으로 처리하는 것이다.

이런 현상-이는 '반복 억제(repetition suppression)'라고 부른다-은 뇌가 에너지를 절약하는 한 가지 방식일 것이다. 또한 관찰자가 반복되거나 친숙한 사건에 훨씬 더 빨리 반응하게 되는 이유이기도 할 것이다. 반복적이고 친숙한 이미지나 사건에 대해 뉴런은 기본적으로 속도를 늦추는데, 우리의 의식은 뉴런이 그렇게 절약하는 과정을 대부분 깨닫지 못한다.

이 '반복 억제' 현상으로 첫선 효과와 별종 효과를 설명할 수 있을 것이다. 기존의 표준적인 설명에서는 별종 이미지가 더 많은 주목을 끌며, 더 많은 에너지를 필요로 하기 때문에 별종 이미지의 지속기간이 팽창한다고 보았다. 그러나 '반복 억제'를 적용하면 정반대 현상이 일어나게 된다. 즉, 같은 이미지가 연속적으로 보여지면 지속기간을 단축시키고 그 결과 별종 이미지의 지속기간이 상대적으로 길다고 느끼게 되고, 이에 따라 더 많은 주목을 받게 된다. 주목하는 행위가 시간을 왜곡하지는 않는다. 반대로 지속기간이 상대적으로 길어진 것은 더 많이 주목하도록 만든다.

이런 설명 방식은 그동안 우리가 지녀 왔던 자아에 대한 인식에 충격을 준다. 왜냐하면 어떤 것에 주목한다는 것은 우리의 의식이 표현된 것-"나는 지금 이것을 보고 있다"-이라고 생각하지만, 실제로는 촉발된 반응(지속기간이 길어짐으로써 일어나는 반응)에 불과하기 때문이다. 그것은 마치 관객을 앞에 두고 진행되는 시트콤에서 관객들이 어떤 에피소드에 반응해 웃음을 터뜨리는 것과 같다.

시간적인 착각이 일어나는 원인은 뇌가 실제 지속기간을 계산하기 때문이라는 것이 그동안의 설명 방식이었다. 뇌 안의 어딘가에 있는 시계가 '실제' 시간을 추적하고, 우리가 경험하는 것이 그 실제 시간과 얼마나 차이가 나는지를 그 시계가 우리에게 알려준다는 것이다. 그러나 많은 과학자들이 이런 설명 방식에 의심을 품기 시작했다. "뇌는 물리적인 시간을 처리하지 않습니다. 뇌는 오직 주관적인 시간만을 처리합니다"라고 저명한 심리학자가 나에게 말했다.

이런 개념은 윌리엄 제임스의 주장을 떠올리게 한다. 제임스는 우리가 실제 지속기간을 알 수 없으며 우리가 아는 것은 오직 지속기간에 관한 우리의 지각이라고 했다. 별종 효과에 대한 새로운 설명 방식도 이런 주장을 뒷받침하는 것처럼 보인다. 별종 이미지는 보통 이미지에 비해 더 오래 지속되는 것이 아니라, 다음에 오는 이미지들(지속기간이 단축된 이미지들)보다 상대적으로 더 오래 지속되는 것일 뿐이다. 우리는 어떤 이미지나 자극의 지속기간을 별개로, 독립적으로 평가하는 것이 아니다. 오직 다른 자극들의 지속기간과 비교함으로써만 평가가 이루어진다.

"우리에게는 지속기간을 순수한 형태로 파악할 수 있는 감각이 없을지도 모릅니다"라고 이글먼은 말했다. 지속기간을 재는 시계는, 일반적인 시계들과 마찬가지로, 다른 시계와의 관계를 통해서만 의미를 띤다. "우리는 시간의 팽창과 시간의 단축 사이의 차이를 절대적으로는 알 수 없습니다. 우리가 할 수 있는 것은 상대적인 질문입니다. 즉, 어느 쪽이 지속기간이 더 긴가, 라고 물어야 합니다. 또한 어느 쪽이 더 정상적인 시간인지조차도 전혀 알 수 없습니다."

이글먼은 이런 생각을 확인하기 위해 기능적 자기공명영상법(fMRI)을 이용한 실험을 시도했다. 나는 이 실험에 자원했다. 기능적 자기공

뇌영상법은 뇌에 흐르는 혈액의 산소 소모량 차이를 측정해 사람의 의식과 감정변화 등을 알아보는 것이다. 실험 참가자가 가만히 누운 상태에서 특정한 정신활동을 하게 되면, fMRI는 뇌의 어느 영역이 그 정신활동과 관계하는지를 대략적으로 보여 주게 된다.

이글먼의 실험에서는 기본적으로 별종 효과를 테스트하게 될 것이다. 나에게 다섯 개의 단어나 글자, 숫자-예컨대 '1...2...3...4...1월'처럼-를 제시한 뒤 어떤 것이 '별종'인지를 물으면, fMRI는 내가 별종을 찾는 동안 뇌 안의 뉴런들이 어떤 모습을 보이는지 체크하게 되는 것이다.

이글먼은 내가 fMRI 실험을 하는 동안 지속기간이 왜곡되는 것을 겪게 되겠지만, 그것을 내가 아는지 모르는지는 묻지 않을 것이라고 말했다. 왜냐하면 이 실험에서 중요한 것은 뇌 안의 신경이 어떤 반응을 보이느냐는 것이지, 내 의식이 어떻게 반응하는가를 알려는 것은 아니기 때문이다.

fMRI 실험실은 복도 끝에 자리잡고 있었다. 여성 연구원 한 명이 컴퓨터 제어판을 보고 있었고 그 너머 긴 창문을 통해 fMRI 기계가 있는 방이 보였다. 그녀는 나에게 금속으로 된 것은 모두 없애 달라고 요청했다. 나는 펜과 약간의 동전, 장인어른이 주신 손목시계를 건넸다. 실험은 45분정도 걸리며, 그동안 나는 좁은 공간에서 미동도 없이 누워 있어야 한다고 했다. 그 얘기를 듣고 나는 실험을 하는 동안 정신적인 에너지를 얼마나 소모할지 모르지만, 필기를 할 수 없으니까 실험이 진행되는 과정을 가능한 한 꼼꼼히 기억해야겠다고 생각했다. 나는 그녀에게 fMRI를 찍는 것은 이번이 처음이라고 말했다.

"혹시 폐쇄공포증이 있나요?"라고 그녀가 물었다.

나는 "잘 모르겠어요. 이제 곧 알게 되겠죠"라고 답했다.

fMRI 장치는 입구가 둥글게 돼 있었고, 금속으로 된 긴 트레이가 입구 바깥으로 뻗어 나와 있었다. 내가 그 트레이 위에 눕자 그녀가 헤드폰 세트를 내 머리에 씌우고 리모컨을 내 오른손에 쥐어 주었다. 이어서 야구 포수의 마스크처럼 생긴 반원형 케이지를 내 얼굴에 씌웠다. 마지막으로 그녀는 담요로 내 몸을 덮어 주더니 방을 나가 버튼을 눌렀다. 그러자 내 몸은 머리부터 튜브 안으로 미끄러져 들어갔다.

튜브 내부는 내 몸이 꽉 찰 정도로 좁았다. fMRI 기계를 작동시키는 자기장의 자석에서 나오는 일정한 파(펄스)가 내 몸 주위에 퍼져 있는 것을 느낄 수 있었다. 불현듯 내가 마치 자궁에 들어와 있는 것 같은 생각이 들었고 그 생각은 튜브 안에 있는 내내 떠나지 않았다. 포수 마스크처럼 생긴 케이지 안에는 내 눈에서 약 3인치(약 7.5센티미터) 위에 작은 거울이 있었다. 거울은 잠망경처럼 내가 몸을 움직이지 않고서도 내 머리 뒤쪽의 튜브 안쪽 끝까지 볼 수 있도록 각도가 조정돼 있었다. 거울로 보니 튜브 안쪽 끝에는 컴퓨터 화면이 텅 빈 채 하얀 빛을 내고 있었다. 마치 터널 끝에서 빛이 들어오는 것 같았다. 불현듯 방향감각이 사라지면서 기묘한 생각에 사로잡히기 시작했다. 몸이 뒤집혀 물구나무를 선 것 같았다. 그런 상태에서 작은 둥근 창을 통해 바깥을 내다보는 듯 했다.

나는 누군가의 호문쿨루스였고, 그의(호문쿨루스의 주인의) 홍채를 통해 밖을 바라보고 있었다. 낡은 필름 영사기에서 나오는 것 같은,

작게 펄럭거리는 소리가 들렸고 전기가 깜빡거리는 모습도 보였다. 나는 오래된 무성영화나 내가 한참 전에 찍어 놓은 홈 무비를 보고 있는 게 아닐까 하는 착각이 잠깐 스치고 지나갔다.

그러다 뭔가가 잘못된 것 같은 느낌이 들었다. 실험을 진행하는 소프트웨어 프로그램이 엉망이 되면서, 컴퓨터 화면에 프로그래밍 코드들이 어지럽게 널려 있는 게 보였다. 대학원 학생이 침착한 목소리로 내 헤드폰을 통해 금방 수리될 것이니 걱정하지 말라고 했다. 커서가 내가 알 수 없는 언어로 된 글자와 기호를 토해 내면서 컴퓨터 화면 여기저기를 옮겨 다니고 있었다. 순간 뭔가 매혹적이면서도 오싹한 느낌이 들었다.

내가 지금 보고 있는 것은 내 정신을 그대로 복사하고 있는 프로그램 아닐까. 지금 나는 영화 〈2001: 스페이스 오디세이〉에 나오는 고장 난 컴퓨터인 HAL이고, 인간들이 나를 수리하고 있는 모습을 내가 보고 있는 게 아닐까 하는 그런 느낌이었다. 다른 한편으로 나에게는 아무 이상이 없고 대학원생 따위도 없다는 생각이 들었다. 나는 단지 내 자신이 처해 있는 상황을 반추하고 있을 뿐이며, 어떤 예기치 못한 작동으로 생각의 메커니즘을 가리고 있던 커튼을 걷어 올려놓은 것이라고 생각했다.

컴퓨터 화면이 다시 하얗게 되면서 비로소 실험이 시작되었다. 단어와 이미지들이 하나씩 나타났다. "침대...소파...테이블...의자...월요일" "2월...3월...4월...5월...6월" 같은 것들이었다. 다섯 개로 된 단어나 이미지들이 나타난 다음에는 화면에 질문이 떴다. "이중에서 별종이 있었나요?" 내가 할 일은 별종이 있으면 리모컨의 왼쪽 버튼을 누르고 없으면 오른쪽 버튼을 누르는 것이었다.

이런 과정이 반복되었다. 다섯 개의 단어나 이미지들은 빠른 속도로 연이어 나타났고 그 다음에는 화면이 하얗게 된 상태에서 뜸을 들인 다음 위의 질문이 떴다. 나는 질문이 화면에 뜨기 전에는 버튼을 누르지 말라는 지시를 실험이 시작되기 전에 이미 들은 상태였다. 질문이 화면에 나타날 동안 나는 멍하게 아무 생각이 없었다. 지나간 일에 대한 기억이 사라지면서 막상 질문이 화면에 떴을 때는 내가 조금 전에 보았던 단어나 이미지들을 떠올리는 데 애를 먹었다. 별종이라니, 무슨 별종을 말하는 거지?

혼란스러워진 나는 단어나 이미지가 나열되고 질문이 나올 때까지 기다리는 대신, 미리 손가락을 답이라고 여겨지는 곳 즉, 리모컨의 왼쪽이나 오른쪽 버튼에 올려놓는 방법을 썼다. 그렇게 하면 질문이 뜰 때 굳이 별종이 무엇인지 기억하려고 애쓸 필요가 없었다. 화면에 등장하는 이미지들은 희미하지만 큼지막하게 보였고 마치 오래전부터 계속 그 자리에 있었던 것처럼 여겨졌다. 하지만 그런 느낌도 잠시, 이미지들은 나로부터 멀리 사라졌다.

어쩌면 이렇게 말하는 게 정확할지도 모르겠다. 나는 현재 속에서 길을 잃고 있었지만, 단편적인 생각들이 희미한 미래로부터 혹은 희미한 미래를 향해 나아가고 있었다고. 나는 약간 허기가 지기 시작했다. 헤드폰이 이마를 눌러 살짝 아파왔고, 발도 저리기 시작했다. 앞으로 질문이 얼마나 더 남았을까? 나는 깜빡 졸았다가 깨어나기를 반복했다. 이곳은 사후의 세계(afterlife)일까? 나는 지금 뭔가를 탄생시키고 있을지도 모른다. 혹은 무언가가—하나의 개념(idea), 하나의 코드(code), 하나의 단어(word)-가 나를 탄생시키고 있는지도 모른다.

마침내 실험이 끝나고 금속으로 된 튜브에서 내 몸이 빠져 나왔다. 그제야 나는 휴스턴에 있는 실험실에서 정장을 차려입고 있는 내 자신으로 다시 돌아왔다는 걸 깨닫는다. 연구원이 나에게서 담요를 걷어내고 포수 마스크 같은 케이지를 벗겨 주었다. 실험실을 나설 때 그녀가 나에게 CD 한 장을 건넸다. 그 CD에는 내 머리 속에 있는 흑백 이미지들 100여장이 들어 있다고 했다. 실험을 하는 동안 내 뇌가 어떻게 활동했는지를 보여 주는 이미지들이다. 이글먼은 몇 달 동안 다른 수십 명의 참가자들을 대상으로 fMRI 실험을 진행해 거기서 얻어진 데이터를 분석할 것이다. 그렇게 되면 CD에 담긴 내 뇌의 이미지들이 어떤 의미를 갖는지 알게 될 것이다. 지금 현재로서 나는 단지 앞으로 수집될 많은 데이터 중의 하나일 뿐이다.

288

헤어질 때 연구원이 밝은 목소리로 말했다. "축하드립니다. 이제 당신도 한 가족이 되었습니다. 우리가 분석할 많은 데이터 중의 하나가 되었으니까요."

시간은 색처럼 실재하지 않는다?

이글먼은 시간에 대한 지각은-적어도 밀리초 단위에서는- 효율성에 관한 문제라고 생각하게 되었다. 하나의 자극이 얼마나 오래 지속되는지를 평가하는 것은 뉴런이 그것을 처리하는 데 걸리는 에너지의 양과 관련이 있다. 자극을 처리하는 데 소모되는 에너지가 많을수록 우리의 뇌는 그것을 표현하는 데 더 많은 시간이 걸리고, 그 자극이나 사건이 더 오래 지속된 것처럼 여겨지게 되는 것이다.

별종효과는 그런 주장을 뒷받침하는 증거들 중의 하나다. 똑같은 이미지들이 잇따라 나타나는 것을 볼 때, 뉴런의 활동성은 줄어들게 된다. 동일한 이미지를 반복해서 재생산할 때 뉴런은 더 적은 에너지를 소모하는 것이다. 그래서 그 이미지들의 지속기간은 더 짧은 것으로 인지된다. 하지만 별종 이미지가 나타나 친숙한 이미지에 비해 상대적으로 더 오래 지속된다는 느낌을 줄 때까지는 이런-동일한 이미지들은 지속기간이 더 짧다는- 사실을 우리는 미처 깨닫지 못한다.

이글먼은 이 문제에 대한 더 많은 증거를 확보하기 위해 모든 저널의 논문들-1초 이하의 지속기간에 관한 연구를 담고 있는 논문은 약 70편 정도였다-을 샅샅이 살펴보았다. 이 논문들은 이글먼의 가정-자극의 지속기간은 그것을 처리하는 데 소모되는 에너지의 양과 관련이 있다는 가정-이 옳다는 걸 뒷받침하는 것으로 보였다.

컴퓨터 화면에 검은 점 하나가 잠깐 나타났다가 사라지게 한 후 그 점의 지속기간이 얼마나 되는지 질문을 받았다고 하자. 점의 색이 밝을수록 더 오래 지속된 것처럼 보일 것이다. 또한 점의 크기가 클수록 작은 점보다 더 크게 지속되는 것처럼 보일 것이다. 나아가 움직이는 점은 정지한 점보다, 빠르게 움직이는 점은 상대적으로 느린 점보다, 빠르게 깜빡이는 점은 천천히 깜빡이는 점보다 더 오래 지속되는 것처럼 보일 것이다. 일반화해서 말하자면, 하나의 자극이 더 강렬할수록 지각되는 지속기간은 더 길다.

또한 크기가 큰 숫자일수록 지속기간이 더 길게 느껴진다. 예컨대 8과 9를 0.5초 동안 보여 준 다음 같은 크기에 같은 지속기간을 가진 숫자 2와 3을 보여 주면, 8과 9가 더 오래 지속된 것처럼 느끼게 된다. 뇌영상(brain-imaging) 연구도 비슷한 결과를 보여 준다. 상대적으로 더 큰 물체는 작은 물체보다 뉴런의 반응을 더 크게 일으킨다. 또한 더 밝은 것, 더 빨리 움직이는 것, 더 빨리 깜빡이는 것이 뉴런에 더 큰 반응을 일으킨다. 그렇다면 시간-지속기간-이란 뇌가 자극을 처리할 때 소모하는 에너지의 양을 나타내는 것이 아닐까.

그런 측면에서 본다면, 지속기간이란 색과 매우 흡사하다고 이글먼은 말했다. 색은 물리적으로 존재하는 대상이 아니다. 색이란 시각계가 전자기파의 파장-물체가 내는 스펙트럼-을 추적해 빨강이다, 오렌지색이다, 노란색이다 등등으로 해석하는 것일 뿐이다. '빨갛다는 것(redness)'은 빨간색 사과 같은 물체에 부착돼 있는 것이 아니라, 우리의 정신(뇌)이 그 물체가 내는 에너지 복사를 해석하는 것이다. 마찬가지로 지속기간도 (객관적으로 존재하는 것이 아니라) 우리의 정신에 의해 부여되는 것일 뿐이다.

290

"우리는 실험실에서 어떤 것이 더 오래 지속되도록 할 수도 있고 더 짧게 지속되도록 할 수도 있습니다. 왜냐하면 시간이란 우리의 뇌가 수동적으로 기록하는 '객관적인 대상'이 아니기 때문입니다. 그런 것을 기록하는 감각기관이 우리에게는 존재하지 않습니다." 이글먼은 이렇게 주장했다. 그는 색처럼 시간도 실재하는 것이 아니라는 말이 "완전한 헛소리처럼 들릴지 모른다"고 인정했다. "그런 주장을 들으면 누구라도 이렇게 되묻겠지요. '시간이 실재하지 않는다면 오랜 세월을 거치면서 나를 내 자신이라고 느끼는 이 감각은 대체 무엇이란 말인가? 내 인생이 그동안 거쳐 온 이야기들은 다 허구란 말인가?'"

시간이 느리게 흐른다는 것

어느 날 오후, 나는 이글먼의 픽업트럭에 동승해 네 시간 거리에 있는 댈러스의 '무중력 놀이공원'으로 향했다. 휴스턴 교외를 떠난 지 오래지 않아 텍사스 주의 넓은 평지로 들어섰다. 메마르고 갈색을 띤 이 광활한 평지에는 화물자동차 휴게소와 패스트푸드 레스토랑 외에는 눈에 띠는 것이 아무것도 없었다. 차로 달리다 보니 나무로 된 커다란 입간판에 '길 잃을 수 있음: 지도를 보세요'란 경고 문구가 쓰여 있었다. 아니면 '책은 내 인생의 길잡이'였었나? 아무튼 우리는 시속 80마일로 그곳을 지나쳤다.

자유낙하 실험은 이글먼의 트레이드마크처럼 돼있다. 이 실험의 아이디어는 아주 단순한 데서 출발했다. 실험 참가자를 몹시 무서운 상황에 처하게 해 시간이 느리게 간다고 느끼게 만들려는 것이다. 그런 상태에서 이글먼은 '시간이 느리게 흐른다'는 것이 과연 무엇을 의미하는지 알고자 한다. 이 아이디어는 이글먼이 어린 시절에 겪었던 경험에서 따온 것이기도 하지만, 시간에 대한 영화적인 메타포로부터 차용한 것이기도 하다. 즉, 시간이 느리게 흐를 때, 그 느림의 정도는 어느 정도의 폭으로 지각되는가? 하는 것이다.

이 무렵 나는 시간이 정지해 있는 것 같은 경험을 한 사람들의 이야기를 굉장히 많이 듣고 읽은 상태였다. 심지어 내 어머니도 자신의 경험을 들려주었다. 어느 날 어머니는 차를 몰고 고속도로를 달리고 있었는데 바로 앞에서 가고 있던 트럭에서 갑자기 냉장고가 한 대 떨어지는 바람에 어머니는 급히 차의 방향을 틀어야 했다. 그 순간 어머니는 자신이 마치 슬로우 모션으로 핸들을 돌리고 있다는 느낌이 들었다고 했다. 하지만 나는 그런 경험을 한 적이 한 번도 없었다. 그래서 32.99달러에 부가세만 내면 안전하게 무중력 낙하운동을 하면서, 시간이 느리게 흐르는 경험-뭔가 엄청나고 환각적으로 보이는 경험-을 할 수 있다는 사실에 고무돼 실험에 참가하겠다고 자원했다.

이 실험의 핵심은 이글먼이 직접 고안한 손목시계처럼 생긴 장치였다. 그는 이것을 '지각 크로노미터(perceptual chronometer)'라고 불렀다. 큼지막한 디지털 숫자판을 가진 이 장치는 아래 그림처럼 하나의 숫자와 그것의 네거티브 이미지(음화 陰畵)가 교대로 나타나도록 돼 있었다.

숫자의 이미지가 교대로 나타나는 속도가 비교적 느리면, 이 장치를 손목에 찬 실험 참가자는 숫자를 읽을 수 있게 되지만, 일정 속도 이상으로 빠르게 교대가 일어나면 이미지들이 겹치면서 숫자를 지워 버려 참가자는 텅 빈 화면만 보게 된다. 숫자를 읽을 수 없게 되는 속도의 임계점은 참가자마다 다 다르다. 이글먼은 참가자가 자유낙하를 하기 전에 각자에게 맞는 속도의 임계점을 밀리초 단위로 설정해 준다. 나는 그 장치를 손목에 차고 낙하를 하면서 숫자판을 보게 될 터였다. 만약 정말로 시간이 느리게 흐른다면 시간당 더 많은 숫자를 보게 될 것이고 숫자판에 나타난 숫자를 정확하게 보고할 수 있게 될 것이다.

놀이공원은 댈러스 시내로부터 외곽으로 몇 마일 떨어진 곳에 있었다. 주유소가 늘어서 있고, 막 잎을 피우기 시작한 어린 나무들이 줄지어 있는 도로를 달리자 공원이 모습을 드러냈다. 차로 다가가다 보니 나무들 위로 가느다란 금속 골조의 상반부가 눈에 들어왔다. 얼핏 에펠탑과 닮아 보였으나 에펠탑보다는 높이가 많이 낮았고 골조가 파란색으로 칠해져 있었다. 이글먼은 내가 수첩에 열심히 필기를 하고 있는 것을 보더니 영화 속에 등장하는 내레이션 흉내를 냈다. "그들은 흙먼지가 풀풀 이는 좁은 도로를 달렸다. 그러자 멀리서 탑의 모습을 한...."

나는 '식스 플래그스(Six Flags)' 같은 매우 크고 붐비는 놀이공원을 상상했지만, 막상 보니 흰색 칠을 한 작은 건물-거기서 티켓을 팔고 있었다- 하나와 그 뒤로 있는 다섯 개의 기구가 전부였다. 기구 중 가장 큰 것은 아까 멀리서 보았던 푸른색을 띤 에펠탑을 닮은 것이었다. 이 기구의 이름은 '낫싱 벗 네트'였다. 금요일 오후였지만 우리 외에 손님은 젊은 남자 둘밖에 없었다. 그들은 일란성 쌍둥이로 둘 다 짧게 깎은 머리를 하고, 환한 미소를 띠고 있었다. 형제 중 한 명이 다음날 결혼한다고 했다.

이글먼과 그의 동료들은 자유낙하 실험을 어떻게 고안해야 할지 고민하기 시작했을 때, 애스트로랜드(뉴욕 코니아일랜드에 있는 놀이공원)에 가서 모든 롤러코스터를 다 타보았다. 하지만 어떤 것도 지속기간의 왜곡을 가져올 만큼 무섭지는 않았다. 그런데 내 눈 앞에 있는 기구도 그다지 무서워 보이지는 않았다. 반면 그 옆에 있는 기구는 매우 무서워 보였다. '텍사스 블래스토프'라고 불리는 이 기구는 거대한 새총처럼 보였다. 50피트(약 15미터) 높이의 두 기둥 사이에 번지점프용 밧줄처럼 생긴 두꺼운 줄이 있고, 그 위에 두 사람이 들어가서 앉을 수 있는 커다란 금속제 구(球)가 놓여 있었다. 금속 구가 지면까지 내려왔다가 공중으로 솟아오르면 그 상태에서 구가 아래위로 튀어 오르고 회전하도록 돼 있었다.

또 다른 기구는 스카이스크레이퍼(Skyscraper)로 165피트(약 50미터) 높이에 날개가 둘 달린 풍차처럼 생겼다. 날개 끝에 있는 캡슐에 승객이 한 명씩 타면 풍차가 어지러울 정도의 속도로 빙글빙글 돌게 된다. 이들에 비하면 자유낙하 실험을 하게 될 '낫싱 벗 네트'는 차분해 보일 정도였다. 사각형으로 생긴 작은 발판이 200피트(약 60미터) 높이에 있고, 지상 50피트(약 15미터) 높이에는 두 개의 그물이 기구를 받치는 네 개의 다리 사이에 나란히 펼쳐져 있다.

"이 기구는 전적으로 안전합니다"라고 이글먼이 말했다. 사실 그가 이 말을 할 때까지 나는 안전문제는 전혀 생각해 보지 않았다. "그동안 나온 자료들을 보니 사고가 난 적이 한 번도 없더군요"라고 그는 덧붙였다.

우리는 피크닉용 테이블에 앉아서 쌍둥이 형제가 지나가는 것을 보고 있었다. 그들은 '낫싱 벗 네트'로 가더니 보호대를 하고서 탑승 관리인과 함께 발판에 섰다. 발판 중앙에는 사람 몸 하나가 빠져 나갈 수 있는 크기의 구멍이 사각형으로 나 있었다. 관리인은 쌍둥이 형제 중 한 명에게 다가가 보호대에 금속 케이블을 연결하더니, 등을 바닥으로 향하게 한 채 그를 구멍 안으로 밀어 넣었다. 그는 이제 발판 바로 밑에서 공중에 매달린 모습이 되었다. 곧 이어 그가 그물을 향해, 마치 작은 바위처럼, 곤두박질하듯이 아래로 떨어졌다. 그 충격으로 그물이 순간적으로 부풀어 올랐다. 몇 분 뒤 다른 쌍둥이 형제도 똑같이 떨어졌다. 이글먼은 나에게 두 사람이 낙하하는 데 걸린 시간이 얼마나 될 것 같으냐고 물으면서, 자신은 2.8초와 2.4초라고 종이에 기록했다. 쌍둥이 형제는 눈이 휘둥그레져서 우리 쪽으로 걸어왔다. 둘 중 한 명이 이렇게 말했다. "생각했던 것보다 떨어지는 데 걸리는 시간이 훨씬 길어요."

이제 내 차례였다. 쌍둥이 형제들을 내려놓기 위해 그물이 바닥으로 내려와 있었다. 엘리베이터처럼 발판이 내려왔고 나는 발판에 올라탔다. 관리인이 내가 보호대를 착용하는 걸 도와주었다. 보호대는 생각보다 엄청 무거웠다. 관리인은 낙하할 때 내 몸이 구르지 않도록 보호대의 무게를 설정했으며, 그물에 떨어질 때는 비스듬히 기댄 자세로 등부터 떨어지게 된다고 설명했다. 그는 내 보호대와 난간을 연결하면서, 그물이 제 위치에 올라올 때까지 자칫 잘못해서 내가 떨어지지 않게 하려는 조치라고 말했다.

잠시 후 발판이 흔들리더니 위로 올라가기 시작했다. 발판을 끌어올리는 밧줄들이 끼익거리는 소리를 내자 살짝 불안해졌다. 가볍게 불어대는 바람 탓에 몸이 약간 흔들렸다. 그때 불현듯 내가 높은 곳을 몹시 무서워한다는 사실이 떠올랐다. 나는 발판 중앙에 나 있는 구멍을 보지 않기 위해 눈길을 주위로 돌리거나 위를 쳐다보았다. 멀리 반마일 정도 떨어진 거리에서 불도저와 땅을 고르는 기계가 회색 먼지구름을 일으키고 있었다. 도로 건너 반대편에서는 경주용 자동차 도로를 만드는 작업이 진행되고 있었고 그 너머로 고속도로가 보였다.

마침내 발판이 멈춰 섰다. 관리인은 보호대와 난간을 연결한 고리를 풀고는 대신 금속으로 된 케이블을 내 머리 위쪽에서 내려 보호대 앞쪽과 연결했다. 그는 마치 교수형을 집행하는 사람처럼 손놀림은 민첩했지만 표정은 담담했다. 그가 나더러 난간에서 떨어지라고 말하기에 무슨 말인지 몰라 쳐다봤더니 나도 모르게 내가 난간을 손으로 꼭 붙들고 있었다. 어찌나 손아귀에 힘을 주고 있었던지 손을 떼는 데 시간이 잠시 걸릴 정도였다. 그는 나에게 구멍을 향해 등을 돌리고 선 다음 그 상태에서 구멍 위로 몸을 누이라고 했다. 몸무게 때문에 케이블이 팽팽해졌다. 아마 내 모습은 타이어 그네에 탄 아이처럼 보였을 것이다. 다만 200피트 높이에 걸려, 바람에 흔들리고 있다는 점이 보통 타이어 그네와 다를 뿐이었다.

관리인은 매우 조심스럽게 내 몸을 구멍에 제대로 맞추더니 천천히 구멍 아래로 나를 밀어 넣었다. 그리고는 마지막으로 다시 한 번 잘못된 게 없는지 점검했다. 나는 공중에 매달린 상태에서 위쪽으로 시선을 두었다. 금속으로 된 내 탯줄(케이블을 가리킴)과 그것을 잡고 있는 손, 그리고 하늘을 바라보았다. 더 이상 땅을 향해 아래쪽으로는 볼 수 없기 때문인지 고소공포증도 어느 정도 사라졌다. 중력이 잡아당기는 힘은 마치 자석이 당기는 것처럼 매우 강했고 그 힘을 느끼자 왠지 모르게 안심이 되었다.

관리인은 케이블을 꼭 잡고 있는 내 손을 보더니 손을 놓으라고 했다. 본능을 거부하면서 손을 뗄 수밖에 없었다. 나는 왼손을 주먹 쥐고는 오른손으로 왼손을 꼭 잡았다. 그렇게 하면 왼쪽 팔뚝에 채워진, 이글먼이 만든 장치를 낙하하면서 제대로 볼 수 있기 때문이었다. 숫자들이 교대로-너무 빨리 교대로 나타나서 미처 내가 읽어낼 수 없을지도 모르지만- 내 눈에 들어오게 될 터였다. 나는 땅으로 떨어지기를 기다렸다.

마침내 자유낙하

보호대와 케이블을 연결한 고리가 풀렸을 때 찰칵하고 금속성 소리가 났던 것을 기억한다. 하지만 사실은 그 소리를 듣기에 앞서 내가 아래로 홱 잡아채듯이 당겨지는 느낌이 전해져 왔다. 마치 내가 닻에 묶여서 배(boat) 바깥으로 던져지거나, 매우 무거운 짐이 된 것 같다. 나는 바다로 가라앉고 있는 닻이다.

그 직후 보호대와 케이블을 연결한 고리가 풀리는 소리가 내 귀에 들렸다. 사슬에서 풀려난 것이다. 아래로 가속을 받자 내 뱃속에서 뭔가 단단한 것이 치밀어 오르는 것 같다. 그 느낌은 점점 강해졌고 나는 어질어질했다. 이런 느낌이 언제까지라도 계속돼 내 몸이 뱃속에서부터 파열해 버리는 건 아닐까 두려워진다.

아우구스티누스는 "나는 시간이 일종의 압박이나 긴장이라고 생각한다. 그래서 누군가가 시간이란 의식이 긴장한 상태가 아니라고 말한다면 매우 놀랄 것이다"라고 쓴 바 있다. 나는 아무런 생각이 없다. 온통 긴장만이 나를 차지하고 있고, 나는 순수한 무게(weight) 그 자체다.

'현재'에 대한 나의 정의는 과학적이지 않다. 나는 현재란, 자신이 현재에 대해 깨닫고 있는 바로 그 순간이며, 그와 동시에 다음 순간으로 이미 이동해 있다고 생각한다. 나는 자유낙하를 할 때 감각들-보호대를 연결한 고리가 딸깍하고 풀리는 소리, 내 몸의 무게 등-이 차곡차곡 쌓이고, 내 의식이 이 감각들을 하나로 묶어내려고 하고 이런 상황을 표현할 만한 적당한 단어나 용어를 찾으려고 애쓰는 것을 느낀다. 하나의 생각이 떠오른다. 그것은....이 낙하가 얼마나 계속될까, 이다. 그리고 마침내 끝이 났다. 나는 그물에 닿았고 내 몸은 그물 깊숙이 빠져든다. 그리고는 그물을 나와 땅으로 내려선다.

휴스턴으로 돌아오는 내내 나는 몸이 편치 않았다. 그물에 떨어질 때 목이 삐끗한 것 같다. 그물은 생각만큼 부드럽지 않았다. 두통도 있었다. 목도 말랐다. 솔직히 말하면 기분이 언짢았다.

몇 년 전에 스카이다이빙을 한 적이 있었다. 우리를 태운 소형비행기가 1만 4000피트(약 4300미터) 상공에서 날고 있을 때 느꼈던 공포감을 지금도 뚜렷하게 기억한다. 그 소형비행기는 하늘에 떠 있는 모터보트 같았다. 거기서 문이 열리면 텅 빈 허공 속으로 몸이 던져질 터였다. 막상 비행기 밖으로 몸을 던진 다음 일정한 속도로 날 수 있게 되자 더 이상 내가 낙하하고 있다는 느낌은 들지 않았다.

어쨌든 나는 댈러스에서도 이와 비슷한 경험을 하게 되리라고 상상했었다. 아주 짧은 시간이나마 나를 둘러싼 환경으로 빨려들어가면서 동시에 나로부터 멀어지는 하늘을 보게 될 것이라고 생각했었다. 하지만 모든 것이 다 끝난 이제, 특별히 기억에 남는 일은 거의 없었다.

이글먼은 나에게 낙하하면서 손목에 찬 크로노미터의 숫자들을 응시하라고 주지시켰다. 그는 나에게 물었다.

"숫자는 읽었어요?"

나는 읽지 못했다. 햇빛에 눈이 부셔 숫자판을 보지 못했을 수도 있고 혹은 팔의 각도를 잘못 잡아 숫자를 보지 못했을 수도 있다. 이글먼은 나 이전에 23명의 참가자들을 대상으로 이 실험을 진행했다. 샘플로 쓰기에는 아직은 적은 숫자라는 걸 이글먼도 인정했다. 참가자들은 실제로 낙하해 보니 밖에서 다른 사람이 낙하하는 장면을 보았을 때 측정했던 시간보다 낙하시간이 평균 36퍼센트 더 길었다고 보고했다. 그러나 그들 중 단 한 사람도 손목에 찬 크로노미터의 숫자를 읽지는 못했다.

"참가자들은 지속기간이 길어진 슬로우 모션에서도 숫자를 읽어내지 못했습니다. 만약 우리의 시각이 비디오카메라 같은 것이라면 읽어 낼 수 있었을 것입니다. 시간을 약 35퍼센트 정도 느리게 흐르게 하면-영화 촬영 카메라를 표준보다 약 35퍼센트 정도 느리게 찍는다면- 우리가 만든 크로노미터의 숫자들을 스크린에서 손쉽게 읽어 낼 수 있을 것입니다. 결국 낙하하는 동안 지속기간이 실제보다 길다고 느끼지만, '시간' 자체가 천천히 흐르는 것은 아니라는 뜻이 됩니다."

그렇다면 나는 왜 자유낙하 동안 내가 바깥에서 보았던 것보다 더 오래 지속되었다고 느꼈던 것일까? 나는 아드레날린이 관련된 게 아닐까 추측했지만, 이글먼은 아드레날린이 분비되는 데는 시간이 좀 걸린다고 말했다. 왜냐하면 먼저 내분비계가 작동해 호르몬이 나오면 그 호르몬이 부신(副腎)을 촉발시켜야 아드레날린이 분비되는 절차를 거치기 때문이다.

더 그럴듯한 설명은 편도체-아몬드만 한 크기의 뇌의 한 영역. 특히 감정적, 정서적인 내용을 기억하는 역할을 한다-가 관여한다는 것이다. 편도체는 눈과 귀의 신경세포들과 바로 연결돼 있어, 감각신호가 들어오면 곧장 뇌의 다른 부위와 신체기관으로 신호를 전달하게 된다. 편도체는 일종의 메카폰이라고 할 수 있는데, 신호가 들어오면 일단 이를 증폭시킨 다음 뇌와 신체기관에 전달함으로써 입력 신호에 즉각적으로 반응을 보이도록 하기 때문이다.

편도체는 0.1초 이내에 입력신호에 반응을 보이는데 이는 시각피질 같은 더 바깥에 있는 뇌 영역보다 더 빠른 반응속도다. 그래서 당신이 뱀이나 그와 비슷한 물체를 보았을 때 편도체가 재빨리 경고음을 울림으로써 그것을 보았다고 채 느끼기도 전에 당신으로 하여금 펄쩍 뛰어오르게 만드는 것이다. 또한 편도체는 뇌의 모든 부위와 연결돼 있어 부수적인 기억 시스템으로 작용하기 때문에 기억을 더 풍부하게 만드는 역할도 한다.

이글먼은 "몸이 자유낙하를 하게 되면 완전히 패닉 상태에 빠지기 때문에 우리가 가진 다원적인 본능(진화를 통해 형성된 본능)과 어긋나게 됩니다. 그 결과 편도체가 비명을 지르게 되지요"라고 말했다. 우리가 어떤 사건을 맞닥뜨리게 되면 ㅡ그 사건이 아무리 일시적인 것일지라도ㅡ 편도체를 거치게 되며, 편도체에서 그 사건은 별도의 텍스트가 더해진 형태로 기억된다. 마치 보통 수준보다 높은 해상도를 가진 비디오로 녹화되는 것과 비슷하다(여기서 보통 해상도를 가진 비디오는 하나의 사건을 가리키고, 그 사건이 편도체에서 고해상도로 기억된다는 뜻이다).

땅으로 내려와 조금 전 자유낙하 장면을 돌이켜 볼 때, 편도체에서 추가된 텍스트 즉, 추가된 기억이 자유낙하가 실제보다 더 오래 지속됐다는 인상을 만들어 내는 것이다. 이처럼 지속기간이 실제보다 길었다고 느끼는 것이 우리에게 도움이 되는지 안 되는지ㅡ지속기간이 길어짐으로써 우리가 반응을 더 빠르게 하거나 더 현명하게 하게 되는지ㅡ에 대해서는 말하기 어렵다. 이글먼은 "이 자유낙하 실험이 좌우할 수 없는 것도 매우 많습니다. 적어도 자유낙하가 세계 전체에 대해서 영향을 미치지 않는다는 점은 확실합니다. 자유낙하로 인해 세계 전체가 느리게 흐르지는 않는다는 것입니다. 그런 일이 일어난다는 증거는 적어도 지금까지는 전혀 없습니다"라고 말했다.

탄생 초기
(In the Beginning)

아담은 태어난 지 열 달 된, 갈색 눈을 가진 튼튼한 아기다. 이 아기는 심리 실험실에 있는 작고, 어둡고, 방음시설이 잘 된 방에서 안락한 유아용 의자에 앉아 테이블에 나란히 놓인 두 대의 컴퓨터 화면을 번갈아 응시하고 있다. 컴퓨터 화면에서는 비디오 동영상이 나오고 있는데, 한 여성이 화면 가득 얼굴을 채운 채 아담을 바라보며 천천히 말을 하고 있다. 두 화면 모두 동일한 여성이며, 환하게 미소를 짓고, 생기발랄한 표정이다. 하지만 말소리는 들리지 않고 입술이 움직이는 것만 보일 뿐이다.

아담은 엄마의 존재를 확인하기라도 하듯이 가끔씩 자기 곁에 조용히 앉아 있는 엄마를 바라본다. 두 컴퓨터 사이에는 작은 카메라가 아담 쪽을 향해 놓여 있는데, 아담의 얼굴 표정을 담아 방 바깥에 있는 데스크톱 모니터에 실시간으로 전송한다. 이 데스크톱 모니터 앞에는 두 명의 연구보조원과 내가 앉아서 아담의 눈길이 어디로 향하는지 표정이 어떻게 변하는지 살피고 있다. 아기는 몇 초 동안의 짧은 시간에도 호기심 어린 표정을 지었다가, 주위를 경계하다가, 지루해하다가 다시 호기심을 보이는 등 다양한 변화를 보인다. 우리가 보는 모니터 뒤쪽으로는 유리창이 있어 의자에 앉아 있는 아담의 모습이 바로 보인다.

우리는 아담이 컴퓨터 화면을 보고 있는 모습을 유리창을 통해 보면서 동시에 모니터를 통해서도 그의 흐릿한 얼굴을 본다. 마치 유령의 집 같은 느낌이다. 아담은 가끔 카메라를 정면으로 응시하는데 이럴 때면 나는 순간적으로 섬뜩해진다. 아담이 우리를 보고 있거나 우리가 자기를 보고 있는 걸 아는 게 아닐까 하는 생각이 들어서다. 물론 아담은 카메라를 정면으로 보다가 금방 눈길을 돌려 자기 앞의 화면을 바라본다. 그는 뚫어지게 보다가 손가락으로 화면을 가리키기도 하고 눈썹을 치켜 올리기도 한다. 희미한 조명 아래서, 유모차에 앉은 것처럼 다섯 점의 벨트(five-point harness)를 한 아담은 비행기 조종사나, 우주 공간을 내다보고 있는 우주 비행사처럼 보인다.

이 실험실의 책임자는 노스이스턴 대학 발달심리학과 교수인 데이비드 레우코비치다. 그는 지난 30년간 인간의 정신은 태어나면서부터-그리고 태어나기 이전부터- 어떻게 질서를 잡고, 자기 안으로 쏟아져 들어오는 감각정보들을 어떻게 이해하게 되는지 연구해 왔다. 뇌는 서로 다른 시간에 도착하는 정보들을 어떻게 분류하고 취합해 우리에게 통일된 경험으로 제공할까? 뇌는 어떤 특성과 사건들이 같은 범주에 속한다는 것을 어떻게 알까?

뇌의 이런 세밀한 능력은 아담 앞에 놓인 두 개의 비디오 동영상에서 확인할 수 있다. 실험에 참가한 사람이 어른이라면 음성이 들리지 않더라도 비디오 속의 여성이 서로 다른 이야기를 하고 있다는 것을 금방 알 수 있다. 두 화면에서 비치는 여성의 입술 움직임이 같지 않기 때문이다. 몇 분 뒤 사운드가 켜지면서 여성의 목소리가 들린다. 그녀는 단조로운 목소리로 "이제 일어날 시간이야. 오늘 아침 식사는 오트밀이야! 식사하고 집 주변을 돌아볼 거야."라고 말한다. 이 독백은 왼쪽 화면에 있는 여성의 입술 움직임과 일치한다.

나는 직관적으로 오디오와 비디오를 일치시킬 수 있기 때문에—즉, 그녀의 목소리와 입술 움직임이 즉시 동조되기 때문에— 그녀가 말하고 있는 화면에 주목하고 말소리가 들리지 않는 오른쪽 화면에는 관심을 두지 않는다. 조금 뒤 다른 목소리가 나온다. "오늘 우리 집 수리하는 걸 좀 도와줄 수 있나요?" 나는 그 목소리와 오른쪽 화면 속 여성의 입술 움직임을 금방 일치시킬 수 있다. 가끔은 스페인어로 된 목소리가 나오기도 한다. 그렇지만 어른들은 동조하는 능력이 뛰어나기 때문에, 나는 스페인어를 모르지만 입술 모양을 보고 둘 중 어느 쪽 여성이 하는 말인지를 맞춘다.

그렇다면 아기들도 어른과 같은 능력이 있을까? 그럴 것 같지 않아 보인다. 태어난 지 얼마 되지 않은 신생아들은 청각이 제대로 발달하지 않은 상태고 시각적으로도 조금 떨어진 거리에 있는 대상에게 초점을 맞추기가 쉽지 않다. 게다가 아직 이 세상에 대한 감각적인 경험도 많지 않은 상태다. 윌리엄 제임스는 1890년에 쓴 글에서 "아기들은 눈과 귀, 소음, 피부, 내장 등으로부터 동시에 공격을 당하고 있는 상태에 있다고 할 수 있다. 그들은 이 모든 것을 큰 소리로 쿵쿵거리고 윙윙거리는 혼란스러운 상황으로 느낀다"고 했다.

그러나 레우코비치는 아기들이 아주 이른 시기부터 주변의 소용돌이로부터 질서를 찾아낸다는 사실을 알게 됐다. 그는 수백 명의 아기들을 상대로 앞에서 소개한, 말하는 얼굴(talking-face) 실험을 실시해왔다. 이 실험에서 아기들은 나란히 놓인 두 대의 컴퓨터 화면에서 소리는 나오지 않지만 사람이 말하는 모습을 1분간 보게 된다. 그 뒤 말소리를 들려주었더니 아기들은 말소리와 입의 움직임이 일치하는 화면에 더 오랜 시간 눈길을 보내고 있다는 사실을 알게 되었다. 생후 넉 달이 지난 아기들은 놀라울 정도로 일관되게, 목소리와 입의 움직임이 일치하는 화면에 더 주목하는 모습을 보였다. 화면에 나오는 얼굴은 아기들이 이전에 한 번도 본 얼굴이 아니며, 목소리도 아기들에게 전혀 친숙한 억양이 아니었는데 그런 결과가 나온 것이다.

레우코치비는 아기들이 대략적으로 오디오와 비디오를 일치시키는 것이 아니라, 오디오 소리가 시작되고 끝나는 시점과 비디오 화면이 시작되고 끝나는 시점을 일치시킬 정도로 정확하게 반응한다고 주장했다. 아기들은 사건들이 언제 동시에 발생하는지를 제대로 이해하면서, 동조화를 확실하게 실행하고 있다는 것이다. 아기들은 무엇이 곧 일어나고 무엇이 나중에 일어나는지를 안다. 그리고 아주 초기 갓 태어났을 때는 지금(now)과 지금이 아닌 것(not-now)을 구별하는데, 이런 능력은 감각기관이 발달하는 출발점으로서 충분한 조건이 된다. 레우코비치는 "아기들은 처음에는 눈도 보이지 않고 청각도 거의 기능을 하지 않습니다. 그렇게 쿵쿵거리고 윙윙거리는 혼란

속에서 아주 기본적이면서도 원시적인 메커니즘이 곧 형성되는데, 그 메커니즘이 바로 동조화입니다"라고 말했다.

1928년 스위스의 알프스 산맥에 위치한 다보스에 유럽의 뛰어난 물리학자이자, 철학자, 자연과학자들이 모여 콘퍼런스를 열고 각종 아이디어를 교환했다. 그 전까지만 해도 다보스는 심신이 지친 이들이 맑은 공기를 찾아 모여드는 요양지로 유명한 곳이었다. 토마스 만의 1924년 작품인 〈마의 산〉에 등장하는 주인공 한스 카스토르프는 결핵을 앓고 있는 사촌을 방문하기 위해 다보스로 향한다. 카스토르프는 결국 알프스 산맥의 나른한 분위기에 빠져 들고 가끔 회중시계를 들여다보면서 시간이 갖는 주관적인 성격-이는 토마스 만이 하이데거와 아인슈타인, 그리고 동시대의 다른 사상가들로부터 취한 뒤자기만의 방식으로 종합한 것이다-에 대해 사색한다.

카스토르프는 광산 붕괴 사고로 열흘간 동굴에 갇혀 있다가 구출된 광부들이 왜 시간이 사흘밖에 지나지 않았다고 생각하는지 궁금해 한다. "왜 흥밋거리와 신기한 게 많은 생활은 시간을 빨리 가게 하고, 단조롭고 공허한 생활은 시간의 진행을 더디게 하는 것일까?" 왜 어떤 사람은 '1년 전'에 일어난 일을 말하면서 '어제'라고 습관적으로 말하는 것일까? 그는 또한 이렇게 묻는다. "밀폐된 채 선반에 보관돼 있는 (내용물이 변하지 않는) 잼들은 왜 시간의 영향을 받지 않는가?"

1928년 무렵 결핵을 앓는 사람들이 크게 줄고 호스피스 산업도 쇠퇴기에 접어들자 다보스는 요양지가 아니라 지식인들이 찾는 휴양지로 지역의 정체성을 바꾸기 시작했다. 그 해에 처음 개최된 다보스 콘퍼런스는 아인슈타인을 주재자로 초청했다. 간디와 프로이트도 초대돼 강연을 했다. 그리고 당시 31세로, '아이들이 세계를 이해하는 방식'에 관한 연구로 이미 학계에 이름을 떨치고 있던 스위스 심리학자 장 피아제도 강연자로 나섰다.

피아제는 어릴 때부터 자연에 관심이 많았다. 그는 11살 때 알비노 스패로우(흰참새)를 과학적으로 관찰한 결과를 학술지에 논문으로 발표하기도 했다. 그는 이 논문에서 알비노 스패로우를 가리켜 '선천성 색소결핍증 증상을 모두 드러내는 참새'라고 표현했다. 그는 처음에는 동물학자로 출발해 연체동물을 연구했으나, 얼마 지나지 않아 아이들의 사고는 어떻게 발달하는지 관심을 갖게 되었다. 그는 인간은 태어날 때는 오감이 따로따로 기능하지만 세계를 경험하면서-만지고, 물고, 놀고, 사물들과 상호작용하면서- 감각기관들이 서로 중첩돼 커뮤니케이션하게 된다고 주장했다. 그런 과정을 통해 어떤 입력 신호가 어떤 결과를 만들어 내는지를 배우게 되고, 사물들에 대해서도 점점 더 풍부하게 이해하게 된다는 것이다.

스푼을 예로 들면, 스푼이 갖는 다양한 외관을 이해하게 되고 만지면 느낌이 어떤지, 식탁을 두드리면 어떤 소리가 나는지 등을 하나하나 알아가게 된다. 그는 자기 아이들을 세밀하게 관찰함으로써 연구에 필요한 사례들을 많이 얻었다. 아이들과 간단한 실험을 하면서 꼼꼼하게 기록했고, 아이들의 일상생활을 관찰함으로써 감각기관들이 어떤 기능을 하는지 배울 수 있었다. 오늘날 그가 제기한 핵심적인 주장들-아이들은 어른과는 다르게 세계를 인지하며, 아이들의 지각은 수 년 간에 걸쳐 감각이 성숙하고 통합되면서 일관성을 갖추게 된다-은 당연한 것으로 받아들여지고 있다.

다보스 콘퍼런스에서 피아제가 강연을 마치고 강단을 내려오자 아인슈타인이 다가오더니 몇 가지 질문을 던졌다. 아이들은 지속기간과 속도를 어떻게 이해하는가? 속도는 시간에 대한 거리의 함수-초당 몇 미터, 시간당 몇 마일 하는 식으로-로 정의되는데, 아이들도 그런 식으로 속도를 이해하는가? 아니면 아이들의 속도에 대한 관념은 더 본능적이고 직관적인가? 아이들은 속력과 시간을 함께 받아들이는가 아니면 따로 따로 이해하는가? 아이들은 시간을 하나의 관계로서 이해하는가 아니면 단순히 직관적인 것으로 이해하는가?

아인슈타인의 질문을 접한 피아제는 이후 이에 대한 답을 찾아 연구에 나섰고, 그 연구를 토대로 1969년 〈아이들의 시간에 대한 개념 (The Child's Conception of Time)〉을 출간하게 된다. 피아제는 네 살에서 여섯 살까지의 아이들을 대상으로 시간에 대한 실험을 진행했다. 그중 한 실험은 아이들 앞에 길이가 확연히 다른, 터널 모양을 한 반원의 통 두 개를 놓은 다음 금속으로 된 막대로 인형을 각각의 터널 안으로 밀어 넣는 것이었다. 이때 두 인형이 터널 반대편에 동시에 도착하도록 속도를 조절했다. 이 실험에 대해 피아제는 이렇게 쓰고 있다. "우리는 아이들에게 물었다. 어느 쪽 터널이 더 길지?"

"저쪽 터널요."

"두 인형은 같은 속력으로 터널을 통과했을까? 아니면 한 쪽이 다른 쪽보다 더 빨리 통과했을까?"

"같은 속력요."

"왜 그렇지?"

"똑같이 도착했으니까요."

피아제는 시간과 관련해 이와 비슷한 실험을 매우 여러 차례 반복했다. 태엽 감는 달팽이나 장난감 기차를 사용하기도 했고, 또한 아이들과 방을 빙 둘러 서서 달리기도 했다. 아이들과 방에서 달리기를 할 때는 동시에 출발하고 동시에 멈추었다. 다만 피아제가 조금 빨리 달려서 아이들보다 앞선 거리에서 멈추었다.

그는 이 실험을 다음과 같이 묘사하고 있다. "우리가 함께 출발했니? 네. 우리는 함께 멈추었니? 아뇨. 누가 더 먼저 멈추었지? 제가요. 누가 다른 사람보다 앞서서 멈추었지? 제가요. 네가 멈추었을 때 나는 달리고 있었니? 아뇨. 내가 멈추었을 때 너는 달리고 있었니? 아뇨. 그럼 우리는 같은 시간에 멈추었니? 아뇨. 우리는 같은 시간 동안 달렸니? 아뇨. 누가 더 오래 달렸지? 당신요."

피아제는 이런 대화가 실험을 할 때마다 거의 똑같이 반복된다는 것을 알게 되었다. 어린 아이는 동시성-두 사람이 같이 출발하고 같이 멈추는 것-을 이해하는 것 같았다. 하지만 피아제와 아이가 달린 거리가 다른 경우, 아이는 걸린 시간과 물리적인 거리를 섞어 버렸다. 즉, 아이들에게는 시간과 공간, 속력과 거리는 같은 것이었다.

나이에 맞게 발달하는 시간감각

피아제의 연구는 우리가 '시간감각'이라고 부르는 것이 사실은 매우 다양한 측면을 가지고 있으며, 그 다양한 측면들은 (어린 아이들에게) 동시적으로 등장하지 않는다는 사실을 보여 준다. 피아제는 "(어린 아이에게) 시간(감각)은, 공간(감각)과 마찬가지로 서서히 형성되며 그 과정에서 (시간과 관련된) 관계들이 정교하게 체계화된다"고 결론지었다. 이후 수십 년간 발달심리학자들은 시간을 이루는 측면들을 몇 가지로 정리했는데, 거기에는 지속기간, 리듬, 순서(order), 시제(tense), 시간의 일방성(unidirectionality)이 포함된다.

오벌린 칼리지의 심리학과 교수인 윌리엄 프리드먼-그는 아이들이 시간을 지각하는 문제에 관해 피아제만큼이나 많은 논문을 발표해 왔다-은 8개월 된 아기들에게 쿠키가 바닥에 떨어져서 부서지는 모습이 담긴 비디오 동영상을 보여 주었다. 이 실험에서 프리드먼은 아기들이 비디오를 거꾸로 돌릴 때 더 많은 관심을 보이며 동영상에서 눈을 떼지 않는다는 사실을 확인하게 되었다. 이는 아기들에게도 시간이 한 방향으로 흐른다는 '시간의 화살(time's arrow)' 개념이 형성돼 있다는 증거라고 생각했다. 그래서 시간이 되돌아가는 동영상을 봤을 때 아기들은 뭔가 이상하다는 것을 느끼고 눈을 떼지 못했다는 것이다.

아기가 세 살이나 네 살이 될 무렵이면 시간적인 순서에 대한 감각(sense of chronology)이 자리잡게 된다. 뉴욕시립대학 심리학과 교수인 캐서린 넬슨 교수는 이 나이대의 아이들에게 애매한 질문-예를 들면 "이것 다음에는 뭘 해야 하지?"-을 던져도 놀라울 정도로 정확하게 답한다는 사실을 발견했다. 아이들은 쿠키는 밀가루 반죽을 오븐에 넣고, 그것을 꺼낸 다음, 익혀진 것을 먹는 순서로 이어진다는 것을 잘 알고 있었다. 또 사과가 그려진 그림을 보여 준 다음 과일 깎는 칼이 그려진 그림을 보여 주면, 아이들은 세 번째 그림으로 칼로

썬 사과조각이 그려진 그림을 정확히 집었다.

네 살 무렵이 되면 사건이 얼마나 오래 지속되는지를 상대적으로 이해하게 된다. 즉, 우유 한 잔을 마시는 것보다는 만화영화 한 편을 보는 데 걸리는 시간이 더 길며, 밤에 잠자는 시간은 이 둘보다 훨씬 더 길다는 걸 인식하게 된다. 또 15초 동안 지속되는 소리를 들려준 뒤 따라하도록 하면 정확하게 그 시간만큼의 소리를 다시 낼 수 있다. 그러나 아직 과거와 미래를 확연하게 구분하지는 못한다. 세 살 정도면 정확한 시제로 말을 할 수 있지만 '이전(before)'과 '이후(after)'를 분간하지는 못하며 네 살이 되어야 가능해진다. 네 살짜리 아이에게 7주 전에 같은 반 아이들과 만난 일을 상기시키면서 그 날 하루 중 언제 만났느냐고 물어보면 아침이라고 대답하지만 정확한 시기(7주 전)는 기억해 내지 못한다. 생일이 7월인 다섯 살 아이에게 1월에 크리스마스와 생일 중 어느 것이 더 빨리 오느냐고 물어 보면 크리스마스라고 답한다. 이 나이 때에는 지나간 일들이 마치 시간의 섬(island of time)처럼 마음에 깊이 각인돼 있다고 프리드먼은 주장했다.

하지만 시간을 이루는 다른 많은 섬들과 그 섬이 관계를 맺고 있다는 데까지는 아직 인식이 미치지 못하고 있다. 이 나이 때 아이는 미래의 사건들에 대해 예측을 못하는 건 아니지만, 이제 겨우 막연하게 인식을 하기 시작하는 단계. 프리드먼은 다섯 살 무렵 아이들은 동물의 몸이 점점 커진다는 것은 이해하지만 어느 시기 이후에는 몸 크기가 줄어들 수 있다는 것을 이해하지 못하며, 돌풍이 불면 차곡차곡 쌓여 있던 플라스틱 스푼들이 공중으로 날아간다는 것은 이해하지만 그것들을 모아 다시 차곡차곡 정리할 수 있다는 것은 이해하지 못한다는 것을 발견했다.

심리학자들은 아이들이 시간에 대한 대부분의 지식을 사회생활을 해나가면서 습득한다고 보고 있다. 여섯 살짜리 아이에게 하루 동안 학교생활을 하면서 일어나는 일들을 묘사한 카드들을 보여 주면 사건이 일어나는 시간적인 순서대로 나열할 수 있고 거꾸로도 배열할 수 있다. 일곱 살짜리 아이는 (하루의 학교생활뿐 아니라) 1년 동안의 일정이나 학기나 방학 등도 순서대로 나열할 수 있다. 하지만 이 경우 시간의 진행방향으로만 가능하고, 시간을 거꾸로 배열하지는 못한다. 시간을 거꾸로 배열하는 것-"지금이 8월이라고 하고 시간을 거슬러 올라갈 때 발렌타인 데이가 먼저 올까, 부활절이 먼저 올까?"같은 질문-은 적어도 10대가 되어야 능숙하게 할 수 있다.

프리드먼은 아이들이 시간에 대한 인식을 이처럼 나이에 따라 다르게 획득하는 까닭은 축적되는 경험의 차이 때문이라고 믿고 있다. 아이들은 다섯 살이 될 때까지는 하루를 주기로 일어나는 일들-잠에서 깨서 아침을 먹고, 점심을 먹고, 간식을 먹고, 저녁을 먹고, 동화나 옛날 이야기를 듣고, 잠자리에 든다-을 수없이 반복하게 된다. 반면 몇 달 주기로 일어나는 일들이나 휴일들(이런 휴일들은 평일과는 다르기 때문에 고유한 이름을 갖는다)을 경험하는 것은 몇 번 되지 않기 때문에, 긴 단위의 시간을 이해하는 데는 더 많은 시간이 필요한 것이다.

시간을 배우는 방식도 아이들의 시간감각에 영향을 미친다. 프리드먼은 아이들이 달이나 요일을 거꾸로 세는 데 어려움을 겪는 이유 중 하나는 어릴 때부터 순서대로 열거된 목록 중심으로 배우기 때문이라고 지적한다. 우리는 달이나 요일을 알파벳을 외울 때처럼 순서대로-"월요일, 화요일, 수요일, 목요일..."처럼- 배운다. 그래서 "2월과 8월 중 어느 달이 빨리 오지?"라고 물으면 아이들은 마음속에서 차례대로 달의 이름을 외워서 답을 하게 된다(연구에 따르면 아이들은 이와 같은 문제를 풀면서 차례를 외울 때 대개 입술을 움직인다고 한다). 게다가 앞으로 진행하는 순서대로 외울 뿐 거꾸로 진행되는 순서로는 외우지 않는다.

그 목록의 틀에서 자유로워지면서 거꾸로 진행되는 관계에도 눈을 뜨게 되는 데는 몇 년이 걸린다. 대개는 10대가 되어야 할 수 있다. 문화나 언어적인 차이도 영향을 미친다. 미국과 중국의 2학년, 4학년 학생들을 대상으로 조사한 바에 따르면 "11월보다 세 달 빠른 달은 언제인가?"라는 질문에 대해 중국 아이들이 미국 아이들보다 훨씬 빨리 답을 대는 것으로 나타났다. 이는 중국어에는 달을 표시하는 단어가 숫자로 돼 있기 때문이다. 예컨대 November는 중국어에서는 '11월'이다. 미국 아이들은 시간적인 순서를 묻는 질문에 대해, 외우고 있는 목록에서 '단어들'을 찾아야 하지만, 중국 학생들은 그것이 '숫자'의 문제이기 때문에 훨씬 빨리 답을 찾을 수 있다는 것이다.

레우코비치는 고등학교 졸업반 때 피아제의 이론을 처음 접했다. 그는 열세 살 때인 1964년 가족과 함께 폴란드에서 이탈리아로 이민을 갔고 거기서 다시 미국으로 건너왔다. 가족들이 볼티모어에 정착했을 때 그는 영어를 한마디도 할 줄 몰랐다. 미국에서의 처음 몇 년간은 사람들과의 관계에서 매우 혼란스럽고 당혹스러운 시기였지만, 고향에서보다는 편안함을 느꼈다. 왜냐하면 폴란드에서는 유대인을 적대적으로 대했기 때문이었다. 고등학교 졸업반일 때 그는 안전구조

요원으로 활동했다. 그 일은 지루했지만 사람들로부터 소외되지 않고 현장에 함께 있다는 느낌을 주어 좋았다. 이 무렵 그는 피아제가 쓴 책을 읽고서 심리학과 아이들의 행동에 관해 눈을 뜨게 되었다. 그는 자기가 겪고 있던 사람들의 반응이 결국 어디서 비롯되는지를 피아제를 통해서 알게 되었다고 말했다.

레우코비치는 군살 없는 호리호리한 몸매에 건강한 느낌을 주며, 머리칼은 이제 은빛으로 변하고 있다. 그의 영어에는 아직도 동유럽 악센트가 묻어 있다. 나는 그의 연구실을 여러 번 방문했는데, 그가 진지한 얼굴로 "나는 내가 하는 일을 정말 사랑합니다!"라고 말한 적이 몇 차례나 있었다.

신생아의 놀라운 시간감각

한번은 그가 진행하는 실험을 볼 기회가 있었다. 실험실에 들어가니 두 대학원생이 그날 아침 진행한 실험 결과가 담긴 비디오를 보고 있었다. 8개월 된 아기가 눈을 크게 뜨고서 정면을 응시하고 있는 얼굴이 화면에 비치고 있었다. 레우코비치는 화면을 가리키며 들뜬 목소리로 "우리의 실험 데이터는 저기 다 있지요. 우리는 아기들이 어디를 보고 있는지를 판단하고 평가합니다"라고 말했다.

아기들은 말을 못하지만 시선을 통해 많은 것을 표현한다. 레우코비치의 실험실에서는 아기들이 흥미를 잃고 시선을 딴 곳으로 옮길 때까지 컴퓨터 화면을 통해 무언가를 반복적으로 보여 준다. 연구원들은 실험실 바깥에서 아이의 시선을 관찰하면서, 아기가 화면으로 눈길을 주면 마우스를 클릭했다가 시선을 다른 곳으로 옮기는 순간

마우스에서 손을 뗀다. 그렇게 클릭을 한 시간의 길이가 아기가 화면에 제시된 것에 집중한 지속기간인 것이다. 같은 화면을 세 번 보여주었는데도 아기가 화면에 관심을 보이지 않으면 컴퓨터가 자동적으로 다른 내용을 화면에 보여 준다.

"모든 것은 아기한테 달려 있습니다. 아기들은 우리에게 자신들이 뭘 보고 싶어 하는지를 표현합니다. 그런 표현을 분석함으로써 아기의 뇌에서 어떤 일이 진행되고 있는지를 판단하지요. 아기들은 새로운 것에 끌리는 경향이 있습니다. 그들은 끊임없이 새로운 정보, 신기한 것을 찾아다니지요. 우리는 아기들에게 같은 내용의 화면을 여러 번 보여 준 다음 그중 일부를 바꾸어서 다시 보여줍니다. 아기가 그런 작은 변화를 알아차리는지 못하는지 체크하기 위해서지요. 만약 변화를 알아차린다면 그건 아기가 처음 보여 주었던 화면을 기억하고 있다는 뜻이 됩니다. 연구원들이 하는 일은 마우스에 손가락을 올리고 있다가 클릭을 함으로써 아기들이 얼마나 오랫동안 집중력을 보이는지를 측정하는 것이지요. 그건 매우 간단한 작업이지만 그것을 통해 얻어지는 결과는 매우 의미심장합니다."

시간에 대한 지각을 연구하는 학자들 사이에서도 어린 아기들을 대상으로 한 연구는 아직 활발하지 않은 편이다. 이와 관련해 프리드먼은 "유아기는 인지 발달을 연구하는 사람들 사이에서는 불모지나 마찬가지입니다"라고 말했다. 그러나 컴퓨터와 눈동자 추적장치가 발달하면서 생후 몇 주에서 몇 개월밖에 되지 않은 아기들을 연구하는 작업은 훨씬 수월해졌고, 인간이 이 세상으로 나올 때 시간에 대해 무엇을 알고 있는지에 대해서도 점점 더 많은 것을 이해하

315

게 되었다.

예를 들어 생후 한 달밖에 되지 않은 유아도 'pat'과 'bat'의 음소 차이-이 둘은 지속기간이 0.005초밖에 차이 나지 않는다-를 구별할 수 있다는 사실이 밝혀졌다. 또 다른 연구는 태어난 지 두 달밖에 안 된 아기들이 문장의 단어 순서에 반응한다는 사실을 확인했다. 예컨 대 "Cats would jump benches(고양이들은 벤치에서 뛰어내릴 것이다)"라 는 문장을 오디오로 반복해서 들려준 뒤 갑자기 "Cats jump would benches"라고 두 번째와 세 번째 단어 순서를 바꿔서 들려주면 아기 들의 집중도(관심도)가 덩달아 크게 높아진다는 것이다.

레우코비치는 나에게 다른 실험도 보여 주었다. 컴퓨터 화면의 상 단에서부터 서로 다른 모양의 도형-삼각형, 원, 사각형-이 하나씩 내 려오고 있고, 도형이 화면 하단에 닿으면 서로 다른 소리-퐁, 삐, 빙- 를 내게 돼 있었다. 이것을 생후 4개월에서 8개월 사이의 유아들에게 특정한 순서대로 도형이 떨어지는 모습을 보여 주게 된다. 유아들이 이 모습에 익숙해져서 관심이 시들해지면 순서를 바꾸어서-도형의 모양과 소리는 똑같고 떨어지는 순서만 바꾼다- 보여 준 다음 아기 들의 반응을 살피게 된다. 그는 실험 결과 아기들이 바뀐 순서에 반 응을 보였으며 이는 유아들이 시간적인 순서를 꽤 잘 인식하고 있다 는 사실을 보여 준다고 말했다.

"유아들의 이런 시간감각에 대해서는 발표된 문헌이 별로 없습니 다. 유아들의 인지발달에 관해서는 다양한 주제에 걸쳐 많은 연구가 있었지만 유독 시간 인지에 관해서는 연구가 별로 돼 있지 않습니 다." 그는 이어 이렇게 덧붙였다. "아기들은 우리 어른들과는 전혀 다른 시간 세계에 살고 있다고 생각합니다. 나는 그들의 머릿속을 들여다보는 일을 매우 좋아합니다."

레우코비치는 학부 시절에 문어의 성적인 행동을 연구하는 팀에서 일한 적이 있었다. 이 팀은 세계 최초로 수족관 실험실(laboratory aquarium)을 만들어 어류들이 그 속에서 살아가도록 했다. 대학원생 때는 신생아집중치료실에서 24시간 내내 조명을 비추고 소음을 내는 것이 신생아의 발달에 어떤 영향을 미치는지 연구하기도 했다. 이 과정에서 그는 특히 신생아실에 있는 아기들 중 90퍼센트가 머리를 오른쪽으로 향해 누워 있는 점에 주목했다(이 현상은 아직도 명쾌하게 해명되지 않고 있다. 학자들 중 일부는 오른손잡이가 많은 현상과 관련이 있거나, 혹은 머리를 오른쪽으로 누이고 있기 때문에 성장하면서 오른손잡이가 되는 게 아닐까 추측한다). 이후 그는 피아제의 영향을 받아, 인간의 정신은-특히 발달 초기에- 뇌로 들어오는 감각정보들을 어떻게 통합하는지를 연구하기 시작했다.

신생아들은 처음 두세 달 동안은 아직 대뇌피질이 형성되지 않아, 피질 하부만 있는(subcortical) 동물과 다름이 없다. 이 시기에는 대뇌피질-뇌 표면에 있는, 신경이 모인 여러 개의 층으로서 감각기능과 추상적 사고, 언어 기능을 담당한다-이 아직 작동하지 않기 때문에 신경계의 기본적인 기능들을 수행할 수가 없다. 하지만 일단 대뇌피질이 작동하게 되면 아기는 미소를 띠기 시작한다. "대뇌피질이 기능하기 전까지 아기는 세상과 연결돼 있다는 느낌을 갖지 못하는 것이지요"라고 레우코비치는 말했다.

그는 초기 실험 중에서 태어난 지 몇 주일밖에 되지 않은 신생아는 바깥 세계에서 쏟아져 들어오는 정보들을 정보의 형태로서가 아니라 양에 기초해서 지각한다는 사실을 보여 주었다. 다 자란 성인에게 밝기가 변하는 빛을 보여 주고, 이어서 크기가 변하는 소리를 들려주면 그들은 소리의 크기에 맞춰 빛의 밝기도 분류할 수 있다. 즉, 큰 소리에는 밝은 빛, 작은 소리에는 어두운 빛을 대응시키는 것이다. 그런데 레우코비치는 태어난 지 3주밖에 안 된 신생아에게도 이와 비슷한 능력이 있다는 사실을 발견했다.

"태어난 지 얼마 안 된 아기는 청각정보와 시각정보를 초보적인 수준에서나마 서로 연결시킬 수가 있습니다. 그들은 소리와 빛의 세기 즉, 에너지의 양에 입각해서 그 둘을 연결시키는 것입니다. 아기들은 말하자면 자신들만의 세계를 형성할 수 있는 토대를 가지고 있다는 것입니다. 아주 단순한 메커니즘을 통해 자신들의 세계를 구축할 수 있는 기초를 마련하고, 어떤 것이 어떤 것과 어울리는지를 판단할 수 있는 기초도 마련하는 것입니다."

레우코비치는 어느 시점부터 얼굴에 대해 연구하게 되었다. 유아들은 1피트(약 30센티미터) 이상 떨어진 사물은 제대로 보지 못한다. 그러나 아기가 규칙적으로 마주하는 바깥 세계의 대상 중 하나는 자신을 늘 돌봐주는 사람의 얼굴이다. 그런데 얼굴이라는 것은 아이에게는 매우 복합적인 자극이다. 입술이 움직이고 표정이 끊임없이 바뀌며, 말소리는 크기가 계속 바뀐다.

레우코비치는 유아가 다양하게 들어오는 감각을 어떻게 통합하는지에 대해 피아제가 품었던 의문을 다시 떠올렸다. 유아는 말하고 있는 얼굴을 하나의 일관된 대상으로(말하는 얼굴과 침묵하는 얼굴을 동일한 것으로) 지각하는 것일까? 만약 그렇다면 언제, 어떤 방식으로 그런 지각이 가능하고, 그것을 가능케 하는 것은 무엇일까? 이런 의문에 대해 그는 단어의 뜻도 언어적인 뉘앙스도 모르는 유아가, 말하는 얼굴을 통해 깨닫게 되는 것들 중 태반은 시간과 지속기간이라는 것을 알게 되었다. 말을 하기 위해 얼굴에서 입이 열릴 때, 거기서 나오는 소리는 어느 정도의 지속기간을 갖는다. 입은 빠르게 혹은 느리게 말을 한다. 또한 입이 하는 말이나 노래에는 리듬이 있다. 이 리듬은 유아가 정보를 조직해 의미를 부여하는 데 강력한 수단이 된다.

'반짝반짝 작은 별(Twinkle Twinkle Litte Star)'이라는 노래를 들을 때 유아는 '반짝(Twinkle)'이라는 것이 하나의 단어이고 그것이 무엇을 의미하는지는 전혀 모르지만 그 노래의 리듬은 알게 된다. 이를 통해 마침내 유아는 입술의 움직임과 거기서 나오는 소리를 동조시킬 수 있게 되는 것이다. 입에서 나오는 하나의 문장에는 시간과 관련된 여러 차원이 담겨 있고, 신생아는 얼굴을 뚫어지게 바라봄으로써 시간과 관련된 차원들을 배우게 되는 것이다.

• • •

어느 날 아침 레우코비치의 연구실을 방문했더니 지역 케이블 방송업자들에 대해 불만을 털어놓았다. 전날 저녁에 다큐멘터리를 보려고 했으나 사운드와 화면이 일치하지 않는 바람에 짜증이 나서 TV를 꺼 버렸다는 것이다. "등장인물이 말을 시작하는데 이미 그 사람이 한 말이 끝나 있는 겁니다"라면서 여전히 화가 난 목소리로 말했다. 거의 모든 채널에서 이런 문제가 간간이 발생하며, 다른 지역 케이블에 가입한 사람들한테서도 그런 불만을 들었다고 했다. 그런데 이 문제(오디오와 비디오 신호의 불일치)는 그의 연구 주제와도 밀접히 연관돼 있다.

시간지각의 열쇠, 동조(同調)

시간을 지각하는 데는 여러 요소가 관련돼 있지만 가장 중요한 것은 동조이다. 동조란 서로 다른 감각정보들-예를 들어 누군가의 입술이 움직이는 모습과 하나의 목소리-이 동시에 일어나는지 그렇지 않은지를 파악하는 능력이다. 우리는 매우 뛰어난 동조 기능을 가지고 있다. 연구에 따르면 누군가가 우리에게 말을 걸고 있는 동영상을 볼 때 오디오와 비디오(입술의 움직임)가 일치되지 않더라도 80밀리초-0.1초보다 짧은 시간- 이내에서의 불일치는 내용을 이해하는 데 아무 문제가 없다고 한다. 그러나 오디오가 비디오보다 400밀리초-0.5초보다 조금 짧은 시간- 이상 늦으면 말하는 내용을 이해하는 데 어려움을 겪는 것으로 나타났다.

우리의 지각기능은, 감각정보들이 정확하게 일치하지 않더라도 어느 정도의 오차 범위 안이라면 적절히 작동한다. 19세기에 나온 연구들에 따르면 한 공간에서 우리가 시각자극-예컨대 꼭두각시 인형의 입이 움직이는 모습-을 받아들일 때, 거리가 떨어진 곳에서 청각자극이 시각자극과 동시에 발생하면, 소리(청각자극)가 시각자극과 - 실제로 떨어져 있는 거리보다- 훨씬 가까운 곳에서 일어나는 것처럼 받아들인다는 사실을 밝혀냈다. 이는 복화술 효과(ventriloquism effect)라고 부르는데, 우리에게 감각을 통합하는 기능이 매우 발달해 있다는 사실을 보여 준다. 서로 거리가 조금 떨어져 있는 상태에서 꼭두각시 인형을 움직이면서 복화술사가 소리를 내면 인형이 그 소리를 내는 것처럼 감각의 통일이 이루어지는 것이다.

이와 관련된 것으로 '맥거크(McGruk) 효과'라는 게 있다. 입의 움직임을 통해 추측하는 음절과 사운드로 나오는 음절이 다를 때, 우리가 실제로 듣게 되는 음절은 그 둘을 섞은 것이 되는 현상을 말한다. 예를 들어 화면에서 어떤 사람의 입모양이 'ga'라고 말하는 것을 보는데 스피커에서 나오는 소리는 'ba'일 때, 실제로 우리가 듣게 되는 것은 'ga'도 'ba'도 아닌 'da'가 된다.

맥거크 효과는 촉각을 통해서도 일어날 수 있다. 한 캐나다 연구팀은 실험 참가자들에게 네 개의 음절-기식음(氣息音) 즉, 발음을 할 때 짧게 숨소리를 내야 하는 음절인 'pa'와 'da', 기식음이 아닌 평음인 'ba'와 'da'-을 들려주면서, 'ba'와 'da'를 들려줄 때 실험 참가자의 손이나 목에 가볍게 공기를 불어넣었다. 그 결과 'ba'를 들려주면서 피부에 공기를 불어주면 'pa'로 인식하고, 'da'를 들려주면서 공기를 불면 'ta'로 인식하는 것으로 나타났다. 마치 공기를 느끼는 것이 아니라 공기를 듣는 것처럼 보였다. 이 실험 결과는 일관되게 모든 참가자들에게 나타났기 때문에 이 효과를 보청기에 적용하려는 연구가 이어지고 있다. 보청기에 압축공기 장치를 하면 청각장애인들이 보다 정밀하게 소리를 구별할 수 있을 것이기 때문이다. 이 경우 청각장애인들은 피부를 통해 소리를 듣게 되는 것이라고 할 수 있다.

뇌는 대량으로 입력되는 데이터들을 일관된 인식으로 연결시키기 위해 애를 쓴다. 성인들은 TV에서 나오는 목소리와 입술의 움직임이 일치하는지를 금방 알 수 있다. 이미 오랫동안 소리와 입술 움직임의 관계를 반복해서 경험해 왔기 때문이다. 성인들은 말소리와 입술의 움직임이 조화를 이루는 경향이 있다는 것을 알고 있으며 그것들로부터 단어와 개념을 이해한다. 그러나 유아들은 이런 경험이 전혀 없기 때문에 어떤 추론도 할 수 없다. 레우코비치는 이 점에 착안해 유아가 말하는 얼굴을 볼 때 어떤 반응을 보이는지 살펴봄으로써 '현재'에 대해 전혀 다르게 접근할 수 있을 것으로 보았다. 이를 위해 그는 스스로 '말하는 얼굴 실험'이라고 이름 붙인 연구를 진행해 왔다.

그는 연구실에서 나에게 여성의 얼굴이 나오는 짧은 동영상을 컴퓨터 화면으로 보여 주었다. 그 여성은 처음에는 입을 꼭 다물고 있다가 천천히 'ba'라는 음절을 분명하게 발음한 다음 입을 다물었다. 그는 이 영상을 생후 4개월에서 10개월 된 유아들에게 보여 주는 실험을 진행했다. 유아들에게 그 화면을 반복적으로 보여 준 뒤 아기들이 관심이 시들해져 시선을 화면 밖으로 옮기면 다른 화면을 보여 주었다. 바뀐 화면에서도 동일한 여성이 등장해 같은 음절을 발음하는데, 다만 이번에는 오디오와 비디오가 일치하지 않도록 했다. 즉, 'ba'라는 소리가 먼저 들리게 한 뒤 366밀리초-1초의 약 3분의 1- 뒤에 여성의 입술이 움직이는 것이다. 성인이라면 시간상의 불일치를 확연하게 분간하지만, 아기들은 그런 차이를 인지하지 못했다. 반복된 실험 결과 유아들은 오디오와 비디오의 신호 차이가 0.5초 이내일 때는 두 신호의 불일치를 눈치 채지 못하는 것으로 나타났다.

"아기들은 전혀 차이를 모릅니다. 그들은 두 신호를 하나로 인식합니다"라고 그는 말했다. 그는 다시 다른 화면을 보여 주었는데, 이번에는 말소리와 입의 움직임이 1초의 3분의 2 즉, 666밀리초 만큼 차이가 났다. "입을 움직이기 시작하면 말소리는 이미 끝나 있는 상태입니다"라고 그가 덧붙였다.

서로 다른 감각정보들이 하나의 사건에 속하는 것으로 인지되는 짧은 시간 간격을 '감각간 시간 근접성의 창(intersensory temporal contiguity window)'이라고 부른다. 이 개념은 '지금'이란 무엇인가를 정의하는 데 매우 도움이 된다. 물론 이 '창'의 크기는 감각자극의 종류와 감각자극을 관찰하는 사람에 따라 변한다. 말하는 얼굴을 바라볼 때의 유아들에게 '지금'이란 1초의 3분의 2정도이다. 그러나 끼어드는 사건들이 많은 경우에는-예를 들어 공이 바운드하는 것을 화면에서 볼 때-유아들은 1초의 3분의 1의 범위 안에서 일어나는 감각의 불일치(오디오와 비디오 신호의 차이)도 구분해 낸다고 레우코비치는 말했다. 유아들의 '지금'은 성인들의 '지금'보다 확연히 길지만, 하나 이상의 감각을 통합할 때는 하나의 감각만 지각할 때보다 '지금'의 지속기간이 줄어드는 건 분명하다.

"유아들의 세계는 어른의 세계보다 훨씬 느리다고 생각합니다"라고 그가 말했다. 하지만 왜 그런지는 아직 잘 모르겠다고 덧붙였다. 아마도 아기들의 뇌 안에 있는 신경세포들이 신호를 훨씬 느리게 전달하기 때문이 아닐까 추측하고 있다. 출생 초기에는 신경계에 미엘린(myelin)-전선의 플라스틱 피복처럼 뇌의 신경세포를 둘러싸는 하얀색 지방질 물질로, 뉴런을 통해 전달되는 전기신호가 누출되거나 흩어지지 않게 보호하는 역할을 한다-이 부족하다. 미엘린은 시간이 지나면서 점점 채워지는데 거의 20년 동안 채워지는 과정이 계속된다. "아기의 뇌가 상대적으로 성장이 느린 신체기관(20년에 걸쳐서 계속 성장하기 때문에)이라는 것은 의심의 여지가 없습니다. 그러나 지각의 관점에서 보면 성장이 느리다고는 할 수가 없습니다. 유아들의 세계가 성인의 세계보다 느리다는 건 무엇을 의미하는 것일까요? 유아의 관점에서도 세계는 그저 세계일 뿐입니다. 중요한 것은 뇌의 느린 성장이 유아들이 세계를 지각하는 데 어떤 결과를 초래하는지를 아는 것입니다."

324

유아들에게 감각신호를 동조하는 능력이 있다는 사실은 매우 경이로운 일이다. 어른들이 입술의 움직임과 거기서 나오는 소리가 일치하는지를 인지할 수 있는 것은, 단어와 입술의 움직임, 입술의 움직임과 관련된 소리에 대한 지식이 있기 때문이다. 하지만 아기들은 이런 지식이 전혀 없다. 유아들은 적어도 생후 6개월 동안은, 말하는 얼굴을 바라볼 때 입을 거의 보지 않는다. 레우코비치가 확인한 바에 따르면 그 시기의 유아들이 말하는 얼굴을 볼 때 주목하는 것은 거의 대부분 눈이다. 그러나 아기가 생후 8개월이 지나면 한결같이 입술의 움직임을 쫓는다.

그렇다면 유아들은 두 개의 감각신호가 동조하는지를 어떻게 아는 걸까? 그는 이 의문에 대한 답을 찾는 과정에서 박사과정 때 진행했던 실험 결과를 떠올렸다. 즉, 신생아들은 서로 다른 두 감각-시각과 청각-에서 오는 자극을 자극의 세기(에너지의 양)에 기초해서 서로 연결시킨다는 사실이었다. 그는 유아들이 감각신호를 동조할 때도 이와 비슷한 방식을 사용하지 않을까라고 추측했다.

그래서 이탈리아의 파도바 대학 연구진과 함께, 말하는 얼굴 실험을 조금 바꿔 생후 4개월 된 아기들을 대상으로 실험을 진행했다. 유아들에게 사운드가 나오지 않는 화면 두 개를 나란히 보여 주었는데, 하나는 마치 옹알이를 하듯이 원숭이가 입으로 O 모양을 만드는 모습이고, 다른 하나는 같은 원숭이가 턱을 앞으로 내밀고 끙끙거리는 소리를 내는 것이었다. 그런 다음 오디오를 켜서 둘 중 하나의 소리를 들려주자 아기들은 소리와 원숭이의 입 모양이 일치하는 화면에 눈을 고정시켰다. 다시 말하면 원숭이의 입술 움직임과 동시에 소리가 나고, 입술 움직임이 멈추는 것과 동시에 소리가 멈추는 화면에 주목했던 것이다.

연구원들은 이번에는 조건을 바꿔 실험을 진행했다. 원숭이가 내는 소리가 아닌 다른 사운드를 들려주고 아기들의 반응을 살폈다. 이때 소리의 지속기간은 한 원숭이의 입술 모양이 지속되는 시간과 똑같도록 했다. 그 결과 이번에도 아기들은 소리의 지속기간과 입술 움직임의 지속기간이 동일한 화면에 주목했다.

그는 이 실험결과를 통해 신생아들은 동조되는 것들의 내용과는 무관하게 동조를 지각한다는 사실을 알게 되었다. 유아들에게 원숭이의 입술 움직임과 목소리를 일치시키는 탁월한 능력이 있는 것처럼 보이지만 사실은 기계적인 과정에 지나지 않는다는 것이다. 유아들은 오디오가 들리기 시작해서 멈추는 시점과, 비디오(원숭이의 입술 움직임)의 시작과 끝만을 살펴보고 둘의 일치 여부를 판단한다는 말이다.

유아의 신경계는 -빛과 소리의 스위치가 동시에 켜지고 꺼지는지 주목하는 것처럼- (감각신호가 갖는) 에너지의 흐름이 언제 시작되고 끝나는지에만 반응한다. 두 에너지의 흐름이 동시에 시작되고 동시에 막을 내리면 동일한 사건이라고 정의하는 것이다. 이는 조각그림 맞추기와 비슷하다. 조각그림 맞추기에서는 조각들에 그려진 그림의 내용과는 상관없이 조각들의 모서리가 서로 아귀가 맞는지에만 주목해서 조립하기 때문이다.

마찬가지로 유아의 신경계는 사건의 내용은 무시한 채 사건의 모서리(경계)만 일치하면 서로 동조하는 것으로 간주한다. 어른의 신경계나 감각계는 입술의 움직임이 전하는 단어나 음조, 그것들의 의미 같은 차원 높은 정보에 관심을 갖지만 유아의 신경계나 감각계는 아직 미성숙하기 때문에 그런 과정을 해 낼 수가 없다.

"유아들은 주어진 자극이 어떤 내용을 담고 있는지는 전혀 개의치 않습니다. 그들은 두 자극의 스위치가 동시에 켜지고 동시에 꺼지는 것으로만 서로 관련이 있다고 간주하는 겁니다"라고 레우코비치는 설명했다.

앞에서 소개했던 생후 10개월 된 아담이 방음시설이 된 실험실에서 화면을 보면서 나타내는 반응도 이런 관점에서 해석할 수 있다. 아담은 자기 앞에 놓인 두 대의 컴퓨터 모니터에서, 말소리는 들리지 않은 채 서로 다른 내용을 말하는 두 개의 입모양을 보았다. 둘 중 하나에서 말소리가 나오게 되면 그는 말소리와 입술 움직임이 일치하는 화면을 응시했다. 아무리 여러 번 실험을 해도 놀라울 정도로 일관되게 같은 반응을 보였다. 심지어 집에서는 쓰지 않는 스페인어로 하는 경우에도 입술 모양과 말소리가 정확히 일치하는 화면을 응시했다. 아담은 함께 시작하고 함께 끝나는 것은 같은 사건에 속한다는, 아주 기본적인 동조 알고리즘(algorithm for synchrony)을 통해, 목소리의 내용을 전혀 모르고서도 목소리와 얼굴을 연결시킬 수 있었던 것이다.

레우코비치는 이런 동조의 과정이, 유아가 자신의 감각세계를 조직화하기 시작하는 핵심적인 메커니즘이라고 믿는다. 신생아의 신경계는 미성숙한데다 경험도 없기 때문에 더 높은 단계의 정보를 끌어낼 수가 없다. 신생아의 신경계가 할 수 있는 것이라고는 고작 감각신호들이 언제 켜지고 언제 꺼지는지를 추적하는 것뿐이다.

신생아들은 원숭이에 대해서는 구체적으로 아는 것이 아무것도 없지만, 바로 지금 무엇인가가 일어나고 있고 무엇인가가 멈춘다는 것에 대해서는 잘 안다. "그 정도 지식만으로도 즉, 서로 다른 감각신호가 같은 사건에 속하는지 아닌지를 아는 것만으로도, 신생아가 삶을 시작하는 데 매우 강력한 도구가 됩니다. 그것은 일관되고, 다양한 감각으로 이루어진 이 세계를 혼자 힘으로 헤쳐 나가기에 아주 좋은 수단이라고 할 수 있습니다"라며 그가 웃으며 말했다. 그리고 이렇게 덧붙였다. "신생아가 하는 그런 일은 매우 시시해 보일 수도 있습니다. 하지만 윌리엄 제임스가 갓 태어난 아기는 '쿵쿵거리고 윙윙거리는 혼란 상태'에 있다고 했던 것보다는 훨씬 나은 상태라고 할 수 있지요."

신생아가 자라나면서 동조하는 기능도 점차 개선될 거라고 생각하기 쉽지만 실제로는 전혀 그렇지 않다. 레우코비치는 생후 8개월에서 10개월 사이의 아기들을 대상으로 실험해 본 결과 옹알이하듯이 입으로 O 모양을 만드는 원숭이와 끙끙거리는 원숭이를 더 이상 구별하지 못한다는 사실을 발견했다. 이 시기의 아기들은 원숭이의 목소리와 얼굴을 일치시키는 데 있어 정확도가 크게 떨어졌던 것이다. 하지만 사람의 목소리와 사람의 입술 모양은 여전히 정확하게 연결시킬 줄 알았다.

유아들의 감각기관은 시간이 지나면서 깔때기에서 필터로 변하는 것처럼 보인다. 즉, 들어오는 모든 정보를 처리하는 것이 아니라 처리할 정보를 선택하게 되는 것이다. 이런 현상을 지각 협착(perceptual narrowing)이라고 부른다.

"발달 초기에 있는 신생아들은 이 세계에 대해 훨씬 폭넓게 조응하고 있습니다. 이들은 '시간적으로 동시에 일어나는 일들은 같은 사건으로 간주한다'는 단순한 장치를 가지고 이 세계를 받아들이고 있는 셈입니다. 이를 토대로 청각과 촉각, 시각적인 정보를 연결시키기 시작하는 것입니다. 하지만 이 장치는 기본적으로 에너지(자극의 세기)에만 기초하고 있기 때문에 실수를 하기도 쉽습니다. 신생아들이 원숭이의 얼굴과 원숭이가 내는 소리를 연결시킬 수 있는 것은, 원숭이의 입이 커지거나 작아지는 모습을 추적하고 소리가 언제 시작되고 언제 멈추는지를 추적하기 때문입니다. 신생아들은 신호를 일으키는 것이 원숭이인지 사람인지는 전혀 개의치 않습니다." 레우코비치의 설명이다.

그러나 신생아는 오래지 않아 특정한 얼굴과 목소리에 대한 지식을 축적하게 됨으로써, 어떤 얼굴에 더 주목하고 어떤 얼굴은 무시해도 되는지를 알게 된다. 이 과정에서 가장 중요한 역할을 하는 것은 경험이다. 일상적으로 원숭이와 어울려 지내는 신생아는 매우 드물기 때문에 신경계가 중요한 것과 중요하지 않은 것을 구별함에 따라 원숭이의 미묘한 얼굴 움직임을 포착하는 능력도 더 이상 발달하지 않게 된다.

마찬가지 이유로 외국어에 대한 감각도 급속히 둔해진다. 레우코비치는 영어를 모국어로 쓰는 가정의 아기들과 스페인어가 모국어인 가정의 아기들에게 두 개의 화면을 보여 주었다. 한 화면에서는 여성이 입술을 천천히 움직이면서 'ba'라는 음절을 소리를 내지 않고 발음하는 것이고, 다른 하나는 'va'라는 음절을 소리 없이 내는 것이었다. 그런 다음 여성의 얼굴 대신 회전하는 공을 화면에 비춘 다음 두 음절 중 하나의 소리를 몇 차례 천천히 반복해서 크게 들려주었다. 이어 소리를 끈 상태에서 다시 여성의 얼굴이 화면에 나타나게 한 뒤 아기들이 어느 화면에 주의를 기울이는지 관찰했다. 그 결과 6개월 된 아기들은 자신의 모국어에 상관없이 음절과 입술의 움직임이 일치하는 화면에 눈길을 주었다.

그러나 생후 11개월이 된 아기들의 경우, 스페인어를 쓰는 가정에서 자란 아기들은 소리와 입술의 움직임을 정확히 인지하지 못하는 것으로 나타났다. 그 까닭은 스페인어에서는 'va'와 'ba'의 발음이 똑같기 때문이다. 암소(cow)라는 뜻의 스페인어 vaca는 baca로 발음이 나는 것이다. 스페인어 가정에서 자란 아기는 두 음절을 구별하지 못했지만 영어와 스페인어 모두를 모국어로 쓰는 가정에서 자란 아이들은 생후 11개월이 된 경우 둘을 구별할 수 있었다.

우리는 모국어를 쓰는 환경에서 자라면서 모국어에 능통해지면 외국어에 대한 감각이 떨어지게 된다. 연구에 따르면 생후 몇 달 되지 않은 백인 아기는 백인과 아시아인이 섞여 있어도 그들의 얼굴을 서로 잘 구별했지만 생후 1년이 지나면 비백인에 대해서는 얼굴을 잘 식별해 내지 못하는 것으로 나타났다. 서양음악보다 복잡한 음계를 채택하고 있는 불가리아에서 아주 어릴 때부터 음악을 들으며 자란 아기는 성인이 되어서도 불가리아 음악이 갖는 미묘한 리듬의 세부 요소를 구별할 수 있지만, 생후 1년이 지나서 처음으로 불가리아 음악을 들은 아기는 영원히 그 음악이 갖는 미묘한 리듬을 구별해 내지 못한다.

유아의 감각세계를 어떻게 볼 것인가

복잡한 소프트웨어 프로그램들은 커널(kernel '핵심'이라는 뜻)이라는 상대적으로 더 단순한 프로그램에 기반을 두고 있다. 이 커널이 다른 복잡한 소프트웨어들에게 기본적인 알고리즘을 제공하는 것이다. 유아들이 가진 청각신호와 시각신호를 동조화하는 능력도 커널과 비슷한 것이라고 할 수 있다. 이 동조화하는 능력을 토대로 유아의 신경네트워크가 바깥 세계에서 쏟아져 들어오는 감각정보들을—

감각의 내용은 무시한 채- 조직하게 된다. 이 과정에서는 어떤 선행 지식이나 경험도 필요 없다. 단지 자극의 상대적인 양(자극의 세기, 에너지의 양)을 측정할 수 있는 능력만 구비하고 있는 것이다. 유아들은 이런 기초 위에서 감각신호들의 의미를 찾기 시작한다. 즉, 서로 상반되는 정보에 대처하고, 어떤 정보를 더 먼저 처리해야 하는지 식별할 수 있게 된다.

레우코비치는 이런 능력은 결코 선천적으로 타고나는 것이 아니라고 보고 있다. 현재 발달심리학을 주도하고 있는 학파에서는 인과관계, 중력, 공간들 사이의 관계 같은 핵심적인 개념들은 인간에게 선천적으로 주어져 있다고 보고 있다. 이런 개념들은 진화과정에서 자연선택을 통해 인간에게 주어졌기 때문에 우리의 유전자 어딘가에 위치하고 있다는 것이다.

그러나 레우코비치와 그의 동료들은 이런 주장은 애매할 뿐만 아니라 지나치게 단순한 접근법이라고 반박한다. 매우 흥미로운 질문들이 던져지는 상황에서 유전학을 거론하며 선천적이라고 단정해 버리는 것은 더 이상 논의를 진행하지 말자는 것과 진배없다는 것이다. 그는 "유전학을 마술상자처럼 내세워서는 안 됩니다. 그런 접근법은 또 다른 생기론(vitalism)[35]이라고 할 수 있습니다"라고 주장했다.

레우코비치는 인간이란 지각이 꾸준히 발달하는 상태에 있는 유기체라고 본다. 인간은 시간 속에서 존재한다. 신생아는 아주 기초

....

35 생명은 무생물(물질)을 지배하는 원리와는 다른 원리에 의해 지배된다고 보면서, 그 원리를 생명력(vital force)에서 찾는 이론.

적인 행동들-예를 들면 젖을 빠는 행위-을 갖고 태어나지만 시간이 지나면서 그것들을 버리고 더 발달된 행동들을 택하게 된다. 신생아들이 갖고 태어나는 아주 기초적인 행동들은 '개체발생적인 적응(ontogenetic adaptation)'으로서 최초의 목적에 기여하고 나면 곧 사라지게 된다. 유아들이 가진 (감각신호들에 대한) 동조 능력도 이런 기초 행동들의 범주에 속한다고 할 수 있다. 이 동조 능력은 신생아의 감각계를 비약적으로 발달시키게 되며, 바깥 세계와의 경험이 늘어나 고차원적으로 신호를 처리할 수 있게 된 감각계가 애초의 동조 능력을 대체하게 된다.

마찬가지 이유로, 인간의 탄생과 관련해서도 생리적으로 신비한 요소는 전혀 없다(생기론적인 태도에 대한 비판이다). 오랜 시간 동안 어두운 자궁에서 존재해 왔던 한 유기체가 -아주 완전히 발달하지 않은 채로- 이 세상으로 나오는 것, 그것이 바로 인간의 탄생이다. 연구에 따르면 태어난 지 한 시간이 지난 신생아는 낯선 사람의 목소리보다는 엄마의 목소리를 더 좋아한다고 한다. 이런 현상에 대해 유전적인 원인이나 진화론적인 이유를 대는 사람도 있을 것이다. 예컨대 자기 엄마를 바로 알아볼 줄 아는 신생아가 적응에 더 유리하도록 자연선택-진화-이 이루어져 왔다는 식이다.

그러나 신생아와 산모의 이런 언어적인 깊은 결합은 이미 자궁에서부터 구축된 것이다. 몇몇 연구에 따르면 인간의 청각은 임신기간의 마지막 3개월 동안에 기능하기 시작한다고 한다. 이 기간 동안 자궁 안에 있는 태아는 산모를 통해서 들어오는 소리로 바깥 세계에 대해 많은 것을 배우게 된다. 태아의 심장박동은 산모가 직접 시를 읽어주면 더 빨라지지만, 같은 시를 낯선 여성이 읽어주면 느려진다는 연구 결과도 있다. 프랑스인 산모에게서 난 신생아에게 동화책을 불어와 네덜란드어, 독일어로 각각 읽어주면 이 언어들을 전혀 모르는 상태인데도 그들의 차이를 확실히 구분하는 듯이 반응한다고 한다. 또 다른 연구에 따르면 생후 이틀 된 프랑스 아기와 독일 아기의 울음소리는 멜로디가 서로 다르며, 그 멜로디는 산모의 모국어를 반영한다. 즉, 아기들은 자궁에 있을 때 들었던 소리를 흉내 내고 있는 것이다.

이는 인간에게만 고유한 현상은 아니다. 양이나 쥐, 일부 새들, 그리고 다른 동물들 중에서도 자궁이나 알에 있을 때부터 소리를 들을 수 있는 종들이 있다. 호주의 요정굴뚝새의 어미는 새끼가 부화하기 며칠 전부터 자신이 낳은 알에 대고 소리를 내기 시작한다. 아직 태어나지 않은 새끼 새에게, 먹이를 달라고 조르는 소리를 미리 들려주어 교육을 시키는 것이다. 새끼들이 먹이를 달라고 조르는 소리는 둥지마다 다르다. 따라서 어미가 가르쳐 준 소리를 잘 따라하는 새끼일수록 먹이를 더 잘 받아먹게 된다. 말하자면 이 소리는 어미와 새끼 사이의 암호라고 할 수 있다. 이 암호를 통해 어미 새는 자기 새끼와, 둥지를 침입해 들어와 먹이를 가로채려고 엿보는 뻐꾸기를 구분할 수가 있는 것이다.

레우코비치는 흔히 선천적이라고 치부하는 특성들은 단지 우리가 풀어야 할 미스터리일 뿐이라고 말한다. "유아들이 인지적으로나 지각적으로 놀라운 모습을 나타낼 때, 그것이 선천적이냐 아니냐가 중요한 것이 아닙니다. '어떻게 해서 그것이 존재하게 되었는가? 언제 그런 특성이 나타나는가?'를 질문해 보아야 합니다. 당신이 나에게 유아도 시간을 지각할 수 있느냐고 묻는다면 나는 그렇다고 답할 것입니다. 하지만 그것은 당신이 시간을 어떻게 정의하느냐에 따라 달라질 수 있습니다. 유아들은 시간에 기초한, 시간을 통해 구축된 정보에 민감한가, 라는 의미라면 '그렇다'고 답할 수 있습니다. 여기서 중요한 것은 그런 감각이 언제부터 생기느냐는 것입니다."

말하는 얼굴을 중심에 놓고 유아의 감각세계를 연구하는 것이 이상하게 여겨진다면, 생후 처음 몇 달간은 유아의 지각세계가 대부분 말하는 얼굴을 중심으로 이루어진다는 점을 상기할 필요가 있다. 임신기간의 마지막 석 달 동안 태아의 감각세계는 촉각과 청각에 국한돼 있다. 하지만 세상으로 나옴과 동시에 빛과 운동을 접하게 되면서 새로운 차원의 감각세계를 만난다.

그런데 이 새로운 세계는 처음 얼마간은 부모가 말하는 목소리를 중심으로 돌아가게 된다. 부모들은 신생아가 전혀 알 수 없는 말들을 큰 소리로 말하지만, 이 말들을 통해 신생아는 보이는 것과 들리는 것을 일치시킬 수 있는 실마리를 갖게 된다. 신생아는 언어를 듣는 과정에서 감각정보에 동조하는 능력을 깨우치게 되고, 나아가 그 이상으로 발전하는 법을 배우게 된다.

유아들이 시각정보를 지각할 때 청각정보가 함께 주어지면 훨씬 더 강하게 반응한다는 사실은 많은 연구를 통해 알려져 있다. 반대로 시각정보와 함께 청각정보가 주어지는 경우에도 청각자극에 훨씬 더 강하게 반응한다. 감각의 중복은 어떤 하나의 감각을 두드러지게 하며, 그런 두드러짐은 감각을 더 잘 이해하도록 만든다.

레우코비치는 매우 소란스러운 칵테일 파티에 참석해 있다고 상상해 보라고 했다. 누군가가 말을 거는데 주변이 너무 시끄러워 전혀 알아들을 수가 없다. 하지만 나는 그 사람의 입술 움직임은 볼 수 있다. 그럴 경우 그 사람이 하는 말을 이해할 가능성이 높아진다. 유아에게도 말하는 얼굴은 감각들이 중복돼 있는 상태다.

우리는 아기들에게 말할 때 천천히, 리듬을 실어, 하고자 하는 말을 강조하기 위해 한 마디 한 마디 끊어가며 "여기...너의...우유병이...있어..."처럼 말한다. 입술의 움직임은 말소리와 일치하고, 심지어 목젖도 말소리에 따라 올라갔다 내려갔다 하며 움직인다. "리듬과 운율, 입술과 목젖의 움직임 등 모든 정보들을 활용함으로써, 유아는 이들을 서로 연결시키는 법을 배우고 나아가 말을 배우게 됩니다. 맞아요. 우리는 아기들에게 말하는 법을 가르치는 완벽하게 디자인된 시스템을 가지고 있는 것입니다."

그뿐만이 아니다. 우리는 유아들에게 시간의 본질적인 측면을 가르치는 데 필요한 시스템도 가지고 있다. 시간을 지각한다는 것은 시간적인 순서, 시제, 지속기간, 새로움, 시간의 일치(동조) 등등 여러 가지를 포함한다. 하지만 이 모든 것을 포괄하면서 시간을 한마디로 정의한다면 '다른 시계들과의 대화(a conversation among clocks)'라고 할 수 있다. 이때의 시계는 손목시계도 되고, 세포도 되고, 단백질도 되고, 사람도 된다. 유아의 경우 말하는 '사람'의 얼굴과 '대화'함으로써 동조에 관해서 배울 수밖에 없다. 그 외 다른 방법이 있겠는가? 그런

의미에서, 신생아의 시간은 하나의 말(a word)과 함께 시작한다고 할
수 있다.

WHY TIME FLIES

시간은 왜 빨리 가는가

우물이 매우 깊거나, 아니면 앨리스가 매우 더딘 속도로 떨어지고 있는 것일 터였다. 왜냐하면 앨리스는 밑으로 떨어지면서도 주변을 둘러보기도 하고 다음에는 무슨 일이 생길지 궁금해 할 정도로 시간이 많았기 때문이다.

-루이스 캐럴 〈이상한 나라의 앨리스〉

올해도 여느 해처럼 시간이 빨리 지나가고 있다. 7월이나 혹은 4월만 돼도-2월은 아니지만- 마음은 벌써 학교가 개학해서 본격적으로 일이 시작되는 9월을 생각하게 된다. 중간에 끼인 여름의 몇 주일 간은 이미 지나가 버리기라도 한 것처럼 말이다. 6월이 되면 눈 깜짝할 사이에 봄이 다 지나가 버렸다는 생각을 하면서, 마음은 훌쩍 내년 1월을 향해 건너뛰기도 한다. 그러면서 매년 새로운 각오로 맞이하던 지나간 1월들을 손꼽아 보게 된다.

그런데 5년이나 10년, 혹은 그보다 더 큰 범위로 지난 시간들을 돌아보는 경우가 많아 '나의 20대'라든가 '뉴욕에서 살던 시절', '우리 아이들이 태어나기 전' 같은 식으로 회상하게 된다. 그러면 젊은 시절이 너무 빨리 흘러가 버렸다는 것을 실감하게 된다-당신이 아직 젊다면, 미래의 어느 때에는 그렇게 느끼게 될 것이다.

시간은 왜 이처럼 빠르게 흐르는가. 우리는 시간이 쏜살같이 빠르다는 말을 자주한다. 그건 우리 이전 시대의 사람들도 마찬가지였다. 로마 시인 베르길리우스는 "한번 도망간 시간은 되찾을 수 없다"고 썼다. 초서는 14세기 말에 쓴 〈캔터베리 이야기〉에서 "시간은 날아가며, 누구도 거기 머무를 수가 없다"고 했다. 18세기와 19세기의 미국 작가들이 쓴 글에서도 "시간은 불안한 날개짓을 하며 재빠르게 날아간다" "시간은 빠른 날개짓으로 굴러간다" "시간은 독수리의 날개를 달고 날아간다" "시간은 날아가고, 영원은 손짓한다" 등의 표현을 볼 수 있다.

세월은 우리를 기다려 주지 않는다. 내가 아내와 막 결혼했을 때 장인어른이 우리를 불러 지나가는 말로, 그러나 달콤쌉싸름한 말투로 "처음 20년은 순식간에 지나갈 거야!"라고 말했다. 나는 결혼생활이 10년 정도가 지난 지금에서야 장인의 말씀이 무슨 뜻인지 어렴풋하게 알 것 같다.

어느 날 조슈아가 한숨을 쉬면서 큰 소리로 이렇게 말했다. "좋았던 옛 시절을 기억하세요?" 조슈아가 다섯 살도 채 되지 않을 때였다(그가 말한 좋았던 옛 시절이란 몇 달 전에 초콜릿 컵케이크를 맛있게 먹었던 기억이었다). 나는 최근에 세월의 덧없음을 부쩍 자주 느끼는 자신을 발견하고는 깜짝깜짝 놀라곤 한다. 얼마 전만 해도 "시간이 얼마나 쏜살같은지!" 같은 말은 좀처럼 해 본 적이 없는 것 같은데 말이다. 하지만 그런 시절로부터 꽤 많은 시간이 흘렀다는 사실을 깨닫고는 새삼 충격을 받는다. 그러면서 다시 이렇게 묻게 되는 것이다. 대체 그 많은 시간들은 다 어디로 갔단 말인가?

물론 빠르게 날아가는 것은 해(years)뿐만이 아니다. 날들, 시들, 분들, 초들도 마찬가지로 빠르게 날아간다. 하지만 이들이 모두 같은 날개를 달고서 날아가는 것은 아니다. 우리의 뇌가 몇 초에서 1, 2분 동안 지속되는 시간을 처리하는 과정과, 몇 분에서 몇 시간 동안 지속되는 흐름을 처리하는 과정은 다르다. 예컨대 슈퍼마켓에 다녀오는데 시간이 얼마나 걸렸는지, 혹은 방금 TV에서 본 한 시간짜리 쇼가 평소보다 빨리 지나갔는지 느리게 지나갔는지를 따져볼 때의 뇌가 작동하는 방식과, 불빛이 너무 오래 비치는 게 아닌지 혹은 심리 실험실에서 컴퓨터 화면을 통해 실험 참가자에게 어떤 이미지를 보여주고 그 이미지가 몇 초나 지속됐는지를 묻는 실험을 할 때 뇌가 작동하는 방식은 각각 다르다. 게다가 해(year)는 이 시간들과도 확연히 다르다.

시간은 과연 빨리 흘러가는가?

영국의 킬 대학교 심리학 교수인 존 웨어든은 시간이 왜 빠르게 흐르는가에 대한 답변은 "당신이 말하는 시간이 어떤 종류의 시간인지에 따라 다릅니다"라고 말했다. 그는 지난 30년간 인간과 시간 사이의 관계를 규명하기 위해 연구해 왔다. 그가 2016년에 발간한 〈시간 지각의 심리학〉은 이 분야에서 그동안 축적돼 온 연구 결과와 연구의 역사를 이해하기 쉽도록 정리해 놓은 책이다. 어느 날 저녁 그의 집으로 전화를 한 적이 있었다. 내가 저녁 시간을 방해해서 미안하다고 하자 그는 "괜찮아요. 솔직히 지금 한가해요. 몹시 바쁜 척이라도 하고 싶지만 사실은 챔피언스 리그 축구 경기가 시작되기를 기다리고 있었을 뿐이에요"라고 말했다.

웨어든은 우리가 빛이나 소리는 직접 지각하지만, 시간은 그렇지 않다는 사실을 환기시켰다. 빛은 망막에 있는 특별한 세포들을 통해 지각된다. 즉, 광자가 망막을 때리면 망막에 있는 세포가 신경을 촉발시켜 신호를 뇌에 전달한다. 소리 역시 파동이 귀에 있는 작은 섬모를 때리면 소리의 파동이 전기적인 신호로 바뀌어 뇌가 지각하게 된다. 하지만 우리 몸에는 시간을 받아들이는 감각기관은 없다. "시간과 관련된 감각기관을 찾는 문제는 오랫동안 심리학자들을 괴롭힌 문제였습니다"라고 웨어든이 말했다.

시간은 우리에게 간접적으로 다가온다. 즉, 시간 자체가 아니라 시간이 담고 있는 내용을 통해서 지각되는 것이다. 1973년 심리학자인 깁슨은 "사건들은 지각되지만 시간은 지각되지 않는다"고 썼는데 이는 이후 많은 시간 연구자들에게 기본적인 접근방식이 되었다. 깁슨이 말하고자 한 바는 시간이란 하나의 사물(thing)이 아니라 사물들을 통과(passage)하는 것이라는 의미였다. 시간은 명사가 아니라 동사라는 것이다.

내가 디즈니랜드로 짧은 여행을 하면 그 경험을 기술할 수 있고-미키가 있었고, 놀이기구인 스페이스마운틴이 있었고, 비행기 창을 통해 구름이 흐르고 있는 모습을 보았다는 식으로-, 디즈니랜드를 구경하고 있는 동안에도 내가 이곳을 여행하고 있다는 것을 의식할 수 있다. 하지만 여행을 하면서 본 구경거리, 이런저런 활동들, 떠오른 생각들을 언급하지 않고서 여행 자체를 경험하거나 묘사할 수는 없다. 또한 책에서 읽은 단어나 생각의 변화를 언급하지 않고서 독서에 대해 말할 수는 없다. 시간도 이와 마찬가지로, 우리가 겪은 사건들 혹은 우리가 겪은 감각들을 기술한 언어일 뿐이다.

이와 같은 깁슨의 시간 개념은 아우구스티누스의 생각과 크게 다르지 않다. 아우구스티누스는 "시간은 객관적으로 존재하는 대상이라고 주장함으로써 나를 방해하지 말라. 내가 측정하는 것은 (시간 자체가 아니라) 스쳐 지나가는 현상들이 나에게 남긴 인상일 뿐이다. 인상은 사건이나 현상들이 지나간 뒤에도 나에게 남으며, 바로 그것을 현재의 실체로서 측정하게 된다. 나는 바로 그 인상을 통해서 시간의 간격을 측정하게 된다." 우리가 경험하는 것은 '시간' 자체가 아니라 '시간의 통과(time passing 시간이 지나가면서 남긴 인상)'라는 것이다.

시간의 통과를 인지하고 체크한다는 것은 변화를 인식하는 것이다-그것은 우리를 둘러싼 환경의 변화, 우리가 처한 상황의 변화, 혹은 윌리엄 제임스가 지적했듯이 우리의 내면 풍경의 변화를 모두 포함한다. 사물은 이전의 상태와 결코 같지 않다. 지금이라는 감각에는 이전(then)에 대한 인식이 스며있다. 그리고 이전과 지금을 비교하기 위해서는 기억이 필요하다. 이전의 시간 속도를 기억해야만 시간은 빠르게 날아가거나, 혹은 느리게 기어가거나, 도약하게 된다. 그래서 "저 영화는 다른 영화들보다 더 길게 느껴져(지루해)"라거나 "디너파티가 눈 깜짝 할 사이에 끝나 버렸어. 2시간 전에 시계를 보고는 그 뒤로는 시계를 보지 않았어"처럼 말하게 되는 것이다. 시간이 객관적인 존재가 아님에도 하나의 사물이나 대상처럼 여겨지는 까닭은 다른 사물이나 대상과의 비교를 통해 우리의 기억에 흔적으로 남아 있기 때문이다.

웨어든은 이렇게 말했다. "누구나 한 번쯤 이런 경험이 있을 겁니다. 독서에 한창 몰두해 있다가 어느 순간 책에서 눈을 떼고 시계를 보고는 깜짝 놀라는 겁니다. '아니, 벌써 10시가 지났어?'라고 말하게 되지요. 바로 그럴 때 우리는 시간을 감각하게 됩니다. 하지만 실제로 우리가 시간의 경과를 느낀 건 아닙니다. 책을 읽는 동안에는 시간을 전혀 의식하거나 느끼지 못했으니까요. 그건 단지 순수한 추론(시간이 흘렀을 것이라고 생각하는 것)일 뿐입니다. 바로 이 때문에 문제가 복잡해집니다. 우리는 시간이 흘러가는 것에 대한 느낌에 대해 자주 이야기하지만, 실제로 우리가 시간을 직접 경험하는 것은 아니며, 단지 추론에 기초해서 시간의 흐름을 판단하고 있을 뿐입니다."

우리는 "시간이 왜 이렇게 빨리 갔지?(How did time fly by so quickly?)"라는 말을 입에 자주 올린다. 이 말은 "시간이 어디로 가 버렸는지 모르겠어(I don't remember where the time went)"나 "시간의 흐름을 놓쳐 버렸어(I lost track of the time)"라는 뜻의 다른 표현이라고 할 수 있다.

나는 특히 밤에 낯익은 도로를 따라 장거리 운전을 할 때, 시간이 어디로 가 버렸는지 모르겠다는 느낌을 자주 갖는다. 이런 상황에서는 혼자만의 생각에 빠지기도 하고 라디오에서 나오는 노래를 따라 부르기도 하지만 그렇다고 운전을 부주의하게 하는 것도 아니다. 도로를 주시하고 헤드라이트 불빛에 드러나는 마일(거리)을 나타내는 표지판도 확인하고 백미러를 통해 다른 차량들의 움직임도 눈여겨본다.

하지만 출구 지점에 다다르면 어느 새 내가 여기까지 도착했나 싶어 깜짝 놀라게 된다. 그러면서 불안감이 슬쩍 밀려온다. 내가 운전에 제대로 집중하지 않았던 게 아닐까, 라는 의구심이 드는 것이다. 물론 나는 운전에 집중했을 것이다. 그렇지 않았다면 아무런 사고 없이 이렇게 멀쩡하게 출구 지점에 도착하지 못했을 테니까 말이다. 그렇다면 나는 어떻게 여기까지 왔지? 내가 기억하지 못하는 그동안의 시간은 어디로 가 버린 거지?

우리가 "시간 가는 줄 몰랐다(I lost track of the time)"고 할 때 그 말이 문자 그대로 의미하는 것은 시간의 흐름을 놓쳐 버렸다는 것이다. 웨어든은 이 말이 의미하는 것이 옳다는 것을 보여 주는 실험을 진행한 바 있다. 그는 200명의 학부 학생들에게 설문지를 돌려서, 시간이 평소보다 빠르게 혹은 느리게 흐른 것처럼 느껴진 때가 있었는지를 묻고, 그때 무엇을 하고 있었는지 소상하게 묘사해 보라고 했다. 또한 그런 경험을 하고 있는 와중에도 시간이 빠르게 혹은 느리게 흐르고 있다고 인식했는지를 물었다. 그리고 만약 그때 마약을 하고 있었다면 어떤 종류인지를 밝히도록 부탁했다. 학생들이 보내온 답변 중에는 아래와 같은 내용들이 있었다.

바깥에서 친구들과 술이나 음료수를 마시면서 춤을 추고 잡담을 나눌 때 시간은 매우 빠르게 흘러간다. 얼마 지나지 않았다고 생각했는데 벌써 새벽 3시가 돼 있는 걸 알 수 있다.

술을 마시면 평소보다 시간이 더 빨리 지나가는 것 같다-아마도 술을 마시면서 사람들과 어울려 재미있게 보내기 때문이 아닌가 싶다.

설문지를 조사한 결과 전체적으로 시간이 평소보다 더디게 흐른 것보다는 빨리 흐른 것 같은 경험에 대해 더 많은 답변을 보내왔다. 특히 전체의 3분의 2가량은 술이나 마약에 취해 있을 때 시간이 빨리 혹은 더디게 흐른다고 답했다. 알코올과 코카인은 모두 시간이 더 빠르게 흐른다는 느낌을 주는데 반해, 마리화나와 엑스터시는 시간이 빠르게 흐른다는 느낌을 준다는 답변과 더디게 흐른다는 느낌을 준다는 답변이 반반이었다. 학생들이 바쁘고, 행복하고, 뭔가에 집중하고, 사람들과 어울릴 때(이럴 때는 술을 마시는 경우가 많았다) 시간은 빨리 흐르지만, 내키지 않는 일을 하거나 지루할 때, 지쳐 있을 때, 슬플 때 시간은 더디게 흐르는 것으로 나타났다.

그런데 설문지 답변에서 가장 눈에 띄는 것은 실제로 지금 시간이 얼마나 됐다는 사실-해가 뜬다거나, 우연히 시계를 힐끗 본다거나, 바텐더가 이제 영업을 끝낼 시간이라고 알려 준다거나-이 주어지기까지는 많은 학생들이 시간이 빨리 흐르고 있다는 것을 전혀 느끼지 못했다는 점이다. 그 이전까지는 시간에 대한 감각이 전혀 없었다는 말이다. 한 학생은 "바나 펍에서 술을 마시면서 사람들과 어울릴 때, 종업원으로부터 영업이 끝났다는 얘기를 듣거나 주변의 누군가가 지금 몇 시라고 알려 주기까지는 시간을 거의 의식하지 않는다"고 답했다.

시간이 쏜살같이 흐르는 까닭은 -적어도 분이나 시 단위에서는- 아주 단순하며, 게다가 순환적이기도 하다. 즉, 우리가 규칙적으로 시계를 보지 않기 때문에 시간이 빨리 흐르는 것이며, 반대로 시간이 빨리 흐르기 때문에 시계를 보지 않게 된다. 일단 한 번 시계를 확인하고 나면, 이를테면 마지막으로 시계를 보고 난 뒤 두 시간이 흘렀다는 것을 알게 되면, 그 두 시간이 매우 긴 시간이라고 느끼게 된다. 게다가 우리는 그 두 시간을 1분마다 일일이 기억하는 것이 아니기 때문에 두 시간 동안 일어난 사건들로부터 시간이 매우 빨리 지나갔다고 추론하는 것이다. 웨어든의 설문지에 답한 한 학생은 이렇게 말했다. "친구 두 명과 함께 코카인을 흡입하며 자정 넘어서까지 놀았다. 얼마 뒤 이제 새벽 3시쯤 됐겠지 하고 시계를 보니 아침 7시였다. 우리가 생각했던 것보다 훨씬 빨리 시간이 흘렀던 것이다."

이는 우리가 아침에 잠에서 깨어날 때, 혹은 백일몽에 빠져 있을 때 경험하는 것과 비슷하다. 이에 대해 폴 프레이서는 〈시간의 심리학〉에서 이렇게 썼다. "우연히 어떤 생각이 우리의 의식 영역 전체를 가득 채우고 있을 때, 불현듯 시간을 알리는 소리가 나서 정신을 차려 보면 벌써 밤늦은 시간이 되었거나 혹은 아침 시간이 많이 흘렀다는 것을 알고는 깜짝 놀라게 된다. 시간의 지속에 대해 전혀 의식하지 못하고 있었기 때문이다."

그는 또 우리가 지루한 상태에 있으면 시간을 생각하면서 시계를 들여다보게 되지만, 백일몽에 빠져 있으면 시간을 보지 않는다고 덧붙였다. 1952년 펜실베이니아 대학 산업심리학과 교수였던 모리스 바이텔스는 지루하고 단조로운 업무에 종사하는 노동자들 중 25퍼센트만이 시간이 빨리 간다고 느끼는 것으로 나타났다고 밝혔다(그는 '바이텔스 운전자 채용 테스트'라는 걸 고안하기도 했다. 이 테스트는 밀워키 전기철도회사가 노면전차 운전에 가장 적합한 운전자를 고용하는 것을 돕기 위한 것이었다. 그는 또 〈작업의 과학〉, 〈산업노동자의 근로 동기와 근로 의욕〉이라는 책을 쓰기도 했으며 '기계와 지루함'이라는 제목으로 강연을 하기도 했다).

웨어든은 시간이 빠르게 흐르는지 아닌지는 우리가 시간에 대해 언제 생각하느냐에-즉, 지나간 일을 사후적으로 되돌아볼 때인지, 아니면 어떤 사건을 경험하고 있는 와중인지에- 따라 달라진다고 말했다. 시간은 과거시제로도 현재시제로도 흐를 수 있다. 교통체증이 일어나고 있는 도로에서 차를 몰고 있는 중이거나, 디너파티를 즐기고 있는 동안 즉, 우리가 사건의 안에 들어가 있을 때는(현재시제일 때는) 시간은 끝없이 지속될 수도 있다. 반면 사후에(과거시제로) 그 일을 되돌아보게 될 수도 있다.

웨어든은 우리가 어떤 사건이나 상황 안에 있을 때는 시간이 쏜살같이 흐른다고 느끼는 경우가 거의 없다고 말했다. 그것은 시간이 쏜살같이 흐른다는 것에 대한 실질적인 정의라고 할 수 있다. 즉, 우리가 지금 현재의 시간을 쫓고 있지 않기 때문에 시간이 빠르게 흐르는 것이다. "와우, 이 영화는 정말 시간 가는 줄 모르겠는걸!"이라고 생각하면서 본 영화를 떠올려 보라. 영화가 지루하면 시계로 자꾸 눈이 가고, 영화에 빠져 있으면 시간을 전혀 의식하지 않는다. 웨어든은 학회나 콘퍼런스에 참석하면 동료 심리학자들에게 회합을 하고 있는 동안에 시간이 빨리 흐른다는 것을 느꼈는지, 혹은 그렇게 느낀 사람을 알고 있는지 물어보는 것을 좋아했다. 대답은 한결 같았다. 회합을 하고 있는 동안에는 시간이 빨리 흐르는 것을 아무도 경험하지 못했다는 것이다.

"심리학자들과 맥주를 마시면서 얘기해 보면 이구동성으로 이렇게 말합니다. (어떤 사건 속에 있을 때는) 시간이 빠르게 흐른다고 느끼는 경우가 매우 드물기 때문에 빠른 시간(fast time)이라는 것은 존재하지 않는 것과 마찬가지라는 겁니다. 우리가 어떤 상황 안에 있을 때는 시간을 빨리 감기(fast-forward) 할 수가 없습니다." 재미있는 시간을 보내고 있는 동안에는 시간은 쏜살같이 흐르지 않는다. 그 재미있는 시간이 다 끝나고서야 비로소 시간이 엄청 빨리 지나가 버렸다는 사실을, 뒤늦게야 깨닫게 되는 것이다.

"아빠, 타이머를 맞춰 주세요!"

내가 아침에 커피를 내리고 있으면 조슈아는 부엌을 어슬렁거린다. 이제 두 살이 된 조슈아와 레오는 말을 재잘거리기 시작하면서 불평불만이 떠나질 않는다. 형(혹은 동생)이 갖고 있는 게임기가 왜 나한테는 없냐며 불공평하다고 투덜거린다. 둘은 이제 막 싹트기 시작한 자아를 내세우는 데 주저하지 않는다. 똑같이 공평하게 대해 주어야만 말썽 없이 잠잠해진다. 아내와 나는 그동안 아이들에게 순번제 정책을 펴왔다. 장난감이나 물건을 사면 일정 시간 동안 한 아이가 먼저 쓴 다음 다른 아이에게 넘기는 식이다.

그 정책은 나로 하여금 시간의 지각과 관련한 아주 기초적인 사실을 깨닫게 해 주었다. 게임기를 갖지 못한 아이는 다른 아이가 게임기를 사용하고 있는 동안의 시간이 몹시 길다고 느꼈다. 옆에서 지켜보는 아이에게는 시간이 매우 길고 지루한 데 반해 게임기를 갖고 놀고 있는 아이에게는 시간이 무척 빨리 흘러가는 것이다.

그래서 나는 달걀을 삶을 때 쓰는 에그 타이머를 이용하기로 했다. 시간을 맞춰 놓으면 초를 나타내는 소리가 째깍째깍 나다가 정해진 시간이 되면 작은 벨소리가 울리는 기계다. 두 아이 모두 이 조치를 반겼다. 시간이 다 됐는지 아닌지를 내가 임의로 판단하는 걸 막을 수도 있고, 시간이 다 됐는지 보라고 보채는 아이들 때문에 내가 짜증을 내거나 면도를 하다 말고 거실로 나올 필요도 없고, 신문을 읽느라 정신이 팔려 정해진 시간을 지나치는 것을 막을 수도 있기 때문이다. 에그 타이머가 가진 객관성은 마법의 힘을 가진 것처럼 보였다. 둘 사이에 언쟁이 났을 때도 객관성을 띤 에그 타이머를 제시하면 문제가 쉽게 해결되었다.

하지만 시간이 지나면서 두 아이는 이 전략도 순순히 받아들이지 않게 되었다. 조슈아는 걸핏하면 타이머의 시간을 앞으로 돌려 벨소리가 빨리 나도록 했다. 그렇게 하면 형이 게임기를 가지고 놀 수 있는 시간이 다 돼서 그걸 자기에게 넘겨줘야 한다고 생각하기 때문일 것이다. 시간을 구부리면, 시간이 자기 의지에 굴복한다고 믿는 것 같다.

나는 보통 타이머를 2분간 맞춰 놓는다. 그런데 어느 날 수전이 타이머를 4분에 맞춰 두었다. 우리가 대화하는 동안 가급적 방해를 덜 받기 위해서였다. 그런데 중간에—정말 놀라울 정도로 딱 2분이 되자— 조슈아가 불퉁한 표정으로 들어오는 것이었다. "왜 아직 타이머가 안 울려요?" 아이들은 2분마다 순번이 바뀌는 과정을 반복해 오는 사이에 그 시간 간격을 완전히 익혀 버린 것이 분명했다. 나는 의도치 않게 아이들에게 시간을 인식시키는 데 성공한 것이다. "아이들은 말을 배우는 것처럼 시간을 배우는 것 같아요"라고 아내 수전이 말했다. 그녀 말이 옳았다. 우리가 부모로서 미처 깨닫지 못했을 뿐이었다.

하지만 좀 더 깊이 들어가면 아이들이 시간을 인식하는 과정은 이보다 좀 더 복잡하다. 아이들의 몸 어딘가에는 2분이 지나면 내 차례가 되어야 한다고 확신하게 만드는 어떤 타이머가 들어 있다. 이 타이머는 횡단보도에서 빨간 신호등이 어서 바뀌기를 기다리면서 초조해하는, 혹은 기차 플랫폼에서 열차가 빨리 들어오기를 기다리면서 안달하는 내 몸 안에 있는 시계와 같은 것이다. 다만 아이들에게는 이 시계가 아직 초보단계에 있을 뿐이다. 내가 아이들에게 시간을 가르쳐 줄 수는 있지만, 그 전에 이미 아이들의 몸속 어딘가에 시간을 포착할 수 있는 장치가 내재돼 있어야 하는 것이다.

351 1932년 허드슨 호글랜드는 보스턴에 있는 한 약국으로 들어갔다. 그는 존경받는 심리학자로서 호르몬이 뇌에 미치는 영향에 특히 관심을 쏟고 있었다. 그는 터프츠 의과대학, 보스턴 대학, 하버드 대학에서 학생들을 가르쳤으며, 경구피임약을 개발하는 재단이 설립되는 데도 기여했다. 어쨌든 1932년의 그날, 호글랜드는 약국에서 아스피린을 구입했다. 당시 그의 부인이 독감에 걸려 체온이 화씨 104도(섭씨 약 40도)까지 올라가는 바람에 해열제를 사려고 했던 것이다.

약국까지 갔다 오는 데 걸린 시간은 다해서 20분이었다. 그런데 집으로 돌아오자 아내는 왜 이렇게 늦었냐며 그를 힐책했다. 그가 20분밖에 안 걸렸다고 하자 아내는 그보다 훨씬 더 걸렸다며 우기는 것이었다.

호글랜드는 아내의 이런 반응이 의아해 호기심을 품게 되었다. 그래서 스톱워치를 쥐고서, 아내에게 60초를 세어 보도록 했다. 부인은 음악가였기 때문에 1초가 어느 정도의 길이인지에 대한 감이 있었다. 그런데 아내가 60초를 세는 동안 스톱워치는 38초밖에 지나지 않았다. 그는 다음 며칠 동안 스무 차례에 걸쳐 같은 실험을 반복했다. 그 결과 그녀의 몸이 회복되고 체온이 평상시 수준으로 돌아올수록 60초를 세는 시간도 점점 보통 때처럼 정확해지게 되었다는 것을 알게 되었다.

그는 몇 년 뒤 저널에 발표한 논문에서 "내 아내는 자신도 모르게 열이 높을수록 시간을 더 빨리 셌다"고 썼다. 그는 다른 참가자들-이들은 몸에 열이 있거나 혹은 인위적으로 체온을 높였다-을 대상으로도 같은 실험을 해보았다. 결과는 자기 아내와 비슷하게 나왔다. 마치 실험 참가자들에게 '체내 시계'가 있어 열이 나면 그 시계의 째깍거림이 빨라지는 것처럼 여겨졌다.

그러나 정작 참가자들 자신은 시간이 빠르게 흐르고 있다는 사실을 느끼지 못했다. 그들은 실험이 끝난 뒤 벽에 걸린 시계를 보고서 자신들이 생각했던 것보다 시간이 별로 지나지 않은 것을 알고는 깜짝 놀라는 반응을 보였다. 호글랜드는 "우리가 열병을 앓고 있을 때는-다른 모든 조건이 동일하다면- 약속시간에 평소보다 빨리 나타나게 될 것이다"라고 썼다.

호글랜드의 발견에 촉발되어 다른 학자들로 비슷한 연구를 하기 시작했다. 하지만 존 웨어든은 이런 연구에 대해 "몇몇 진지한 심리학자들이 행한 가장 기이한 실험적인 조작"이라고 주장했다. 실험 참가자들은 운동복을 입고 머리에 열을 가하는 특수 헬멧을 쓴 채로 온도가 높게 설정된 방으로 들어갔다. 이어 30초씩 세어 보게 하거나, 혹은 -1초에 네 번 똑딱거리는- 메트로놈의 움직임에 박자를 맞추도록 하거나, 4분이나 9분, 13분이 지났다고 판단될 때마다 이를 보고하도록 했다.

또 다른 실험에서는 참가자들이 수조(水槽)에 들어가 실내운동용 자전거의 페달을 밟으면서 시간이 얼마나 지났는지 보고하도록 했다. 1966년에 발표한 논문에서 호글랜드는 자신의 최초 발견과 이후에 나온 연구들을 개괄한 다음, 이를 설명하기 위해서는 생리학적으로 접근해야 한다고 제안했다. 그는 "인간의 시간감각은 일부 뇌 세포들이 산화적 대사(oxidative metabolism)를 하는 속도와 관계가 있다"고 썼다.

호글랜드의 설명은 많은 지지를 받지는 못했지만(그 스스로도 자신의 주장이 어떤 의미인지를 정확히 알고 있었던 것 같지는 않다) 그 이후로 생리학적인 접근에 대한 관심이 높아진 것은 분명하다. 시간이 가진 여러 측면 가운데 현재 가장 많이 연구되는 주제는, 시간의 지속-대개는 몇 초에서 몇 분에 이르는 아주 짧은 지속기간-을 우리가 어떻게 인지하느냐에 대한 것이다. 이는 우리가 매 순간의 변화를 경험하는 것과 관련돼 있다. 이 짧은 지속기간 동안의 변화 속에서 우리는 계획하고, 평가하고, 결정하고, 백일몽을 꾸기도 하고 초조해 하기도 하며, 지루해 하기도 한다.

횡단보도에서 빨간 신호등이 빨리 바뀌지 않는다고 안절부절못하거나, 우리 아이들이 게임기를 교대할 시간이 됐는데도 상대가 약속한 시간보다 더 오래 가지고 논다고 불평하는 것은, 매 순간의 지속기간의 변화를 탐색하고 있기 때문이다. 우리의 사회적인 관계나 활동은 이 짧은 시간의 창들 안에서 펼쳐지며, 이 짧은 시간 간격을 예민하게 감각함으로써 이루어진다. 예를 들어 마음에서 진정으로 우러나는 미소는 억지로 마지못해 짓는 미소보다 훨씬 빨리 시작하고 빨리 끝난다. 이 차이는 매우 미세하지만 우리는 이 짧은 시간 변화를 감지함으로써 진짜 미소와 가짜 미소를 구별할 수가 있다.

시간 연구자들은 한 세기 이상에 걸친 탐구 결과, 우리는 매 순간 시간을 통과하면서 시간의 꼴을 만든다는 사실을 알게 되었다. 즉, 우리가 행복하거나, 슬프거나, 화나거나, 불안하거나, 두려움에 가득차 있거나 희망에 부풀어 있거나, 음악을 연주하거나 음악을 들을 때, 시간은 빨리 흐르거나 더디게 흐르게 된다. 1925년에 발표된 한 연구에 따르면 연설을 하는 사람은 연설을 듣는 사람보다 시간이 더 빨리 흐른다고 느끼는 것으로 나타났다. 연구자들이 '시간의 지각'을 다룰 때 대상이 되는 시간은 대개 몇 초 혹은 몇 분이라는 짧은 간격에 지나지 않는다.

동물들의 시간지각

그런데 2분이 지난 시점을 정확히 알아내는 우리 아이의 능력은 다른 많은 동물들에게서도 찾아볼 수 있는 현상이다. 1930년대에 러시아 생리학자인 이반 파블로프는 개들에게 시간 간격을 인지하는 탁월한 능력이 있다는 사실을 발견했다. 파블로프에 대해 가장 널리 알려진 사실은 개에게 먹이를 줄 때마다 종소리를 들려주면 나중에는 종소리만 들어도 개가 군침을 흘리게 된다는 '조건 반사'를 밝혀

낸 인물이라는 점이다.

그는 개들로 하여금 종이 처음 울리는 시간과 다음 울리는 시간 사이의 간격에 반응하도록 할 수 있다는 사실을 보여 주었다. 예컨대 개에게 30분마다 먹이를 반복해서 주다 보면 개는 30분이 거의 가까워질 경우 먹이를 주지 않더라도 침을 흘리게 된다. 개는 시간 간격을 내면화함으로써, 우리가 알지 못하는 어떤 방식으로 분 단위로 시간을 잼으로써 정해진 시각이 가까워지면 먹이가 주어질 것으로 기대하는 것이다. 개도 인간과 마찬가지로 어떤 예측하는 수단을 몸속에 가지고 있어 그것을 통해 시간을 수량화할 수 있는 것처럼 보인다.

실험실용 쥐들도 이와 비슷한 능력을 가지고 있다. 쥐를 다음과 같은 방식으로 훈련시킨다고 생각해 보자. 조명을 켬으로써 시간 간격이 시작되는 것을 알린다. 쥐로 하여금 10분을 기다리게 한 다음 지렛대를 누르게 하고 그 보상으로 먹이를 준다. 이 과정을 몇 차례 반복한 뒤, 이번에는 조명을 켠 다음 쥐가 아무리 지렛대를 눌러도 먹이를 주지 않는다. 쥐는 10분이 되기 직전에 지렛대를 누르기 시작하고 정확히 10분이 되면 여러 차례 지렛대를 누르다가 조금 뒤 누르기를 멈춘다.

개와 마찬가지로 쥐도 정해진 시간 간격 전후로 예측을 하는 것처럼 보인다. 예측한 대로 보상을 받지 못하면 정해진 시간 간격이 끝나자마자 반응하는 것을 멈출 줄도 안다. 이러한 예측된 행동은 시간 간격이 달라져도 거기에 맞춰 조정이 된다. 일반적으로 정해진 시간 간격이 5분이든, 10분이든, 30분이든 쥐가 지렛대를 누르기 시작하고, 멈추는 시간은 전체 시간 간격의 10퍼센트 동안이다. 예를 들어 시간 간격을 30초로 정해 훈련을 시키면 쥐는 30초가 되기 3초전 부터 지렛대를 누르기 시작해서 30초에서 3초가 지난 뒤에 누르기를 그만둔다. 시간 간격이 60초일 때는 6초 전에 지렛대를 누르기 시작한다.

1977년에 컬럼비아 대학 수리물리학 교수였던 존 기번은 이처럼 시간에 의해 통제되는 동물들의 행동을 체계적으로 설명하는 유명한 논문을 발표하고 이를 스칼라 기대이론(scalar expectancy theory)이라고 불렀다. SET라고도 불리는 이 이론은 동물의 기대-반응하는 정도-는 정해진 시간 간격이 다가올수록 증가하고, 시간 간격이 길수록 거기에 비례해 증가한다는 것을 방정식을 통해 보여 주었다. 오늘날 동물이 시간 간격을 어떻게 인지하는지를 설명하기 위해서는 반드시 이 방정식을 통해야 한다.

쥐는 시간과 관련해 다른 특이한 특성도 보여 준다. 두 개의 통로를 가진 미로에서 양쪽 끝에 치즈를 놓아 두면 쥐는 물리적으로 가장 짧을 뿐 아니라 시간적으로도 가장 빠른 통로를 금방 찾아낸다. 만약 두 통로가 등거리이고, 하나는 6분을 기다려야 입구가 열리고 다른 하나는 1분을 기다려야 통로가 열리는 경우에도, 쥐는 시간이 덜 걸리는 통로를 금세 알아낸다. 두 통로가 열리는 시간 차이를 구별할 수 있을 뿐 아니라 어느 쪽이 시간 낭비가 덜한지를 직관적으로 깨우치는 것이다.

오리나 비둘기, 토끼, 심지어 물고기도 쥐와 비슷하게 행동한다(기번은 찌르레기로 이런 실험을 했다). 2006년 에든버러 대학교의 생물학 교수들은 야생에 있는 벌새들에게도 시간과 관련된 지각이 있다는 사실을 밝혀냈다. 이들은 꽃모양으로 된 모이통을 8개 만들어 통마다 설탕물을 넣어 두었다. 이 중 네 개는 10분마다, 다른 네 개는 20분마다 설탕물을 새로 채웠다. 벌새들은 설탕물이 언제 새로 채워지는지를 금방 알아채고는 그 시간이 다가오기를 기다렸다-특히 세 마리의 수컷 벌새는 아예 모이통 근방에 자리를 차지하고 죽치고 있었다. 벌새들은 10분이 지나면, 20분마다 설탕물이 채워지는 모이통은 거들떠보지도 않은 채 10분 주기의 모이통 근처로 모여 들었다. 그러다 20분이 가까워지면 다시 20분 주기의 모이통으로 옮겨 갔다. 이들은 설탕물을 채우는 시간에 거의 임박해서 정확하게 모이통을 찾아들었다. 또한 모이통이 있는 장소와, 가장 최근에 찾은 모이통이 어디 있는지를 놀라울 정도로 정확하게 기억하고 있었다. 설탕물이 없는 모이통을 찾느라 시간을 허비하는 일은 전혀 없었다.

아마도 벌새들이 이런 능력을 갖게 된 것은 야생에 핀 꽃들 속에서 효과적으로 먹이(꽃이 만들어 내는 꿀)를 찾는 과정에서 어디에 가면 꽃들이 많은지, 언제 꿀이 다시 채워지는지(하루 중 여러 차례 바뀐다)를 기억하고, 경쟁하는 다른 새들보다 더 빨리-그러나 너무 이르지는 않게- 먹이에 도달하기 위한 가장 적절한 경로는 어디인지를 알아내는 것을 체득했기 때문일 것이다. 풍요로운 야생에서도 시간은 생명체가 살아가는 데 필수적인 요소이며, 벌새는 이 시간감각을 최대한 활용하고 있는 것이다.

물론 시간을 최대한 활용하는 것은-초와 분 단위로, 가끔은 의식적으로 가끔은 의식하지 못한 채로- 인간도 늘 하고 있는 일이다. 내가 지금 뛴다면 플랫폼에서 막 출발하려고 하는 저 열차를 탈 수 있을까? 계산대 앞에 늘어선 줄 중에서 어디가 더 빨리 줄어들까? 어느 시점에 다른 줄로 옮겨 가야 할까? 이런 상황에서 결정을 제대로 내리기 위해서는 모두 초, 분 단위의 시간 간격을 제대로 측정하고, 그것들을 비교해 볼 수 있어야 한다. 그것은 매우 정교하고 복잡한 행동처럼 보이지만, 동물의 세계에서는 아주 기본적인 능력이다. 완두콩만 한 뇌를 가진 동물들도 그런 작업을 능숙히 행한다는 사실은 그 뇌 안에 시간을 측정하는 어떤 장치가 있으며, 그 장치는 오랜 시간을 거쳐 형성되었고 생명체가 살아가는 데 필수적일 거라는 생각을 하게 만든다.

시간지각은 어떻게 연구하나

20세기 대부분의 시기 동안 시간지각에 대한 연구는 크게 두 학파로 나뉘어 진행되었다. 이들 두 학파는 서로의 존재는 알고 있었지만, 상대의 연구에는 무심했다. 주로 유럽이 주도했던 학파는 시간에 대한 존재론적인 경험이 주된 관심이었고, 철학적인 문제를 심리학으로 옮기는 데 흥미를 보였다. 정신물리학(psychophysics)에 경도된 19세기 독일의 경험주의자들은 시간을, 실체를 가진 것으로 다루었다. 에른스트 마흐는 인간의 몸에는-아마도 귀 부위에- 시간을 지각하는 수용체가 있을 것이라고 믿었다.

그러나 1891년 프랑스 철학자 장 마리 귀요는 '시간 개념의 기원에 관해서'라는 유명한 에세이에서 시간이 객관적으로 존재한다는 관점을 부정하면서 현대적이면서도 아우구스티누스적인 관점-시간이란 오직 마음 안에서만 존재한다-을 제시했다. 그는 "시간은 물리적인 상태가 아니라, 의식이 만들어 낸 것일 뿐"이라면서 "시간은 우리가 그 안으로 사건들을 밀어 넣는 선험적인 형식이 아니다. 시간은 일종의 체계를 갖춘 흐름으로서, 정신이 (현실을) 재현한 것을 체계적으로 조직한 것일 뿐이다. 그리고 이러한 재현을 환기하고 조직화하는 기술이 바로 우리의 기억"이라고 주장했다. 한마디로 시간이란 사건을 일어난 순서대로 기억하는 우리의 정신적인 시스템이라는 것이었다.

그 이후 학자들의 연구는 Zeitsein 즉, '시간-감각(time-sense)'에 대한 관심으로부터 시간에 대한 지각이 혼란을 일으키는 경우를 찾는 쪽으로 옮겨갔다. 예컨대 펜토바르비탈(pentobarbital 최면, 진통제)이나 아산화질소(마취제) 같은 약제는 시간이 실제보다 짧게 흘렀다는 느낌을 주고, 카페인이나 암페타민(amphetamine 각성제)은 시간이 실제보다 더 오래 경과했다는 느낌을 준다. 또 똑같은 시간 동안 듣더라도 고음의 소리는 저음보다 더 오래 지속됐다는 느낌을 준다.

그리고 '충만한(filled)' 시간은 '공허한(empty)' 시간보다 지속기간이 더 짧았다는 느낌을 준다. 예컨대 실험 참가자들이 단어를 구성하는 문제나 알파벳을 거꾸로 쓰는 문제를 푸는 데 26초가 걸렸다면 아무것도 하지 않고 편안하게 쉬면서 보낸 26초보다 더 빨리 지나갔다고 느끼게 된다. 피아제는 아이들이 시간을 어떻게 지각하는지를 연구한 최초의 과학자로서, 인간의 시간지각 능력은 성장할수록 점점 더 커지게 된다는 사실을 밝혀냈다.

1963년 프랑스 심리학자 폴 프레이서는 〈시간의 심리학〉에서 자신의 연구를 포함해 이전 세기 이후의 시간 연구를 개괄적으로 요약했다. 그는 이 백과사전적인 저서를 통해 그때까지만 해도 서로 관련이 없다고 여겨져 온 분야들을 하나로 묶어 체계적으로 정리한 것이다. 그 결과 이 책은 윌리엄 제임스의 〈심리학의 원리〉만큼이나 심리학에 큰 영향을 미치게 되었다. 듀크 대학 인지신경과학과 교수인 워런 멕은 나에게 "〈시간의 심리학〉은 심리학과 대학원생들이 박사 논문 주제를 선택할 때 지대한 영향을 미쳤습니다. 그 책이 나왔던 시기는 적어도 심리학 분야에서는 아주 좋았던 시절이지요. 왜냐하면 책을 한 권 저술하면 그 책이 곧바로 엄청난 반향을 일으켰으니까요"라고 말했다.

한편 미국에서는 젊은 워런 멕을 포함해 서로 다른 그룹의 학자들이 서로 다른 방향에서 시간에 대한 연구에 접근하고 있었다. 사실 처음에는 자신들이 서로 다른 접근법으로 시간 연구를 하고 있다는 사실 자체도 깨닫지 못했다. 멕 교수는 인터벌 타이밍에 관한 분야에서 원로학자로 대접받고 있지만, 아직도 열정이 식지 않아 최근에도 몇 가지 핵심적인 개념을 둘러싼 연구를 진행하고 있다. "나는 고양이들을 좀 더 면밀히 관찰할 생각을 하고 있습니다"라고 그는 나에게 말했다.

펜실베이니아 동부의 농촌 지역에서 어린 시절을 보낸 멕은 지금도 여전히 농부라고 말하기를 좋아한다. 학자로서 지내는 기간 동안 내내 실험실에서 쥐를 키웠고 함께 지내며 실험을 하는 생활을 계속해 왔기 때문이다. 그는 펜실베이니아 주립대학 분교-이 분교는 자신이 다녔던 고등학교에서 고속도로 건너편에 있었다고 한다-에서 2년간 공부한 다음 캘리포니아 대학교 샌디에이고 캠퍼스로 옮겨 '비둘기의 시행착오를 통한 학습'을 연구하는 연구실에서 조교로 일했다.

1970년대 당시에는 동물을 학습시키고 훈련시키는 것과 관련해서 행동주의(behabiroism)적인 관점이 지배하고 있었다. 행동주의-당시 미국에서는 스키너가 이 학파를 대표하고 있었다-는 실험실에서 통제되는 동물의 행동을 면밀하게 관찰함으로써 동물이 어떻게 학습하는지를 이해할 수 있다고 믿었다. 하지만 인지심리학자들과 사회심리학자들은 행동주의에는 별 관심을 기울이지 않았다. 왜냐하면 행동주의자들은 자신들이 실험하는 동물들을 걸어 다니는 기계 이상으로는 보려고 하지 않았기 때문이다. 이미 파블로프가 동물에게는 시간 간격을 인식하는 능력이 있다는 사실을 밝혔음에도 불구하고 행동주의자들은 시간 간격에 대한 인식은 동물의 행동을 이해하는 수단일 뿐 그 자체로 연구할 가치가 있다고 보지는 않았다.

멕은 당시 캘리포니아 대학교 샌디에이고 캠퍼스의 실험실은 전선들이 이리저리 연결돼 있는, 전화교환수들이 모여 있는 관제실과 비슷했다고 술회했다. 실험실들이 보유한 기술은 투박한 편이어서 실험용 쥐들이 담겨 있는 스키너 박스들은 일괄적으로 통제되고 있었다. 조건화(conditioning 실험실의 동물이 특정한 자극에 대해 반응을 보이거나 익숙해지도록 하는 훈련)는 비둘기들로 하여금 가능한 한 시간 간격을 오래 끈 다음 자극에 반응하도록 하는 강화(reinforcement)[36]에 초점이 맞춰져 있었다.

....

36 어떤 자발적인 반응이나 행동을 일으키도록 한 후에 거기에 대한 보상을 줌으로써 그 반응이나 행동을 증강시키고 지속시키는 것. 예컨대 스키너 상자 안에 있는 쥐가 바(bar)를 누르면 먹이를 줌으로써 바를 누르는 행동을 촉진시키는 것과 같은 것이다.

예를 들어 특정한 색을 가진 반응키(response key 실험실에서 어떤 자극에 대한 실험 참가자의 반응을 알아보기 위해 사용하는 도구)를 보여 준 다음 20초가 지난 뒤에 비둘기가 그 반응으로 키를 쪼면, 보상 으로 먹이를 주는 식이었다. "이처럼 자극과 반응 사이의 시간 간격 을 고정시키거나 변화시켜 가면서 비둘기를 훈련시켰습니다. 그 결 과 우리는 비둘기들이 마치 작은 시계처럼 행동한다고 생각하게 되 었습니다." 멕의 동료들은 비둘기가 어떤 종류의 행동을 학습할 수 있는지에만 관심을 기울였지만 멕은 달랐다. "나는 뇌 안의 어떤 것 이 저런 행동을 유발하는 것일까에 온통 관심이 쏠려 있었습니다. 스키너를 따르는 연구자들은 결코 이런 질문을 던지려고 하지 않 았죠."

브라운 대학으로 옮긴 멕은 거기서 러셀 처치와 함께 연구하게 되 었다. 처치는 저명한 실험심리학자로서 '스칼라 기대이론'의 창시자 인 존 기번과도 자주 공동연구를 진행했다. 이 무렵 기번의 관심은 시간, 특히 지속기간의 지각에 쏠려 있었다. 동물은 어떤 인지과정을 통해 서로 다른 시간 간격을 식별하느냐는 것이었다. 1984년 이 세 명 의 연구자들(멕, 처치, 기번)은 '스칼라 타이밍의 기억(Scalar Timing in Memory)'이라는 중요한 논문을 발표했다. 이는 1977년에 나온 기번 의 논문 '스칼라 기대이론'을 확충한 것으로, 시간 간격을 인지하는 동물의 행동을 설명하는 '정보처리모델(information-prcessing model)' 이 이 논문을 통해 처음으로 제안되었다.

속도조정자-누산자 모델

이들은 동물의 뇌에는 아주 기본적인 시계-모래시계나 물시계와 흡사한 시계-가 갖춰져 있다고 보았다. 뇌에 속도조절 장치가 있어서 일정한 속도로 진동을 하고, 하나의 사건이 진행되는 동안 그 진동(째깍거림)의 횟수를 저장한 뒤, 다음 사건이 일어날 때 그 횟수를 참조한다는 것이었다. 즉, 이 시계는 째깍거리면서, 동시에 그 째깍거림의 전체 횟수를 재기 때문에 기억력을 가진 시계인 것이다.

이 시계는 또한 시계의 진동(째깍거림)을 저장할지 안 할지를 결정하는 스위치를 가지고 있다. 동물이 학습하거나 기억해야 할 시간 간격이 시작되면 스위치가 닫힘으로써 진동이 점점 쌓여 저장되도록 하고, 반대로 스위치가 열리면 진동이 누적되는 것을 멈춘다. 세 연구자들은 이 시계모델을 '스칼라 타이밍 이론'이라고 불렀지만, 속도조정자-누산자 모델로 더 많이 알려져 있고 가끔은 정보처리모델이라고도 불린다.

사실 이보다 10년 전 옥스퍼드 대학 심리학과 교수인 마이클 트레이스먼이 이와 비슷한 모델을 제안한 적이 있다. 그는 그 모델을 인간의 행동을 연구하는 데 적용했는데 다른 학자들로부터 널리 인용되지는 못했다. 하지만 속도조정자-누산자 모델은 동물의 학습을 연구하는 데 처음 적용되었고 곧바로 학계의 이목을 끌게 되었다.

멕은 1977년에 발표된 스칼라 기대이론이 실린 기번의 원래 논문에는 시계나 스톱워치, 속도조정자 같은 언급이 전혀 없었는데도 많은 과학자들은 그렇게 믿고 있다고 말했다. "기번의 원래 논문은 주로 전문적인 수학 방정식으로 이뤄져 있었고, 쥐나 토끼 같은 설치류와 비둘기가 시간 간격에 대한 지각과 관련해, 언제 지렛대 같은 반응

키를 누르고 쪼는지를 예상하기 위한 것이었습니다."

기번이 원래 논문을 토대로 1984년에 세 사람이 제출한 논문-맥은 이것을 'SET의 만화 버전'이라고 했다-은 비전문가들도 이해할 수 있는 용어를 사용해 "보다 많은 심리학자들이 이해할 수 있도록 즉, 수학적으로 훈련돼 있지 않은 사람들도 쉽게 받아들일 수 있도록 변형한 것"이었다. 그래서 세 사람은 자기네끼리는 스칼라 타이밍 이론을 '얼간이들을 위한 SET 모델'이라고 불렀다고 했다. 행동주의자들은 자기들만의 관점을 워낙 완강하게 고수했기 때문에 세 사람이 논문에 '시계'라는 단어를 넣었을 때 저널 편집자들도 '시계'라는 단어를 빼 달라고 요구할 정도였다고 한다.

"그 논문은 우리에게는 다소 모험적인 것이기도 했습니다. 논문에 사용된 '시계'라는 말은 개념적으로 구성된 것이기 때문에 자존심이 강한 스키너주의자들은 그런 말을 결코 사용하려고 하지 않았습니다. 눈으로 확인할 수 없는 것을 마치 존재하는 듯이 기술해서는 안 된다는 것이었지요. 트레이스먼도 '시계'라는 말을 사용했지만 누구도 귀찮게 하지 않았습니다(인간의 행동을 연구하는 데 적용했기 때문이다). 그러나 우리는 동물을 연구하는 많은 학자들의 신경을 건드렸습니다."

하지만 속도조정자-누산자 모델은 동물 연구자들 사이에서 매우 빠른 속도로 인기를 끌게 되었다. 왜냐하면 자신들이 실험실에서 관찰한, 동물이 시간과 맺는 관계를 설명할 수 있는 개념적인 틀-생리학적인 설명 틀은 아니었지만-을 제공했기 때문이다.

364

예를 들면 실험용 쥐에게 약물을 투입하는 연구를 할 때, 코카인이나 카페인 같은 흥분제가 왜 쥐로 하여금 시간 간격을 더 길게 느끼도록 만드는지를 설명할 수 있었다. 이들 약물이 쥐의 뇌에 있는 속도조정자로 하여금 시계를 더 빨리 째깍거리도록 만든다고 생각하면 설명이 되었던 것이다. 시계가 더 많이 째깍거리면 약을 먹지 않을 때보다 더 많은 째깍거림이 기억에 저장되고, 쥐는 저장된 째깍거림의 '총 횟수'로 시간 간격을 판단하기 때문에 시간이 더 오래 지속된 것처럼 여기게 된다는 것이다.

반대로 할로페리돌(haloperidol)과 피모자이드(pimozide) 같은 약제-이들은 뇌에서 분비되는 도파민의 작용을 억제하기 때문에 사람에게는 항정신병 치료제로 처방된다-는 속도조정자가 째깍거리는 속도를 늦추기 때문에 실험용 쥐는 실제보다 지속기간이 짧다고 느끼게 된다.

인간을 대상으로 한 실험에서도 이와 같은 약제를 투여하면 실험용 쥐와 비슷한 결과를 얻을 수 있었다. 즉, 흥분제는 시계의 속도를 빠르게 해서 경과한 시간이 길다고 느끼게 하고, 반면 억제제는 시간 간격이 짧다고 느끼게 한다. 그리고 질병에 걸리면 속도조정자 시계도 영향을 받는다는 사실이 많은 사례들을 통해 입증되었다. 파킨슨병은 뇌 안에 도파민이 부족해서 생기는 질환인데, 파킨슨병 환자는 인지 테스트에서 시간 간격을 실제보다 짧다고 느낀다. 이는 도파민의 부족 때문에 '체내 시계'가 느리게 작동하기 때문이라고 해석할 수 있다.

속도조정자-누산자 모델은 실험 참가자가 시간 간격을 어떻게 측정하느냐에 따라 실제보다 길게도 느낄 수 있고 짧게도 느끼는 얼핏 이상한 현상을 설명하는 데도 도움을 준다. 예를 들어보자. 어떤 소리를 들려주고 그 소리의 지속기간이 얼마나 될지 판단해 보라는 지시를 받았을 때, 말로 표현할 수도 있고("그 소리는 5초간 지속되었습니다") 혹은 자신이 느끼는 그 소리의 지속기간만큼 손바닥으로 테이블을 두드릴 수도 있고, 입으로 크게 소리를 낼 수도 있고, 버튼을 누를 수도 있을 것이다.

그런데 여기서 소리를 듣기 전에 먼저 카페인 같은 흥분제를 소량 복용했다고 하자. 이 경우 말로 소리의 지속기간을 표현한다면 실제보다 더 길었다고 말하게 되지만 버튼을 누르는 경우에는 실제보다 더 짧은 지속기간만큼 반응을 보이게 된다. 이건 쉽게 납득할 수 없는 현상이다. 약물을 통해 '체내 시계'의 째깍거리는 속도가 빨라질 경우 그 지속기간을 어떻게 나타내느냐에 따라(말로 표현하느냐, 버튼을 누르느냐에 따라) 지속기간을 다르게 느끼는 것처럼(말로 표현할 때는 실제보다 길게, 버튼을 누를 때는 짧게) 보이기 때문이다.

속도조정자-누산자 모델은 이런 역설을 설득력 있게 설명해 준다. 실험 참가자가 듣는 소리가 실제로는 15초의 지속기간을 갖는다고 하자. 그런데 카페인을 복용하면 뇌 안에 있는 시계의 째깍거리는 속도가 평소보다 빨라지고 따라서 15초 동안 저장되는(누적되는) 째깍거림의 횟수도 늘어나게 된다—평소에는 15초 동안 50회가 째깍거린다면 카페인을 복용하면 60회를 째깍거리게 될 것이다. 물론 이 횟수는 내가 임의로 정한 것이기 때문에 정확한 것은 아니다. 참가자가 소리를 다 듣고 나서 소리의 지속기간이 얼마나 된다고 느끼는지 말로 표현해 보라는 지시를 받게 되면, 뇌는 뇌 안의 시계가 째깍거린 총 횟수를 세게 되고 횟수가 클수록 더 많은 시간이 흘렀다는 뜻이기 때문에-50회보다는 60회가 더 많은 시간이 흘렀다- 소리의 지속기간을 실제보다 조금 더 길게 말하게 된다.

이번에는 소리의 지속기간을 버튼을 눌러서 나타내 보라는 지시를 받게 된다고 하자. 이 경우에는 카페인 복용으로 뇌 안의 시계가 평소보다 더 빨리 째깍거리기 때문에 50회의 째깍거림에 도달하는 시간도 짧게 걸리게 된다. 그 결과 15초가 되기 전에 버튼을 누르는 동작을 멈추게 된다. 말로 표현할 때는 시간을 길다고 느끼지만, 행동으로 지속기간을 표현할 때는 실제보다 짧게 느끼는 것처럼 관찰자에게 보이는 것이다.

367

속도조정자-누산자 모델은 동물 연구자들뿐 아니라 인간의 시간 지각을 연구하는 과학자들에게도 금세 퍼져 나갔다. 맥은 나에게 이렇게 말했다. "전통적으로 인간을 대상으로 연구하는 학자들은 동물 연구자들의 작업에 대해 큰 관심을 기울이지 않았습니다. 물론 그 반대도 마찬가지였고요. 동물 연구자들은 환원주의적(reductionist 관찰이 불가능한 개념이나 법칙을 배제하는 대신 관찰 가능한 사실들로만 현상을 설명하려는 실증주의적 태도)이어서 동물을 통제하고 제어하는 데 광적으로 관심을 기울이는 경향이 있습니다. 그러나 시간에 대한 연구는 달랐습니다. 존 기번은 처음으로 인간 연구자와 동물 연구자들을 하나로 결합시키는 일을 해냈습니다. 우리가 학회에서 SET의 정보처리 모델을 발표하자 인간을 대상으로 연구하는 학자들이 굉장히 좋아했습니다."

존 웨어든도 그렇게 환호한 학자들 중 한 명이었다. 그는 멕과 처치, 기번이 1984년에 발표한 논문을 접하고는 자신이 이끌고 있던 연구팀의 연구 주제를 실험용 쥐에서 인간으로 옮겼다. 그는 지금 속도조정자-누산자 모델의 가장 열렬한 지지자 중 한 명이다. 웨어든은 매우 창의적인 실험들을 많이 고안했다. 그중 한 실험은 참가자들에게 서로 다른 지속기간을 가진 시각신호나 청각신호를 보여 주거나 들려준 후 그 지속기간을 평가하도록 하는 것이었다.

뇌 속의 째깍거리는 시계

그런데 이 실험에서 특이한 점은 실험에 들어가기 전에 5초 동안 딸깍거리는 잡음을 참가자들에게 먼저 들려주는 것이었다. 이 잡음은 초당 5번 울리거나 25번 울리는 것으로 설정했다. 웨어든은 이렇게 하면 참가자들의 뇌 안에 있는 시계가 평소보다 빠르게 째깍거릴 것이라고(즉, 지속기간을 실제보다 길게 느끼게 될 것이라고) 예상했다. 실험 결과 예상은 들어맞았다. 자극의 지속기간이 얼마나 되는지 묻는 질문에 참가자들은 실제보다 더 길다고 답했다. 실험 직전에 잡음을 들려줄 때마다 일관되게 같은 결과가 나왔다.

이 결과를 접하고 웨어든은 또 다른 궁금증에 빠졌다. 뇌 안의 시계가 평소보다 빨리 째깍거림으로써 지속기간이 늘어난 것처럼 여긴다면 그 늘어난 시간만큼 다른 일을 할 수도 있는가? 다시 말하면 참가자들이 지속기간을 실제보다 길다고 답한 것은 단지 참가자들의 느낌일 뿐인가 아니면 실제로 시간이 늘어난 것일까?

이와 관련해 그는 다음과 같이 말했다. "당신이 책을 가능한 한 아주 빠른 속도로 읽는다고 해봅시다. 예컨대 60초 동안 60행을 읽는다고 해봅시다. 그런데 책을 읽기 직전에 당신에게 깜빡거리는 빛을 일정 시간 보여 주거나 딸깍거리는 소음을 일정 시간 동안 들려주면 (앞의 실험 결과에서 보듯이) 당신이 책을 읽기 시작했을 때 실제 60초보다 더 길다고 느끼게 될 것입니다. 그 경우 실제로 당신은 60초 동안 평소 속도인 60행 이상을 읽을 수 있게 되는 것일까요?"

답은 '그렇다'이다. 실제로 60행 이상을 읽는 것으로 나타났다. 웨어든은 또 다른 실험을 고안했다. 참가자들에게 네 개의 박스가 한 줄로 늘어서 있는 컴퓨터 화면을 보여 준 다음, 그중 하나에 X 표시가 나타나면 참가자로 하여금 그 박스에 해당하는 컴퓨터 자판의 키-네 개의 박스에는 각각에 해당하는 네 개의 키가 주어져 있다-를 누르도록 했다. 이 실험에서도 참가자들에게 실험 직전에 5초 동안 딸깍거리는 잡음-1초에 5번, 혹은 25번의 비율로-을 들려주면, 막상 실험에 들어갔을 때 반응 속도(X표가 나타난 박스에 해당하는 자판의 키를 누르는 속도)가 훨씬 빨라진다는 사실을 확인했다. 이것을 조금 변형한 실험에서는 X 표시 대신 덧셈 문제를 컴퓨터 화면에 제시한 뒤 4개의 보기 중에서 하나를 고르도록 했는데, 이 실험에서도 실험 직전에 잡음을 들려주었을 때 정답을 찾는 속도가 더 빠른 것으로 나타났다.

웨어든은 참가자들의 반응 속도만 빨라지는 것이 아니라 같은 시간 동안 암기하는 양도 더 늘어난다는 사실을 밝혀냈다. 참가자들에게 글자들이 세 줄로 늘어선 화면을 0.5초 정도로 짧게 보여 준 후,

얼마나 많은 글자를 기억하고 있는지를 묻는 실험에서도, 실험 직전에 잡음을 들려주었을 때가 그렇지 않은 때보다 더 많은 글자를 정확하게 기억하는 것으로 나타났다(하지만 이 경우 화면에 나타나지 않은 글자가 나타났다고 기억하는 오인지율false-alarm rate도 높게 나타났다). 이 실험들을 통해 뇌 안의 시계의 째깍거리는 속도를 높이면, 기억하거나 정보를 처리하는 데 더 많은 시간을 가질 수 있다는 것을 알게 되었다.

우리가 지속기간을 판단할 때 우리가 처한 환경-감정상태, 주변에서 돌아가는 상황, 현재 관찰하고 있는 사건들, 시간대 등-의 영향을 받는다는 사실은 오래전부터 지적돼 온 것이다. 윌리엄 제임스도 "시간에 관한 우리의 느낌은 정신이 어떤 상태에 있는지에 따라 달라진다"고 썼다. 지난 10여 년간 과학자들은 실험 참가자의 마음상태나 직접 경험한 내용 혹은 그 둘 모두에 기초해 뇌 안의 시계를 빠르게 하거나 느리게 하는 흥미로운 방법들을 다양하게 찾아냈다. 예컨대 컴퓨터 화면에서 얼굴의 이미지를 짧게 보여줄 때, 그 이미지가 얼마나 지속됐는지를 평가하면 나이든 얼굴인지 젊은 얼굴인지, 매력적인지, 참가자와 같은 나이인지, 같은 민족에 속하는지 등에 따라 반응이 달라진다.

또 새끼 고양이이나 진갈색 초콜릿 사진은 무시무시하게 생긴 거미나 블러드 소시지(돼지의 피를 섞어 만든 소시지)의 사진보다 -화면에 같은 시간 동안 등장하더라도- 더 오래 보인 것처럼 느끼게 된다. 나는 얼마 전에 '금기시 된 단어를 읽을 때 시간은 빨리 간다(Time Flies When We Read Tabbo Words)'는 제목의 논문을 읽은 적이 있다. 연구자들은 이 논문에서 음란하거나 저속한 말들이 시간의 흐름을 어떻게 비틀 수 있는지 테스트했다. 하지만 학술논문으로서 일종의 체면을 지켜야 하기 때문에 발표된 논문에는 금기시되는 단어들이 직접 등장하지는 않았다. 논문 말미의 주석에 논문에 사용된 금기어를 자세히 알고 싶으면 저자들에게 직접 연락하라고 돼 있었다. 그래서 나는 연락을 취해 단어들의 목록을 받았다. 그 결과 실험 참가자들은 컴퓨터 화면에서 'fuck'이나 'asshole' 같은 단어를 볼 때 자전거나 얼룩말 같은 단어를 볼 때보다 화면에서 지속되는 시간이 -실제로는 똑같은데도 불구하고- 더 짧다고 느꼈다.

웨어든이 속도조정자-누산자 모델을 몹시 마음에 들어 하는 까닭은 이 모델이 누구나 일상적으로 경험하는 사실을 잘 반영하고 있기 때문이다. 우리는 어떤 한 사건이 계속해서 지속될 때 우리 안에서 시간이 차곡차곡 쌓여간다는 느낌을 갖게 된다. 그래서 우리는 '체내 시계'를 일종의 디지털시계로 생각할 수 있다. 외부의 시간이 흘러가는 것에 비례해서 뇌 안의 시계도 디지털시계처럼 숫자가 점점 커지기 때문이다. 다시 말해 째깍거림이 누적된다는 뜻이다. 지속기간이 길다는 것은 뇌 안의 시계의 째깍거림이 더 많아진다는 것과 같으며, 째깍거림이 많아지면 지속기간이 더 길다는 것으로 해석하게 된다.

몸 속의 정확한 시간 측정 도구

우리는 지속기간을 더하고 뺄 수도 있다. 웨어든은 한 실험에서 참가자들에게 먼저 10초의 길이를 정확하게 인지할 수 있도록 훈련을 시켰다. 지속기간이 시작될 때 '삐' 하는 신호음을 내고 끝날 때 다시 '삐' 소리를 내는 식이었다. 이런 과정을 몇 차례 반복함으로써 참가자들은 10초에 대한 표준적인 시간 간격을 숙지하게 되었다. 그런 다음 그는 10초의 중간에-1초에서 10초 사이의 아무 때나-'삐' 하는 신호음을 넣음으로써 새로운 시간 간격을 설정하고, 참가자들로 하여금 새로운 시간 간격이 10초 전체 중의 얼마가 되는지-전체의 절반인지, 3분의 1인지 10분의 1인지 등-를 판단해 보도록 했다. 이때 참가자들이 마음속으로 지속기간을 재지 못하게 하려고, 신호음을 들려주는 동안 참가자들이 컴퓨터 화면에서 사소한 업무를 하도록 해 집중력을 분산시켰다.

"신호음을 다 들려준 뒤 참가자들에게 새로운 시간 간격이 10초 전체의 몇 분의 몇이나 되는지 물었을 때, 그들의 얼굴에서 핏기가 사라졌습니다. 컴퓨터 화면에 집중하느라 지속기간을 마음속으로 재지 못했기 때문입니다. 그들은 자신들이 제대로 된 답을 하는 것이 불가능하다고 느끼는 것 같았습니다." 하지만 그들이 내놓은 답은 놀라울 정도로 정확했다. "참가자들의 판단은 거의 직선적(linear)인 계산에 근거하고 있었습니다. 객관적으로 시간 간격이 전체의 절반일 때 참가자들이 주관적으로 느끼는 시간 간격도 절반이었습니다. 이는 뇌 안의 시계의 째깍거림이 선형적으로 누적되는 과정(linear accumulation process)이라는 것을 의미합니다." 게다가 참가자들 사이에 계산상의 차이도 거의 없었다. 한 사람이 전체의 10분의 1, 3분의 1 시간 간격으로 느끼면 다른 참가자도 똑같이 그렇게 느꼈다.

웨어든은 또 참가자들이 시간 간격을 더하는 데도 능숙하다는 사실을 발견했다. 참가자들에게 서로 다른 지속기간을 갖는 소리를 들려준 후 마음속으로 그 둘의 지속기간을 더해 보라고 하자 둘을 합친 지속기간에 해당하는 소리를 정확히 짚어냈다. "그들은 대단히 정확하게 지속기간을 더했습니다. 우리 안에 시간을 측정하는 질서 정연한 도구가 없다면 이런 일이 어떻게 가능하겠습니까?"

시간 착각과 시청각의 관계

얼마 전 토요일 아침, 나는 수전과 함께 메트로폴리탄 미술관을 관람하기 위해 시내로 나갔다. 아이들이 태어나기 전에는 우리 부부가 함께 이곳을 찾은 적은 없었다. 아직 관람객이 많지 않은 시간이어서 우리는 한 시간 가까이 느긋하게 미술관을 서성이면서 예술품으로 둘러싸인 동굴 같은 침묵에 빨려들어 갔다. 우리는 따로따로 흩어졌다가 다시 만나곤 했다. 수전이 마네와 반 고흐의 작품 사이를 거닐고 있는 동안 나는 옆에 딸린 작은 갤러리로 발길을 옮겼다. 지하철 한 칸보다도 크지 않은 공간에 드가가 청동으로 조각한 소품들이 유리 케이스에 담겨 전시돼 있었다. 이 조각품들은 몇 점의 인물 흉상을 비롯해 달리는 말의 모습, 팔다리를 한껏 뻗은 여성, 두 발로 서 있는 여성, 이제 막 낮잠에서 깨어난 듯 기지개를 켜는 여성의 모습 등을 담고 있었다.

갤러리 안쪽으로 깊숙이 들어가니 하나의 커다란 유리 케이스 안에 각종 포즈를 취하거나 쉬고 있는 발레리나들의 모습을 담은 청동 조각상이 20여점 진열돼 있었다. 오른쪽 발바닥을 들여다보고 있는 모습, 스타킹을 끌어올리는 모습도 있었으며, 오른쪽 다리는 앞으로 뻗고 양손을 머리 뒤로 돌리고 서 있는 모습도 있었다. 또 아이들이 비행기가 날아가는 모양을 흉내 낼 때 하는 것처럼 한 쪽 발은 앞으로 내밀고 두 팔을 벌리고 있는 모습(발레 용어로는 아라베스크 데캉-틸티드Arabesque decant—tilted), 왼쪽 다리는 위로 들어 올리고 오른쪽 다리는 발끝으로 선 채 왼쪽 팔을 머리 뒤로 돌린 모습도 있었다(아라베스크 드방-업라이트Arabesque devant—upright).

각각의 포즈들은 정지 상태인데도 유연하게 움직이는 것처럼 보였다. 마치 내가 발레리나들의 리허설 현장에 와 있고, 그들이 자신들의 우아한 동작을 마음껏 감상하도록 정지동작을 취해 주는 것처럼 느껴졌다. 조금 있으니 한 무리의 젊은이들이 조각상 근처로 모여들었다. 발레를 배우는 이들 같았다. 교사인 듯한 사람이 "자, 각자 자세를 취해 보세요"라고 말하자, 이들은 조각상들 중 하나를 골라 그 포즈를 따라했다. 내 옆에 있던 젊은이는 오른쪽 다리를 앞으로 내밀고, 양손을 엉덩이에 대고서 팔꿈치가 뒤쪽으로 향하게 자세를 취했다. 교사가 그에게 다가오더니 "내가 좋아하는 포즈를 취했네요"라고 말했다.

재미있는 일을 할 때는 시간이 빨리 흐른다. 반면 다른 사람의 지시에 억지로 일을 하거나, 자동차 충돌사건을 겪거나 지붕에서 떨어질 때는 시간이 더디게 흐른다. 마약에 취해 있을 때도 시간은 다르게 흐르는데 어떤 종류의 마약이냐에 따라 빠르게 흐르기도, 더디게 흐르기도 한다. 이밖에도 시간의 흐름을 변화시키는 요인들은, 아직 알려지지 않은 것들을 포함해 무수히 많다. 과학자들은 이런 요인들을 하나씩 하나씩 알아가고 있는 중이다. 예컨대 아래와 같은 드가의 청동조각상 두 점을 보자.

이들은 내가 메트로폴리탄 미술관에서 보았던, 다양한 포즈를 취했던 발레리나 시리즈에 속하는 작품이다. 사진 왼쪽의 발레리나는 가만히 서 있는 자세로 휴식을 취하고 있으며, 오른쪽 발레리나는 '퍼스트 아라베스크 팡세(a first arabesquepenche)' 포즈를 취하고 있다. 이 조각상들(그리고 조각상의 이미지들)은 정지해 있다. 그럼에도 발레리나들은 마치 움직이는 것처럼 여겨지며, 그래서 시간에 대한 우리의 지각에 영향을 미친다.

프랑스의 클레르몽-페랑에 있는 블레즈 파스칼 대학 신경심리학과 교수인 실비 드로와-볼레와 세 명의 동료학자들은 2011년에 한 논문을 발표했다. 실험 참가자들에게 위에 제시된 두 발레리나 사진을 보여 주고 그 반응을 분석한 것이었다. 이 실험은 이등분 작업(a bisection task)이라고 불렀다. 왜냐하면 실험에 들어가기 전에 참가자들이 지속기간에 대해 익숙해지는 훈련을 받아야 했기 때문이다. 즉, 참가자들은 실험에 앞서 감정이 드러나지 않는 중립적인 이미지 한 장을 컴퓨터 화면으로 보았다.

이미지가 화면에 나타나는 시간은 0.4초 또는 1.6초였다. 참가자들은 이 이미지들을 반복적으로 봄으로써 각각의 지속기간(0.4초와 1.6초)을 정확히 가늠할 수 있게 되었다. 그런 후 본격적으로 실험에 들어갔다. 두 발레리나의 이미지를 따로따로 컴퓨터 화면으로 보여 주었는데, 이미지들의 지속기간은 0.4초와 1.6초 사이가 되도록 했다. 이제 참가자가 할 일은 각각의 이미지가 화면에 나타난 시간이 0.4초에 가까운지, 1.6초에 가까운지를 판단하고 거기에 맞춰 컴퓨터 자판의 키를 누르는 것이었다. 그 결과 참가자들은 역동적인 포즈(아라베스크)를 취하고 있는 발레리나의 이미지가 (실제보다) 화면에 더 오래 지속되고 있다고 여겼다. 참가자들은 일관되게 이와 같은 반응을 보였다.

이 결과는 중요한 의미를 함축하고 있다. 그동안 나온 연구들은 시간의 지각과 운동 사이에 연관관계가 있다는 것을 보여 주었다. 컴퓨터 화면에서 원이나 삼각형이 빠르게 움직이면 정지해 있을 때보다 화면에 더 오래 나타나 있는 것으로 여기게 된다. 도형이 더 빨리 움직일수록 지속기간도 더 길었다고 착각하게 된다. 그런데 드가의 발레리나 조각상 이미지는 전혀 움직이지 않는다. 단지 움직임을 연상시킬 뿐이다. 그런데도 지속기간이 실제보다 더 길다고 느낀 것이다.

일반적으로 지속기간에 대해 착각을 일으키는 까닭은 외부자극의 물리적인 특성을 지각하는 우리의 방식 때문이다. 예컨대 0.1초마다 깜빡거리는 불빛을 보면서 동시에 0.1초보다는 약간 느린 속도로 울리는 신호음을 듣는다면, 불빛이 실제보다 느리게 깜빡이는 것처럼 보이게 된다. 불빛에 대한 우리의 지각이 신호음의 영향을 받기 때문이다. 우리의 신경세포(뉴런)는 그런 식으로 작동하도록 돼 있는 것이다. 시간에 대한 착각의 대부분은 이처럼 청각-시각적인 착각에 기인한다.

그런데 드가의 조각상을 표현한 이미지들에는 시간에 대한 착각을 일으키는 물리적인 요소도 없고 운동이나 움직임이 없는데도 시간에 대한 오해가 일어났다. 그것은 전적으로 관찰자에 의해서, 관찰자 안에서 −더 정확히 말하면 관찰자의 기억 속에서- 일어났다고 할 수 있다. 드가 조각상의 이미지를 볼 때 일어나는 시간 착각은 '체내 시계'가 어떻게, 왜 그처럼 작동하는지에 대해 많은 것을 시사한다.

감정은 시간 인식에 어떤 영향을 미칠까

시간지각 분야에서 가장 활발하게 연구되고 있는 주제 중 하나는 감정이 시간 인식에 어떤 영향을 미치는지를 알아보는 것이다. 드로와-볼레는 감정과 시간 인식의 관계를 다루는 연구에서 주목할 만한 업적을 상당히 많이 내놓은 학자이다.

그녀가 최근에 실시한 실험을 보자. 그녀는 먼저 참가자들에게 여러 개의 얼굴 이미지-이들은 감정이 드러나지 않는 중립적인 표정, 행복이나 분노 같은 아주 기본적인 감정을 드러낸다-를 컴퓨터 화면으로 보여 주었다. 각각의 이미지가 화면에 나타난 시간은 0.5초에서

1.5초 사이였다. 그런 다음 참가자들에게 어떤 이미지가 더 짧게 혹은 더 길게 나타났는지를 물었다. 그 결과 참가자들은 행복한 표정을 한 이미지가 중립적인 표정을 한 이미지보다 더 길게 화면에 나타나 있다고 일관되게 답했다. 또 화를 내거나 무서운 표정을 하고 있는 얼굴 이미지는 중립적이거나 행복한 얼굴 이미지보다 더 길게 나타났다고 답했다(드로와-볼레는 심지어 세 살짜리 아기도 화가 난 얼굴의 지속기간이 실제보다 더 길다고 느끼는 것으로 나타났다고 밝혔다).

이런 결과를 만들어 낸 핵심적인 요소는 '각성(arousal)'이라고 불리는 생리학적인 반응이다. 이때 각성이라는 단어는 우리가 일반적으로 생각하는 의미와는 좀 다르다. 실험심리학에서 말하는 각성은 신체가 어떤 식으로 반응하기 위해 미리 준비하고 있는 정도를 가리킨다. 그래서 각성은 심장 박동수나, 피부의 전기전도율로 측정된다.

예를 들어 사람 얼굴 이미지와 인형 이미지를 보여 주고는 각성의 비율을 체크하는 실험을 하기도 한다. 결국 각성이란 사람의 감정이 생리적으로 표현된 것, 혹은 어떤 구체적인 행동에 앞서서 나타나는 징후-실제로는 이 둘은 거의 차이가 없다-라고 생각할 수 있다. 일반적인 기준으로 볼 때, 가장 각성의 정도가 높은 것은 분노(화)이고-화를 내는 본인에게도, 화를 내는 모습을 보는 사람에게도-, 그 다음이 두려움-행복-슬픔 순이다. 각성은 우리 뇌 안에 있는 시계인 속도조정자의 속도를 높여 평소보다 더 많이 째깍거리게 하고, 그래서 주어진 시간 동안 더 많은 째깍거림이 누적되도록 한다. 그렇기 때문에 감정이 많이 담겨 있는 이미지일수록 지속기간이 더 긴 것처럼 여겨지게 된다. 드로와-볼레의 연구에 따르면 슬픈 얼굴은 중립적인 얼굴보다 지속기간을 더 길게 느끼게 하지만, 행복한 얼굴보다는 그 정도가 작은 것으로 나타났다.

생리학자와 심리학자들은 각성을 준비된 신체 상태-아직 움직이지는 않지만 움직이려고 자세를 취하고 있는 상태-라고 생각한다. 우리가 다른 사람의 움직임(운동)을 볼 때-심지어는 고정된 이미지 속에 움직임이 암시되어 있는 것을 볼 때도- 우리 내면에서도 그 움직임을 실행한다고 한다. 어떤 의미에서 각성이란 다른 사람의 입장이 돼 보는(공감하는) 능력의 정도라고 할 수 있다.

연구에 따르면 다른 사람의 어떤 행동, 이를테면 누군가가 손으로 공을 집는 행동을 보게 되면 우리의 손 근육도 공을 집기 위한 준비를 한다고 한다. 손 근육이 실제로 움직이지는 않지만 근육의 전도율은 마치 그 행동을 할 준비가 돼 있을 때처럼 높아지고, 심장박동수도 약간 빨라진다. 생리학적으로 말하자면 그런 상태가 각성인 것이다. 그런 현상은 우리 옆에 놓인 어떤 물건에 다른 사람의 손이 올려져 있을 때도 그 물건을 집어 올리려는 것처럼 우리의 손 근육이 준비를 하고, 심지어 그 물건을 잡고 있는 손의 사진을 볼 때도 같은 반응이 일어난다.

그런데 사실 이런 현상은 일상생활에서 늘 일어나고 있는 일이라는 것을 수많은 연구 결과가 보여 주고 있다. 우리는 다른 사람의 얼굴 표정이나 몸짓을 우리 자신도 모르는 사이에 모방한다. 다른 사람의 얼굴을 보고 있다는 것을 스스로 의식하지 못한 상태에서도 그 사람의 얼굴 표정을 모방한다는 것이 많은 실험을 통해 밝혀졌다. 두 친구가 대화하고 있는 모습을 보면 낯선 두 사람이 대화하는 모습보다 제스처에서 닮은 점을 더 많이 확인할 수 있다. 실험 참가자들에게 이 두 쌍을 비디오로 보여 주면 대화하는 모습만 보고서도 어느 쪽이 친구 사이인지 쉽게 구별한다.

네덜란드의 위트레흐트 대학 심리학 교수인 마르닉스 나베르는 참가자들을 둘씩 짝을 지어 비디오게임인 '두더지 잡기 게임(Whac-A-Mole)'을 하게 했다. 게임이 진행될수록 참가자들은 점점 무의식중에 서로의 동작에 동조되어 갔다. 심지어 동작이 동조될수록 점수가 낮아지는 데도 동조를 피하지 않았다. 이런 종류의 모방은 사회화 과정에서는 필수적인 요소다. 또한 적절한 시간 간격으로 반응하는 감각도 마찬가지다. 예컨대 고개를 끄덕이거나 미소를 짓거나 한숨을 쉴 때 짧은지 긴지, 빠른지 느린지, 규칙적인지 불규칙적인지에 따라 그런 동작이 갖는 의미는 엄청나게 달라진다.

사회적인 모방은 생리학적인 '각성'을 끌어내며, 다른 사람의 감정을 알아챌 수 있는 통로도 열어 준다. 연구에 따르면 우리가 충격적인 일을 기대하고 있는 듯한 얼굴 표정을 짓고 있으면, 실제로 충격적인 일이 일어났을 때 훨씬 더 고통스럽게 느낀다고 한다. 영화의 유쾌한 장면이나 불쾌한 장면을 볼 때 그에 맞춰 얼굴 표정을 과장하면 각성의 척도인 심장박동수가 더 빨라지고 피부의 전도율도 더 높아진다고 한다. 기능적 자기공명영상법(fMRI)을 활용한 실험에서는 참가자가 분노와 같은 특정한 감정을 직접 경험하든, 분노하는 사람의 얼굴을 보면서 간접적으로 경험하든 뇌 안에서 같은 영역이 활성화된다는 사실을 확인했다.

'각성'은 자신과 타인의 내면의 삶을 연결해 주는 가교라고 할 수 있다. 절친한 친구가 화를 내는 모습을 보면 왜 친구가 화를 내는지 이성적으로 따져서 친구의 기분을 아는 것이 아니라, 말 그대로 친구가 느끼는 것을 당신도 느끼는 것이다. 친구의 마음 상태, 친구의 몸짓은 바로 당신의 마음과 당신의 몸짓이 된다.

시간지각은 전염된다

그런데 시간감각도 그렇다는 사실이 실험을 통해 밝혀졌다. 지난 몇 년간 드로아-볼레를 비롯한 연구자들은 다른 사람의 행동이나 감정에 공감할 때, 상대가 지각하는 시간의 왜곡도 동시에 느끼게 된다는 것을 입증했다. 드로아-볼레는 한 실험에서 참가자들에게 컴퓨터 화면을 통해 여러 얼굴들-몇몇은 노인이고 몇몇은 젊은 사람-을 어떤 순서나 패턴에 얽매이지 않은 채 보여 주었다. 그 결과 노인의 얼굴은 화면에 보여지는 지속기간이 실제보다 짧다고 느끼지만 젊은 사람에 대해서는 그런 반응을 보이지 않는 것으로 나타났다. 이에 대해 드로아-볼레는 노인의 얼굴을 볼 때는 참가자의 체내 시계가 더디게 흐른다는 의미이며, "노인들의 굼뜬 몸동작을 참가자들이 몸소 느끼기 때문일 것"이라고 설명했다.

앞에서도 거듭 설명했지만, 뇌 안의 시계가 주어진 시간 동안 느리게 째깍거린다는 것은 평소보다 더 적은 수의 째깍거림이 누적된다는 뜻이며, 그 결과 시간 간격이 실제보다 짧다고 느끼게 되는 것이다. 노인을 보거나 기억할 때 노인들의 신체 상태 즉, 굼뜬 움직임을 관찰자 스스로가 몸으로 느끼게 된다는 것이다. 드로아-볼레는 "이러한 체화(embodiment)를 통해 우리의 체내 시계는 노인들이 몸을 움직이는 속도에 적응하게 되고, 그 결과 자극의 지속기간이 실제보다 짧다고 느끼게 된다"고 했다.

여기서 드로아-볼레의 이전 실험으로 되돌아가 보자. 이 실험에서 참가자들은 화난 얼굴이나 행복한 얼굴은 중립적인 표정의 얼굴보다 컴퓨터 화면에 더 오래 나타나 있는 것처럼 느꼈다. 그녀는 이것을 각성에 따른 효과라고 설명했지만 '체화'도 일정한 역할을 하는 것으로 판단했다. 참가자들이 화면에 뜬 얼굴을 보면서 그 표정을 모방하고, 그런 모방 행위가 지속기간을 착각하게 했을 것이라고 보았다.

그래서 그녀는 전혀 다른 조건으로 다시 실험을 진행했다. 즉, 한 그룹의 참가자들에게는 입술 사이에 펜을 물고서-이렇게 하면 참가자가 얼굴 표정을 잘 지을 수 없게 된다- 화면에 나타난 얼굴을 관찰하도록 했다. 그 결과 펜을 물지 않은 참가자들은 화가 난 얼굴의 지속기간은 꽤 길다고 느꼈고 행복한 표정의 얼굴도 지속기간이 어느 정도 길다고 느꼈지만, 입술에 펜을 문 참가자들은 화가 나거나 행복한 표정의 얼굴과 중립적인 표정의 얼굴 사이에 지속기간의 차이를 거의 느끼지 못했다. 펜을 물고 있는 행위가 시간의 착각현상을 막았던 것이다.

이런 결과는 시간에 대한 우리의 지각이 전염된다는 매우 도발적인 결론으로 이어졌다. 우리가 다른 사람과 대화하거나 다른 사람에 대해 깊이 생각할 때, 우리는 그 사람의 경험 속으로 들어갔다가 나오게 된다. 그리고 이 경험에는 다른 사람이 느끼는 지속기간에 대한 지각(혹은 다른 사람이 그렇게 느끼리라고 우리가 상상하는 것)도 포함된다.

우리는 또한 다른 사람이 느끼는 지속기간에 대한 착각뿐 아니라 서로 간의 다른 작은 차이들도 늘 공유하고 있다. 이는 화폐나 사회적인 관습을 공유하는 것과 비슷하다. "사회적인 상호작용이 얼마나 효과적으로 발휘되느냐 하는 것은 우리가 자신의 행동과 다른 사람의 행동을 얼마나 잘 동조시킬 수 있느냐에 달려있다. 다시 말하면, 우리는 각자 다른 사람의 리듬에 적응하고, 다른 사람의 시간과 자신의 시간을 통합하고 있는 것이다"라고 드로아-볼레는 썼다.

우리가 다른 사람의 시간지각을 공유한다는 것은 우리가 서로 감정이입을 한다는 뜻이기도 하다. 타인의 시간을 체화한다는 것은 다른 사람의 입장이 돼 보는 것이다. 우리는 서로서로 상대의 제스처와 감정을 모방하지만 특히 자신이 동일시하는 대상이거나, 기꺼이 함께 나누고 싶은 관계일 때, 모방이 훨씬 강하게 이뤄진다는 사실이 실험을 통해 밝혀졌다. 드로아-볼레는 얼굴을 관찰하는 실험에서 젊은 사람보다는 노인의 얼굴을 볼 때 참가자들이 화면에서의 지속기간을 더 길다고 느끼지만, 그 결과는 참가자와 화면에 비친 노인이 같은 성별일 때만 그렇다는 것을 알게 되었다.

남성 참가자가 여성 노인의 얼굴을 보거나, 여성 참가자가 남성 노인의 얼굴을 볼 때는 지속기간에 대한 착각현상이 일어나지 않았다. 성별만이 아니라 민족도 영향을 미친다. 중립적인 표정의 얼굴보다 화가 난 얼굴의 지속기간을 길게 느끼지만, 특히 참가자와 화면에 비친 얼굴이 같은 민족일 때 그 효과가 더 크고 눈에 띄었다. 또 화난 얼굴에 대해 지속기간의 착각을 가장 길게 느낀 참가자들은 감정이입의 정도를 측정하는 테스트에서도 가장 높은 점수를 받았다.

우리는 늘 우리 자신으로부터 나와서 다른 사람에게로 들어간다. 그러나 사람하고만 이런 교환이 이루어지는 것은 아니다. 예컨대 얼굴과 손을 찍은 사진, 드가의 발레리나 조각상 같은 조형물과도 공감할 수 있다. 드로와-볼레와 동료 학자들은 더 동적인 움직임을 보여주는 드가의 조각상 이미지가 컴퓨터 화면에서 지속기간이 더 긴 것처럼 느껴지는 까닭—무엇보다 생리학적인 측면에서 그런 반응을 일으키는 까닭—은 "관찰자로 하여금 이미지에 나타난 동작대로 따라하도록 신체적으로 자극을 주기 때문"이라고 했다.

그런데 이는 드가도 조각상을 제작하면서 염두에 두었을 가능성이 높다. 즉, 감상하는 사람이 조각상이 나타내는 동작에 직접 참여하도록 끌어들이고, 아무리 동작이 굼뜬 몸치라도 조각상의 포즈를 따라해 보고 싶은 욕구를 일으키도록 의도했을 수 있다. 나는 한 발로 서서 허리를 앞으로 숙이고 있는 발레리나의 조각상을 본다. 그럴 때 나는 내면적으로 발레리나의 동작을 따라하고 있다. 그 순간 나는 조각상과 함께하고 있는 것이다. 조각상을 응시하는 동안 나는 우아한 동작을 취하는 청동조각상이 되고, 시간도 내 곁을 지나면서 허리를 굽히는 것이다. 지속기간에 대한 감각이 변한다는 얘기다.

시간에 스며드는 감정

감정이 드러난 얼굴, 움직이는 신체, 율동이 있는 조각상—이 모든 것들은 시간을 왜곡할 수 있다. 이런 현상은 속도조정자-누산자 모델로 설명될 수 있다. 하지만 그럼에도 여전히 풀리지 않는 의문은 있다. 우리 몸 안에 시간을 정확히 따르게 하고, 짧은 지속기간을 추적할 수 있는 메커니즘이 있다는 것은 분명하다. 그런데 이 메커니즘은 아주 미세한 감정적인 자극에도 영향을 받는다. 그렇다면 이처럼 신뢰할 수 없는 시계를 우리가 가지고 있다 한들 무슨 소용이 있는가?

"주관적인 시간과 관련해 내가 가장 인상적으로 느끼는 점은 우리가 가진 시계는 스톱워치와 비교해 성능이 형편없이 떨어진다는 점입니다"라고 댄 로이드가 내게 말했다. 그는 트리니티 칼리지의 철학과 교수이자, 〈주관적인 시간: 시간성에 관한 철학, 심리학 그리고 신경과학(Subjective Time: The Philosophy, Psychology, and Neuroscience of Temporality)〉의 공동저자이기도 하다. "우리가 가진 시계는 모든 면에서 일관성이 없으며 이런 저런 종류의 속임수에 속절없이 당합니다. 그럼에도 우리가 별 탈 없이 행동하고 생활할 수 있다는 것이 불가사의하게만 여겨집니다."

하지만 이 문제를 다르게 생각해 볼 수도 있다고 드로와-볼레는 제안한다. 댄 로이드와 같은 불만은 우리가 가진 시계가 정확하게 작동하지 않기 때문은 아니라는 것이다. 오히려 그 시계는 우리가 처한 변화무쌍한 사회적, 감정적 환경에 매우 훌륭하게 적응함으로써 우리가 매일매일 별 문제 없이 생활해 나가도록 한다. 사회적인 관계 속에서 내가 지각하는 시간은 나만의 것이 아니다. 타인과의 상호작용이 내가 지각하는 시간에 영향을 미치며 그렇게 영향을 미치는 요소는 한두 가지가 아니다. "따라서 단 하나의, 균질적인 시간이란 없다. 그 대신 시간에 대한 다양한 경험들만이 있을 뿐이다"라고 드로와-볼레는 자신의 논문에서 쓰고 있다. 이 문장은 그녀가 철학자 앙리 베르그송이 한 말-"On doit mettre de cote le temps unique, seuls comptent les temps multiples, ceux de l'experience."-을 그대로 인용한 것이다. 우리는 단일한 시간이라는 개념을 버려야 한다. 중요한 것은 우리의 경험을 이루고 있는 다채로운 시간들이다.

사회생활을 하면서 마주치는 타인의 아주 사소한 행동들-힐끗 눈길을 주는 것, 살며시 미소를 짓는 것, 눈살을 찌푸리는 것 등-은 우리가 그런 행동들과 제대로 동조할 때 의미를 띠게 된다. 우리는 다른 사람과 잘 지내기 위해 우리의 시간을 구부린다(bend). 우리가 경험하는 많은 시간적인 왜곡은 사실, 우리가 타인들과 감정이입(공감)을 하고 있다는 표시다. 내가 타인의 제스처와 마음상태에 더 잘 동조할수록, 타인이 나의 제스처와 마음상태에 더 잘 동조할수록, 우리는 상대가 나에게 위협적인 인물인지, 협력할 인물인지, 친구인지, 나에게 필요한 사람인지 아닌지를 더 잘 깨닫게 된다.

그러나 감정이입이란 대단히 정교하고 복잡한 특성으로서, 정서적인 성숙도와 관계가 있다. 감정이입을 제대로 하려면 학습이 필요하며 시간이 걸린다. 아이들은 자라나면서 타인과 공감하는 능력도 함께 키워 간다. 사회적인 관계를 어떻게 풀어가야 하는지 감을 익혀 나가는 것이다. 결국 아이가 성장한다는 것은 다른 사람의 시간과 보조를 맞춰 자신의 시간을 어떻게 구부리느냐를 배우는 과정이라고 할 수 있다. 우리는 이 세상에 홀로 태어난다. 하지만 다른 사람의 시계와 동조할 수 있게 되면서 즉, 다른 사람들의 시간에 감염되도록 완전히 우리 몸을 맡기게 되면서, 어린 시절은 막을 내리게 된다.

매튜 마텔은 자신의 연구와 관련한 강연을 할 때 슬라이드를 하나 보여 주는 것으로 시작한다. 거기에는 한 문장이 실려 있는데, 그는 큰 소리로 이 문장을 읽는다.

> 인터벌 타이밍은 우리의 지각 속에 매우 깊이 자리잡고 있기 때문에,
> 예상하지 않고 다가올 시간을
> 예상하지 않고서는 우리 의식이 어떤 경험을 하는지 전혀 알 수가
> 없다.

그는 이 문장을 읽다가 중간 부분, '자리잡고 있기 때문에'까지 읽고는 갑자기 중단한 채 몇 초간 어색한 시간이 지나가도록 내버려 둔다. 그러면 청중들은 멀뚱멀뚱 바라보면서 "왜 저럴까? 무대 공포증이 있나?" 같은 생각을 하며 초조한 기색을 보이게 된다. 그렇게 몇초가 지난 뒤 그는 다시 나머지를 마저 읽는다. "이런 식으로 문장을 읽는 도중에 말을 끊는 것은 내가 지금 속해 있는 빌라노바 대학에 교수직을 지원하면서 시범 강의를 할 때 처음 사용한 방식입니다. 강의가 끝났을 때 나를 후원해 주고 있던 사람이 다가오더니 자기는 내가 너무 긴장한 나머지 완전히 말문이 막혀 버린 게 아닐까 생각했다면서 몇 초 동안 굉장히 불안했다고 털어놓았습니다."

하지만 이와 같은 청중의 반응이야말로 그가 노리는 것이다. 우리는 매 순간 시간이 지나가는 것에 너무나 익숙해져 있기 때문에 웬만해서는 시간의 흐름에 대해 거의 주목하지 않는다. 하지만 문장을 읽다가 갑자기 말을 끊을 때처럼 우리의 예상이 깨졌을 때, 비로소 시간의 흐름을 생각하게 된다. "청중들은 내가 말을 하고 있는 동안

에는 나의 인터벌(interval 시간 간격)을 재지 않았습니다. 그러나 말이 도중에 끊기자 자신들이 나의 인터벌을 재고 있었다는 것을 불현듯 깨닫게 된 것이지요."

그가 처음 시간에 대해 연구하겠다고 하자 지도교수는 극구 만류했다고 한다. 그렇게 난해한 연구를 왜 하려 하느냐는 것이었다. 마텔은 "시간에 대한 연구는 나무만 보고 숲을 보지 못하는 것이 아닙니다. 시간은 우리가 하는 모든 것에 들어 있기 때문에 시간을 모르고는 우리의 경험을 설명하는 것이 불가능합니다"라고 말했다.

마텔은 필라델피아 외곽에 있는 빌라노바 대학 행동신경과학과 교수다. 그가 처음 만나는 사람들에게 '우리가 시간을 어떻게 지각하는지를 알아내는 것'이 자신의 연구 주제라고 하면 대개 다음과 같은 질문을 한다고 했다. "왜 알람시계를 맞춰 놓지 않았는데도 매일 아침 같은 시간에 눈이 떠지는 건가요?" "저는 오후만 되면 몹시 피곤해지는데 왜 그럴까요?" 사실 이런 질문은 생체시계나 24시간 주기 생물학을 연구하는 사람들에게 어울리는 질문이다.

그러나 마텔은 인터벌 타이밍을 연구한다. 뇌가 1초에서 몇 분 사이에 어떤 것을 계획하거나, 평가하거나, 결정을 내릴 때 뇌 속에서 어떤 메커니즘이 작동하는지를 알아내는 것이다.

그런 메커니즘의 본질은 무엇일까? 뇌 안에는 시교차상핵의 마스터 생체시계와 유사한 인터벌 타이머가 있는 것일까? 아니면 광범위하게 분산된 시계 네트워크가 있는 것일까? 속도조정자-누산자 모델은 지난 30년간 시간지각과 관련된 실험을 설명하는 신뢰할 만한 이론이었다. 지속기간에 대한 우리의 판단이 빛이나 소리에 관한 판단만큼 착각이나 왜곡을 일으키기 쉽다는 건 분명한 사실이다.

그러나 이것을 설명하는 속도조정자-누산자 모델은 '발견법적 도구[37]'에 불과하다. 따라서 이 모델은 말하자면 냅킨에 그린 시계와 비슷하다고 할 수 있다. 속도조정자-누산자 모델에서 말하는 시계는 뉴런들이 모여 있는 3파운드 무게(약 3.6킬로그램)의 뇌 어느 곳에 존재하는가?

이에 대해 웨어든은 언젠가 나에게 이렇게 말했었다. "그 시계는 개념적으로만 존재합니다. 그것은 시간에 대한 연구를 자극하고 연구 결과를 설명하기 위한 하나의 틀로서, 수학적으로만 존재할 뿐입니다. 이런 종류의 일을 하는 구체적인 장치(메커니즘)가 우리 뇌 안에 존재하는지는 좀 더 두고봐야 알 수 있습니다."

심리학자들은 그런 구체적인 장치가 뇌 안에 존재하는지는 별로 관심이 없다. 웨어든은 〈지각의 심리학〉 서문에서 "이 책에서 다뤄진 주제들 가운데 어떤 것도, 적어도 현 단계에서는 시간을 연구하는 신경과학에 의해서 구체적인 메커니즘이 밝혀질 거라고는 생각하지 않는다"고 썼다.

그러나 신경과학자들의 생각은 다르다. 파킨슨병이나 헌팅턴병, 조현병, 자폐증처럼 현실을 인지하는 데 어려움을 겪는 병을 앓는 환자들은 시간지각에 문제가 있는 것으로 알려져 있다. 인터벌 타이밍은 심리학이 아니라 생리학에 토대를 두고 있으며, 이를 생리학적으로 제대로 이해하게 되면 이 질병들을 치료하는 데 도움이 될 것으로

....

37 heuristic device 구체적인 분석에 도움은 주지만 최종적인 개념의 지위에는 이르지 못하는 것 즉, 최종적인 개념에 이르는 중간과정으로서의 접근법.

보고 있다. 적어도 인간의 뇌가 어떻게 작동하는지에 대한 이해의 폭을 넓히는 데는 기여할 것이다. 우리는 뇌 안의 어떤 구체적인 메커니즘을 통해 시간을 지각하게 되는 것일까? 이것이 마텔의 주된 관심사다.

뇌는 대기업처럼 작동한다

마텔 교수의 연구실은 빌라노바 대학 캠퍼스의 다소 낡은 건물 꼭대기층 모서리에 있었다. 세월과 함께 반질발질 닳은 대리석 계단을 밟고 4층으로 올라가니 여름방학이라서 그런지 리놀륨 타일이 깔린 복도를 지나가는 사람이 아무도 없었다. 그 정적이 주변의 모든 것을 평소보다 더 크게 보이게 했다. 나는 초등학교 시절을 떠올리면서, 희미한 추억의 공간으로 잠시 빠져들었다. 복도 끝에서 왼쪽으로 꺾자 폭이 좁은 다른 복도가 나타났고 계속해서 서너 개의 출입문을 지나자 복도가 끝이 났다. 나는 어리둥절해서 주변을 둘러보았고 막다른 끝이라고 생각했던 곳에 비상구 같이 생긴 문이 또 하나 있다는 걸 발견했다. 그 문을 열자 연구실과 실험실이 빽빽이 들어선 복도가 나타났다.

T셔츠에 짧은 바지, 스니커즈를 신은 마텔이 활달한 모습으로 나를 맞았다. 그는 자신이 '쥐 방(rat room)'이라고 부르는 실험실로 가려던 참이라고 했다. 그러고 보니 양손에 푸른색 고무장갑을 끼고 있었다. 그는 오랫동안 실험용 쥐를 다루다 보니 피부에 알레르기가 생겼다고 했다. 평소에는 대학원생이 쥐를 관리하는데 그날은 외출을 하고 없었다. 마텔의 말투는 빠르면서도 온화했고, 설명을 할 때는 눈이 평

소보다 더 커졌다. 그는 "과학이란 스토리를 만드는 것이며, 그 스토리가 이치에 맞는지를 확인하는 작업입니다"라고 말했다.

시간지각에 대한 연구는 지난 1세기 동안 주로 실험대상의 반응에 초점을 맞춰 왔다. 즉, 어떤 자극(불빛, 화난 얼굴의 이미지, 드가의 조각상 같은 것)이 주어졌을 때 실험대상-인간이든 동물이든-이 어떤 반응을 보이는지, 어떤 조건(코카인, 100피트 높이에서 자유낙하하기, 수조에서 자전거 타기 등)에서는 어떤 반응을 보이는지를 알아 보는 것이 주된 흐름이었다. 그러나 점점 뇌의 어디에서, 어떻게 그런 반응을 일으키는지에 대한 연구로 방향이 옮겨가고 있다. 예컨대 어떤 약물은 특정한 뉴런 다발의 활동을 꺼버릴 수도 있고 증폭시킬 수도 있는데, 이를 이용해 그 뉴런 다발이 시간지각 과정에서 어떤 역할을 하는지 알아낼 수 있다.

뇌영상 기술을 통해서는 뇌가 시간과 관련된 일을 처리할 때 어떤 뉴런들이 활성화되는지를 알아낼 수 있다. 결국 시간에 대한 심리학이 시간에 대한 신경과학을 탄생시킨 것이다. 마텔을 비롯한 학자들은 우리 머릿속을 들여다보면서 인간의 가장 본질적인 미스터리에 직면하게 되었다. 어떻게 겨우 3파운드 무게를 가진 세포덩어리(뇌)가 기억과 생각, 감정을 만들어 내는 것일까? 웻웨어(wetware 인간의 뇌, 혹은 '감성'을 뜻한다)는 어떻게 소프트웨어를 만들어 낼까? 한 연구자는 "인간의 뇌가 어떻게 인간의 마음을 만들어 내는지에 관해 학자든 일반인이든 아는 게 거의 없다는 점에서 우리 모두가 신경과학자라고 할 수 있습니다"라고 나에게 말한 바 있다.

마텔은 "뇌는 하나의 대기업처럼 작동합니다. 많은 부서들이 있고 하향식 운영관리 같은 것도 있습니다. 각 부서마다 고유한 업무가 있고, 부서는 개인들로 이뤄져 있는데, 이 개인이 곧 뉴런이지요. 나는 뉴런을 사람과 비교하는 걸 좋아합니다. 뉴런은 하나하나가 정보를 처리하는 곳입니다. 어떤 면에서 뉴런은 작은 로봇처럼 행동한다고 할 수 있습니다. 문제는 뉴런으로 이루어진 생리적인 시스템(뇌)이 어떻게 의식과 같은 심리적인 현상을 만들어 내느냐는 것입니다. 사람들은 스스로가 자유의지를 가지고 있다고 생각합니다. 하지만 신경과학자들은 그런 말을 믿지 않습니다. 자유의지가 있다고 믿는 것은 우리의 행동이 뇌 아닌 다른 어떤 것에 의해 일어난다고 믿는 것과 같기 때문입니다."

뉴런이 만들어 내는 시간

인간의 뇌는 약 1000억 개의 뉴런들로 이뤄져 있다. 하나의 뉴런은 살아 있는 전선과 같다. 왜냐하면 뉴런은 자신에게 들어온 정보를 전기화학적인 신호의 형태로 다른 뉴런에게 전달하기 때문이다. 이때 정보는 한 쪽 방향으로만 전달된다. 뉴런들 중에는 길이가 긴 것도 있지만-좌골신경(sciatic nerve)은 척추 아래쪽에서 시작해 엄지발가락까지 이어지는 신경인데 길이가 약 3피트(약 91센티미터)에 이른다- 대부분은 아주 짧고 엄청나게 가늘다. 뉴런 50개를 다발로 묶어도 이 문장 끝에 찍힌 마침표 안에 다 들어갈 수 있을 정도다.

뉴런은 다른 뉴런이나 감각기관으로부터 들어오는 신호를 받아들이는 수상돌기(가지돌기, branching dendrites)-자세히 들여다보면 나무의 뿌리를 닮았다-와, 뉴런 안에서 신호를 전도(뉴런 안에서 신호를 전

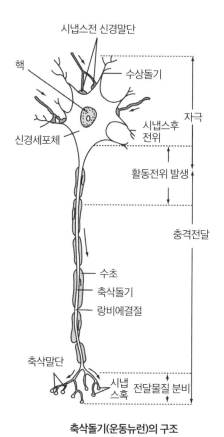

시냅스전 신경말단

핵

수상돌기

신경세포체

시냅스후
전위

자극

활동전위 발생

충격전달

수초
축삭돌기
랑비에결절

축삭말단

시냅
스톡 전달물질 분비

축삭돌기(운동뉴런)의 구조

하는 것을 '전도', 한 뉴런에서 다른 뉴런으로 신호를 전하는 것을 '전달'이라고
구분한다)하는 세포체인 축삭돌기(axon), 뉴런의 끝부분에 있는 축삭
말단(branched terminus)으로 이뤄져 있다.

　뉴런은 일반적으로 1만여 개의 '상류(upstream)' 뉴런들로부터 신
호를 받아 몇 개의 '하류(downstream)' 뉴런으로 그 신호를 전달한
다. 뉴런들끼리는 직접적으로 서로 연결돼 있지는 않고, 뉴런과 뉴

런 사이에 아주 가는 틈 즉, 시냅스가 있어 이를 통해 신호를 주고 받는다. 뉴런으로 들어온 신호가 축삭말단에 도달하면, 신경전달물질이 분비돼 시냅스를 통해 인접한 뉴런들의 수상돌기로 옮겨 가게 된다. 이는 오목한 자물쇠와 볼록한 열쇠가 서로 결합하는 과정과 비슷하다.

뉴런에 도달하는 신호가 충분히 강하면 뉴런은 스스로 신호를 만들어 다른 뉴런으로 전달하게 된다. 하나의 뉴런은 신호의 세기에 따라 점화할 수도 있고 하지 않을 수도 있는데, 일정한 활동전위(action potential 뉴런이 신호를 전할 때 발생하는 전압의 변화)가 되어야 점화를 하게 된다.

변하는 것은 점화율(rate of fire 활동전위가 생성되는 비율)이다. 즉, 강한 신호-밝은 불빛 같은 것-는 약한 신호보다 더 자주 뉴런이 점화하도록 할 수 있기 때문에(점화율이 높기 때문에) '하류' 뉴런들을 더 많이 촉발시킬 수 있다. 세포 단위에서도 시간-즉, 단위 시간당 들어오는 입력 신호의 양-이 중요한 역할을 하고 있는 것이다.

신경과학자들은 뉴런을 '동시발생 탐지기(coincidence detectors)'라고 부르기도 한다. 왜냐하면 뉴런은 늘 '상류' 뉴런들로부터 최소한의 입력신호를 방울방울(drip) 받아들이고 있는데 그러다 어느 순간 수많은 신호들이 동시에 밀려들어 이 방울들이 급류(torrent)가 될 때만, 뉴런이 점화를 하기 때문이다. 여기서 '동시에'라는 것이 정확히 어떤 상태를 가리키는지 궁금할지도 모르겠다.

뉴런에게 있어 '지금'이란 어떤 의미일까? 뉴런은 물시계와 비슷하게 작동한다. '상류' 뉴런들로부터 오는 신경전달물질은 뉴런의 세포막에 부착되고 이어 이온들-대개 약한 양(+) 전하를 띤 나트륨 이온들이다-이 들어오도록 수로를 열어 놓는다. 그 결과 뉴런의 세포 내부가 탈분극(depolarization)화하고 탈분극이 역치(임계치)에 도달하면 뉴런이 점화하게 된다.

입력 신호가 빠르면 빠를수록 이온이 유입되는 속도도 빨라진다. 그러나 이는 구멍들이 많은 물시계라고 할 수 있다. 세포막을 통해 들어왔던 이온들이 다시 빠져나가고 세포도 적극적으로 이온들을 밀어내게 되는 것이다. 한 연구자는 "이는 손잡이 부분이 살짝 깨져서 와인이 새고 있는 와인 잔과 비슷합니다. 와인을 매우 빠른 속도로 잔에 따르게 되면 손잡이가 깨져 떨어져 나가거나, 아니면 테이블보에 와인이 뚝뚝 떨어지게 될 것입니다"라고 설명했다.

'지금'이라는 것은 신경세포막으로 들어오는 이온의 급류들이 세포막 바깥으로 밀려나는 속도보다 빠르게 될 때까지 걸리는 시간이다(이온의 급격한 유입으로 탈분극이 역치에 이르면 활동전위가 발생하지만, 이온이 다시 급격히 빠져나가면서 전압이 떨어지게 되면 뉴런은 휴지기에 들어간다. 따라서 다시 활동전위가 발생하기 위해서는 유입되는 이온의 양이 세포 밖으로 빠져나가는 이온의 양보다 더 많아야 한다). 이 시간은 매우 동적인 것으로 신경세포가 어떻게 통제하느냐에 따라 달라진다.

뉴런은 이온들을 매우 빠르게, 혹은 느리게 세포 바깥으로 밀어낼 수 있고, 세포막으로 유입되는 이온의 수도 신경세포의 DNA에 의해 통제된다. 뉴런은 또한 상류 뉴런으로부터 유입되는 신호에 서로 다른 가중치를 부여한다. 즉, 수상돌기에서 먼 쪽에 있는 뉴런으로부터 오는 신호에 대해서는 낮은 등급을 부여함으로써, 뉴런을 점화시킬

지 여부에 큰 영향을 미치지 못하게 만든다.

마텔은 "나는 뉴런을 무엇인가를 계산하고 있는 개인들이라고 생각합니다. 뉴런은 시간과 공간을 가로질러 정보-활동전위와 관련된 정보-를 취합하고 있는 것입니다"라고 말했다. 이를 비유적으로 설명하기 위해 마텔은 학생들에게 다음과 같은 질문을 던졌다. 토요일 밤에 파티에 참석할지, 집에 남아서 공부를 할지 결정해야 할 때 여러분은 어떻게 하는가? "여러 선택을 놓고 가중치를 준다고 해봅시다. 예컨대 어머니에게 물어 보면 어떻게 하라고 답할 것이고, 가까운 친구들에게 물어 보면 또 어떤 답을 내놓겠지요. 만약 친구들이 파티에 가라고 했다고 해봅시다. 그런데 이전에 친구들에게 다른 파티에 갈지 안 갈지에 대한 조언을 구했을 때도 가라고 했었는데 파티가 영 재미가 없었다고 합시다. 그 경우 친구들의 조언을 이번에는 선택하지 않을 가능성이 높겠지요. 가중치를 낮게 주는 것입니다."

어쨌든 뉴런에게 있어서 '지금'이라는 시간은 제로는 아니다. 뉴런의 경우에도, 다른 경우와 마찬가지로, 시간을 만들기 위해서는 시간을 필요로 한다. 즉, 신경전달물질이 시냅스를 통해 인접한 뉴런으로 전달되는 데는 약 50마이크로초(이는 1밀리초의 20분의 1이고, 1초의 2만분의 1이다)가 걸린다. 또 뉴런이 점화하기에 앞서 탈분극 하는 데 걸리는 시간은 약 20밀리초이고, 뉴런 안에서 신호를 전도하는 데는 10여밀리초가 걸린다. 하나의 뉴런은 1초에 약 10회에서 20회가량 점화될 수 있다. 그리고 뉴런의 무리들이 일제히 주기적으로 점화하게 되면 전자기적인 진동(electromagnetic oscillation)을 만들어 내게 된다. 마텔은 "시간지각을 이해하는 게 어려운 이유들 중 하나는 뇌가 신호를 처

396

리하는 과정이 밀리초 단위로 이루어지기 때문입니다"라고 했다.

그토록 짧은 시간단위로 작동하는 전기회로망이 어떻게 우리로 하여금 초와 분, 심지어 시(hour)를 인지하도록 만드는 것일까? 이것을 설명하기 위한 초기 모델 중 하나는 소뇌에 초점을 맞추었다. 소뇌를 마치 전기회로인 것처럼-그물망처럼 얽힌 네트워크를 갖추고 있고 신호의 속도를 늦출 수 있는 지연선(delay lines)을 가진- 다루었던 것이다.

이 모델은 몇몇 행동들-예컨대 소리가 어느 방향에서 나는지를 아는 것-을 설명하는 데는 도움이 된다(청각신호는 두 쪽 귀 중 한 쪽 귀에 아주 미세하게 더 빨리 도착하는데, 이 시간 차이가 소리의 위치에 관한 정보를 제공한다). 그러나 이 모델은 몇 초에서 몇 분간에 이르는 시간 간격(인터벌)을 우리가 어떻게 지각하는지를 설명하지는 못한다. 마텔은 지난 몇 년간 이것을 설명할 수 있는 모델을 만들기 위해 온 힘을 기울여 왔다. 이 모델은 전화 회선(telephone circuit)보다는 심포니(교향악)에 더 가깝다(왜 심포니에 가까운지는 뒤에서 자세히 설명한다).

1995년 오하이오 주립대학을 졸업한 마텔은 박사과정을 공부하기 위해 듀크 대학으로 옮겼다. 거기서 인지신경과학자인 워런 멕의 지도를 받았다. 멕은 뇌의 신경을 기초로 인터벌 타이밍을 연구하기 위해 마텔보다 1년 먼저 컬럼비아 대학에서 듀크 대학으로 옮겨 온 상태였다. 당시 멕은 두 방향에서 데이터를 잔뜩 수집해 놓고 있었다. 하나는 쥐와 사람을 대상으로 한 것인데 뇌 안의 도파민 분비량을 변화시키는 약물을 사용함으로써 지속기간에 대한 감각을 빠르게도 혹은 느리게도 할 수 있다는 사실을 보여 주는 것이었다. 다른 하나는 뇌의 신경회로에 초점을 맞춘 것으로, 쥐에게서 배후 선조체(dorsal striatum)라고 불리는 뇌의 한 부분을 파괴하거나 제거하면 시간과 관련된 기능을 상실하게 된다는 것이었다.

또한 선조체가 손상된 파킨슨병 환자들이 시간 간격을 제대로 인지하지 못한다는 것을 보여 주는 자료도 잔뜩 있었다. 파킨슨병 환자에 대한 연구는 컬럼비아 대학의 차라 멜파니 교수가 주도했지만, 그 이후 유니버시티 칼리지 런던의 신경과학과 교수인 마잔 자한샤히(Marjan Jahanshahi), 캘리포니아 대학 샌디에이고 캠퍼스 교수인 데보라 해링턴 같은 학자들에 의해 더욱 활발하게 진행되었다.

마텔이 듀크 대학에 도착하자마자 멕은 이 자료들을 건네주었다. "그는 논문들을 나에게 주면서 '시간에 관한 이 모든 감각들이 뇌 안에서 구체적으로 어떻게 일어나는지를 알아내 보게'라고 말했습니다. 물론 내가 답을 찾아내리라고 기대하고서 그런 말을 하지는 않았을 거라고 생각합니다. 어쨌든 나는 엄청나게 많은 논문들을 하나씩 읽어 나가기 시작했습니다. 심리학적으로 접근한 논문은 일단 제쳐 두고 신경생물학에 관한 논문부터 읽기 시작했지요."

마텔은 나에게 실험실을 보여 주었다. 거기에는 실험용 쥐가 들어 있는 장치도 있었다. 쥐들은 가로, 세로, 높이가 각각 1피트(30센티미터)인 정육면체 플라스틱으로 된 투명한 방에 있었다. 이 방에는 소리로 신호를 전달하기 위해 아주 작은 스피커가 부착돼 있었고, 먹이를 전달하는 통로와 쥐가 주둥이를 내밀고 먹이를 먹을 수 있는 구멍이 3개 있었다. "구멍이 지렛대보다 훨씬 유용합니다. 왜냐하면 쥐들은 코(주둥이)를 내미는 것을 매우 좋아하기 때문입니다."

이 장치를 이용해 그는 쥐에게 시간 간격을 학습시킬 수 있었다. 예를 들어 쥐가 구멍 하나에 코를 내밀면(구멍마다 자외선 빔이 설치돼 있어 쥐들이 언제 코를 내미는지 정확히 추적할 수 있다) 30초 뒤에 먹이를 주는 것이다. 만약 쥐가 이 30초를 기다리지 못하고 그보다 앞서 구멍으로 코를 내밀면 먹이를 주지 않는다. 쥐의 입장에서 보면 먹이를 제때 먹기 위해서는 얼마 동안(이 경우에는 30초) 기다려야 하는지를 정확히 알 필요가 있는 것이다. 이를 통해 쥐들은 시간 간격을 배우게 된다.

2007년에 조지아 주립대학 연구팀은 침팬지들에게 30초마다 캔디를 주는 실험을 했다. 이때 다음 캔디를 주기까지 연구자들이 우리 안에 넣어준 장난감을 가지고 놀거나 〈내셔널지오그래픽〉 〈엔터테인먼트 위클리〉 같은 잡지를 뒤적이면서 시간을 보낸 침팬지들이 그렇지 않은 침팬지보다 30초의 시간 간격에 더 정확하게 반응하는 것으로 나타났다. 마텔 실험실의 쥐들은 다음 먹이 시간을 기다리는 동안 털을 핥거나 코를 킁킁거리면서 주변을 돌아다녔다. 그는 "만약 인간이라면 기다리는 동안 스마트폰을 꺼내 인터넷을 했겠지요"라고 말했다.

마텔은 쥐가 특정한 시간 간격을 학습하고 나면 이제 그것을 방해하는 실험으로 나아간다. 예컨대 쥐에게 약물을 주입해서—이를테면 암페타민을 뇌의 특정 부위에 미량 주사한다— 쥐의 시간감각이 더 빨라지는지 느려지는지를 관찰하고, 이를 통해 뇌의 어떤 영역에서 시간감각에 관여하는지를 살피는 것이다. 또는 뇌 안의 특정 부위를 손상시키거나 제거해 쥐의 시간감각이 어떻게 변하는지를 관찰하기도 한다. 이 과정은 매우 까다롭기 때문에 정확성을 기하기가 쉽지 않다.

일반적으로 시간감각을 알아보기 위해 손상시키거나 제거하는 뇌

부위는 흑질치밀부(substantia nigra pars compacta)라고 불리는, 뇌간(brainstem)에 자리한 아주 작은 영역이다. 쥐의 경우 크기가 BB탄(지름이 4.5밀리미터 정도인 공기총탄)보다도 작다.

"인간과 마찬가지로 쥐의 뇌도 쥐마다 조금씩 다릅니다. 그토록 크기가 작은 뇌의 부위를 손상시키거나 제거하는 작업은 마치 어두컴컴한 데서 사격을 하는 것과 비슷합니다." 그러면서 마텔은 대형판으로 된 〈뇌지도 도해(Atlas of Brain Maps)〉라는 제목의 책을 보여 주었다. 페이지마다 쥐의 뇌 단면도들이-밀리미터 크기를 확대한 상태로- 실려 있었다. 마치 꽃양배추(콜리플라워. 둥글고 쪼글쪼글하게 생긴 모양이 뇌를 닮았다)의 〈그레이 해부학(헨리 그레이가 집필한 인체해부학 교과서로 1858년 처음 출간된 이래 지금도 개정판이 계속 나오고 있다)〉 같았다.

마텔은 시간 간격 실험을 마친 쥐는 안락사를 시킨 다음 뇌를 제거해서 절개하게 되며, 절개된 뇌를 현미경으로 들여다보면서 이 책에 나온 이미지들과 비교하게 된다고 설명했다. 그는 "정확하게 원했던 부위를 절개하는 것이 쉽지 않기 때문에 '우리가 원했던 건 대체 어디로 간 거지?'라고 묻게 되는 경우가 많습니다"라고 덧붙였다.

쥐가 어떻게 시간 간격을 학습하는지를 알아보는 또 다른 방법은 뇌에 전극을 심어서 쥐가 시간과 관련된 행동을 할 때 신경이 어떤 상태가 되는지를 관찰하는 것이다. 이 역시 까다로운 작업이다. 그는 나에게 약 1인치(약 2.5센티미터) 길이의 금속으로 된 작은 칼 같은 것을 보여 주었다. 여기서 8개의 가는 철사가 나와 있었고 철사 끝에 전극이 부착돼 있었다. 마텔과 대학원생은 〈뇌지도 도해〉를 옆에 펼쳐 놓고서 쥐의 뇌에 이 전극들을 삽입하게 된다. 각 철사에는 기록 장치에서 나온 전선이 연결돼 있는데, 쥐들이 움직이는 데 방해가 되지 않도록 전선은 쥐가 들어 있는 방의 천장에서 내려와 철사와 연결된 다. 뉴런이 점화할 때마다 기록 장치에 시간이 기록돼, 나중에 쥐의 활동을 촬영한 동영상과 비교하게 된다.

"이는 마치 사람들이 가득 찬 큰 방에 마이크를 설치하는 것과 비슷합니다. 여기서 사람들은 뉴런이랑 마찬가지지요. 사람들마다 내는 목소리가 다르듯이, 뉴런도 각각 다른 목소리를 가지고 있습니다. 신경세포(뉴런)의 크기와, 그것이 전극으로부터 얼마나 멀리 떨어져 있느냐에 따라 다 다른 반응을 보이게 됩니다." 마텔의 설명이다.

뇌는 어떻게 시간 간격을 파악할까

한번은 마텔이 금속으로 된 캐비닛 앞에 멈춰 서더니 인간의 뇌를 본뜬 플라스틱 모형을 꺼냈다. 그는 모형을 테이블 위에 놓더니 양쪽으로 당겨 대뇌피질의 우반구와 좌반구를 분리시켰다. 안쪽을 들여다보니 뇌간 위쪽에 생기 없는 독버섯(toadstool) 같은 게 있는데 뇌들보(혹은 뇌량(腦梁), corpus callosum)였다. 신경섬유다발로서, 양쪽반구를 연결하는 기능을 맡고 있다. 양쪽 반구에 박혀 있는 위시본(wishbone, 닭과 오리 등에서 볼 수 있는 목과 가슴 사이의 V자형 뼈)처럼 생긴 것은 뇌실(腦室, ventricles)인데 액체(뇌척수액)로 가득 차 있어 충격으로부터 뇌 내부를 보호하는 역할을 맡는다.

그는 "뇌는 유동하며, 액체로 둘러싸여 있습니다. 마치 알을 보호하는 시스템과 비슷합니다"라고 말했다. 뇌들보 아래에는 해마(hippocampus, 海馬)와 편도체가 있는데, 이들은 감정과 기억 등을 담당하는 대뇌변연계(혹은 둘레계통, limbic system)의 일부를 이룬다. 대뇌변연계에는 이밖에도 시상하부, 기저핵(혹은 대뇌핵, basal ganglia), 피질 하부들이 있다.

인간은 생각하는 동물이기 때문에 뇌가 하는 주된 일은 우리의 사고를 돕는 일이라고 여기는 경향이 있다. 물론 사고를 돕는 것이 뇌의 주 업무이긴 하지만 기본적으로는 매 순간 우리의 신체가 처해 있는 상황에서 어떤 것이 최선의 움직임이 될지 예측하고, 선택해서, 실제로 움직이도록 돕는 것이 뇌의 주된 역할이다. 이를 위해 뇌는 불확실성을 최소화해야 한다. 즉, 우리 몸의 바깥에서 벌어지는지 일에 대해 확실한 데이터를 수집해야 한다. 특히 이전의 움직임이 어떤 결과를 초래했고 현재의 상황이 더 나아질지 악화될지를 제대로 파악해야 한다. 이런 목적을 위해 정보들이 뇌를 통해 계속 순환하는 형태로(loop-the-loop) 전달되는 것이다.

감각정보들-귀나 눈, 척수를 통해서 들어오는-은 시상을 거쳐 감각피질영역(sensory cortical areas)에 도달하게 된다. 감각피질영역은 뇌의 뒤쪽 후두엽(혹은 뒤통수엽, occipital lobe)에 있는 일차시각피질(primary visual cortex)과, 양쪽 반구 모두에 위치한 측두엽(temporal)의 일차청각피질(primary auditory cortex), 두정엽(혹은 마루엽, parietal lobe)에 있는 체감각피질(somatosensory cortex)로 이뤄져 있다. 감각피질에서 감각신호들(시각, 청각, 촉각)이 합쳐진 다음 변연계와 전두엽(혹은 이마엽, frontal lobe)으로 내려가게 된다. 이렇게 감각신호가 처리되는 전체 과정을 '무엇 경로(What Pathway)'라고 부르는데, 이를 통해 뇌는 어떤 자극이 가치가 있는지 없는지를 평가하게 된다.

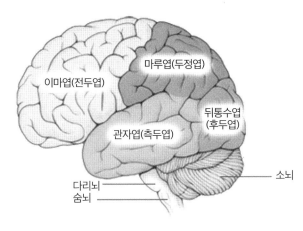

대뇌변연계의 위치

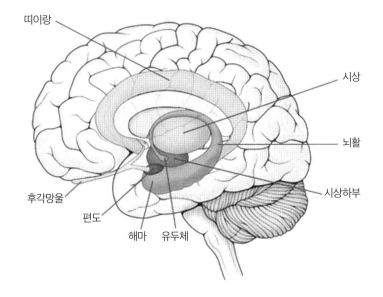

대뇌변연계의 주요 구조물

예컨대 앞에 놓인 것이 케이크인지 뱀인지를 모른다고 하자. 감각 피질영역에서 먼저 그것에 대해 판단을 한 다음(케이크라고 판단했다고 하자) 그 정보를 편도체와 해마가 있는 변연계로 내려 보낸다. 변연계에서는 이 정보에 대해 다시 가치 판단(나는 정말로 이 케이크를 원하는가?)을 하고, 판단된 정보를 기억하거나 저장할 필요가 있는지를 평가한다. 그 정보는 다시 전두엽으로 보내져 마음의 결정을 하는데, 이때 서로 다른 정보들을 비교해 우선순위를 정하고(숙제를 하기 전에 이 케이크를 먹을까, 아니면 숙제를 마칠 때까지 참을까?), 관련이 적은 정보는 판단에서 배제한다(예컨대 내 경우는, 케이크 먹는 것과 다이어트는 무관하다고 판단할 것이다). 이렇게 결정이 내려진 정보는 뇌 위쪽의 지각영역(sensory area) 옆에 자리잡은 전운동영역(premotor ares)과 운동영역(motor area)으로 보내져 행동을 취하도록, 다시 말해 손을 뻗어 케이크를 집도록 한다.

이 일련의 과정에서 매우 중요한 역할을 하는 부위가, 전체 경로의 중간쯤에 자리하는 기저핵이다. 기저핵은 선조체와 흑질치밀부 등으로 이루어져 있다. 감각신호들은 선조체를 통해서 기저핵으로 들어오게 된다. 선조체는 나선형으로 돼 있고 전화기의 수화기를 닮았다. 기저핵은 뇌가 불필요한 작업을 하지 않도록 하는 역할을 한다. 예를 들어 나는 케이크 조각을 보면 별다른 생각 없이 바로 집어먹는 편인데, 내 뇌는 그런 습성을 알고 있기 때문에 '무엇 경로'의 전체 과정-케이크 모양을 본다. 케이크임을 확인한다. 케이크가 먹음직하다고 판단한다. 케이크를 먹을지 말지 결정한다로 이루어지는 일련의 과정-을 다 거치지 않게 된다. 즉, 먹을지 말지 판단하는 과정을 건너뛰고 바로 케이크를 먹도록 신호를 처리하는 것이다.

기저핵은 특정한 패턴으로 반복되는 뉴런의 활동을 기억함으로써, 그런 패턴을 띤 정보가 들어오면 바로 운동영역으로 신호를 보냄으로써 '무엇 경로'의 후반 과정에 관여하는 뉴런들에게 휴식을 주게 된다. 기저핵은 이처럼 기계적으로 반복되는 것을 학습하는 영역으로서, 우리의 습관이나 심지어 중독현상도 기저핵과 관련이 있다.

마텔과 멕은 기저핵이 시간 간격을 지각하는 뇌 시계의 주요한 부품이라고 믿고 있다. 피질에 있는 모든 뉴런은 안테나와 비슷하다. 마텔은 "피질에 있는 뉴런들은 어떤 특정한 것에 조율돼 있습니다. 어떤 제한된 상태에 있는 세계를 탐지하는 도구입니다"라고 말했다. 피질은 수천 개의 뉴런들을 차례차례 기저핵으로 보낸다. 이 기저핵은 수십만 개의 돌기선조뉴런(spiny striatal neuron)으로 이뤄져 있는데, 각각의 선조뉴런들은 1만 개에서 3만 개에 이르는 피질뉴런(cortical neuron)들의 상태를 모니터한다.

피질뉴런들은 서로 중첩돼 있기 때문에 선조뉴런이 '상류'에서 일어나는 피질뉴런의 점화 패턴을 감지하는 데는 편리하다. 피질뉴런들이 하나의 패턴을 일으키면 그것을 감지한 선조뉴런이 점화되면서 근처에 있는 흑질치밀부의 뉴런을 자극해 도파민을 분비하도록 만든다. 도파민은 일종의 보상(reward) 성격을 띤 신경화학물질이기 때문에, 피질뉴런이 일으킨 이 패턴을 기억했다가 앞으로도 주목하도록 만든다.

신호는 계속해서 시상과 운동뉴런으로 전달되었다가 피질로 다시 돌아온다. "피질뉴런에서 오는 이 모든 신호들을 기저핵 선조체가 탐지하고 있는 것입니다. 기저핵은 습관학습센터라고 할 수 있습니다.

실험실의 쥐들을 통해 알게 된 바에 따르면 기저핵은 시간 간격을 인지하는 것과도 관련돼 있습니다. 왜냐하면 쥐들은 반복을 통해 시간 간격을 학습하기 때문입니다." 마텔의 설명이다.

기저핵이 시간 간격을 지각하는 데 관계한다는 모델은 꽤 안정적인 설명 방식이다. 마텔은 뇌가 시간 간격을 지각할 수 있는 까닭은 외부 신호가 들어올 때 피질뉴런의 무리들이 서로 다른 패턴으로 점화하기 때문이라는 사실을 이 모델이 보여 준다고 말했다. 이때 피질뉴런이 보이는 패턴의 종류로는, 초당 5~8회 비율로 점화하는 세타 진동(theta oscillations), 초당 8~12회 비율로 점화하는 알파 진동, 초당 12~80회 진동하는 감마 진동이 있다. 이 진동들이 돌기선조뉴런들에 의해 감지되는 것이다.

물론 이런 점화비율은 우리가 일상적으로 마주하는 시간 척도에 비하면 엄청나게 작은 단위다. 마텔은 "뇌가 밀리초 단위에서 작동하는데도 우리는 어떻게 몇 시간 단위까지도 시간을 판단할 수 있는 것일까요? 예컨대 당신이 여기 머무른 시간은 얼마나 될까요? 한 시간 반 정도 되겠죠? 우리는 시계를 보지 않고서도 이처럼 어느 정도의 시간이 흘렀는지를 가늠합니다. 어떻게 밀리초 단위로 작동하는 뇌의 메커니즘이 분이나 시에 이르기까지 확장되는 것일까요?"라고 물었다.

이 난제를 풀기 위해 마텔과 멕은 버밍햄 대학 신경과학과 교수인 크리스 마일이 개발한 모델을 차용했다. 마텔은 자신의 연구실로 돌아가면서 이 모델에 대해 설명했다. 연구실에는 큰 창을 통해 늦봄의 밝은 햇살이 들어오고 있었고, 캠퍼스 건물들의 지붕이 훤히 보였다. 한쪽 벽의 높은 서가에는 〈정신약리학〉〈웻 마인드(The Wet Mind)〉 같은 제목의 책들이 꽂혀 있었고, 그 옆의 창턱에는 '멋지게 자라는 뇌(The Incredible Growing Brain)'-물만 부어 주면 뇌가 커진다-라는 이름의 장난감이 아직 개봉되지 않은 채 놓여 있었다. 또 다른 벽에는 화이트보드가 있었는데, 그는 마커를 집더니 보드에 뭔가를 그리기 시작했다.

그는 아래 그림에서처럼 두 줄로 뉴런이 점화하는 비율을 표시했다. 그런 다음 이렇게 말을 이어갔다. 청각신호 같은 어떤 자극이 주어졌다고 합시다. 자극이 일어나자마자 뉴런들이 점화하고, 점화는 소리가 지속되는 동안 계속됩니다. 하지만 모든 뉴런들이 동일한 비율로 점화하지는 않습니다. 어떤 뉴런은 10밀리초마다 점화하고, 다른 뉴런은 그보다 잦은 6밀리초마다 점화한다고 해 봅시다. 이제 두 뉴런을 동일한 선조뉴런이 모니터한다고 가정해 봅시다. 즉, 선조뉴런은 두 뉴런이 언제 동시에 점화하는지를 감지하게 됩니다. 그림에서 보듯이 두 뉴런은 30밀리초마다 동시에 점화하게 됩니다(10과 6의 공배수가 30이기 때문이다).

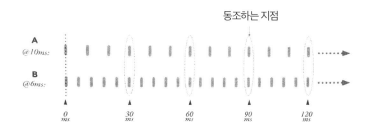

뉴런 A는 10밀리초마다 점화하고, 뉴런 B는 6밀리초마다 점화한다.

그 결과 선조뉴런은 시간 간격(인터벌)이 30밀리초라는 것을 알게 됩니다. 이는 두 피질뉴런이 만들어 내는 인터벌보다 더 깁니다. 그런데 각각의 선조뉴런에는 이 두 피질뉴런뿐 아니라 최대 3만 개의 피질뉴런이 연결돼 있습니다. 따라서 선조뉴런은 이들-30초의 인터벌을 가진 두 피질뉴런-외에도 이들과 함께 점화하는 다른 피질뉴런들을 적어도 수십 개 혹은 수천 개 이상 더 감지할 수 있습니다. 이 수십 개, 혹은 수천 개 이상 피질뉴런들의 점화시간 간격을 모두 다 계산하게 되면 (두 피질뉴런의 경우처럼, 수십 개, 혹은 수천 개 피질뉴런들의 점화 시간 간격의 공배수를 구한다) 그들이 모두 동시에 점화하는 시간 간격을 알게 되고, 이 인터벌은 밀리초 단위보다 훨씬 커지게 될 것입니다.

사실 모든 사건이나 자극들의 지속기간(시간 간격)은 매 순간 뇌 안의 뉴런들에 의해서 지각되고 있다. 단지 뇌가 그 모든 지속기간들을 일일이 번거롭게 기억하지 않을 뿐이다. 그럼에도 뇌가 어떤 특정한 지속기간만을 학습하는 것은 '강화'-실험용 쥐에게 먹이를 주거나, 침팬지에게 캔디를 주거나, 사람들에게 말로 칭찬하거나 격려를 하는 것 같은 긍정적인 보상-와 관련돼 있다. 횡단보도의 신호등 앞에서 빨간불이 파란불로 바뀔 때까지 90초 동안 기다리면, 자유롭게 건너갈 수 있다는 만족감을 얻게 된다. 이것도 일종의 '강화'다.

뇌에서 일어나는 이 보상 기제는, 기저핵에서 도파민이 분비되어 (기저핵에 있는) 선조뉴런으로 하여금 피질뉴런의 점화 패턴을 주목하게 하고, 그 패턴은 다시 시상으로 보내져 기억으로 저장해 다음에 같은 패턴이 들어오면 바로 인지하도록 한다.

수학적으로 따져 보면, 뇌 안의 1000억 개 뉴런들 중에서 수십 억 개의 뉴런만 작동한다고 해도 매 순간 수십 억 곱하기 수십 억에 해당하는 신호들을 서로 교환한다고 할 수 있다. 따라서 이 엄청난 신호들 안에서 사건들의 시간 간격을 구분해 내려면 뇌가 특별한 방법을 찾아내야 한다. 그렇지 않고서야, 예를 들어 낯선 사람의 미소가 지속되는 시간을 판단하는 것과 같은 친숙하면서도 직관적인 행동들을 만들어 낼 가능성(더 단순한 방식을 통하지 않고, 수십 억 곱하기 수십 억의 신호들 중에서 특정한 행동 신호를 만들어 낼 가능성)은 원숭이가 자기 마음대로 타자기를 쳐서 셰익스피어 희곡 한 편을 그대로 다시 써낼 수 있을 확률보다도 더 작다.

내가 멕에게 이런 이야기를 하자 그는 자신과 마텔, 그리고 비슷한 생각을 하는 동료 연구자들이 밝혀 내고자 하는 것은 '일반적으로 정의되는 시간 간격'이 아니라 '시간의 차별화(time discrimination)'라고 했다. 즉, 뇌가 어떤 지속기간에 대해 다른 지속기간보다 더 높은 가치를 부여하는 과정을 탐구한다는 것이다. 멕은 이렇게 덧붙였다. "뇌는 항상, 우리가 특별히 주목하지 않고 있을 때조차, 사건이나 자극들에 대해 시간을 재고 있습니다. 예컨대 10초라는 시간은 특별한 경우가 아니라면 우리에게 그다지 의미가 없습니다. 우리 뇌는 어떤 것이 좋고 나쁜지, 어떤 것이 중요한지 아닌지 구별하는 것을 늘 학습하고 있습니다. 이 구별을 위해서 기억이 필요한 것입니다. 나는 뇌가 시간과 관련된 작업 가운데 (의미가 없는 것은 버리고 중요한 것은 취하는) '시간의 차별화'와 관계되지 않는 것은 없다고 생각합니다."

선조 비트 주파수 모델

마텔과 멕은 자신들의 모델을 '선조 비트 주파수(striatal beat-frequency)' 모델이라고 부른다. 두 사람은 이 모델을 음악적인 용어로 설명했다. 이에 따르면 기저핵은 지휘자다. 기저핵의 돌기선조신경은 피질뉴런을 항상 모니터하면서 어떤 피질뉴런들끼리 서로 동조하면서 점화하고 있는지 살핀다는 것이다. 멕과 마텔은 한 논문에서 이것을 '피질 활동의 작곡(the composition of cortical activity)이라고 부르기도 했다(시간을 연구하는 과학자들은 음악적인 알레고리를 즐겨 사용하는 것 같다). "그것은 지휘자가 연주자들에게 악보의 어떤 부분을 어떻게 연주하라고 지시하면, 연주자들이 동시에 연주를 하는 오케스트라와 비슷합니다"라고 마텔이 말했다.

나는 그에게 좀 더 자세히 설명해 달라고 부탁했다. 그는 기저핵은 우리가 습관-어떤 행동을 한다는 사실을 의식하지 못한 채 행하는 행동들-을 형성하는 데 매우 중요한 역할을 한다는 사실을 상기시켰다. 그는 운전을 예로 들면서 "대부분의 운전은 습관에 의지해서, 자동적으로 이루어지는 과정입니다"라고 말했다. 예컨대 우리가 도로의 출구 지점이 표시된 표지판을 보게 되면 깜빡이등을 켜고 오른쪽 차선으로 빠져나가서 출구를 향해 핸들을 돌리게 되는데 이 모든 과정이 별 다른 의식 없이, 습관적으로 이루어진다는 것이다.

"출구 표지판을 감지한 피질뉴런이 점화를 하면 선조체가 작동하고 선조체의 선조뉴런들은 피질뉴런에서 일어나는 이 점화가 어떤 기억된 패턴이라는 것을 알고 '오케이'라고 말하고는 깜빡이등을 켜는 움직임을 일으키게 됩니다. 이 움직임은 다시 피질뉴런에 의해 감지되어 또 다른 패턴화된 행동을 작동시켜 오른쪽 차선으로 나가게 합니다. 깜빡이를 켜는 행동은 또 다른 행동 변화를 일으켜 차의 속도를 줄이게 하지요. 이 일련의 연속된 행동들을 통해 우리는 단지 계속 앞으로 차를 몰고 가기만 하면 됩니다. 출구를 빠져 나와서 다른 상황을 마주하게 되면 그 새로운 상황에 맞게 특정한 행동 패턴이 또 나오게 되지요. 그런 식으로 계속되면서 습관적으로 운전을 하게 되는 것입니다."

지속기간에 대한 학습도 이와 같은 데이터의 순환에 의해 이루어진다. 먹이를 기다리는 실험용 쥐는 교향악단의 단원과 비슷하다. "이는 쥐가 먹이를 받는 시간을 안다는 의미는 아닙니다. 쥐가 아는 것은 단지 먹이가 주어진다는 사실입니다. 우리에게는 시간의 흐름을 알 수 있는 감각기관이 없습니다. 우리는 단지 발생하는 행동들을 알 뿐입니다. 당신이 하나의 교향곡을 100번이나 들었다고 해 봅시다. 당신은 부엌에 있는 스토브에 물을 올려 놓고 거실로 와서 그 교향악을 틉니다. 당신은 예컨대 교향악 2악장 3절 부분에서 물이 끓게 되리라고 예상할 수 있습니다. 당신이 교향악의 어떤 부분이 2악장 3절인지 아는 것은, 그 부분의 소리가 도입부 소리보다 더 크게 나기 때문이 아닙니다. 당신이 음반에서 듣고 있는, 그동안 100번이나 들었던 여러 요소들을 결합해서 그렇게 판단하는 것입니다. 크기(magnitude)라는 요소에서 특별히 변화가 있거나 더 복잡해지는 것은 없습니다. 이 모델은 속도조정자-누산자 모델과는 다릅니다. 째깍거림이 누적되거나 감소하는 느낌 때문에 시간을 지각하게 되는 것이 아닙니다. 쥐는 뇌 상태(피질뉴런의 패턴)가 30에 있을 때가 아니라

10에 있을 때 먹이가 나온다는 것을 아는 것이고, 거기에 근거해 행동에 나서는 것입니다."

그는 대학원생 시절에 겪었던 일을 들려주었다. 그와 그의 아내는 비디오로 영화를 보고 있었는데, 부엌에 갈 일이 생겨 비디오 테이프를 정지시켜 놓았다. 그런데 나중에 안 일이지만, 멈춤 버튼을 눌렀는데도 테이프는 완전히 정지하지 않은 채 약 1초의 4분의 1정도(0.25초 정도) 앞으로 나갔다가 다시 원래 상태로 돌아오는 과정을 계속해서 반복했다. 약 5분간 그렇게 한 뒤 테이프는 저절로 다시 작동을 시작했다. 그러는 동안 두 사람은 계속 부엌에서 일을 했다.

"부엌에서 돌아온 우리는 멈춤 버튼을 누르지 않았나 하고 생각했습니다. 우리 둘 중 누구도 뭔가 이상한 일이 일어났다는 걸 알지 못했습니다. 우리는 음식을 만드느라 바빴기 때문에 시간에는 전혀 주의를 기울이지 않았습니다. 하지만 조금 뒤 뭔가 이상하다는 걸 깨달았습니다. 시간을 따져 봤을 때 지금 상황은 뭔가 맞지 않는 느낌을 받았던 것입니다. 이는 교향악을 처음부터 듣지 않아도 어느 부분을 들으면 '아, 지금 2악장 3절 부분이야'라고 느끼는 방식과 비슷합니다. 어떤 패턴을 통해서 교향악의 특정 지점을 알듯이, 시간을 누적하지 않고서도 행동이나 패턴을 통해 시간을 지각한다는 것이 우리의 모델입니다."

마텔은 뇌신경이 시간의 지각에 관계한다고 해서 시간을 인지하는 별도의 감각기관이 존재한다는 뜻은 아니라고 누차 강조했다. "귀는 음파를 감지하고 눈은 빛의 파동을 감지하고, 코는 냄새 분자를 해석합니다. 하지만 이들과는 달리 시간을 감지하는 '구체적인 기관'

412

은 존재하지 않습니다. 뇌가 시간을 지각하고 우리의 행동을 통제하는 것은 분명한 사실이지만, 뇌가 측정하는 것은 객관적인 시간이 아닙니다. 그것은 주관적인 시간입니다. 뇌는 시간의 풍경(temporal landscape)을 끌어내기 위해 자신이 가진 기능에 집중하는 것입니다." 뇌는 자기 자신의 목소리에 귀를 기울임으로써 시간을 지각하는 것이다.

'선조 비트-주파수' 모델은 신경과학 관련 논문이나 문헌에서 점점 기반을 굳히고 있다. 다른 학자들이 논문에서 인용하는 횟수도 늘고, 많은 이들이 인터벌 타이밍을 신경생리학적으로 설명하는 가장 앞선 모델로 인정하고 있다. 하지만 아직 완전히 자리를 잡은 것은 아니다. 논문에서 이 모델을 언급할 때 "이것이 옳다는 것을 보여주는 확실한 증거는 아직까지 거의 나오지 않았다"거나 "과학자들은 여태까지 시간을 처리하는 데 기여하는 하나의 신경 구조(메커니즘)를 확인하지 못했다"는 주석을 달고 있기 때문이다.

그래서 '선조 비트-주파수' 외의 다른 모델들도 계속 학자들 사이에서 논의되고 있다. 오벌린 칼리지의 신경과학과 교수인 패트릭 시먼은 나에게 "시간지각을 설명하는 새로운 모델이 매년 10개가량 제기되고 있는 실정입니다"라고 말했다. 시먼과 그의 동료들도 2011년에 자신들의 모델을 제안했다. '대립과정 표류확산 모델(opponent proecess dirft-diffusion model)'이라고 이름 붙인 이 모델은 이미 존재하는 의사결정모델(decision-making model)에서 일부 요소를 끌어왔으며, 기저핵의 '동시발생 탐지' 기능에서도 영감을 받았다. "어떤 의미에서는 우리가 제안한 모델이 새롭다고 할 수 있지만, 사실은 기존에 존재하는 모델들에서 몇 가지 요소들을 취해 조금 다른 방식으로 그것들을 결합시켰기 때문에 새로운 것이 아니라고 할 수도 있습니다"라고 시먼은 말했다.

워런 멕도 이전에 자신의 모델에 대해서 비슷한 말을 한 적이 있다. "우리가 그 자체로 완전히 새로운 아이디어를 제안하는 것은 아닙니다. 나는 우리 아이디어가 완전히 새롭지 않다고 해서 기가 죽지 않습니다. 오히려 기꺼이 그런 방식을 취하고 즐기는 편입니다. 그런 방식을 'IBM 모델'(기존의 컴퓨터 부품들을 조립해 성능이 더 뛰어난 컴퓨터를 만드는 방식)이라고 부를 수가 있겠지요. 기존의 요소들을 취해 조립함으로써 더 유용한 것으로 만드는 것 말입니다."

마텔도 '선조 비트-주파수' 모델을 처음 제안할 때 주저했다고 한다. 한 가지 이유는, 이 모델은 피질뉴런이 개별적으로 진동한다는 것을 전제하지만 일반적으로 이들은 진동을 하지 않기 때문이었다. "그것은 문제가 될 수도 있고 안 될 수도 있습니다"라고 그가 말했다. 왜냐하면 하나의 뉴런은 항상 진동하지는 않지만, 특별한 진동 신호에 맞춰 점화한다고 가정하면 되기 때문이다. 이 경우 뉴런의 점화는 풋볼(럭비) 경기장에 있는 야드 마커(yard marker 골라인으로부터의 거리를 나타내는 흰색 선)와 비슷하다고 마텔은 말했다. 야드 마커는 경기가 펼쳐지는 동안에는 선명하지만 격렬하게 경기가 펼쳐지고 난 다음에는 진흙이 잔뜩 묻어 알아보기가 힘들다.

마찬가지로 선조 비트-주파수 모델도 신체기관들이 일정하게, 변화가 있다고 해도 아주 작은 변화만 있을 때는 매우 잘 들어맞는다.

"이 모델은 모든 뉴런들이 동시에 노이즈를 일으킬 때는 아주 잘 들어맞습니다. 하지만 어떤 하나의 뉴런이 다른 뉴런보다 진동이 더 빠르거나 느리게 되면 이 모델은 들어맞지 않게 되고, 시간 간격을 인지하지 못하게 됩니다. 모든 것이 일관성이 있을 때는 매우, 매우 적합한 모델입니다. 실제 삶도 반드시 일관성 있게 진행되지만은 않잖아요?"

또 다른 문제는 우리가 가진 시간지각에 측량의 성격(metric nature)이 있다는 점이다. 즉, 시간이 점점 '커진다(grow)'는 느낌을 받을 때 혹은 어떤 주어진 시간 간격의 중간 지점에 있을 때 그것을 인지할 수 있다는 것이다. 이는 실험용 쥐에게서도 확인할 수 있다. 마텔은 실험용 쥐들을 두 가지 조건에서 훈련시킨 적이 있다. 소리로 된 신호를 들려주고 난 뒤에 10초마다 먹이를 주고, 빛으로 된 신호 즉, 조명을 켰을 때는 20초마다 먹이를 주었다. 쥐들이 그런 시간 간격에 익숙해지도록 한 뒤, 이번에는 소리와 빛의 신호를 동시에 주었더니 놀랍게도 쥐들은 15초마다-즉, 두 자극 시간인 10초와 20초의 평균- 먹이가 주어질 것으로 기대하는 것이었다. 그것은 쥐들이 마치 두 지속기간의 평균을 알고 있는 듯한 느낌을 주었다.

"나는 동물들이 시간을 크기(magnitude)로 지각한다고 확신합니다. 그들은 지속기간들의 평균을 알아낼 수 있을 뿐 아니라 어떤 신호가 더 유리한 결과를 주는지 따져볼 줄도 압니다. 그들이 정보를 처리하는 과정은 매우 수량적이고 아날로그적입니다. 나는 여전히 우리가 세운 가설을 믿고 있습니다. 그 가설은 선조체가 피질뉴런들을 모니터하고 있고, 먹이가 들어오면 선조체에서 도파민을 분비함으로써 공동으로 작업하는 피질뉴런들에게 어떤 각인을 시킨다는 것입니다. 그런 뒤 선조뉴런들은 피질뉴런의 공동작업이 다시 일어나도록(패턴의 반복을) 기다립니다.

그렇지만 피질뉴런의 패턴들이 커지는(grow) 것은 아닙니다. 바로 그 점이 수수께끼입니다. 피질뉴런의 활동 가운데 어떤 패턴이 시간이 '커지는' 것 같은 느낌을 만들어 내는 걸까요? 우리에게는 시간 순서대로 행동하게 하는 패턴인식 모델이 있는 걸까요? 나는 그런 게 있다고 굳게 믿고 있습니다. 아마 두 모델(선조 비트-주파수 모델과 속도 조정자-누산자 모델)을 합치면 가능하지 않을까 생각합니다. 하지만 현재로서는 그것이 정확히 무엇인지 알지 못합니다. 이 문제에 대해 단 하나의 답만 있다고는 생각하지 않습니다. 하지만 유감스럽게도 현재로서는 자세히 아는 게 없습니다. 나는 뇌가 지금 현재 어떻게 작동하고 있는지 확실하게 알지 못합니다."

마텔은 나에게 좀 더 낙관적인 답을 듣고 싶다면 멕에게 물어 보라고 했다. "그는 나보다 이 문제를 더 오랫동안 다뤄 왔고 게다가 나처럼 패배적인 생각에 젖는 타입이 아닙니다. 나는 선조 비트-주파수 모델이 가진 문제점들을 지적하는 것만으로 충분히 행복해하는 데 반해 그는 나보다 이 모델을 어떻게 더 개선시킬지에 대해 훨씬 의지가 강합니다."

며칠 뒤 나는 멕에게 전화를 했다. 그는 "이 모델이 물리학자의 관점에서 보면 문제가 많은 시계임은 분명합니다"라고 인정했다. 이 모델은 변동성이 매우 커서, 피질뉴런의 10~20퍼센트가 서로 동조하지 않을 수도 있다. 생체시계가 단 1퍼센트 정도의 가변성을 보이는 것과 비교하면 아주 크다고 그는 말했다. "하지만 생체시계는 유연성이 거의 없습니다. 오직 24시간만을 측정할 수 있으니까요!" 반면 선조 비트-주파수 모델은 초에서 분에 이르기까지 측정할 수 있을 정도로 상당히 유연하다는 것이다. 또한 파킨슨병이나 조현병을 앓는 환자들이 겪는 시간지각 장애를 설명할 수도 있다. 게다가 스칼라 타이밍 이론에 토대를 두고 있어 그 이론과도 잘 부합하며, 시계 모듈과 기억 모듈을 가지고 있어 "우리 학자들 사이에서 흔히 말하는 '생물학적으로 타당한' 모델입니다"라고 멕이 말했다.

그는 이렇게 덧붙였다. "잘 들어보세요. 나는 우리의 새로운 모델을 위해 속도조정자-누산자 모델을 팽개치지 않았습니다. 이는 중요한 사실입니다. 속도조정자-누산자 모델은 발견법적 모델로서 인지심리학의 중요한 도구이기 때문입니다. 하지만 나는 그 모델을 넘어서는 어떤 것을 찾고 싶었습니다. 그렇지 않다면 속도조정자 모델로 만족한 채 더 이상 나아가지 않았겠지요. 하지만 나는 학자입니다. 그리고 탐구자이기 때문에 뇌 안에서 구체적으로 어떤 일이 일어나고 있는지를 알고자 합니다. 나는 뇌를 충분히 탐험하는 것이 내 임무라고 생각합니다. 그 과정에서 내가 다소 독단적이어도 상관없다고 생각합니다. 왜냐하면 그래야만 양상변이(modality differences)나, 다중 시간척도(multiple timescales)나 기억소멸(memory decay) 같은 말도 안 되는 개념들을 무너뜨릴 수 있기 때문입니다. 이를 위해서는 앞으로도 시간이 좀 더 필요할 것입니다."

미완과 혼돈의 과학, 시간학

멕은 '체내 시계' 분야에서 앞으로 더 나아갈 준비가 돼 있다. 그는 체내 시계 개념이 행동주의 생물학자들로부터 배척을 당하던 시기에 이 주제를 연구하기 위해 뛰어들었다. 그는 뇌의 생리학을 파악하고 자 했고, 그것은 지금도 계속되고 있다. 이 과정에서 그가 전제했던 것-즉, 뇌 안에는 시간을 재는 하나의 메커니즘, 혹은 여러 개의 매커니즘이 있다는 것-에 대해서는 누구도 더 이상 의문을 제기하지 않는다. 멕은 자신들을 1세대 시간 연구자라고 부르면서 "우리는 다른 모든 것을 제쳐 두고 시간만을 연구했습니다. 우리는 사람들이 보고 행하는 모든 것이 시간과 관련돼 있다는 걸 보여 주려고 노력했습니다. 하지만 요즘 시간을 연구하는 세대는 현실적으로 시간을 바라보는 경향이 있습니다. 그들은 시간지각이 특별하다고 주장하지 않습니다. 그것은 뇌가 하는 많은 일들 즉, 학습하고 집중하고 감정을 느끼는 것들의 일부라고 생각하고 있습니다."

카디프 대학 인지신경심리학 교수인 캐서린 존스도 멕의 견해에 동의했다. 그녀는 "시간에 대한 나의 이해는 그동안 많은 진화를 겪었습니다. 1990년대 말 처음 이 분야를 연구하기 시작했을 때는 체내 시계는 뇌 안의 어딘가에 있는 것으로 정리돼 있는 상태였습니다. 그것은 일종의 사일로(silo) 같은 거였습니다. 그동안 내 생각은 폭이 넓어졌습니다. 지금은 다른 사람들이 무엇인가를 언급하면, 아, 저건 시간과 관련돼 있는 건데, 라고 생각을 합니다. 예를 들어 우리가 더 나은 커뮤니케이션을 위해 말과 제스처를 어떻게 조정해야 하는가 하는 문제도 결국은 시간의 문제인 것입니다"라고 말했다.

존스의 첫 연구는 유니버시티 칼리지 런던의 신경과학과 교수인 마잔 자한샤히의 연구실에서 파킨슨병 환자들의 운동 및 시간지각 장애를 연구하는 것이었다. 지금은 자폐증을 연구하고 있는 그녀는 자폐증 환자들에게서 공통적으로 나타나는 장애들 중 일부-같은 움직임을 반복적으로 행하는 것, 인간관계를 제대로 맺지 못하는 것, 서로 다른 감각들을 통합적으로 인지하지 못하는 것-는 시간지각 장애에서 비롯되는 것일 수 있다고 보고 있다.

　　미시건 주립대학의 행동 및 인지신경과학과 교수인 멜리사 앨먼-그녀는 젊은 연구자로 멕과 존 웨어든과 공동 연구를 진행한 바 있다-도 존스와 비슷한 연구를 하고 있다. 그녀는 "내가 관심을 갖는 주제는 자폐증 환자들의 행동 장애들을 일종의 시간 상실(lost in time)로 설명하는 것입니다"라고 말했다. 그녀와 존스는 이 연구가 새로운 분야여서 아직은 가설에 불과하다고 했다. 자폐증이 시간지각 장애와 관련이 있다는 확정된 이론은 아직 없으며, 구체적으로 어떤 시간지각 장애인지도 아직은 합의된 것이 없다는 것이다. 하지만 두 사람은 유아기 때의 시간과 관련된 어떤 결손이 자폐증 유발과 관련이 있다는 것을 조만간 밝혀 낼 수 있을 것이라고 말했다. 그렇게 되면 자폐증의 위험이 있어 보이는 아이들을 대상으로 테스트를 진행하는 것도 가능할 것으로 보고 있다.

　　싱가폴 국립대학 심리학과 교수인 아넷 셔머는 처음에는 감정과 비언어(nonverbal) 커뮤니케이션에 관한 연구를 시작했으나, 멕의 제자였던 트레버 페니와 결혼한 후 시간에 대한 연구로 방향을 전환했다. 이에 대해 그녀는 "나는 이제 시간연구 마피아의 일원입니다"라고 말했다. 셔머는 감정적인 '각성'과 시간에 대한 연구가 대부분 시각적인 자극에 초점을 맞춰 온 점에 주목했다. 예를 들면, 화난 얼굴의 이미지는 중립적인 표정의 이미지보다 화면에서 실제보다 더 길게 지속된다고 느낀다는 실험 결과 같은 것이다.

하지만 그녀는 스스로 실험을 통해 청각자극은 이와는 정반대 결과를 나타낸다는 사실을 밝혀냈다. 예를 들어 놀랐을 때 내는 '아'라는 소리는 감정이 실리지 않은 '아'보다 듣는 사람에게 지속기간이 더 짧게 느껴진다. 왜 그런지에 대한 이유는 아직 밝히지 않았지만, 소리와 음성은 정적인 이미지에서는 결여된 것들-시간을 포함한 여러 가지 변수들-을 이끌어내기 때문이 아닐까 추측하고 있다. 어쨌든 감정적인 '각성'이 체내 시계의 속도를 높여 시간을 왜곡한다는 이론은 확실하지 않을 수도 있다. 그녀는 "각성이 체내 시계에 영향을 미친다는 메커니즘은 그 자체로 틀렸다고는 할 수 없지만, 우리의 시간지각에 영향을 미치는 다른 메커니즘이 존재할 가능성은 있습니다"라고 말했다.

그중 하나는 주의(attention)이다. 시간을 다룬 문헌들에서는 일반적으로 주의를 감정적인 각성과는 정반대 효과를 갖는 것으로 기술한다. 화난 얼굴이 중립적인 표정의 얼굴보다 지속기간이 더 길게 느껴지는 까닭은 화난 얼굴이 '각성'을 일으켜 체내 시계의 속도를 높이기 때문이라고 설명한다. 반면 사회적으로 금기시된 단어들을 화면에서 볼 때 중립적인 의미의 단어들보다 지속기간이 짧게 느껴지는 것은 금기시된 단어가 보는 사람의 주의를 끌기 때문이라고 설명한다. 즉, 주의를 하게 되면 뇌가 째깍거리는 횟수를 몇 개 놓칠 수 있고 그 결과 지속기간을 짧게 지각하게 된다는 것이다. 하지만 이 두 카테고리(각성과 주의)를 엄격하게 구분하기는 쉽지 않다. 얼핏 생각하면, fuck이나 asshole 같은 금기시된 단어가 보는 사람의 주의를 끄는 만큼 각성도 일으킨다고 할 수 있기 때문이다.

"이건 꽤 까다로운 문제입니다. '각성' 모델의 증거로 사용되는 것들 대부분은 사실 '주의'로도 해석될 수 있습니다. 어쩌면 '각성'과 '주의'가 같을지도 모릅니다. 그건 충분히 가능한 일입니다. 기능적인 관점에서 보면 그 둘은 매우 밀접하게 관련돼 있습니다. 진화론적인 관점에서 보아도, 생존하는 데 중요한 것들은 기본적으로 우리의 '주의'를 끌고 행동으로 '각성'되도록 합니다. 무엇인가가 두드러지기 위해서는 시간 속에서 두드러져야 합니다. 그래야 시간에 근거해 행동할 수 있고 시간을 기억하게 됩니다." 셔머가 말했다.

굳이 말하자면, 시간연구는 한꺼번에 일을 너무 많이 벌이다 보니 어느 것 하나 제대로 되지 않는 위험에 놓여 있는 것 같다. "시간은 어떤 한 연구자가 다 커버할 수 없는 굉장히 광범위한 주제라고 생각합니다. 그건 누구도 혼자 할 수 없습니다. 우리는 아직도 '시간 분류학(taxonomy of time)'을 갖고 있지 못한 상태입니다"라고 존슨이 말했다. 시간 분류학은 시간 연구자들이 도와달라고 외치는 소리다. 연구에 대단히 중요한 어떤 틀을 원한다는 뜻이다. 그 틀이 있어야 무질서하게 퍼져 나가고 있는 이 분야에 질서가 잡히고 일관성을 갖추게 된다. 그래서인지 시간 분류학이라는 말은 근래에 부쩍 자주 등장하고 있다.

가장 최근에는 2016년에 나온 한 논문-멕과 캘리포니아 대학 버클리 캠퍼스의 심리학 및 신경과학 교수인 리처드 이브리가 공동 저자다-에서 이런 지적을 했다. "현대적인 '시간 분류학'이 대단히 시급하다. 다른 학문을 하다 이 분야로 건너온 학자들은 기존 시간 연구자들과 전혀 다른 용어를 사용하거나, 전혀 다른 실험으로 접근하는 경향이 있으며, 가끔은 특정한 맥락 안에서 완전히 별개의 질문에 초점을 맞추기도 한다. 따라서 시간연구 분야가 성숙할수록 공통의 언어를 개발해 툭하면 제기되는 질문들을 한층 더 분명하게 표현하게 되면 시간연구의 발전에 큰 도움이 될 것이다."

공통의 언어(a common language). 나는 이 말을 듣고 국제도량형국 시간담당 부서 총책임자였던 펠리치타스 아리아스를 만났던 기억을 떠올렸다. 당시 그녀는 나에게 세계에서 가장 정확한 시계를 보여 주었다. 그것은 한 쪽 모서리를 스테이플로 찍은 서류뭉치-지금은 이메일이겠지만-로 전 세계가 공유하는 것이었다. 우리는 이 서류(이메일)를 통해 같은 시간에 동의하는 것이다. 시간 연구자들도 이와 비슷한 것이 필요하다. 어쩌면 새로운 저널이 하나 혹은 둘 필요할지 모른다. 〈시간과 시간지각〉 혹은 〈타이밍과 시간지각 리뷰〉 같은 제목을 달고서 말이다. 아니면 이미 발간되고 있는 몇몇 저널 가운데 한 권을 택해서 모두가 공유하는 것도 한 방법이다. 지금 시간 연구자들에게 필요한 건 시계를 언어적으로 변화시킨 것(the linguistic version of a clock)이다.

나이가 들수록 시간은 빠르게 흐른다?

존 웨어든과 다시 이야기를 나누게 된 것은 2년 정도가 지나서였다. 만나자마자 자신은 이제 은퇴했다고 말하더니 곧 이어 너무 따분해서 다시 가르치는 일을 하기 시작했다고 덧붙였다. 몇몇 연구에 관여하지만 주로 하는 일은 젊은 연구자들을 도와주는 것이라고 했다. 어머니가 아흔 한 살의 나이로 최근에 돌아가셨다고도 했다. 그동안 이집트와 한국을 여행했고, 은퇴기념으로 포르쉐를 구입했다고 했다. 적어도 시속 80마일(약 130킬로미터) 이상으로 달리겠구나 하는 생각이 들었다.

시간지각과 관련된 몇몇 문제는 여전히 그를 괴롭히고 있었다. 특히 '나이를 먹을수록 왜 시간은 더 빨리 가는가'라는 오래된 질문에 마음을 뺏기고 있었다. 이 문제야말로 시간에 대한 수수께끼들 중에서 가장 흔하고, 친숙하며, 또 가장 당혹스러운 질문일 것이다.

몇몇 연구에 따르면 약 80퍼센트의 사람들은 나이를 먹을수록 시간의 속도가 더 빨라지는 것 같다고 한다. 윌리엄 제임스는 〈심리학의 원리〉에서 "똑같은 시간의 공간(space of time)도 나이가 들면 들수록 더 짧아지는 것 같다-즉, 날들, 달들, 해들이 그렇다. 하지만 시들(hours)도 그런지는 의문스럽고, 분이나 초들도 나이가 들수록 빨리 흐르는지는 의문스럽다"고 썼다. 시간은 정말로 나이가 들수록 더 빨리 흐르는 걸까? 이 질문 역시, 이때의 시간이 무엇을 의미하는지에 따라 답이 달라진다.

"그건 대단히 까다로운 문제입니다"라고 웨어든이 말했다. "사람들이 '시간이 더 빠르게 간다'고 말할 때 대체 그것이 의미하는 것은 무엇일까요? 그 시간을 측정할 수 있는 올바른 수단이 있나요? 아니면 단지 누군가가 시간이 빠르게 가고 있다고 말하기 때문인가요, 아니면 '나이가 들수록 시간이 더 빨리 갑니까?'라고 물을 때 사람들이 그렇다고 동의하기 때문인가요? 사람들이 모두 그렇게 대답한다고 해서 그들이 옳다고 장담할 수는 없습니다. 그건 철저히 검토되지 않은 질문입니다. 우리에게는 아직 그런 현상(나이를 먹을수록 시간이 빨리 흐른다)을 실험적으로 측정할 만한 올바른 도구도 없으며, 실제 삶에서 시간이 어떻게 흐르고 있는지 기록할 수 있는 수단도 없는 상태입니다."

시간과 나이 사이의 수수께끼를 표현하는 데는 최소한 두 방법이 있다. 가장 흔한 방법은 어떤 주어진 기간이 젊었을 때보다 훨씬 더 빨리 흐른다고 여겨진다는 것이다. 예컨대 1년이라는 시간은 당신이 열 살이나 스무 살 때 느꼈던 것보다 마흔 살인 지금이 더 빠르게 지나가는 것처럼 보인다. 윌리엄 제임스는 프랑스 철학자 폴 자네의 말을 인용해 "나이를 좀 먹은 사람들은 지나간 시간들을 되돌아볼 때 지난 5년 동안이 그보다 앞선 시기의 5년에 비해 훨씬 빨리 지나갔다는 것을 알게 될 것이다. 그 사람들에게 자신의 학창시절 마지막의 8년간이나 10년간을 떠올려 보라고 해보라. 그러면 그 시간은 한 세기에 맞먹는 공간이 될 것이다. 반면 지금으로부터 8년이나 10년 전 기간을 떠올려 보라고 하면 그 시간은 한 시간의 공간에 지나지 않게 될 것이다"라고 썼다.

폴 자네는 이렇게 서로 다른 인상을 설명하기 위해 하나의 공식을 제안했다. 어떤 기간을 놓고 느끼는 시간의 길이는 나이에 반비례한다는 것이다. 즉, 같은 1년이라도 쉰 살 남자는 열 살 소년에 비해 5배나 짧게 느끼게 된다(5배나 빨리 흐른다). 왜냐하면 쉰 살 남자에게는 1

년이 자기 인생의 50분의 1이지만, 열 살 소년에게는 10분의 1이기 때문이다.

자네는 이 공식을 사용해 왜 나이를 먹을수록 시간의 속도가 빨라지는지에 대해서도 여러 가지 설명을 시도했다. 우리는 그의 공식을 '비율 이론(ratio theories)'이라고 부르기로 하자. 신시내티 대학에서 화학공학과 교수로 재직하다 은퇴한 로버트 렘리히는 1975년 폴 자네의 공식을 조금 비틀어 다른 이론을 내놓았다(렘리히는 '거품 분리법(foam fractionation)'을 발견한 것으로 더 유명하다. 이는 거품을 이용해 용액 중의 미세 입자나 금속 물질을 분리하는 방법으로 산업적으로 활용되고 있다). 그에 따르면 어떤 기간에 대한 주관적인 시간감각은 나이의 제곱근에 반비례한다는 것이었다. 실제로 그는 아래와 같은 방정식을 제안했다.

$$dS_1/dS_2 = \sqrt{R_2/R_1}$$

여기서 dS_1/dS_2은 과거의 어느 때에 비해서 시간이 상대적으로 얼마만 한 속도로 흐르는지를 가리키며, R_2는 현재의 나이, R_1은 과거의 어느 때의 나이이다. 만약 당신이 마흔 살이라면, 열 살 때에 비해 1년은 2배나 빠른 속도로 흐른다. 왜냐하면 현재의 나이 R_2=40, 과거의 나이 R_1=10, 따라서 우변의 $\sqrt{R_2/R_1}$= $\sqrt{40/10}$= $\sqrt{4}$=2가 되고 이는 dS_1/dS_2=2를 뜻하기 때문에 2배의 속도 차이가 난다는 뜻이 된다(렘리히는 세심하게도 자신의 공식이 "트라우마나 비정상적인 경험을 가진 사람에 대해서는 적용되지 않는다"고 밝혀 놓았다). 하지만 이 공식에는 허점이 있다. 만약 당신이 지금 마흔 살이고 기대 수명이 일흔 살이라고 하면 이제까지 전체 수명의 57퍼센트를 살았다고 할 수 있다. 그러나 렘리히의 공식에 적용하면 당신은 $\sqrt{(40/70)}$ 즉, 전체 수명의 75퍼센트를 살았다는 것이 된다(즉, 이 공식에 따르면 당신은 실제로 남은 수명보다 절반도 훨씬 못 미치게 남은 것처럼 느껴야 한다).

렘리히는 자신의 공식을 테스트해 보기 위해 실험을 진행했다. 그는 공학을 전공하는 학생들(평균 나이 20세)과 성인들(평균 나이 45세) 총 31명을 모은 뒤, 현재와 이전의 두 시기-현재 나이의 절반이 되는 시기와, 현재 나이의 4분의 1이 되는 시기-를 비교해 시간이 얼마나 빨리 혹은 느리게 흘렀는지를 평가하게 했다. 그 결과 거의 모든 참가자들이 두 시기에 비해 지금, 시간이 더 빨리 흐른다고 응답했다.

몇 년 뒤 캐나다 매니토바 주에 있는 브랜던 대학 심리학과 교수인 제임스 워커도 나이가 더 많은 학생들(평균 나이 29세)을 대상으로 지금 나이의 절반과 4분의 1이었던 시기와 지금을 비교할 때 "1년이 얼마나 길다고 느끼는가"라는 설문조사를 했다. 그 결과 74퍼센트의 학생들이 젊을 때 시간이 더 느리게 흘렀다고 답해 렘리히와 비슷한 결과를 보여 주었다. 노스앨라배마 대학 심리학과 교수인 찰스 주버트도 1983년과 1991년 사이에 세 번의 비교 실험을 했는데 결과는 자네와 렘리히의 이론이 옳다는 것을 확인해 주는 것처럼 보였다.

하지만 이런 식의 조사방법은 인간의 기억을 지나치게 낙관한다는 문제를 안고 있다. 내 경우를 말하자면 지난 수요일에 점심식사로 무엇을 먹었는지 기억하지 못하며, 그 전 주 수요일의 점심보다 지난 주 점심식사가 더 맛있었는지조차도 기억하지 못한다. 그럴진대 이보다 더 추상적인 경험-10년 전, 20년 전, 혹은 40년 전에 시간이 어떤 속도로 흘렀는지-을 정확히 떠올리는 것이 가능할까? 게다가 윌리엄 제임스도 지적했듯이, '비율 이론'은 많은 것을 설명하지 못한다. 제임스는 "폴 자네의 공식은 나이가 들수록 시간이 느리게 흐르는 현상을 대략적으로 표현할 수 있을 뿐 그 현상이 갖는 수수께끼에 해답을 준다고 말할 수는 없다"고 썼다.

제임스는 이어 자네의 공식은 "과거를 돌아보는 관점을 지나치게 단순화한 결과로 얻어진 것"이라고 했다. 젊을 때는 모든 경험이 새롭기 때문에 세월이 흘러도 생생하게 기억에 남는다. 하지만 나이를 먹을수록 습관적이고 반복적인 경험이 주를 이루고 새로운 경험은 점점 줄어들며, 현재의 시간에 거의 주목하지 않게 된다. "그 결과 날들(days)과 주들(weeks)은 별 특색 없이 비슷비슷해지고 해들(years)은 속이 텅 비어 껍데기만 남게 된다"고 제임스는 기록하고 있다.

제임스의 이 같은 침울한 주장은 '기억 이론(memory theory)'이라고 부를 수 있겠다. 이는 철학자 존 로크가 제기했던 주장과도 일맥상통한다. 로크는 "우리는 과거에 일어났던 사건들을 떠올림으로써 과거의 시간의 길이를 판단하게 된다"고 했다. 기억할 만한 사건들이 많았던 과거의 시기는 천천히 흘렀던 것처럼-시간을 더 많이 가졌던 것처럼- 느껴지고 특별한 사건이 없었던 시기는 시간이 매우 빨리 흘러서 도대체 그 시간들이 다 어디로 가 버렸는지 되묻게 된다. 기억이 시간의 속도에 영향을 미치는 데는 몇 가지 방법이 있다. 감정적으로 충만한 사건들은 더 강한 기억으로 다가오는 경향이 있다.

그래서 고등학교의 4년-입학 후 처음 열린 무도회, 처음 구입한 자동차, 졸업식 등. 이 모든 것들은 사진과 스크랩북으로 남아 기억에 더욱 선명하게 각인된다-은, 출퇴근에 시달리고 업무에 치이며 설거지도 해야 하는 부모 세대가 된 지금의 4년보다 더 길게 느껴질 수 있다. 우리는 또한 인생의 특정 시기, 일반적으로 10대나 20대를 다른 시기보다 더 생생하게 기억한다. 이는 회고절정[38]이라고 불리는 현상으로서, 그 시기를 되돌아볼 때 다른 어느 때보다 시간이 더 오래 지속되었던 것처럼 느끼게 된다.

'기억 이론'은 나이를 먹을수록 기억할 만한 일이 상대적으로 적어진다는 전제에 토대를 두고 있다. 그러나 이런 전제가 옳다는 것을 보여 주는 증거는 거의 없다. 오히려 일반적인 경험은 그런 전제와는 모순되는 것처럼 보인다. 내 경험을 예로 들면, 고등학교 때 여름 캠프에서 어느 여학생과 첫 키스를 했던 경험보다는 성인이 된 뒤 지금의 내 아내를 처음 만났던 날 밤을 더 선명하게 기억하고 있다. 또한 내가 처음 자전거를 탔던 날의 날씨나 그때 내 나이가 몇 살인지는 기억하지 못하지만, 몇 년 전 내 나이가 46세였을 때, 아이가 처음으로 자전거를 배우기 시작했을 때, 내가 잡고 있던 안장을 놓자 아이가 금방이라도 넘어질 듯 비틀비틀 하면서도 야구장 잔디밭을 가로질러 자전거를 몰고 가던 날, 그 화창한 봄날의 토요일 오후는 생생하게 기억한다.

지난 50년간 나는 여행을 했고, 사랑을 했고, 실연을 했고, 다시 사랑을 했지만, 시간이 흐를수록 초기의 기억들은 마치 남의 일이나 전

....

38 reminiscence bump 노인들에게 지난 생애를 회고하게 했을 때 청소년기에서 성인 초기의 기억이 가장 많이 회고되는 현상.

생에서 일어난 일처럼 느껴지는 반면, 강렬한 기억으로 남아있는 사건들은 모두 결혼을 하고 부모가 된 이후의 최근 몇 년간에 일어난 일들이다. 그 시간 동안 나는 두 아이가 커가는 모습을 지켜보았으며, 아이들이 새롭게 마주치는 일들-알파벳을 익히고, 덧셈과 곱셈을 배우고, 피아노를 치고, 네 가지 질문[39]을 하고, 뒷마당에서 많은 연습을 한 끝에 축구공을 골대의 오른쪽 위 모서리로 차서 골인을 시킬 수 있게 되었던 것 등-은 나에게도 매번 새로운 경험으로 다가왔다.

물론 시간은 빠르게 흘러온 것처럼 느껴진다. 그리고 분명히 앞으로도 빠르게 흐를 것이다. 이건 무엇을 의미하는 것일까? 기억할 만한 일이 과거보다 최근에 더 적다는 뜻인가? 아니면 내가 아이들의 시간 경험을 나의 시간 경험과 동일시하게 되었지만, 아이들의 시간 경험은 나에 비해 각종 부담으로부터 자유롭고 서두를 필요도 없기 때문에 상대적으로 내가 시간을 훨씬 더 압축적으로 느낀다는 뜻일까? 기억할 만한 것이 적기 때문에 나의 시간이 빠르게 흐르는 건 아닌 것 같다.

오히려 정반대다. 최근에 일어난 일이 더 기억할 만하며, 또한 기억할 만한 사건들도 훨씬 더 많다. 그렇기 때문에 나는 하고 싶은데 시간이 없어서 못하게 될 일들, 혹은 시간이 있어도 결코 하지 못할 일들에 대해 더 예민하게 의식하게 된다. 내가 나이를 먹을수록 시간은 빨리 흘러갔는가? 아니면 시간은 일정한 속도로 흐르는데 내 앞에

....

39　the Four Questions 유태교에서 유월절(逾越節) 첫날, 둘째 날 밤에 가정에서 행해지는 행사. 유월절의 의미에 관한 4개의 질문을 식탁에서 가장 어린 사람이 묻고, 가장 연장자인 남자가 답한다.

남은 시간이 많지 않다는 사실이 나를 괴롭히는가? 그래서 시간을 이전보다 더 소중하게 여기도록 만드는가?

  이런 의문을 풀기 위한 초기의 시도가 하나 있다. 이는 렘리히의 실험보다도 앞선 것인데 '나이와 주관적인 시간의 속도(On Age and the Subjective Speed of Time)'라는 제목으로 1961년에 이뤄졌다. 실험을 고안한 연구자들은 시간이 더 빨리 흐르는 것처럼 보이게 만드는 것들 중 하나는 바쁘다고 느끼는 것이라고 지적했다. 이들은 "바쁘다는 사실, 그 자체가 중요한 요소일까, 아니면 바쁘게 움직이는 사람은 시간을 더 소중하게 여기기 때문일까?"라는 질문을 던졌다. 이를 확인하기 위해 실험 참가자들을 두 그룹으로 나누었다. 한 그룹은 118명의 젊은 학부 학생이고 다른 그룹은 66세에서 75세 사이의 노인 160명이었다. 연구자들은 이들 각자에게 아래와 같은 25개의 메타포가 쓰여진 목록을 주었다.

  질주하는 말의 기수
  도망가는 도둑
  빠르게 달리는 고속버스
  빠르게 달리는 기차
  회전목마
  닥치는 대로 먹어치우는 괴물
  공중을 날고 있는 새
  우주공간을 날고 있는 우주선
  쏟아지는 폭포수

실을 감고 있는 실패

행진하는 발들

회전하고 있는 큰 바퀴

따분한 노래

바람에 휘날리는 모래

실을 잣고 있는 노파

타고 있는 양초

구슬로 된 목걸이

싹을 틔우는 이파리

지팡이를 들고 있는 노인

하늘에 떠있는 구름

위쪽으로 뻗어있는 계단

광활하게 펼쳐져 있는 하늘

언덕으로 이어지는 도로

물결이 잔잔하고 고요한 대양

지브롤터의 바위('깎아지른 절벽' '험악한 바위산'이라는 뜻)

참가자들은 이 항목들이 시간의 이미지를 떠오르게 하는 데 얼마나 적절한지 따져 보고 가장 강하게 이미지를 떠오르게 하는 항목 다섯 개를 골라 1점을 주고, 그 다음 다섯 개에는 2점을 주는 식으로 차례대로 25개 항목 전체에 대해 점수를 매겨야 했다. 그 결과 젊은 학생이나 노인들 모두 시간을 비슷하게 경험하는 것으로 나타났다. 즉, 두 그룹 모두 시간을 가장 강하게 느끼게 하는 메타포는 '빠르게 달리는 고속버스'와 '질주하는 말의 기수'라고 답했고, 가장 시간을 덜 느끼게 하는 메타포는 '물결이 잔잔한 고요한 대양'과 '지브롤터의 바위'라고 답했다. 그런데 실험을 진행한 연구자들은 통계적으로 어떤 가공-오늘날의 관점에서 보면 뭔가 미심쩍어 보이는 방법-을 통해, 노인들은 정적인 메타포보다는 빠른 메타포를 자신들의 경험을 더 잘 나타낸다고 생각하는 경향이 있고, 젊은 학생들은 정적인 메타포를 더 선호하는 경향이 있다고 결론 내렸다.

하지만 이 연구는 방법론상으로 결정적인 허점이 하나 있었다. 실험을 진행한 연구자들은 시간이 빠르게 흐른다는 인상을 주는 데 가장 큰 영향을 미치는 요소가 무엇인지를 알아보았는데 그 결과, 현재 얼마나 바쁜 상태에 있는지, 혹은 자신의 시간에 대해 얼마나 가치를 부여하는지가 결정적인 요인이라고 했다. 그러면서 만약 바쁘다는 것이 중요한 요인이라면 젊은 사람이 노인들보다는 더 활동적이기 때문에, 시간이 빠르게 흐른다고 답하는 비율은 젊은 사람이 더 많아야 하는데도 실제로는 노인들에게서 더 많은 답변이 나왔다. 그것은 곧 '바쁘다'는 요인보다는 '자신의 시간에 대한 가치 부여'가 더 결정적인 요인이라는 뜻이라고 결론지었다. "노인들은 죽음을 가까이 두고 있어 시간을 더 소중하게 여기기 때문"에 시간이 빨리 흐른다고 느낀다는 것이다.

그렇지만 연구자들은 "노인들은 이전보다 덜 바쁘고 덜 활동적이다"라는 주장의 진위에 대해 제대로 따져 보지 않았다. 게다가 시간을 얼마나 가치 있게 보느냐는 것을 재는 척도도 참가자들이 시간의 흐름을 나타내는 메타포에 매긴 점수에만 의존했다. 왜 나이를 먹을수록 시간이 빨리 흐를까에 대한 다른 많은 설명들처럼 위의 연구도 숫자로 포장된 추측일 뿐이다.

나이가 들수록 시간이 빠르게 흐른다는 미스터리를 풀려는 더 단순한 설명도 있다. 즉, 사실은 그렇지 않다고 주장하는 것이다. 시간은 실제로는 나이가 든다고 해서 빨라지는 것이 아니며, 그건 단지 인상에 지나지 않는다는 것이다. 하지만 많은 연구자들은 이 인상 자체도 착각이라고 보고 있다. 시간은 나이를 먹을수록 빨라지는 것처럼 보일 뿐이다.

얼핏 보면, 이전의 많은 연구들은 실험 결과와 일치하는 것처럼 보인다. 실험 참가자의 3분의 2 이상—67퍼센트에서 82퍼센트—은 젊을 때에 시간이 훨씬 느리게 흐른 것 같다고 답한다. 그러나 이런 인상을 액면 그대로 받아들인다면, 나이가 많을수록 거기에 비례해 시간이 점점 더 빨리 흐르는 것처럼 느껴야 한다. 즉, 스무 살일 때보다는 마흔 살일 때 1년이라는 시간이 더 빨리 흐른다면, 마흔 살인 사람들과 스무 살인 사람들을 대상으로 조사했을 때 마흔 살인 사람들이 이전보다 시간이 더 빨리 흐른다고 더 많이 답해야 한다. 혹은 두 그룹 모두에게 작년이 얼마나 빨리 지나갔느냐고 물었을 때 마흔 살 그룹이 스무 살 그룹보다 더 빨리 지나갔다고 답해야 한다. 어쨌든 시간이 빠르게 흐른다는 답변이 나이 많은 그룹일수록 더 많이 나와야 하는 건 분명하다.

그러나 조사 결과는 그렇지 않았다. 나이를 먹을수록 시간이 빨리 흐른다는 인상은 연령대별로 거의 비슷하게 나왔다. 더 나이 많은 그룹의 3분의 2가 젊을 때보다 지금이 시간이 더 빨리 간다고 답했고, 보다 젊은 그룹의 3분의 2도 같은 답변을 했다. 이런 결과는 역설적이다. 왜냐하면 모든 연령대의 사람들이 나이를 먹을수록 시간이 빨리 흐른다는 인상을 받고 있기 때문이다. 이는 결국 그런 인상이 나이와는 거의 아무런 상관이 없다는 것을 뜻한다고 할 수 있다.

왜 그런 결과가 나온 것일까? 많은 사람들이 뭔가를 경험하고 있다는 건 분명하다. 그렇다면 그 뭔가는 무엇인가? 이런 역설은 실험 참가자들에게 시간에 관해서 묻는 방식에서 부분적으로 기인한다. 신뢰할 만한 답을 할 수 없는 질문을 참가자들에게 던졌던 것이다. "당신은 10년 혹은 20년, 혹은 30년 전에 시간의 흐름을 어떻게 느꼈습니까?"라고 묻는 질문 말이다. 그런 질문보다는 "당신은 바로 지금 시간의 흐름을 어떻게 느끼고 있습니까?"라고 물어야 훨씬 더 신뢰할 수 있는 답변을 얻을 수 있다.

434

일반적으로 시간이 빠르게 흐르고 있다는 인상은 나이보다는 그 사람의 심리적인 상태, 특히 자신이 얼마나 바쁘게 지내고 있다고 느끼는가와 훨씬 더 관련이 깊다. 시몬 드 보부아르가 지적했듯이 "우리가 그날 그날 시간이 흐르는 것을 경험하는 방식은 그 하루가 어떤 것을 담고 있느냐에 따라 다르다."

토론토의 서니브룩 종합병원 심리학 교수였던 스티브 바움은 1991년 두 명의 동료와 함께 노인들을 대상으로 바쁜 것과 시간지각 사이의 관계를 조사해 보았다. 그들은 300명의 노인들을 인터뷰했는데, 주로 은퇴한 유대인 여성들로 연령대는 62세에서 94세 사이였다. 이 중 절반은 활동적이었고 나머지 절반은 그렇지 못했는데, 특히 후자의 경우 대부분이 요양시설에서 거주했다.

연구자들은 우선 노인들의 정서적인 건강상태와 행복도를 알아보기 위한 질문들을 던졌다. 이를테면 "지금 시간이 얼마나 빠르게 흐르고 있다고 생각하십니까?"라는 질문을 주고 1점(더 빠르다), 2점(똑같다), 3점(더 느리다)을 매기게 했다. 이때 특별히 비교할 대상 시간-예컨대 1주일 전에 비해서, 혹은 1년 전에 비해서-은 언급하지 않았으며, '더 빠르다'나 '더 늦다'는 말이 구체적으로 무엇을 암시하는지에 대해서도(예컨대 무엇에 비해서, 혹은 언제보다 더 빠르거나 늦은지) 특별히 설명하지 않은 채 노인들이 스스로 판단하도록 모호하게 두었다.

그 결과는 다른 연구 결과들과 대동소이했다. 노인들의 60퍼센트는 이전보다 지금이 시간이 더 빨리 흐른다고 답했다. 그런데 이렇게 답변한 노인들 중 태반은 동년배 사람들에 비해 훨씬 활동적인 경향이 있는 것으로 나타났다. 이들은 어떤 목적의식을 갖고 살고 있다고 답했으며, 또한 실제 나이보다 젊다고 느낀다고 답했다. 한편 시간이 더 느리게 움직인다고 답한 13퍼센트의 노인들은 다른 사람들에 비해 우울증 징후를 보이는 경우가 많았다. 연구진은 "시간은 우리가 나이를 먹을수록 더 빨라지는 것이 아니다. 대신 심리적으로 행복할수록 시간은 빨리 흐른다"고 결론을 내렸다.

나이와 더불어 시간이 빨리 흐르는 것 같이 느낀다는 상식을 거스르는 가장 강력한 증거는 지난 10여 년 사이에 진행된 세 가지 연구를 통해 알 수 있다. 2005년 뮌헨 대학교 마르크 비트만 교수와 산드라 렌호프 교수는 약 500명의 독일 및 오스트리아 사람들을 대상으로 -참가자들의 나이는 14세에서 94세까지였고, 이들을 연령대에 따라 8개 그룹으로 나누었다ー 다음과 같은 질문들을 던졌다.

시간은 얼마나 빨리 흐르고 있다고 느낍니까?
다가올 한 시간이 얼마나 빨리 지나가리라고 생각합니까?
지난 1주일이 얼마나 빨리 지나갔습니까?
지난 한 달이 얼마나 빨리 지나갔습니까?
지난 1년이 얼마나 빨리 지나갔습니까?
지난 10년이 얼마나 빨리 지나갔습니까?

각 질문에 대해 참가자들은 '대단히 느리게 very slowly'(-2점)부터 '매우 빠르게 very fast'(+2)까지 다섯 등급의 점수를 매겨야 했다. 이전의 연구들과는 달리 이 실험은 참가자들에게 과거의 어떤 특정한 시점에서 느낀 시간의 흐름에 대한 인상과, 지금 시점에서 느끼는 시간의 흐름에 대한 인상을 비교하도록 하지 않았다. 대신 서로 다른 연령대 사람들에게 여러 개의 시간 간격을 주고 지금 시점에서 시간의 흐름을 어떻게 느끼는지를 물었다. 과거 시점에서의 느낌과 비교하는 것이 아니라 현재 시점에서 어떻게 느끼는지에 초점이 맞춰져 있었던 것이다.

그 결과는 분명했다. 즉, 각각의 시간 간격에 대해 모든 그룹들이 '빠르게 fast'에 해당하는 1점을 가장 많이 주었다. 8개의 그룹별로 통계적인 차이는 전혀 없었고, 나이가 많을수록 젊은 사람들에 비해 시간이 더 빨리 간다고 느낀다는 것을 보여 주는 지표도 거의 없었다. 단지 한 질문에서만 아주 미세한 차이를 보여 주었다. 즉, 나이가 많을수록 젊은 사람들에 비해 지난 10년이 더 빨리 흘렀다고 답한 비율이 높게 나왔다. 하지만 그 차이는 크지 않았으며, 50세 이후 연령대에서는 아예 차이가 없었다. 즉, 50세부터 90세 이후까지의 참가자들은 한 명도 빠짐없이 지난 10년이 '빠르게'(1점) 지나갔다고 답했다.

2010년에도 매우 흡사한 실험이 진행되었는데, 1700명이 넘는 네덜란드 사람들이 대상이었고 나이는 16세에서 80세까지였다. 결과는 위에 소개한 실험과 거의 동일하게 나왔다. 이번에도 모든 연령대에서 일정한 시간 간격-지난 1주일, 한 달, 1년, 10년-이 '빠르게'(1점) 흘러갔다는 답이 가장 많았다. 실험을 진행한 연구자들-오벌린 칼리지의 윌리엄 프리드먼, 듀크 대학과 암스테르담 대학의 스티브 얀센-은 연령별로 통계적인 차이는 전혀 없었으며, 나이가 많을수록 젊은 사람에 비해 시간이 '빠르게'(1점) 흐른다고 느낀다는 것을 암시하는 지표도 거의 발견할 수 없었다고 밝혔다. 단 한 가지, 위트먼과 렌호프의 실험에서와 마찬가지로, 나이를 더 먹을수록 지난 10년이 더 빨리 지나갔다고 답한 비율이 미세하게나마 더 높게 나왔다는 점이다. 50세에 이르기까지 그 비율은 조금씩 높아졌고 50세 이후부터는 일정하게 나왔다.

프리드먼과 얀센은 응답자들 사이에서 미세한 차이가 나는 것은 나이 때문이 아니라, 지금 현재 '시간 압박(time pressure)'을 얼마나 느끼느냐에 달려 있다고 보았다. 두 사람은 참가자들에게 시간의 흐름과 관련된 질문뿐만 아니라 그들이 스스로 얼마나 바쁘게 지낸다고 느끼는지를 측정할 수 있는 문항들도 포함시켰다. 예를 들어 "내가 원하는 모든 일을 하기에는 시간이 충분치 않다고 느끼는 경우가 자주 있다"거나 "모든 게 잘 돌아가고 있는지 확인하기 위해 서두르는 경우가 자주 있다"와 같은 문항을 주고는 −3점('매우 그렇지 않다 strongley disagree)부터 +3점(매우 그렇다 strongly agree)까지 점수를 매기게 했다.

결과는 참가자들이 시간의 흐름을 느끼는 감각과 매우 밀접한 관련이 있는 것으로 나타났다. 즉, 한 시간, 한 주, 1년이 매우 '빠르게' 혹은 '몹시 빠르게' 지나간다고 답한 사람들은 자신들의 생활이 바쁘거나, 주어진 시간 안에 하고자 하는 모든 것을 해 낼 수 없을 것 같이 느낀다고 답했다. 두 연구자들은 2014년에도 같은 실험을 다시 진행했는데 이번에는 800명이 넘는 일본인을 대상으로 했다. 연령대도 앞선 실험과 같았다. 결과는 이전과 거의 차이가 없는 것으로 나타났다. 모든 연령대의 참가자들이 나이가 아니라 자신들이 느끼는 '시간 압박' 탓에 시간이 빨리 흐르는 것으로 해석되었다. 이런 결과들은 왜 사람들이 나이와 상관없이 시간이 빠르게 흐른다고 느끼는지를 잘 설명해 준다. 시간은 거의 모든 사람이 동일한 척도로 부족하다고 느끼는 대상인 것이다. 얀센은 "모든 사람들은 모든 척도에서 (on all scales) 시간이 빠르게 움직인다고 느낍니다"라고 말했다.

그럼에도 여전히 마음에 걸리는 한 가지 사실이 있다. 얀센과 프리드먼의 실험에서도, 위트먼의 연구에서와 마찬가지로, 나이가 많을수록 젊은 사람들보다 지난 10년이 쏜살같이 흘러갔다고 답한 비율이 높게 나온 것이다. 이를테면 20대보다는 30대 응답자들에게서 지난 10년이 빨리 흘렀다는 답이 조금 많았고, 30대보다는 40대에서 조금 더 많이 나왔다(이들은 모두 '빠르게' 즉, 1점을 매겼다). 그러나 50세 이후의 모든 참가자들은 연령에 상관없이 같은 비율로 '빠르게' 흘렀다는 답을 내놓았다.

얀센은 이에 대한 설명의 근거를 열심히 찾고 있지만 일단 시간 압박과는 별 상관이 없을 것이라고 생각하고 있다. 왜냐하면 시간 압박에 대한 답변에서 참가자들은 지난 주, 지난 달, 지난 해를 거치면서 겪었던 시간 압박은 제대로 평가하지만 지난 10년간의 시간 압박에 대해서는 제대로 평가를 하지 못하는 것으로 보이기 때문이다 (게다가 30세 때가 50세 때보다는 이전 10년에 대해 더 바빴다고 보는 것이 안전할 것이다).

아마 젊은 사람들은 앞으로의 삶이 지금보다는 더 거창해질 것으로 기대할 수 있고 이런 기대가 최근의 10년이 천천히 흘렀다는 느낌을 줄 수도 있다. 또 20대와 30대는 더 높은 연령대 사람들보다는 최근의 10년에 대해 더 많은 사건들을 기억하고 있을 수도 있다. 그래서 그 10년을 상대적으로 더 확대된 시간으로 느낄 수도 있다. 그러나 만약 그렇다면-나이가 들수록 기억할 만한 사건들이 적어지기 때문에 지난 10년이 빨리 흐른 것처럼 보인다면- 그런 효과가 왜 50세 이후에는 나타나지 않는 것일까?

50세 이후의 사람들이 젊은 사람들보다 지난 10년이 더 빨리 흘렀다고 말하게 되는 이유에 대해 설득력 있게 설명할 수 있는 것이 있다. 얀센과 위트먼은 그것을 '암시의 힘(power of suggestion)'이라고 본다. 나이가 들수록 시간이 빨리 흐른다는 것은 사실 민간신앙 같은 속설이다. 그리고 젊은 사람보다는 나이든 사람일수록 이런 속설에 더 많은 영향을 받는다. 지난 10년간을 평가할 때도 마찬가지다.

다시 실험 결과를 떠올려 보자. 이런 속설은 전 연령대에 걸쳐서, 폭넓고 고르게 퍼져 있음을 알 수 있다. 실제로는 대부분의 사람들이 경험하는 것과는 부합하지 않는데도 말이다.

지난 해-혹은 지난 주, 지난 달-가 '빠르게' 지나갔다고 응답한 비율은 평균 20세에 비해 평균 40세나 50세 참가자가 더 많지는 않았다. 이는 우리의 시간 경험이 나이와는 무관하다는 것, 오히려 일정한 기간(10년보다 짧은 기간) 동안 자신이 바쁘다고 느끼는 것이 나이와 상관없이 거의 비슷하다는 것을 뜻한다. 그러나 지난 10년을 평가할 때는 50세 이후의 사람들은 다른 사항을 고려하는 경향이 있다. 시간은 나이가 들수록 더 빨리 흐른다는 통념이다. 그런 통념은 나이가 들수록 사람들의 관점에 더 많이 영향을 미치는 것처럼 보인다.

이런 설명은 순환적이다. 즉, 나이가 들수록 시간이 빨라지는 것은 다른 사람이 그렇다고 말을 하기 때문이고, 그렇게 느끼게 되면 자신도 그런 말을 하게 되고, 그 말을 들은 다른 사람도 그렇게 느끼게 되고....그러면서 돌고 돌게 된다. 그러나 나는 그런 통념이 어떻게 적용되고 있는지를 알 수 있다. 나이 들수록 시간이 빨리 흐른다는 속설을 나는 오랫동안 무시해 왔다. 왜냐하면 '나이가 들수록'에 해당할 만큼 내가 나이가 들었다고 충분히 느끼지 못했기 때문이다. 하지만 최근 들어 나는 내가 나이가 들었다고 느끼기 시작했고, 그런 통념에 신경을 쓰게 되었다. 그럼에도 불구하고 시간은 여전히 빠르게 흐르지 않고 있다. 오히려 잔인할 정도로 일정하게 흐르고 있다고 느낀다. 이런 사실은 이전의 어느 때보다 고통스럽게 다가온다.

어느 날, 볼 일이 있어 맨해튼 중심가에 위치한 그랜드 센트럴 역으로 가는 지하철을 탔다. 지하철에서 내리니 에스컬레이터 입구에서 한 중년 여성이 팸플릿을 나눠 주고 있었다. 그녀는 '지구 종말(The End)'이라는 글씨가 박힌 노란 티셔츠를 입고 있었고, 팸플릿 앞장에도 같은 글자가 인쇄돼 있었다. 그녀는 "신의 재림이 가까워졌습니다! 우리 모두 그날을 대비해야 하지 않겠습니까?"라고 외치고 있었다. 에스컬레이터를 타고 올라오니 거기서도 더 나이든 한 남성이 팸플릿을 나눠 주고 있었다. 그 역시 노란 티셔츠를 입고 있었고 '지구 종말'이라는 글자 아래 5월 21일이라는 날짜가 박혀 있었다. 앞으로 3주도 안 남은 날짜였다. 그걸 보자 퍼뜩 생뚱맞은 생각이 들었다. 5월 22일이 돼서 세상이 끝나지 않았다는 사실을 알게 되면 남은 티셔츠를 어떻게 처리할까?

하지만 나는 곧 그들의 주장에 촉발돼 죽음에 관한 상념에 잠겼다. 만약 정말로 다음 달에-혹은 다음 주에, 아니면 몇 분 뒤에- 모든 것이 끝장난다면 어떻게 되는가? 지구에 대재앙이 일어나 우리 모두가 죽을 수도 있을 것이고, 혹은 나에게 갑자기 동맥류가 생겨 죽을 수도 있을 것이다. 아니면 10층에서 떨어진 모루가 내 머리를 강타해 즉사할 수도 있고, 잠을 자다가 죽을 수도 있을 것이다. 나는 그런 상황에 준비가 돼 있는가? 나는 나에게 주어진 시간을 제대로 썼는가? 지금 이 순간에도 나는 내 시간을 제대로 쓰고 있는가?

1922년 파리에서 발간되던 신문인 '랭트랑시장 L'Intransigeant'(비타협, 강경파라는 뜻)이 독자들에게 이런 질문을 던졌다. "만약 세계가 대이변을 일으켜 곧 멸망한다는 것을 알게 된다면 당신은 마지막 남

시간은 왜 빨리 가는가

은 시간을 어떻게 사용하겠습니까?" 많은 독자들이 응답을 보냈는데 거기에는 마르셀 프루스트도 포함돼 있었다.

그는 이 질문을 매우 기쁜 마음으로 받았다며 "우리는 죽음이 임박했다는 것을 깨닫게 되면 갑자기 인생을 이전보다 훨씬 더 아름답게 볼 거라고 생각합니다"라면서 "얼마나 많은 멋진 계획, 여행, 연애, 연구들이 우리의 나태함으로 인해 미래의 어느 시점으로 끊임없이 계속 연기되고 있는지를 생각해 보세요"라고 썼다. 종말이 다가온다는 것을 알고서 그때서야 현재에 집중하겠다고 마음먹게 된다면 얼마나 불행한 일이냐는 것이었다. 우리가 현재에 하는 일들 중 많은 것은 습관적으로 이루어지는 것이 대부분이다. 습관은 우리가 깊게 생각하는 것을 가로막는다. 우리는 왜 현재 안에 있을 때는 현재에 관해 더 이상 생각하지 않는 것일까?

442

과거보다 앞서 달리는 시간

최근에 나는 그랜드 센트럴 역을 다시 찾게 되었다. 하이데거의 〈시간의 개념〉을 도서관에 반납하기 위해서였다. 1924년에 나온 이 책은 하이데거의 강의를 편집한 것인데 이후에 나온 〈존재와 시간〉에서 다루게 될 개념들 중 많은 것들이 개괄적으로 드러나 있다. 나는 〈시간의 개념〉을 빌린 뒤 몇 주일이나 갖고 있었고 바로 그날이 반납 마감일이라는 것을 깨닫고는 뉴욕행 기차를 탔던 것이다. 나는 기차에 앉아 빠르게 스치고 지나가는 차창을 보며 하이데거의 시간 개념을 골똘히 생각했다.

하이데거가 이 책에서 내세운 주장의 핵심은 그가 '현존재(Dasein)'

라고 부른 개념으로 수렴된다. '현존재'란 말 그대로 '거기-있음 (there-beging)' 혹은 '거기 존재함(being there)'으로 번역될 수 있지만 (독일어의 'da'는 거기, 저기라는 뜻으로 영어의 'there'이며, 'sein'은 있음, 존재 라는 뜻으로 영어의 'being'에 가깝다) 하이데거는 이것을 '세계 내 존재 (being-in-the-world)' 혹은 '더불어 있음(being-with-one-another)'으 로 정의하거나, '우리가 인간으로서 알고 있는 존재의 실체(that entity in its Being which we know as human life)'나 '의심할 수 있는 것(being questionable)'이라고 정의하기도 한다(시간을 정의하기 위해 시간과 직접적 으로 관계없는 다른 단어를 끌어들이는 것은 시간을 이해하는 데 큰 도움이 되 지 않는다는 사실을 다시금 깨닫게 된다). 하이데거가 '현존재'에 대해 가 장 확실하게 말할 수 있는 것은, 현존재는 마지막에 이르기까지 결코 완전하게 정의될 수 없다는 사실이었다―물론 그 마지막 이후에는 현 존재는 더 이상 현존재가 아니게 된다. "이 마지막이 오기까지는 현존 재는 결코 온전하게 현존재가 되지 못한다."

하이데거는 처음에는 신학을 전공했으며(나중에 나치당에 가입했다) 아우구스티누스의 저서들을 꼼꼼하게 읽었다. 그는 아우구스티누스 의 사상이 자신이 추구하는 개념과 어느 정도 유사하다는 사실을 알 게 되었다. 하나의 음표, 혹은 하나의 음절을 소리 내는 것에 대해 생 각해 보라. 그 소리가 얼마나 오래 지속되는지―지속기간이 긴지 짧은 지―는 소리를 다 낼 때까지는 측정될 수가 없다. '지금'은 지금이 지 나가고 나서 되돌아볼 때에야 잴 수 있다.

하이데거는 이런 비유를 존재 일반에까지 확대시켰다. 어떤 것의 존재는 그것이 존재하기를 그만둘 때까지는 온전히 평가될 수가 없다. "나는 나에게 주어진 시간-그것이 한 시간이든, 지상에서의 삶 전체든-을 제대로 쓰고 있는가?"라는 질문에 대한 답도 그 시간이 지나고 나서야 온전히 나올 수 있다. 존재론적으로 말하자면, 시간의 가치는 시간의 유한성 때문에 생기는 것이다. 지금(now)은 나중에 (later) 정의될 수 있다. 그래서 하이데거는 "시간의 근본적인 속성은 미래다"라고 썼다.

하이데거의 논리를 따르면 존재론에 관한 질문은 결코 만족할 만한 대답을 얻을 수가 없다. 우리가 우리의 존재에 대해 만족할 만한 답을 제공할 수 있을 때는 우리가 이미 존재하지 않기 때문이다. 아우구스티누스는 시간이란 '의식의 긴장상태'-기억(과거)과 예측(미래) 사이에서 팽팽하게 걸쳐 있는 현재의 정신-에 지나지 않는다고 지적했었다.

하지만 하이데거는 아우구스티누스보다 더 많은 것을 내포하는 긴장을 끌어들인다. 즉, 우리는 현재의 삶을 살면서도 그것을 나중에 뒤돌아보면서 평가하기 위해 미래를 향해 팽팽하게 당겨져 있다는 것이다. 사람의 존재-'현존재'-는 항상 "과거보다 앞서 달리고 있다." 이처럼 과거보다 앞서 달리는 행위가 곧 시간인 것이다. 하이데거의 글을 읽다 보면 왠지 모르게 불안해진다. "존재의 가장 극단적인 가능성인 현존재는 시간 안에 있는 것이 아니라, 시간 그 자체이다....나의 과거와 함께, 하지만 나의 과거보다 앞서 달리며 내 자신을 유지함으로써 나는 시간을 갖게 된다."

나는 시간을 갖지 못했다(앞의 마지막 문장을 빗댄 것으로 도착할 역을 미처 대비하지 못하고 있었다는 뜻). 기차가 그랜드 센트럴 역에 도착하자

나는 별이 그려진 아치형 지붕 아래를 서둘러 걸었다. 둥근 벽시계가 달린 여행안내소를 지나 도서관으로 향하는 지하철을 타기 위해 아래쪽 플랫폼으로 내려가면서, 미래의 나에 관한 생각 몇 가지를 떠오르는 대로 수첩에 휘갈겼다. 나중에 수첩을 봤을 때 글자를 제대로 알아볼 수 있기를 기대하면서.

조슈아와 레오는 네 살로 접어들 무렵 어려운 질문을 던지기 시작했다. 죽는다는 게 무슨 뜻이에요? 아빠도 죽어요? 언제 죽어요? 나도 죽어요? 사람은 고기로 만들어졌어요? 사람도 썩어요? 내가 죽으면 누가 내 생일 케이크의 촛불을 꺼요? 내 케이크는 누가 먹게 돼요?

445

그런 질문에 내가 완전히 무방비 상태는 아니었다. 발달심리학자인 캐서린 넬슨은 아이들의 자아는 네 살 언저리부터 구체화되기 시작한다고 지적했다. 아이들은 태어나서 2년간은 자기가 직접 경험한 기억과 자신이 들은 이야기를 구별하지 못한다. 아이에게 슈퍼마켓에 갔다 온 이야기를 들려주면 마치 자기가 슈퍼마켓에 다녀온 것처럼 기억하게 될 것이다. 그 나이 때의 아이에게는 무언가를 다시 떠올린다는 경험 자체가 새롭기 때문에 직접 겪은 것이든 들은 것이든 모든 기억이 자기 것이라고 믿는다. 하지만 점점 자기가 겪은 것만을 자기의 기억으로 분류하게 되면서 자기 존재의 연속성과 시간의 흐름을 인식하게 된다. 나라는 것은 나의 기억(나는 어제 나였다)과 나의 기대(나는 내일도 나일 것이다)로 이루어진다. 즉, 나는 나였고 앞으로도 나일 것이다.

내 두 아이가 이 발달 단계-자기 존재의 연속성을 인식하게 되는 단계-에 있다는 것을 확실하게 알게 된 것은 어느 날 아침식사 때였다. 두 아이 중 하나가 간밤에 자기가 꾼 꿈 이야기를 했는데, 그것은 그가 잠에서 깨어나서도 기억할 수 있었던 첫 번째 꿈이었다. 아이는 그 꿈이 무서운 꿈이었다고 말했다. 어둠 속을 걷고 있었는데 형체는 보이지 않은 채 어떤 목소리가 들리더니 "너는 누구냐?"라고 물었다고 한다. 아이는 모르겠지만, 나는 그 목소리의 주인공이 아이 자신이라고 확신했다. 서로 다른 자아-서로 모르는 두 자아-가 맞서고 있었던 것이다. 두 자아 중 적어도 하나는 인간의 가장 존재론적인 질문을 던질 만큼 자기인식이 강하다고 할 수 있을 터였다. 그러나 새로운 자아가 자신의 연속성을 일단 깨닫고 나면 그 인식은 거기서 멈추어 버린다. 나는 항상 나일 것이다(I will always be me)에서 항상은 얼마나 긴 시간을 말하는 것일까? 주변의 모든 것에는 끝이 있다는 것을 알게 된 자아는 자신도 어떤 방식으로든, 언젠가는 끝날 것이라는 결론을 얻을 수밖에 없다.

두 아이가 같은 침실을 쓰기 때문에 잠잘 시간이면 나는 두 침대 사이에 앉아 조명을 끈 채 이야기를 들려준다. 어느 날, 막 이야기를 시작하려는 데 첫째 아이(레오)가 조용히 울고 있었다. 내가 무슨 일이냐고 묻자 그는 이렇게 말했다.

"세상이 끝나면 어떤 일이 일어나요?"

"그건 아무도 모르지."

내가 말했다.

"세상이 끝난 뒤에도 내가 살아 있으면 어떻게 돼요?"

훌쩍이면서 아이가 다시 물었다. 내가 보기에 그의 관심은 언젠가
는 자신이 죽는다는 데 있는 것이 아니라 자신은 죽지 않는다는 데
있었다. 즉, 세상 사람들이 다 죽고 혼자 살아남아 있으면 어떻게 되
느냐는 것이었다. 내가 아이를 안심시켜 줄 만한 이야기-그렇다고 지
어낸 것이 아니라 사실에 입각한 이야기-를 찾으려고 애쓰고 있는
사이에 동생(조슈아)이 끼어들었다.

"그건 불가능해"라고 그가 말했다. 그러더니 이렇게 덧붙였다. "만
약 운이 좋다면 나는 백세 살까지 살 수 있을 거야. 어쩌면 백 열다섯
살까지 살 수 있을지도 몰라."

이 말을 듣자 첫째 아이가 울음을 그치더니 "너는 백 스무 살 이상
은 살지 못해"라고 말했다. 최근에 〈기네스북〉에서 읽은 내용을 상기
한 것이다.

"아마 그럴 거야. 그렇지만 누가 언제 죽을지는 아무도 몰라"라고
내가 말했다.

"그건 네가 얼마나 열심히 운동을 하느냐에 달려 있어"라고 동생
이 말했다.

난 첫째 아이에게 "넌 아무 걱정할 필요가 없어. 세계는 끝나지 않
을 거야. 알았지?"라고 말했다.

"세계는 형이 없어도 사라질 거예요"라고 둘째가 힘주어 말했다.
"형은 세계가 없어도 사라질 거구요."

"아빠, 세계가 언제 없어지는지 알아요?"

"세계가 언제 없어지는지는 나도 몰라. 아주 오래 오래 뒤의 일
이야."

"세계는 왜 없어지게 되는 거죠?"

"글쎄, 거기에 대해서는 여러 가지 이론들이 있단다."

"그중에 한 가지만 말해 보세요."

나는 태양에 대해 말해 주었다. 태양은 지금도 꾸준히 팽창하고 있으며 언젠가는 대단히 커져서 지구를 삼키게 될 것이라고 했다. "그러나 그건 우리가 상상할 수도 없을 만큼 아주 아주 먼 미래의 일이란다."

"두 번째 이론은 뭐에요?"

"블랙홀이 우리를 빨아들일 수도 있지"라고 둘째 아이가 말했다.

"맞아, 아마 블랙홀이 우리를 삼킬 거야"라고 내가 거들었다.

"세 번째 이론은요?"

나는 우주가 한 점에서 시작해 그 점이 폭발하면서 지금은 어마어마한 크기가 됐고 결국에는 팽창을 멈추면서 쪼그라들어 다시 하나의 점으로 돌아갈 수 있다고 설명했다. "그렇게 되면 우리는 하나의 점 안으로 밀어 넣어지겠지"

"정말요?"

"아마도."

"그건 아주 오래, 오래 뒤에 일어나는 거죠?"

"그럼, 그건 엄청난 시간 뒤에 일어나는 일이야."

"그때는 우린 살아 있지 않겠죠?"

"그럼, 우린 살아 있지 않지."

"아빠, 또 다른 이론은 뭐에요?"

"그럼 우리 딱 하나만 더 생각해 보고, 그 다음에는 자기로 하자."

"아빠, 세계가 하나의 점으로 되돌아간다면 다시 폭발할 수도 있겠네요?"

"물론이지. 가능한 이야기야. 처음부터 다시 시작할 수 있을 거야."

"그렇지 않을지도 몰라요." 둘째 아이가 말했다.

"그래, 그렇지 않을지도 몰라. 하지만 거기에 대해 생각해 보는 건 재미있는 일이야."

최근 두 아이의 가장 큰 관심은 내 부모님이다. 내 어머니는 80대 후반이고 아버지는 90세가 지났다. 두 분은 내가 어릴 때 살았던 집에서 몇 시간 떨어진 곳에서 지금도 살고 계신다. 부모님을 보고 있자면 대단히 활기차며 하루하루 지날수록 점점 활력이 넘치는 것 같아 인간생물학의 경이로움이라는 생각이 들 정도다. 두 분은 정원을 가꾸고 교회 합창단에서 활동하며, 1주일에 한 번씩 헬스클럽에서 트레이너와 함께 운동을 한다. 독서그룹과 사진촬영모임에도 참석하고, 틈틈이 십자말풀이를 하고 영화를 보러 극장에 가기도 한다. 두 분은 지금도 여전히 운전대를 잡으시는데, 솔직히 그건 나를 불안하게 한다. 우리 부부는 아이들과 함께 부모님을 자주 찾아뵈려고 하지만, 생각만큼 자주 뵙지는 못하는 형편이다.

2년 전 여름 나는 아버님과 두 아이와 함께 주 축제에 갔었다. 나는 아주 어릴 때부터 부모님과 연례행사처럼 이 축제에 참가해 왔다. 8월말에서 9월초에 걸쳐 대엿새 동안 열리는데 광활한 공터에 가설 건물과 부스들이 들어서 다양한 놀이와 기발한 볼거리들이 펼쳐진다. 수탉 선발대회, 소 젖가슴 경연대회, 꽃박람회, 퀼트 전시회, 나비

전시회, 가보(家寶) 토끼 행진(row after row of heirloom rabbits), 가보 비둘기 행진이 열리고, 단풍나무향이 나는 솜사탕을 파는 행상인도 있다. 중간 중간 아찔할 정도로 멋지게 말 타는 모습과, 뭔가 미심쩍지만 비결을 알 수 없을 정도로 능숙하게 카드를 다루는 기술도 선보인다. 버터로 만든 조각상도 항상 볼 수 있다.

우리는 차를 가져가면 주차하기가 번잡할 것 같아 축제 장소까지 가는 셔틀버스를 탔다. 버스를 타자 아버지는 자신이 겪은 전쟁에 관해 이야기하기 시작했다. 아버지는 1944년 징집되었지만 시력이 나빠 전투에는 참여하지 못했다. 이는 우리 형제자매들이 고마워해야 할 일이었다. 전투에 참여하는 대신 아버지는 전쟁이 끝나고도 몇 달 뒤까지 파리 외곽에 있던 육군병원에서 복무했다. 주말이면 친한 동료와 함께 파리 시내로 나가 배급받은 군용담배를 팔고 그 돈으로 향수와 스타킹을 사서는 육군병원으로 돌아와 동료들에게 다시 팔아 돈을 벌었다고 한다. 그러는 동안 아버지는 단어들을 암기하면서 불어를 배우게 되었다. 가끔 버스를 타거나 산책을 나가게 되면 불현듯 불어 문장이 머릿속에 떠오르면서 마치 연극 대본을 연습하듯이 그 문장을 반복해서 말하기도 했다고 한다.

아버지가 최근에 자주 하는 독백은 자신도 이제 많이 늙었다는 것과, 세상을 떠난 친구들에 관한 것이라고 했다. 요 몇 년 사이에 부모님과 친한 분들이 몇 분 세상을 떠난 터였다. 아버지는 병원에서 처방받아 가지고 다니는 점안액에 대해 말씀하셨다. 가끔 점안액 병을 들여다보고 있으면 자기 눈이 건강해서 여전히 볼 수 있다는 사실이 기적처럼 여겨진다는 것이었다. 화장실에 앉아서도 비슷한 생각을 한다고 했다. 음식을 먹으면 그것이 몸 밖으로 빠져나오는 게 참 재미 있다는 것이다. 우리 몸은 살아 있는 기계 같아서 더 이상 작동할 수 없게 될 때까지는 그렇게 통과시키고 다시 채우는 일을 계속 되풀이 한다는 사실이 참으로 흥미롭다는 것이다.

아버지는 요즘 비슷한 꿈이 계속 나타난다고 했다. 꿈에서 아버지 는 어린 소년이고, 아버지(나에게는 할아버지)가 모는 차의 앞좌석에 앉 아 도로를 달리고 있다. 두 사람이 탄 차가 산에서 평지를 향해 달려 내려온다. 도로에 도착하자 몇 갈래로 길이 나 있었다. 여러 방향으로 나 있는 길 위에서 소년(아버지)은 걱정을 하기 시작한다. 어느 길로 가야 맞는 것일까, 그 길은 나를 어디로 데려다줄까.

시계 수리점 주인이 몇 주 동안이나 계속 전화에 메시지를 남겨 놓 고 있다. 손목시계를 다 고쳐 놨으니 찾아 가라는 것이다. 조만간 찾 으러 오지 않으면 시계를 팔아 버릴 것이라고 했다. 그래서 가을의 어 느 날, 수리를 맡긴 지 몇 달 지나 시계를 찾기 위해 기차를 타고 그 랜드 센트럴 역에서 내려 5번가를 향해 걸었다.

수리점에 들어서자 주인은 책상에 앉아 보석세공사들이 쓰는 안 경을 끼고서 시계를 들여다보고 있었다. 그는 고개를 들더니 나를 알 아보고서는 손목시계가 든 작은 플라스틱 박스를 찾아서 건네주었 다. 기다리는 사람이 아무도 없었기 때문에 나는 그에게 15분만 할 애해서 어떻게 시계수리공이 되었는지 말해 줄 수 있냐고 부탁했다. "15분요?" 그는 큰 소리로 되묻더니 "뭘 15분이나 필요해요? 5분이면 다 말할 수 있는데"라고 했다.

우크라이나에서 자란 그는 15살이 되었을 때 부모님에게 더 이상 학교에 다니기 싫으며 다른 일을 배우고 싶다고 말했다. 하지만 막상 무슨 일을 하고 싶은지는 알지 못했다. 그러던 차에 누군가가 시계수리 일을 해보라고 권유했고 그렇게 해서 시작하게 되었다. 당시는 2차 대전 이후라 러시아에서는 시계부품이 매우 부족했고 그래서 직접 부품을 만들어야했다. 요즘은 시계 제조회사들이 자신들의 브랜드에 맞는 부품을 직접 생산하지만, 가끔은 그런 회사들이 자기에게 부품을 만들어 달라고 의뢰하기도 한단다. 그에게 부품 만드는 일은 식은 죽 먹기라고 했다.

그는 자기 책상으로 가더니 뒷면이 열린 롤렉스 손목시계를 가지고 왔다. 작은 기어들이 돌고 있었다. 그는 시계의 균형을 잡아주는 작은 부품을 가리키더니 자부심에 찬 표정으로 자기 손으로 직접 만든 것이라고 했다. 나는 이 일을 하면서 어떤 점이 가장 만족스러우냐고 물었다. 그는 어리둥절한 표정을 짓더니 "그야 시계 고치는 거지요"라고 말했다. "사람들이 시계가 안 간다며 가져오면 내가 그것을 고치지요. 그러면 시계가 제대로 돌아갑니다. 그것 자체가 만족감을 주지요."

나는 비용을 지불하고 그랜드 센트럴 역으로 돌아갔다. 기차 시간까지는 여유가 있어 카페 테이블에 앉아 수리한 손목시계를 꺼냈다. 수리점 주인은 시계에 방수처리를 했다고 말했다. 손목시계는 내 휴대폰에 나타난 시간보다 2분이 빨랐다. 시계를 손목에 차니 오래 전에 느꼈던 묵직함을 다시 느낄 수 있었다. 하지만 곧 무게감은 사라졌다.

주위를 둘러보니 탄산음료를 파는 카운터 앞 의자에 나이든 두 명의 여성이 앉아 있고, 그 옆 테이블에는 프랑스인 부부와 그들의 두 아이가 콘 아이스크림을 먹고 있었다. 가톨릭 신부 한 명이 그들 곁을 서둘러 지나갔다. 젊은 여성이 공책에 메모를 하고 있는 모습, 테이블에 팔을 괴고 한 손으로 턱을 괸 채 졸고 있는 남자도 보였다. 사람들은 휴대전화를 들여다보고 있거나, 통화를 하거나, 혹은 서로 마주 보면서 대화를 나눈다. 어디서나 업무상 혹은 일상적인 이유로 대화를 하는 소리가 웅웅거린다. 그것은 사회적 동물인 인간이 서로 연결되고 동조되기 위해 애쓰면서 내고 있는 소리다.

그런 모습을 보고 있자니 마음이 가라앉았다. 지난 몇 달간 집 안에 틀어박혀 일만 해오다 보니 뭔가의 톱니바퀴가 된 느낌을 받았다. 나는 손목시계를 다시 들여다보았다. 기차 시간까지는 12분이 남았다.

아내와 나는 저녁식사 준비와 아이들 재우는 일을 번갈아 해오고 있다. 오늘은 내가 당번이다. 당번인 날은 신경이 좀 곤두서는데, 잠자리에 들 시간이면 아이들이 고분고분 잘 따르지 않기 때문이다. 목욕탕에 데리고 가서 이를 닦이고 잠옷을 입히고 침대에 누여 잠이 들 때까지 이야기를 들려주는 일련의 과정은 단순하다고 할 수 있다. 하지만 이야기를 들려주다 보면 아이들이 꼭 제동을 건다. 마치 호머와 커트 보네거트를 섞어 놓은 것 같은, 한없이 옆길로 새고 불안감을 유발하는 이야기를 만들어 나를 골탕 먹이는 것이다. 마침내 재잘거리는 걸 멈추고 두 아이가 잠에 빠져들 때쯤엔, 나도 방바닥에서 그대로 곯아떨어져 버리는 것이다.

453

아이 양육에 관한 책에서 읽은 이론에 따르면 아이들이 잘 시간이 됐는데도 잠자기를 거부하는 것은 잠드는 것을 두려워하기 때문이라고 한다. 어린 아이들에게는 다음날 아침에 깨어나는 경험이 여전히 생소하기 때문에 "잘 자(good night)"라는 인사가 "잘 가(good-bye)"라는 인사처럼 느낀다는 것이다. 그러나 최근 몇 주 사이에 우리 아이들에게도 변화가 일어났다. 잠자리에 드는 것을 잘 받아들이기 시작했다. 그 바람에 저녁 시간이 되어도 신경이 덜 쓰여 유쾌해졌다. 한 아이는 한참동안 등을 쓸어주면서 긴장을 풀어 줘야 잠자리에 들던 적이 있었다. 그러나 지금은 1, 2분 정도 등을 쓰다듬고 있으면 나지막이, 부드러운 목소리로 말한다. "아빠, 이제 가도 돼요."

• • •

아이들이 내가 쓰고 있는 책에 대해 묻기 시작할 만큼 자라자 나는 이제 책을 끝낼 때가 됐다는 것을 알았다. "아빠 그 책은 어떤 책이에요? 왜 그렇게 오래 걸려요?"

아이들은 내가 하루에 몇 페이지 정도를 써야 하는지, 한 페이지 분량이 어느 정도인지 자기들 나름대로 생각이 있었다. 저녁 식사시간이면 두 아이는 내가 얼마나 썼는지 물어 보면서 "J K 롤링(해리 포터 작가)은 훨씬 빨리 쓰는데요"라며 나를 압박했다. 어느 날 차를 타고 가는데 뒷좌석에 있던 아이들이 책 제목에 대해 의견을 냈다. 한 아이는 〈시간은 혼란스럽다(Time Is Confusing)〉가 어떠냐고 했다. 나쁘지는 않지만 솔깃한 제목은 아니었다. 다른 아이는 〈시간이 잊어버린 사람들(The People Time Forgot)〉이라고 했는데, 멋진 모험소설 느낌이 드는 제목이었다. 어쩌면 그 제목은 내가 시간에 관한 책을 쓰느라 가족을 돌보지 않은 것을 아이가 부지불식간에 내뱉은 게 아닐까 하는 생각이 들기도 했다.

몇 년 전-내가 아이를 갖기 전이었고, 결혼도 하기 전이었을 때- 아이를 키우고 있던 친구가 내게 이런 말을 했다. "아이를 갖게 되면 한동안은 아이를 갖기 전에 내 생활이 어땠는지 까맣게 잊게 돼." 당시에는 그 말이 전혀 실감나지 않았다. 내 반쪽자리 분신(자식)이 제기하는 여러 가지 요구들을 챙겨주느라-물론 기꺼이 행복하게 그렇게 하겠지만- 내 일과 활동이 완전히 제한될 수 있다는 생각은 손톱만큼도 들지 않았다. 하지만 딱 그렇게 되고 말았다. 아버지 역할을 떠맡게 되자, 마치 배를 일일이 분해해 거기서 나온 나무로 다른 누군가를 위해 다시 배를 조립하고 있다는 느낌이 가끔 들었다. 나는 아이들을 위한 삶 속에서도 나를 위해 유일하게 남게 될 오직 한 가지를 위해 배의 널빤지들을 분해해 조립하자고 생각했다. 그것이 바로 책을 쓰는 일이었다.

하지만 책을 쓸 수 있는 시간은 그 어느 때보다 적었고, 저녁시간, 주말, 여름휴가, 휴일을 간신히 활용해야 했다. 스케줄을 따로 세우지 않고 틈이 날 때마다 온 정신을 집중해서 써야 했다는 뜻이다. 사실 이전에도 이런 방식으로 집필을 해 왔기 때문에 낯선 방식은 아니었다. 단지 시간이 태부족하다는 차이가 있을 뿐이었다. 그럼에도 비 내리는 토요일이나 밤늦은 시간에 책상 앞에 앉는 것은 온기 넘치는 다락방의 좁은 공간으로 들어가는 듯한 안온한 느낌을 주었다. 그럴 때면 이 프로젝트가 결코 마무리되지 않을 것이라는 생각조차 마음에 들었다. 이토록 시간이 오래 걸리는 책을 쓴다는 것은, 원치 않는데도 자식을 떠나보내야 하는 것과 같다. 그 아이가 떠나고 안 떠나고의 운명은 내가 쥐고 있는 것이다.

나는 시간을 다뤄보겠다는 계획이 너무 건방진 생각은 아닌가 의심도 했다. 아우구스티누스는 하나의 음절, 하나의 문장, 하나의 시구가 말해질 때, 거기에서 시간이 구현된다고 했다. 그때 시간은 과거와 미래, 기억과 예측, 지금과 지금을 담고 있는 그릇-즉, 자아- 사이에서 펼쳐진다. 그는 "전체로서의 시(詩)에 적용되는 것은 그 시를 이루고 있는 개별적인 시구나 음절들에도 동일하게 적용된다. 이는 시를 하나의 항목으로 포함하고 있는 긴 공연과도 같다고 할 수 있다"고 했다(예컨대 긴 시를 낭송 중일 때, 이미 암송된 음절이나 시구도 지금 현재 계속 낭송 중이라고 할 수 있다는). 어쩌면 이는 책에 대해서도 마찬가지가 아닐까. 책이 쓰여지는 동안 작가의 '현재'는 결코 끝나지 않는다. 이런 논리를 밀고 가면 영원히 완성되지 않은 책은 불멸한다고 할 수 있다.

아우구스티누스는 "중요한 것은 하나의 문장 속에서 펼쳐진다"고 썼다. 즉, 놓쳐 버린 현재시제와 문장이 주는 메시지의 끈을 잇는 길의 중간 어디쯤에 중요한 것이 있다. 따라서 영혼-이 시점에서는 '영혼'이라고 불러도 되리라 생각한다-은 문장을 말하는 것 속에 있다. 완전히 다 말해진 것도 아니고 아예 말해지지 않은 것도 아닌, 지금 이 순간 누군가의 입술에서 떨어지고 있는 문장 속에 있다.

나는 여름의 끝자락이 되어서야 해변으로 휴가를 떠날 수 있었다.

물결이 잔잔하고 진득진득한 흙이 밟히고 바닥에 잡초가 무성하게 자라는 호숫가가 아니라, 넓게 펼쳐진 백사장이 있고 산들바람이 코를 간질이고 인명구조대 깃발이 펄럭이고, 머리카락에 소금기가 퍼석거리고 큰 파도가 물거품을 일으키며 몰아치는 곳, 그래서 노르망디와 나 사이에 바다 외에는 아무것도 없다는 느낌을 주는 곳이었다.

아이들은 한동안 이런 해변을 몹시 원하면서도 한편으로는 두려워 하는 것 같았다. 하지만 이제 바다를 사랑하게 될 나이가 되었다. 아이들은 다섯 살이 되었다. 우리는 노동절 주말을 이용해 해변을 찾았다. 노동절 주말은 한여름 동안의 나른함과 다시 긴장의 끈을 조이기 시작하는 시기 사이에 놓인 멋진 휴일이다. 이름 자체도 의미가 있을 뿐 아니라 영원히 지속되는 우리네 삶의 어떤 부분을 건드리는 느낌을 준다. 이 시기가 되면 허리케인도 더 이상 오지 않으며, 찬란한 태양과 풍성함만 대기를 채운다. 해변에 도착하자 아이들은 파도를 온 몸으로 맞으며 바닷물이 코로 줄줄 흘러내리는데도 신나게 오후 시간을 보냈다. 밀물이 빠져나가기 시작하자 아이들은 모래성을 쌓기 시작했다.

모래성을 쌓는 것이야말로 인간이 순수하게 즐거움을 누리는 놀이 중 하나다. 손에 잔뜩 모래를 묻히며 성을 쌓았다가 다시 허물고, 그러면서 대단한 건물이라도 짓는 것처럼 느끼는 것이다. 우리는 파도가 가장 깊이 들어온 지점에서 가능한 한 가장 아래쪽에 자리를 잡았다. 땅이 평평한데다 모래도 촉촉하고 지나치게 퍼석거리지 않아 건축하기에 최적인 장소였다. 하지만 밀물 파도가 다시 돌아오면 우리가 쌓은 모래성이 가장 먼저 무너질 것이다.

조금 뒤 둘째 아이가 모래성을 쌓고는, 그것을 보호하기 위해 그 앞에 모래로 낮은 벽을 쌓았다. 그걸 보고 나는 그 벽 앞에 모래를 깊이 파고 해자를 만들었다. 파도의 속도를 줄이기 위해서였다. 그리고 해자 앞에 방파제도 세웠다. 그것을 보더니 아이가 신이 나서 외쳤다. "이런 적은 처음이에요!" 파도를 무릅쓰고 이렇게 가까이서 모래성을 쌓아 본 적은 없었다는 뜻 같았다. 파도는 계속 썰물 상태로 빠지고 있었기 때문에 당장 파도가 모래성까지 밀고 올 위험은 없었고 그래서 서두를 필요도 없었다. 둘러보니 젊은 부모들은 해변 위쪽으로 올라가 있었다. "우리가 만든 작은 도시를 보세요"라며 아이가 의기양양하게 말했다. 그리고는 다시 소리 질렀다. "이런 적은 처음이에요!"

니체는 이렇게 말했다. 더 정확하게 말하면, 심리분석학자인 스티븐 미첼은 니체가 이렇게 말했다고 주장했다. "어떤 사람이 시간과 맺는 관계는 그 사람이 모래성을 쌓는 방식을 보면 알 수 있다." 첫 번째 유형은 모래성을 쌓을까 말까 머뭇거리다가 결국 모래성을 쌓는다. 하지만 파도가 밀려들어 올 걸 알고 조바심을 치다가 막상 파도가 모래성을 무너뜨리면 충격을 받는다. 두 번째 유형은 아예 모래성을 쌓으려고 하지 않는다. 파도가 밀려오면 결국 무너질 텐데 왜 굳이 쓸데없는 일을 하느냐는 것이다. 세 번째 유형-니체에 따르면 인류가 따라야 할 모범적인 유형-은 파도에 모래성이 무너질 수밖에 없다는 사실을 담담히 받아들이면서, 그런 사실에 개의치 않고 즐겁게, 그리고 그 즐거움을 스스로 의식하면서, 모래성을 쌓는다.

내 경우는 세 번째 유형에 속하지 않을까 생각한다. 그러나 첫 번째 유형에 속해도 괜찮을 거라고 생각한다. 나는 첫째 아이가 내 충고를 무시하고 자신의 건축 프로젝트를 진행하고 있는 것을 알아챘다. 내가 쌓은 방파제 바로 앞에 작은 모래성을 쌓고 있었던 것이다. 조금 뒤 예상치 못한 파도가 밀려오더니 아이가 쌓은 모래성을 모래더미로 만들어 버렸다. 아이는 앙 울음을 터뜨렸다. 하지만 곧 아이는 같은 장소에 두 번째 모래성을 쌓았고 곧 이어 또 파도가 뭉개 버렸다. 아이는 이번에도 눈물을 글썽이면서 다시 모래성을 쌓았다. 이 모습을 보면서 나는 니체가 이 첫째 아이에게 어울리는 네 번째 유형도 만들었어야 한다고 생각했다. 그것은 기꺼이 즐거워하지는 않으면서도 모래성을 쌓는 데 집착하는 유형이다. 얼마 후 파도가 밀물로 바뀌기 시작했고, 낮은 파도가 돌진하더니 첫째 아이가 쌓은 모래성을 무너뜨렸다. 이어서 내가 쌓은 방파제와 해자, 둘째 아이가 만든 도시의 방벽까지 강타했다. 파도는 해변의 도로까지 흘러갔다. 모래성 뒤에 서서 파도가 몰아치는 모습을 바라보고 있던 첫째 아이가 두 팔을 벌리더니 얼굴 가득 어른스러운 웃음을 띠고서 외쳤다.

"세상이 끝났어! 여기서 세상이 끝났어!"

그는 거인이었다. 첫째 아이가 그처럼 행복한 표정을 짓는 모습은 처음이었다. 나는 그 아이가 부러웠다.

시간을 다룬 문헌은 셀 수 없을 정도로 많다. 역사 이래 작가들은 이
주제와 관련해 자신들의 생각을 털어놓았고, 그들 중 상당수는 사려
깊고, 우리에게 생각거리를 던져준다. 하지만 과학적으로 접근한 글
은 극소수에 불과했다. 대부분은 일화적이거나 입증할 수 없는 방식
의 글들이었다. 철학적이거나 종교적인 성찰을 담은 뛰어난 글들을
무시하는 위험을 무릅쓰면서 나는 이 책에서 인간이 시간과 맺는 관
계를 실험을 통해 파악하고자 했던 과학적인 노력들-이는 약 1세기
반 전부터 활발하게 연구되기 시작했다-에 초점을 맞추었다. 물론
아무리 의도가 좋은 실험이라도 엉성하게 고안될 수 있고, 모호하거
나 모순적인 결과를 낳을 수도 있다는 사실을 잘 알고 있다. 또한 시
간에 관한 우리의 경험 가운데 협소한 측면만을 강조해 실험실 너머
현실세계에까지 적용할 수 있을지 장담하기 힘든 실험 결과도 있다

는 사실을 잘 알고 있다.

더 큰 문제는 시간과 관련된 실험과 그 결과들에만 한정하더라도 관련된 문헌이 엄청나게 많다는 점이었다. 이 책을 쓰기 시작한 초기에 나는 줄리어스 프레이저의 필생의 역작을 마주했다. 이 책은 시간에 대한 학제적 연구에 있어서 가장 뛰어난 권위를 갖고 있는 것으로 정평이 나있다. 프레이저는 1966년에 시간연구를 위한 국제학회(International Society for the Study of Time)를 설립했다. 이 학회는 3년마다 콘퍼런스를 열고 모든 분야의 시간 연구자들-물리학자, 칸트주의 철학자, 중세사학자를 비롯해 신경과학자, 인류학자, 프루스트 연구자에 이르기까지-을 한 자리에 모으는 역할을 했다. 프레이저는 시간에 관한 논문들을 수집해 〈시간의 연구〉라는 제목으로 열 권짜리 시리즈로 펴냈으며, 〈시간, 친근한 이방인(Time, the Familiar Stranger)〉〈시간의 목소리들(The Voices of Time: A Cooperative Survey of Man's View of Time as Expressed by the Humanities)〉 등을 저술하거나 편집했다. 시인이자 학자인 프레데릭 터너는 프레이저를 가리켜 "아인슈타인, '스타워즈'에 등장하는 요다, '반지의 제왕'의 간달프, 사무엘 존슨, 소크라테스, 구약성서의 신(Old Testament God), 그루초 막스(미국의 유명 코미디언)를 합쳐 놓은 것과 같은 인물"이라고 칭송했다. 나는 프레이저가 은퇴 이후 코네티컷 주에 거주한다는 사실을 알고 있었는데, 그의 저서를 충분히 읽고 이제 그를 만나야겠다는 확신이 섰을 때는 향년 87세로 이미 세상을 떠난 뒤였다.

내 책은 시간에 관한 백과사전을 지향하지 않았다(시간에 관한 백과사전은 적어도 두 종류가 있다. 하나는 1994년에 발간된 것으로 700페이지에

461

이르고 무게가 3파운드(약 1.37킬로그램)나 나간다. 다른 하나는 2009년에 발간된 것으로 3권으로 이뤄져 있고, 총 1600페이지에 이른다. 무게는 11파운드(약 5킬로그램)이다). 당신이 가진 시간에 관한 모든 의문에 대답해 주지는 못할 것이다. 대신 내가 품고 있는 관심과 의문을 토대로-또한 독자들도 궁금해 하리라고 짐작되는 것을 토대로- 내 능력 안에서 할 수 있는 한 최선을 다했다. 나에게 가장 흥미로운 것을 찾아, 시간에 관한 연구의 일부분을 개괄적으로 살펴보는 것이 내 목표였다. 독자 여러분에게도 많은 도움이 됐기를 바란다. 시간에 관해 더 알고자 하는 분들을 위해 아래에 참고 문헌을 정리해 놓았다. 자료들 더미에서 길을 잃지 않도록 조심하길 당부한다.

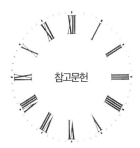

서문

-Augustine. The Confessions. Translated by Maria Boulding. New York: Vintage Books, 1998.

-Gilbreth, Frank B., and Lillian Moller Gilbreth. Fatigue Study: the Elimination of Humanity's Greatest Unnecessary Waste, a First Step in Motion Study. New York: Macmillan Company, 1919.

-Gilbreth, Frank B., and Robert Thurston Kent. Motion Study, a Method for Increasing the Efficiency of the Workman. New York: D. Van Nostrand, 1911.

-Gleick, James. Faster: The Acceleration of Just about Everything. New York: Pantheon Books, 1999.

-James, William. "Does Consciousness Exist?" Journal of Philosophy, Psychology and Scientific Methods 1, no. 18 (1904).

-Lakoff, George, and Mark Johnson. Philosophy in the Flesh: The Embodied Mind and Its Challenge to Western Thought. New York: Basic Books, 1999.

-Robinson, John P., and Geoffrey Godbey. Time for Life: The Surprising Ways Americans Use Their Time. University Park, PA: Pennsylvania State University Press, 1997.

시간들

(THE HOURS)

-Adam, Barbara. Timewatch: The Social Analysis of Time. Cambridge, UK: Polity Press, 1995.

-Arias, Elisa Felicitas. "The Metrology of Time." Philosophical Transactions. Series A, Mathematical, Physical, and Engineering Sciences 363, no. 1834 (2005): 2289–2305.

-Battersby, S. "The Lady Who Sold Time." New Scientist, February 25–March 3, 2006, 52–53.

-Brann, Eva T. H. What, Then, Is Time? Lanham, MD: Rowman & Littlefield, 1999.

-Cockell, Charles S., and Lynn J. Rothschild. "The Effects of Ultraviolet Radiation A and B on Diurnal Variation in Photosynthesis in Three Taxonomically and Ecologically Diverse Microbial Mats." Photochemisty and Photobiology 69 (1999): 203–10.

-Friedman, William J. "Developmental and Cognitive Perspectives on Humans' Sense of the Times of Past and Future Events." Learning and Motivation 36, no. 2 (2005): 145–58.

-Goff, Jacques Le. Time, Work, and Culture in the Middle Ages. Chicago: University of Chicago Press, 1980.

-Koriat, Asher, and Baruch Fischhoff. "What Day Is Today? An Inquiry into the Process of Temporal Orientation. Memory and Cognition 2, no. 2 (1974): 201–5.

-Parker, Thomas E., and Demetrios Matsakis. "Time and Frequency Dissemination: Advances in GPS Transfer Techniques." GPS World, November 2004, 32–38.

-Rifkin, Jeremy. Time Wars: The Primary Conflict in Human History. New York: H. Holt, 1987.

-Rooney, David. Ruth Belville: The Greenwich Time Lady. London: National Maritime Museum, 2008.

-Zerubavel, Eviatar. Hidden Rhythms: Schedules and Calendars in Social Life. Chicago: University of Chicago Press, 1981.

———. The Seven Day Circle: The History and Meaning of the Week. New York: Free Press, 1985.

464

날들
(THE DAYS)

-Alden, Robert. "Explorer Tells of Cave Ordeal." New York Times, September 20, 1962.

-Antle, Michael C., and Rae Silver. "Orchestrating Time: Arrangements of the Brain Circadian Clock." Trends in Neurosciences 28 no. 3 (2005): 145–51.

-Basner, Mathias, David F. Dinges, Daniel Mollicone, Adrian Ecker, Christopher W. Jones, Eric C. Hyder, Adrian Di, et al. "Mars 520-D Mission Simulation Reveals Protracted Crew Hypokinesis and Alterations of Sleep Duration and Timing," Proceedings of the National Academy of Sciences of the United States of America 110, no. 7 (2012), 2635–40.

-Bertolucci, Cristiano, and Augusto Foà."Extraocular Photoreception and Circadian Entrainment in Nonmammalian Vertebrates." Chronobiology International 21 no. 4–5 (2004): 501–19.

-Bradshaw, W. E., and C. M. Holzapfel. "Genetic Shift in Photoperiodic Response Correlated with Global Warming." Proceedings of the National Academy of Sciences of the United States of America 98, no. 25 (2001): 14509–11.

-Bray, M. S., and M. E. Young. "Circadian Rhythms in the Development of Obesity: Potential Role for the Circadian Clock within the Adipocyte." Obesity Reviews 8, no. 2 (2007): 169–81.

-Byrd, Richard Evelyn. Alone: The Classic Polar Adventure. New York: Kodansha International, 1995.

-Castillo, Marina R., Kelly J. Hochstetler, Ronald J. Tavernier, Dana M. Greene, Abel Bult-ito, "Entrainment of the Master Circadian Clock by Scheduled Feeding," American Journal of Physiology. Regulatory, Integrative and Comparative Physiology 287 (2004): 551–55.

-Cockell, Charles S., and Lynn J. Rothschild. "Photosynthetic Rhythmicity in an Antarctic Microbial Mat and Some Considerations on Polar Circadian Rhythms." Antarctic Journal 32 (1997): 156–57.

-Coppack, Timoty, and Francisco Pulido. "Photoperiodic Response and the Adaptability of Avian Life Cycles to Environmental Change." Advances in Ecological Research 35 (2004): 131–50.

-Covington, Michael F., and Stacey L. Harmer. "The Circadian Clock Regulates Auxin

Signaling and Responses in Arabidopsis." PLoS Biology 5, no. 8 (2007): 1773–84.

-Czeisler, C. A., J. S. Allan, S. H. Strogatz, J. M. Ronda, R. Sanchez, C. D. Rios, W. O. Freitag, G. S. Richardson, and R. E. Kronauer. "Bright Light Resets the Human Circadian Pacemaker Independent of the Timing of the Sleep-Wake Cycle." Science 233, no. 4764 (1986): 667–71.

-Czeisler, Charles A., Jeanne F. Duffy, Theresa L. Shanahan, Emery N. Brown, F. Jude, David W. Rimmer, Joseph M. Ronda, et al. "Stability, Precision, and near-24-Hour Period of the Human Circadian Pacemaker." Science 284, no. 5423 (1999): 2177–81.

-Dijk, D. J., D. F. Neri, J. K. Wyatt, J. M. Ronda, E. Riel, A. Ritz-De Cecco, R. J. Hughes, et al. "Sleep, Performance, Circadian Rhythms, and Light-Dark Cycles during Two Space Shuttle Flights." American Journal of Physiology. Regulatory, Integrative and Comparative Physiology 281, no. 5 (2001): R1647–64.

-Dunlap, Jay C. "Molecular Bases for Circadian Clocks (Review)" 96, no. 2 (1999): 271–90.

-Figueiro, Mariana G., and Mark S. Rea. "Evening Daylight May Cause Adolescents to Sleep Less in Spring Than in Winter." Chronobiology International 27, no. 6 (2010): 1242–58.

-Foer, Joshua. "Caveman: An Interview with Michel Siffre." Cabinet Magazine no. 30, Summer 2008, http://www.cabinetmagazine.org/issues/30/foer.php.

-Foster, Russell G. "Keeping an Eye on the Time." Investigative Ophthalmology 43, no. 5 (2002): 1286–98.

-Froy, Oren. "The Relationship between Nutrition and Circadian Rhythms in Mammals." Frontiers in Neuroendocrinology 28, no. 2-3, (2007): 61–71.

-Golden, Susan S. "Meshing the Gears of the Cyanobacterial Circadian Clock." Proceedings of the National Academy of Sciences 101, no. 38 (2004): 13697–98.

———. "Timekeeping in Bacteria: The Cyanobacterial Circadian Clock." Current Opinion in Microbiology 6, no. 6 (2003): 535–40.

-Golden, Susan S., and Shannon R. Canales. "Cyanobacterial Circadian Clocks: Timing Is Everything." Nature Reviews. Microbiology 1, no. 3 (2003): 191–99.

-Golombek, Diego A., Javier A. Calcagno, and Carlos M. Luquet. "Circadian Activity Rhythm of the Chinstrap Penguin of Isla Media Luna, South Shetland Islands, Argentine Antarctica." Journal of Field Ornithology 62, no. 3 (1991): 293–428.

-Gooley, J. J., J. Lu, T. C. Chou, T. E. Scammell, and C. B. Saper. "Melanopsin in Cells of Origin of the Retinohypothalamic Tract." Nature Neuroscience 4, no. 12 (2001): 1165.

-Gronfier, Claude, Kenneth P. Wright, Richard E. Kronauer, and Charles A. Czeisler. "Entrainment of the Human Circadian Pacemaker to Longerthan-24-H Days." Proceedings of the National Academy of Sciences of the United States of America 104, no. 21 (2007): 9081–86.

-Gigueiro, Mariana G., and Mark S. Rea. "Evening Daylight May Cause Adolescents to Sleep Less in Spring Than in Winter." Chronobiology International 27, no. 6 (2010): 1242–58.

-Hamermesh, Daniel S., Caitlin Knowles Myers, and Mark L. Pocock. "Cues for Timing and Coordination: Latitude, Letterman, and Longitude." Journal of Labor Economics 26, no. 2 (2008): 223–46.

-Hao, H., and S. A. Rivkees. "The Biological Clock of Very Premature Primate Infants Is Responsive to Light." Proceedings of the National Academy of Sciences of the United States of America 96, no. 5 (1999): 2426–29.

-Hellwegera, Ferdi L. "Resonating Circadian Clocks Enhance Fitness in Cyanobacteria in Silico." Ecological Modelling 221, no. 12 (2010): 1620–29.

-Johnson, Carl Hirschie, and Martin Egli. "Visualizing a Biological Clockwork's Cogs." Nature Structural and Molecular Biology 11, no. 7 (2004): 584–85.

-Johnson, Carl Hirschie, Tetsuya Mori, and Yao Xu. "A Cyanobacterial Circadian Clockwork." Current Biology 18, no. 17 (2008): R816–R825.

-Kohsaka, Akira, and Joseph Bass. "A Sense of Time: How Molecular Clocks Organize Metabolism." Trends in Endocrinology and Metabolism 18, no. 1 (2007): 4–11.

-Kondo, T. "A Cyanobacterial Circadian Clock Based on the Kai Oscillator." In Cold Spring Harbor Symposia on Quantitative Biology 72, (2007):47–55.

-Konopka, R. J., and S. Benzer. "Clock Mutants of Drosophila Melanogastermelanogaster." Proceedings of the National Academy of Sciences of the United States of America 68, no. 9 (1971): 2112–16.

-Lockley, Steven W., and Joshua J. Gooley. "Circadian Photoreception: Spotlight on the Brain." Current Biology 16, no. 18 (2006): R795–97.

-Lu, Weiqun, Qing Jun Meng, Nicholas J. C. Tyler, Karl-Arne Stokkan, and Andrew S. I. Loudon. "A Circadian Clock Is Not Required in an Arctic Mammal." Current Biology 20, no. 6 (2010): 533–37.

-Lubkin, Virginia, Pouneh Beizai, and Alfredo A. Sadun. "The Eye as Metronome of the Body." Survey of Ophthalmology 47, no. 1 (2002): 17–26.

-Mann, N. P. "Effect of Night and Day on Preterm Infants in a Newborn Nursery: Randomised Trial." British Medical Journal 293 (November 1986): 1265–67.

-McClung, Robertson. "Plant Circadian Rhythms." Plant Cell 18 (April 2006): 792–803.

-Meier-Koll, Alfred, Ursula Hall, Ulrike Hellwig, Gertrud Kott, and Verena Meier-Koll. "A Biological Oscillator System and the Development of Sleep–Waking Behavior during Early Infancy." Chronobiologia 5, no. 4 (1978): 425–40.

-Menaker, Michael. "Circadian Rhythms. Circadian Photoreception." Science 299, no. 5604 (2003): 213–14.

-Mendoza, Jorge. "Circadian Clocks: Setting Time by Food." Journal of Neuroendocrinology 19, no. 2 (2007): 127–37.

-Mills, J. N., D. S. Minors, J. M. Waterhouse, and M. Manchester. "The Circadian Rhythms of Human Subjects without Timepieces or Indication of the Alternation of Day and Night." Journal of Physiology 240, no. 3 (1974): 567–94.

-Mirmiran, Majid, J. H. Kok, K. Boer, and H. Wolf. "Perinatal Development of Human Circadian Rhythms: Role of the Foetal Biological Clock." Neuroscience and Biobehavioral Reviews 16, no. 3 (1992): 371–78.

-Mittag, Maria, Stefanie Kiaulehn, and Carl Hirschie Johnson. "The Circadian Clock in Chlamydomonas Reinhardtiireinhardtii: What Is It For? What Is It Similar To?" Plant Physiology 127, no. 2 (2005): 399–409.

-Monk, T. H., K. S. Kennedy, L. R. Rose, and J. M. Linenger. "Decreased Human Circadian Pacemaker Influence after 100 Days in Space: A Case Study." Psychosomatic Medicine 63, no. 6 (2001): 881–85.

-Monk, Timothy H., Daniel J. Buysse, Bart D. Billy, Kathy S. Kennedy, and Linda M. Willrich. "Sleep and Circadian Rhythms in Four Orbiting Astronauts." Journal of Biological Rhythms 13 (June 1998): 188–201.

-Murayama, Yoriko, Atsushi Mukaiyama, Keiko Imai, Yasuhiro Onoue, Akina Tsunoda, Atsushi Nohara, Tatsuro Ishida, et al. "Tracking and Visualizing the Circadian Ticking of the Cyanobacterial Clock Protein KaiC in Solution." EMBO Journal 30, no. 1 (2011): 68–78.

-Nikaido, S. S., and C. H. Johnson. "Daily and Circadian Variation in Survival from Ultraviolet Radiation in Chlamydomonas Reinhardtiireinhardtii." Photochemistry and Photobiology 71, no. 6 (2000): 758–65.

-O'Neill, John S., and Akhilesh B. Reddy. "Circadian Clocks in Human Red Blood Cells."

468

Nature 469, no. 7331 (2011): 498–503.

-Ouyang, Yan, Carol R. Andersson, Takao Kondo, Susan S. Golden, and Carl Hirschie Johnson. "Resonating Circadian Clocks Enhance Fitness in Cyanobacteria" Proceedings of the National Academy of Sciences of the United States of America 95 (July 1998): 8660–64.

-Palmer, John D. The Living Clock: The Orchestrator of Biological Rhythms. Oxford: Oxford University Press, 2002.

-Panda, Satchidananda, John B. Hogenesch, and Steve A. Kay. "Circadian Rhythms from Flies to Human." Nature 417, no. 6886 (2002): 329–35.

-Pöppel, Ernst. "Time Perception." In Handbook of Sensory Physiology. Vol. 8, Perception, edited by R. Held, H. W. Leibowitz, and H. L. Teubner. Berlin: Springer-Verlag, 1978, 713–29.

-Ptitsyn, Andrey A., Sanjin Zvonic, Steven A. Conrad, L. Keith Scott, Randall L. Mynatt, and Jeffrey M Gimble. "Circadian Clocks Are Resounding in Peripheral Tissues." PLoS Computational Biology 2, no. 3 (2006): 126–35.

-Ptitsyn, Andrey A., Sanjin Zvonic, and Jeffrey M. Gimble. "Digital Signal Processing Reveals Circadian Baseline Oscillation in Majority of Mammalian Genes." PLoS Computational Biology 3, no. 6 (2007): 1108–14.

-Ramsey, Kathryn Moynihan, Biliana Marcheva, Akira Kohsaka, and Joseph Bass. "The Clockwork of Metabolism." Annual Review of Nutrition 27, (2007): 219–40.

-Reppert, S. M. "Maternal Entrainment of the Developing Circadian System." Annals of the New York Academy of Sciences 453, (1985): 162–69, fig. 2.

-Revel, Florent G., Annika Herwig, Marie-Laure Garidou, Hugues Dardente, Jérôme S. Menet, Mireille Masson-Pévet, Valérie Simonneaux, Michel Saboureau, and Paul Pévet. "The Circadian Clock Stops Ticking during Deep Hibernation in the European Hamster." Proceedings of the National Academy of Sciences of the United States of America 104, no. 34 (2007): 13816–20.

-Rivkees, Scott A. "Developing Circadian Rhythmicity in Infants." Pediatrics 112, no. 2 (2003): 373–81

-Rivkees, Scott A., P. L. Hofman, and J. Fortman. "Newborn Primate Infants Are Entrained by Low Intensity Lighting." Proceedings of the National Academy of Sciences of the United States of America 94, no. 1 (1997): 292–97.

-Rivkees, Scott A., Linda Mayes, Harris Jacobs, and Ian Gross. "Rest-Activity Patterns of

Premature Infants Are Regulated by Cycled Lighting." Pediatrics 113, no. 4 (2004): 833–39.

-Rivkees, Scott A., and S. M. Reppert. "Perinatal Development of Day-Night Rhythms in Humans." Hormone Research 37, Supplement 3 (1992): 99–104.

-Roenneberg, Till, Karla V. Allebrandt, Martha Merrow, and Céline Vetter. "Social Jetlag and Obesity." Current Biology 22, no. 10 (2012): 939–43.

-Roenneberg, Till, and Martha Merrow. "Light Reception: Discovering the Clock-Eye in Mammals." Current Biology 12, no. 5 (2002): R163–65.

-Rubin, Elad B., Yair Shemesh, Mira Cohen, Sharona Elgavish, Hugh M. Robertson, and Guy Bloch. "Molecular and Phylogenetic Analyses Revea Mammalian-like Clockwork in the Honey Bee (Apis Melliferamellifera) and Shed New Light on the Molecular Evolution of the Circadian Clock." Genome Research 16, no. 11 (2006): 1352–65.

-Scheer, Frank A. J. L., Michael F. Hilton, Christos S. Mantzoros, and Steven A. Shea. "Adverse Metabolic and Cardiovascular Consequences of Circadian Misalignment." Proceedings of the National Academy of Sciences of the United States of America 106, no. 11 (2009): 4453–58.

-Scheer, Frank A. J. L., Kenneth P. Wright, Richard E. Kronauer, and Charles A. Czeisler. "Plasticity of the Intrinsic Period of the Human Circadian Timing System." PLoS ONE 2, no. 8 (2007): e721.

-Siffre, Michel. Hors du temps: L'expérience du 16 juillet 1962 au fond du gouffre de Scarasson par celui qui l'a vécue. Paris: R. Julliard, 1963.

———. "Six Months Alone in a Cave," National Geographic, March 1975, 426–35.

-Skuladottir, Arna, Marga Thome, and Alfons Ramel. "Improving Day and Night Sleep Problems in Infants by Changing Day Time Sleep Rhythm: A Single Group before and after Study." International Journal of Nursing Studies 42, no. 8 (2005): 843–50.

-Sorek, Michal, Yosef Z. Yacobi, Modi Roopin, Ilana Berman-Frank, and Oren Levy. "Photosynthetic Circadian Rhythmicity Patterns of Symbiodinium, the Coral Endosymbiotic Algae." Proceedings. Biological Sciences / The Royal Society 280 (2013): 20122942.

-Stevens, Richard G., and Yong Zhu. "Electric Light, Particularly at Night, Disrupts Human Circadian Rhythmicity: Is That a Problem?" Philosophical Transactions of the Royal Society of London. Series B, Biological Sciences 370, no. 1667 (March 16, 2015): 20140120.

470

-Stokkan, Karl-Arne, Shin Yamazaki, Hajime Tei, Yoshiyuki Sakaki, and Michael Menaker. "Entrainment of the Circadian Clock in the Liver by Feeding." Science 291 (2001): 490–93.

-Strogatz, Steven H. Sync: The Emerging Science of Spontaneous Order. New York: Hyperion, 2003.

-Suzuki, Lena, and Carl Hirschie Johnson. "Algae Know the Time of Day: Circadian and Photoperiodic Programs." Journal of Phycology 37, no. 6 (2001): 933–42.

-Takahashi, Joseph S., Kazuhiro Shimomura, and Vivek Kumar. "Searching for Genes Underlying Circadian Rhythms." Science 322 (November 7, 2008): 909–12.

-Tavernier, Ronald J., Angela L. Largen, and Abel Bult-ito. "Circadian Organization of a Subarctic Rodent, the Northern Red-Backed Vole (Clethrionomys Rutilusrutilus)." Journal of Biological Rhythms 19, no. 3 (2004): 238–47.

-United States Congress, Office of Technology Assessment. Biological Rhythms: Implications for the Worker. Washington, DC: U.S. Government Printing Office, 1991.

-Van Oort, Bob E. H., Nicholas J. C. Tyler, Menno P. Gerkema, Lars Folkow, Arnoldus Schytte Blix, and Karl-Arne Stokkan. "Circadian Organization in Reindeer." Nature 438, no. 7071 (2005): 1095–96.

-Weiner, Jonathan. Time, Love, Memory: A Great Biologist and His Quest for the Origins of Behavior. New York: Knopf, 1999.

-Wittmann, Marc, Jenny Dinich, Martha Merrow, and Till Roenneberg. "Social Jetlag: Misalignment of Biological and Social Time." Chronobiology International 23, no. 1–2 (2006): 497–509.

-Woelfle, Mark A., Yan Ouyang, Kittiporn Phanvijhitsiri, and Carl Hirschie Johnson. "The Adaptive Value of Circadian Clocks: An Experimental Assessment in Cyanobacteria." Current Biology 14 (August 24, 2004): 1481–86.

-Wright, Kenneth P., Andrew W. McHill, Brian R. Birks, Brandon R. Griffin, Thomas Rusterholz, and Evan D. Chinoy. "Entrainment of the Human Circadian Clock to the Natural Light-Dark Cycle." Current Biology 23, no. 16 (2013): 1554–58.

-Xu, Yao, Tetsuya Mori, and Carl Hirschie Johnson. "Cyanobacterial Circadian Clockwork: Roles of KaiA, KaiB and the KaiBC Promoter in Regulating KaiC." EMBO Journal 22, no. 9 (2003): 2117–26.

-Zivkovic, Bora, "Circadian Clock without DNA: History and the Power of Metaphor." Observations (blog), Scientific American, (2011): 1–25.

현재
(THE PRESENT)

-Allport, D. A. "Phenomenal Simultaneity and the Perceptual Moment Hypothesis." British Journal of Psychology 59, no. 4 (1968): 395–406.

-Baugh, Frank G., and Ludy T. Benjamin. "Walter Miles, Pop Warner, B. C. Graves, and the Psychology of Football." Journal of the History of the Behavioral Sciences 42, Winter (2006): 3–18.

-Blatter, Jeremy. "Screening the Psychological Laboratory: Hugo Münsterberg, Psychotechnics, and the Cinema, 1892–1916." Science in Context 28, no. 1 (2015): 53–76.

-Boring, Edwin Garrigues. A History of Experimental Psychology. New York: Appleton-Century-Crofts, 1950.

———. Sensation and Perception in the History of Experimental Psychology. New York: Appleton-Century-Crofts, 1942.

-Buonomano, Dean V., Jennifer Bramen, and Mahsa Khodadadifar. "Influence of the Interstimulus Interval on Temporal Processing and Learning: Testing the State-Dependent Network Model." Philosophical Transactions of the Royal Society of London. Series B, Biological Sciences 364, no. 1525 (2009): 1865–73.

-Cai, Mingbo, David M. Eagleman, and Wei Ji Ma. "Perceived Duration Is Reduced by Repetition but Not by High- Level Expectation." Journal of Vision 15, no. 13 (2015): 1–17.

-Cai, Mingbo, Chess Stetson, and David M. Eagleman. "A Neural Model for Temporal Order Judgments and Their Active Recalibration: A Common Mechanism for Space and Time?" Frontiers in Psychology 3 (November 2012): 470.

-Campbell, Leah A., and Richard A. Bryant. "How Time Flies: A Study of Novice Skydivers." Behaviour Research and Therapy 45, no. 6 (2007): 1389–92.

-Canales, Jimena. "Exit the Frog, Enter the Human: Physiology and Experimental Psychology in Nineteenth-Century Astronomy." British Journal for the History of Science 34, no. 2 (2001): 173–97.

———. A Tenth of a Second: A History. Chicago: University of Chicago Press, 2009.

-Dierig, Sven. "Engines for Experiment: Labor Revolution and Industrial in the Nineteenth-Century City." In Osiris. Vol. 18, Science and the City, edited by Sven Dierig, Jens

Lachmund, and Andrew Mendelsohn. University of Chicago Press, 2003, 116–34.

-Duncombe, Raynor L. "Personal Equation in Astronomy." Popular Astronomy 53 (1945): 2–13, 63–76, 110–121.

-Eagleman, David M. "How Does the Timing of Neural Signals Map onto the Timing of Perception?" In Space and Time in Perception and Action, edited by R. Nijhawan and B. Khurana. Cambridge, UK: Cambridge University Press, 2010, 216–31.

———. "Human Time Perception and Its Illusions." Current Opinion in Neurobiology 18, no. 2 (2008): 131–36.

———. "Motion Integration and Postdiction in Visual Awareness." Science 287, no. 5460 (2000): 2036–38.

———. "The Where and When of Intention." Science 303, no. 5661 (2004): 1144–46.

Eagleman, David M., and Alex O. Holcombe. "Causality and the Perception of Time." Trends in Cognitive Sciences 6, no. 8 (2002): 323–25.

-Eagleman, David M., and Vani Pariyadath. "Is Subjective Duration a Signature of Coding Efficiency?" Philosophical Transactions of the Royal Society of London. Series B, Biological Sciences 364, no. 1525 (2009): 1841–51.

-Eagleman, David M., P. U. Tse, Dean V. Buonomano, P. Janssen, A. C. Nobre, and A. O. Holcombe. "Time and the Brain: How Subjective Time Relates to Neural Time." Journal of Neuroscience 25, no. 45 (2005): 10369–71.

-Efron, R. "The Duration of the Present." Annals of the New York Academy of Sciences 138 (February 1967): 712–29.

-Ekirch, A. Roger. At Day's Close: Night in Times Past. New York: W. W. Norton, 2006.

-Engel, Andreas K., Pascal Fries, P. König, Michael Brecht, and Wolf Singer. "Temporal Binding, Binocular Rivalry, and Consciousness." Consciousness and Cognition 8, no. 2 (1999): 128–51.

-Engel, Andreas K., Pieter R. Roelfsema, Pascal Fries, Michael Brecht, and Wolf Singer. "Role of the Temporal Domain for Response Selection and Perceptual Binding." Cerebral Cortex 7, no. 6 (1997): 571–82.

-Engel, Andreas K., and Wolf Singer. "Temporal Binding and the Neural Correlates of Sensory Awareness." Trends in Cognitive Sciences 5, no. 1 (2001): 16–25.

-Friedman, William J. About Time: Inventing the Fourth Dimension. Cambridge, MA: MIT Press, 1990.

———. "Developmental and Cognitive Perspectives on Humans' Sense of the Times of Past and Future Events." Learning and Motivation 36, no. 2 Special Issue (2005): 145–58.

————. "Developmental Perspectives on the Psychology of Time." In Psychology of Time. edited by Simon Grondin. Bingley, UK: Emerald, 2008, 345–66.

————. "The Development of Children's Knowledge of Temporal Structure." Child Development 57, no. 6 (1986): 1386–1400.

————. "The Development of Children's Knowledge of the Times of Future Events." Child Development 71, no. 4 (2000): 913–32.

————. "The Development of Children's Understanding of Cyclic Aspects of Time." Child Development 48, no. 4 (1977): 1593–99.

————. "The Development of Infants' Perception of Arrows of Time." Infant Behavior and Development 19, Supplement 1 (1996): 161.

-Friedman, William J., and Susan L. Brudos. "On Routes and Routines: The Early Development of Spatial and Temporal Representations." Cognitive Development 3, no. 2 (1988): 167–82.

-Galison, Peter L. Einstein's Clocks and Poincare?'s Maps: Empires of Time. New York: W. W. Norton, 2003.

-Galison, Peter L., and D. Graham Burnett. "Einstein, Poincaré and Modernity: A Conversation." Time 132, no. 2 (2009): 41–55.

-Granier-Deferre, Carolyn, Sophie Bassereau, Aurélie Ribeiro, Anne-Yvonne Jacquet, and Anthony J. Decasper. "A Melodic Contour Repeatedly Experienced by Human Near-Term Fetuses Elicits a Profound Cardiac Reaction One Month after Birth." PloS One 6, no. 2 (2011): e17304.

-Green, Christopher D., and Ludy T. Benjamin. Psychology Gets in the Game: Sport, Mind, and Behavior, 1880–1960. Lincoln: University of Nebraska Press, 2009.

-Haggard, P., S. Clark, and J. Kalogeras. "Voluntary Action and Conscious Awareness." Nature Neuroscience 5, no. 4 (2002): 382–85.

-Hale, Matthew. Human Science and Social Order: Hugo Münsterberg and the Origins of Applied Psychology. Philadelphia: Temple University Press, 1980.

-Helfrich, Hede. Time and Mind II: Information Processing Perspectives. Toronto: Hogrefe & Huber, 2003.

-Hoerl, Christoph, and Teresa McCormack. Time and Memory: Issues in Philosophy and Psychology. Oxford: Clarendon Press, 2001.

-James, William. The Principles of Psychology. London: Macmillan, 1901.

-Jenkins, Adrianna C., C. Neil Macrae, and Jason P. Mitchell. "Repetition Suppression of Ventromedial Prefrontal Activity during Judgments of Self and Others." Proceedings of the National Academy of Sciences of the United States of America 105, no. 11 (2008): 4507–12.

-Karmarkar, Uma R., and Dean V. Buonomano. "Timing in the Absence of Clocks: Encoding Time in Neural Network States." Neuron 53, no. 3 (2007): 427–38.

-Kline, Keith A., and David M. Eagleman. "Evidence against the Temporal Subsampling Account of Illusory Motion Reversal." Journal of Vision 8, no. 4 (2008): 13.1–13.5.

-Kline, Keith A., Alex O. Holcombe, and David M. Eagleman. "Illusory Motion Reversal Is Caused by Rivalry, Not by Perceptual Snapshots of the Visual Field." Vision Research 44, no. 23 (2004): 2653–58.

-Kornspan, Alan S. "Contributions to Sport Psychology: Walter R. Miles and the Early Studies on the Motor Skills of Athletes." Comprehensive Psychology 3, no. 1, article 17 (2014): 1–11.

-Kreimeier, Klaus, and Annemone Ligensa. Film 1900: Technology, Perception, Culture. New Burnet, UK: John Libbey, 2009.

-Lejeune, Helga, and John H. Wearden. "Vierordt's 'The Experimental Study of the Time Sense' (1868) and Its Legacy." European Journal of Cognitive Psychology 21, no. 6 (2009): 941–60.

-Levin, Harry, and Ann Buckler-Addis. The Eye–Voice Span. Cambridge, MA: MIT Press, 1979.

-Lewkowicz, David J. "The Development of Intersensory Temporal Perception: An Epigenetic Systems/Limitations View." Psychological Bulletin 126, no. 2 (2000): 281–308.

———. "Development of Multisensory Temporal Perception." In The Neural Bases of Multisensory Processes, edited by M. M. Murray and M. T. Wallace, 325–44. Boca Raton, FL: CRC Press/Taylor & Francis, 2012.

———. "The Role of Temporal Factors in Infant Behavior and Development." In Time and Human Cognition, edited by I. Levin and D. Zakay. North-Holland: Elsevier Science Publishers, 1989, 1–43.

-Lewkowicz, David J., Irene Leo, and Francesca Simion. "Intersensory Percep- tion at Birth: Newborns Match Nonhuman Primate Faces and Voices." Infancy 15, no. 1 (2010): 46–60.

-Leyden, W. von. "History and the Concept of Relative Time." History and Theory 2, no. 3 (1963): 263–85.

-Lickliter, R., and L. E. Bahrick. "The Development of Infant Intersensory Perception: Advantages of a Comparative Convergent-Operations Approach." Psychological Bulletin 126, no. 2 (2000): 260–80.

-Matthews, William J., and Warren H. Meck. "Time Perception: The Bad News and the Good." Wiley Interdisciplinary Reviews: Cognitive Science 5, no. 4 (2014): 429–46.

-Matthews, William J., Devin B. Terhune, Hedderik Van Rijn, David M. Eagleman, Marc A. Sommer, and Warren H. Meck. "Subjective Duration as a Signature of Coding Efficiency: Emerging Links among Stimulus Repetition, Predictive Coding, and Cortical GABA Levels." Timing & Time Perception Reviews 1, no. 5 (2014): 1–5.

Münsterberg, Hugo, and Allan Langdale. Hugo Münsterberg on Film: The Photoplay: A Psychological Study, and Other Writings. New York: Routledge, 2002.

-Myers, Gerald E. "William James on Time Perception." Philosophy of Science 38, no. 3 (1971): 353–60.

-Neil, Patricia A., Christine Chee-Ruiter, Christian Scheier, David J. Lewkowicz, and Shinsuke Shimojo. "Development of Multisensory Spatial Integration and Perception in Humans." Developmental Science 9, no. 5 (2006): 454–64.

-Nelson, Katherine. "Emergence of the Storied Mind." In Language in Cognitive Development: The Emergence of the Mediated Mind, 183–291. Cambridge, UK: Cambridge University Press, 1996.

──── . "Emergence of Autobiographical Memory at Age 4." Human Development 35, no. 3 (1992): 172–77.

-Nichols, Herbert. The Psychology of Time. New York: Henry Holt, 1891.

-Nijhawan, Romi. "Visual Prediction: Psychophysics and Neurophysiology of Compensation for Time Delays." Behavioral and Brain Sciences 31, no. 2 (2008): 179–98; discussion 198–239.

-Nijhawan, Romi, and Beena Khurana. Space and Time in Perception and Action. Cambridge, UK: Cambridge University Press, 2010.

-Pariyadath, Vani, and David M. Eagleman. "Brief Subjective Durations Contract with Repetition." Journal of Vision 8, no. 16 (2008): 1–6.

──── . "The Effect of Predictability on Subjective Duration." PloS One 2, no. 11 (2007): e1264.

476

-Pariyadath, Vani, Mark H. Plitt, Sara J. Churchill, and David M. Eagleman. "Why Overlearned Sequences Are Special: Distinct Neural Networks for Ordinal Sequences." Frontiers in Human Neuroscience 6 (December 2012): 1–9.

-Piaget, Jean. "Time Perception in Children." In The Voices of Time: A Cooperative Survey of Man's Views of Time as Expressed by the Sciences and by the Humanities, edited by Julius Thomas Fraser, Amherst, MA: University of Massachusetts Press, 1981, 202–16.

-Plato. Parmenides. Translated by R. E. Allen. New Haven, CT: Yale University Press, 1998.

-Pöppel, Ernst. "Lost in Time: A Historical Frame, Elementary Processing Units and the 3-Second Window." Acta Neurobiologiae Experimentalis 64, no. 3 (2004): 295–301.

———. Mindworks: Time and Conscious Experience. Boston: Harcourt Brace Jovanovich, 1988.

-Purves, D., J. A. Paydarfar, and T. J. Andrews. "The Wagon Wheel Illusion in Movies and Reality." Proceedings of the National Academy of Sciences of the United States of America 93, no. 8 (1996): 3693–97.

-Richardson, Robert D. William James: In the Maelstrom of American Modernism: A Biography. Boston: Houghton Mifflin, 2006.

-Sacks, Oliver. "A Neurologist's Notebook: The Abyss." New Yorker, September 24, 2007, 100–11.

-Schaffer, Simon. "Astronomers Mark Time: Discipline and the Personal Equation." Science in Context 2, no. 1] (1988): 115–45.

-Schmidgen, Henning. "Mind, the Gap: The Discovery of Physiological Time." In Film 1900: Technology, Perception, Culture, edited by K. Kreimeier and A. Ligensa, 53–65. New Burnet, UK: John Libbey, 2009.

———. "Of Frogs and Men: The Origins of Psychophysiological Time Experiments, 1850–1865." Endeavour 26, no. 4 (2002): 142–48.

———. "Time and Noise: The Stable Surroundings of Reaction Experiments, 1860–1890." Studies in History and Philosophy of Biological and Biomedical Sciences 34, no. 2 (2003): 237–75.

-Scripture, Edward Wheeler. Thinking Feeling Doing. Meadville, PA: Flood and Vincent, 1895.

-Solnit, Rebecca. River of Shadows: Eadweard Muybridge and the Technological Wild West. New York: Viking, 2003.

-VanRullen, Rufin, and Christof Koch. "Is Perception Discrete or Continuous?" Trends in Cognitive Sciences 7, no. 5 (2003): 207–13.

-Vatakis, Argiro, and Charles Spence. "Evaluating the Influence of the 'Unity Assumption' on the Temporal Perception of Realistic Audiovisual Stimuli." Acta Psychologica 127, no. 1 (2008): 12–23.

-Wearing, Deborah. Forever Today: A Memoir of Love and Amnesia. London: Doubleday, 2005.

-Wojtach, William T., Kyongje Sung, Sandra Truong, and Dale Purves. "An Empirical Explanation of the Flash-Lag Effect." Proceedings of the National Academy of Sciences of the United States of America 105, no. 42 (2008): 16338–43.

-Wundt, Wilhelm. An Introduction to Psychology. Translated by Rudolf Pinter. London, 1912.

시간은 왜 빨리 가는가
(WHY TIME FLIES)

-Alexander, Iona, Alan Cowey, and Vincent Walsh. "The Right Parietal Cortex and Time Perception: Back to Critchley and the Zeitraffer Phenomenon," Cognitive Neuropsychology 22, no. 3 (May 2005): 306–15.

-Allan, Lorraine, Peter D. Balsam, Russell Church, and Herbert Terrace. "John Gibbon (1934–2001) Obituary." American Psychologist 57, no. 7-7 (2002): 436–37.

-Allman, Melissa J., and Warren H. Meck. "Pathophysiological Distortions in Time Perception and Timed Performance," Brain 135, no. 3 (2012): 656–77.

-Allman, Melissa J., Sundeep Teki, Timothy D. Griffiths, and Warren H. Meck. "Properties of the Internal Clock: First- and Second-Order Principles of Subjective Time," Annual Review of Psychology 65 (2014): 743–71.

-Angrilli, Alessandro, Paolo Cherubini, Antonella Pavese, and Sara Manfredini. "The Influence of Affective Factors on Time Perception" Perception & Psychophysics 59, no. 6 (1997): 972–82.

-Arantes, Joana, Mark E. Berg, and John H. Wearden. "Females' Duration Esti- mates of Briefly-Viewed Male, but Not Female, Photographs Depend on Attractiveness." Evolutionary Psychology 11, no. 1 (2013): 104–19.

-Arstila, Valtteri. Subjective Time: The Philosophy, Psychology, and Neuroscience of

Temporality. Cambridge, MA: MIT Press, 2014.

-Baer, Karl Ernst von: "Welche Auffassung der lebenden Natur ist die richtige? und Wie ist diese Auffassung auf die Entomologie anzuwenden?" Speech in St. Petersburg 1860. Edited by H. Schmitzdorff. St. Petersburg: Verlag der kaiser, Hofbuchhandl, 1864, 237–84.

-Battelli, Lorella, Vincent Walsh, Alvaro Pascual-Leone, and Patrick Cavanagh. "The 'When' Parietal Pathway Explored by Lesion Studies." Current Opinion in Neurobiology 18, no. 2 (2008): 120–26.

-Bauer, Patricia J. Remembering the Times of Our Lives: Memory in Infancy and Beyond. Mahwah, NJ: Lawrence Erlbaum Associates, 2007.

-Baum, Steve K., Russell L. Boxley, and Marcia Sokolowski. "Time Perception and Psychological Well-Being in the Elderly." Psychiatric Quarterly 56, no. 1 (1984): 54–60.

-Bergson, Henri. An Introduction to Metaphysics: The Creative Mind. Totowa, NJ: Littlefield, Adams, 1975.

-Blewett, A. E. "Abnormal Subjective Time Experience in Depression." British Journal of Psychiatry 161 (August 1992): 195–200.

-Block, Richard A., and Dan Zakay. "Timing and Remembering the Past, the Present, and the Future." In Psychology of Time, edited by Simon Grondin, 367–94. Bingley, UK: Emerald, 2008.

-Brand, Matthias, Esther Fujiwara, Elke Kalbe, Hans-Peter Steingass, Josef Kessler, and Hans J. Markowitsch. "Cognitive Estimation and Affective Judgments in Alcoholic Korsakoff Patients." Journal of Clinical and Experimental Neuropsychology 25, no. 3 (2003): 324–34.

-Bschor, T., M. Ising, M. Bauer, U. Lewitzka, M. Skerstupeit, B. Müller-Oerlinghausen, and C. Baethge. "Time Experience and Time Judgment in Major Depression, Mania and Healthy Subjects: A Controlled Study of 93 Subjects." Acta Psychiatrica Scandinavica 109, no. 3 (2004): 222–29.

-Bueti, Domenica, and Vincent Walsh. "The Parietal Cortex and the Representation of Time, Space, Number and Other Magnitudes." Philosophical Transactions of the Royal Society of London. Series B, Biological Sciences 364, no. 1525 (2009): 1831–40.

-Buhusi, Catalin V., and Warren H. Meck. "Relative Time Sharing: New Findings and an Extension of the Resource Allocation Model of Temporal Processing."

Philosophical Transactions of the Royal Society of London. Series B, Biological Sciences 364, no. 1525 (2009): 1875–85.

-Church, Russell M. "A Tribute to John Gibbon." Behavioural Processes 57, no. 2-3 (2002): 261–74.

-Coull, Jennifer T., and A. C. Nobre. "Where and When to Pay Attention: The Neural Systems for Directing Attention to Spatial Locations and to Time Intervals as Revealed by Both PET and fMRI." Journal of Neuroscience 18, no. 18 (1998): 7426–35.

-Coull, Jennifer T., Franck Vidal, Bruno Nazarian, and Françoise Macar. "Functional Anatomy of the Attentional Modulation of Time Estimation." Science (New York) 303, no. 5663 (2004): 1506–8.

-Craig, A. D. "Human Feelings: Why Are Some More Aware than Others?" 8, no. 6 (2004): 239–41.

-Crystal, Jonathon D. "Animal Behavior: Timing in the Wild." Current Biology 16, no. 7 (2006): R252–53. http://www.ncbi.nlm.nih.gov/pubmed /165 81502.

-Dennett, Daniel C. "The Self as a Responding—and Responsible—Artifact." Annals of the New York Academy of Sciences 1001 (2003): 39–50.

-Droit-Volet, Sylvie. "Child and Time." In Lecture Notes in Computer Science (Including Subseries Lecture Notes in Artificial Intelligence and Lecture Notes in Bioinformatics) 6789 LNAI (2011): 151–72.

-Droit-Volet, Sylvie, Sophie Brunot, and Paula Niedenthal. "Perception of the Duration of Emotional Events." Cognition and Emotion 18, no. 6 (2004): 849–58.

-Droit-Volet, Sylvie, Sophie L. Fayolle, and Sandrine Gil. "Emotion and Time Perception: Effects of Film-Induced Mood." Frontiers in Integrative Neuroscience 5, August (2011): 1–9.

-Droit-Volet, Sylvie, and Sandrine Gil. "The Time-Emotion Paradox." Philosophical Transactions of the Royal Society of London. Series B, Biological Sciences 364, no. 1525 (2009): 1943–53.

-Droit-Volet, Sylvie, and Warren H. Meck. "How Emotions Colour Our Perception of Time." Trends in Cognitive Sciences 11, no. 12 (2007): 504–13.

-Droit-Volet, Sylvie, Danilo Ramos, José L. O. Bueno, and Emmanuel Bigand. "Music, Emotion, and Time Perception: The Influence of Subjective Emotional Valence and Arousal?" Frontiers in Psychology 4 (July 2013): 1–12.

-Effron, Daniel A., Paula M. Niedenthal, Sandrine Gil, and Sylvie Droit-Volet. "Embodied

480

Temporal Perception of Emotion." Emotion 6, no. 1 (2006): 1–9.

-Fraisse, Paul. "Perception and Estimation of Time." Annual Review of Psychology 35 (February 1984): 1–36.

————. The Psychology of Time. New York: Harper & Row, 1963.

-Fraser, Julius Thomas. Time and Mind: Interdisciplinary Issues. Madison, CT: International Universities Press, 1989.

————. Time, the Familiar Stranger. Amherst, MA: University of Massachusetts Press, 1987.

-Fraser, Julius Thomas, Francis C. Haber, and G. H. Müller. The Study of Time: Proceedings of the First Conference of the International Society for the Study of Time, Oberwolfach (Black Forest), West Germany. Berlin: Springer-Verlag, 1972.

-Fraser, Julius Thomas, ed. The Voice of Time. A Cooperative Survey of Man's Views of Time as Expressed by the Sciences and by the Humanities. New York: George Braziller, 1966.

-Friedman, William J., and Steve M. J. Janssen. "Aging and the Speed of Time." Acta Psychologica 134, no. 2 (2010): 130–41.

-Gallant, Roy, Tara Fedler, and Kim A. Dawson. "Subjective Time Estimation and Age." Perceptual and Motor Skills 72 (June 1991): 1275–80.

-Gibbon, John, and Russell M. Church. "Representation of Time." Cognition 37, no. 1–2 (1990): 23–54.

-Gibbon, John, Russell M. Church, and Warren H. Meck. "Scalar Timing in Memory." Annals of the New York Academy of Sciences 423 (May 1984): 52–77.

-Gibbon, John, Chara Malapani, Corby L. Dale, and C. R. Gallistel. "Toward a Neurobiology of Temporal Cognition: Advances and Challenges." Current Opinion in Neurobiology 7, no. 2 (1997): 170–84.

-Gibson, James J. "Events Are Perceivable but Time Is Not." Paper presented at a meeting of the International Society for the Study of Time, Japan, 1973. [[how to access?]] [[Change to Gibson, James J. "Events Are Perceivable but Time Is Not." In The Study of Time II: Proceedings of the Second Conference of the International Society for the Study of Time, Lake Yamanaka, Japan, edited by J. T. Fraser and N. Lawrence. New York: Springer-Verlag, 295–301.]]

-Gil, Sandrine, Sylvie Rousset, and Sylvie Droit-Volet. "How Liked and Disliked Foods Affect Time Perception." Emotion (Washington, DC) 9, no. 4 (2009): 457–63.

-Gooddy, William. "Disorders of the Time Sense." In Handbook of Clinical Neurology. Vol. 3, edited by P. J. Vinken and G. W. Bruyn. Amsterdam: North Holland Publishing, 1969, 229–50.

———. Time and the Nervous System. New York: Praeger, 1988.

-Grondin, Simon. "From Physical Time to the First and Second Moments of Psychological Time." Psychological Bulletin 127, no. 1 (2001): 22–44.

———. Psychology of Time. Bingley, UK: Emerald, 2008.

-Gruber, Ronald P., and Richard A. Block. "Effect of Caffeine on Prospective and Retrospective Duration Judgements." Human Psychopharmacology 18, no. 15 (2003): 351–59.

-Gu, Bon-mi, Mark Laubach, and Warren H. Meck. "Oscillatory Mechanisms Supporting Interval Timing and Working Memory in Prefrontal-Striatal-Hippocampal Circuits." Neuroscience and Biobehavioral Reviews 48 (2015): 160–85.

-Heidegger, Martin. The Concept of Time. Translated by William McNeill. Oxford, UK: B. Blackwell, 1992.

-Henderson, Jonathan, T. Andrew Hurly, Melissa Bateson, and Susan D. Healy. "Timing in Free-Living Rufous Hummingbirds, Selasphorus Rufusrufus." Current Biology 16 (March 7, 2006): 512–15.

-Hicks, R. E., G. W. Miller, and M. Kinsbourne. "Prospective and Retrospective Judgments of Time as a Function of Amount of Information Processed." American Journal of Psychology 89, no. 4 (1976): 719–30.

-Hoagland, Hudson. "Some Biochemical Considerations of Time." In The Voices of Time: A Cooperative Survey of Man's Views of Time as Expressed by the Sciences and by the Humanities, edited by Julius Thomas Fraser. New York: George Braziller, 1966, 321–22.

———. "The Physiological Control of Judgments of Duration: Evidence for a Chemical Clock." Journal of General Psychology 9, (December 1933): 267–87.

-Hopfield, J. J., and C. D. Brody. "What Is a Moment? 'Cortical' Sensory Integration over a Brief Interval." Proceedings of the National Academy of Sciences of the United States of America 97, no. 25 (2000): 13919–24.

-Ivry, Richard B., and John E. Schlerf. "Dedicated and Intrinsic Models of Time Perception." Trends in Cognitive Sciences 12, no. 7 (2008): 273–80.

-Jacobson, Gilad A., Dan Rokni, and Yosef Yarom. "A Model of the Olivo-Cerebellar System as a Temporal Pattern Generator." Trends in Neurosciences 31, no. 12 (2014): 617–19.

-Janssen, Steve M. J., William J. Friedman, and Makiko Naka. "Why Does Life Appear to

Speed Up as People Get Older?" Time and Society 22, no. 2 (2013): 274–90.

-Jin, Dezhe Z., Naotaka Fujii, and Ann M. Graybiel. "Neural Representation of Time in Cortico-Basal Ganglia Circuits." Proceedings of the National Academy of Sciences of the United States of America 106, no. 45 (2009): 19156–61.

-Jones, Luke A., Clare S. Allely, and John H. Wearden. "Click Trains and the Rate of Information Processing: Does 'Speeding Up' Subjective Time Make Other Psychological Processes Run Faster?" Quarterly Journal of Experimental Psychology 64, no. 2 (2011): 363–80.

-Joubert, Charles E. "Structured Time and Subjective Acceleration of Time." Perceptual and Motor Skills 59, no. 1 (1984): 335–36.

———. "Subjective Acceleration of Time: Death Anxiety and Sex Differences." Perceptual and Motor Skills 57 (August 1983): 49–50.

———. "Subjective Expectations of the Acceleration of Time with Aging." Perceptual and Motor Skills 70 (February 1990): 334.

-Lamotte, Mathilde, Marie Izaute, and Sylvie Droit-Volet. "Awareness of Time Distortions and Its Relation with Time Judgment: A Metacognitive Approach." Consciousness and Cognition 21, no. 2 (2012): 835–42.

-Lejeune, Helga, and John H. Wearden. "Vierordt's 'The Experimental Study of the Time Sense' (1868) and Its Legacy." European Journal of Cognitive Psychology 21, no. 6 (2009): 941–60.

-Lemlich, Robert. "Subjective Acceleration of Time with Aging." Perceptual and Motor Skills 41 (May 1975): 235–38.

-Lewis, Penelope A., and R. Chris Miall. "The Precision of Temporal Judgement: Milliseconds, Many Minutes, and Beyond." Philosophical Transactions of the Royal Society of London. Series B, Biological Sciences 364, no. 1525 (2009): 1897–1905.

———. "Remembering the Time: A Continuous Clock." Trends in Cognitive Sciences 10, no. 9 (2006): 401–6.

-Lewis, Penelope A., and Vincent Walsh. "Neuropsychology: Time out of Mind." Current Biology 12, no. 1 (2002): 12–14.

-Lui, Ming Ann, Trevor B. Penney, and Annett Schirmer. "Emotion Effects on Timing: Attention versus Pacemaker Accounts." PLoS ONE 6, no. 7 (2011): e21829.

-Lustig, Cindy, Matthew Matell, and Warren H. Meck. "Not 'Just' a Coincidence: Frontal?Striatal Interactions in Working Memory and Interval Timing." Memory

13, no. 3–4 (2005): 441–48.

-Macdonald, Christopher J., Norbert J. Fortin, Shogo Sakata, and Warren H. Meck. "Retrospective and Prospective Views on the Role of the Hippocampus in Interval Timing and Memory for Elapsed Time." Timing & Time Perception 2, no. 1 (2014): 51–61.

-Matell, Matthew S., Melissa Bateson, and Warren H. Meck. "Single-Trials Analyses Demonstrate That Increases in Clock Speed Contribute to the Methamphetamine-Induced Horizontal Shifts in Peak-Interval Timing Functions." Psychopharmacology 188, no. 2 (2006): 201–12. doi:10.1007/s00213-006-0489-x.

-Matell, Matthew S., George R. King, and Warren H. Meck. "Differential Modulation of Clock Speed by the Administration of Intermittent versus Continuous Cocaine." Behavioral Neuroscience 118, no. 1 (2004): 150–56.

-Matell, Matthew S., Warren H. Meck, and Miguel A. L. Nicolelis. "Integration of Behavior and Timing: Anatomically Separate Systems or Distributed Processing?" In Functional and Neural Mechanisms of Interval Timing, edited by Warren H. Meck. Boca Raton, FL: CRC Press, 2003, 371–91.

-Matthews, William J. "Time Perception: The Surprising Effects of Surprising Stimuli." Journal of Experimental Psychology: General 144, no. 1 (2015): 172–97. doi:10.1037/xge0000041.

-Matthews, William J., and Warren H. Meck. "Time Perception: The Bad News and the Good." Wiley Interdisciplinary Reviews: Cognitive Science 5, no. 4 (2014): 429–46.

-Matthews, William J., Neil Stewart, and John H. Wearden. "Stimulus Intensity and the Perception of Duration." Journal of Experimental Psychology: Human Perception and Performance 37, no. 1 (2011): 303–13.

-Mauk, Michael D., and Dean V. Buonomano. "The Neural Basis of Temporal Processing." Annual Review of Neuroscience 27 (January 2004): 307–40.

-McInerney, Peter K. Time and Experience. Philadelphia: Temple University Press, 1991.

-Meck, Warren H. "Neuropsychology of Timing and Time Perception." Brain and Cognition 58, no. 1 (2005): 1–8.

-Merchant, Hugo, Deborah L. Harrington, and Warren H. Meck. "Neural Basis of the Perception and Estimation of Time." Annual Review of Neuroscience 36 (June 2013): 313–36.

-Michon, John A. "Guyau's Idea of Time: A Cognitive View." In Guyau and the Idea of Time, edited by John A. Michon, Viviane Pouthas, and Janet L. Jackson. Amsterdam: North-Holland Publishing, 1988, 161–97.

-Mitchell, Stephen A. Relational Concepts in Psychoanalysis: An Integration. Cambridge: Harvard University Press, 1988.

-Nather, Francisco C., José L. O. Bueno, Emmanuel Bigand, and Sylvie Droit-Volet. "Time Changes with the Embodiment of Another's Body Posture." PloS One 6, no. 5 (2011): e19818.

-Nather, Francisco Carlos, José L. O. Bueno. "Timing Perception in Paintings and Sculptures of Edgar Degas." KronoScope 12, no. 1 (2012): 16–30.

-Nather, Francisco Carlos, Paola Alarcon Monteiro Fernandes, and José L. O. Bueno. "Timing Perception Is Affected by Cubist Paintings Representing Human Figures." Proceedings of the 28th Annual Meeting of the International Society for Psychophysics 28 (2012): 292–97.

-Nelson, Katherine. "Emergence of Autobiographical Memory at Age 4." Human Development 35, no. 3 (1992): 172–77.

——. Narratives from the Crib. Cambridge, MA: Harvard University Press, 1989.

——. Young Minds in Social Worlds: Experience, Meaning, and Memory. Cambridge, MA: Harvard University Press, 2007.

-Noulhiane, Marion, Viviane Pouthas, Dominique Hasboun, Michel Baulac, and Séverine Samson. "Role of the Medial Temporal Lobe in Time Estimation in the Range of Minutes." Neuroreport 18, no. 10 (2007): 1035–38.

-Ogden, Ruth S. "The Effect of Facial Attractiveness on Temporal Perception." Cognition and Emotion 27, no. 7 (2013): 1292–1304.

-Oprisan, Sorinel A., and Catalin V. Buhusi. "Modeling Pharmacological Clock and Memory Patterns of Interval Timing in a Striatal Beat-Frequency Model with Realistic, Noisy Neurons." Frontiers in Integrative Neuroscience 5, no. 52 (September 23, 2011).

-Ovsiew, Fred. "The Zeitraffer Phenomenon, Akinetopsia, and the Visual Perception of Speed of Motion: A Case Report." Neurocase 4794 (April 2013): 37–41.

-Perbal, Séverine, Josette Couillet, Philippe Azouvi, and Viviane Pouthas. "Relationships between Time Estimation, Memory, Attention, and Processing Speed in Patients with Severe Traumatic Brain Injury." Neuropsychologia 41, no. 12 (2003): 1599–1610.

485

-Pöppel, Ernst. "Time Perception." In Handbook of Sensory Physiology. Vol. 8, Perception, edited by R. Held, H. W. Leibowitz, and H. L. Teubner. Berlin: Springer-Verlag, 1978, 713–29.

-Pouthas, Viviane, and Séverine Perbal. "Time Perception Depends on Accurate Clock Mechanisms as Well as Unimpaired Attention and Memory Processes." Acta Neurobiologiae Experimentalis 64, no. 3 (2004): 367–85.

-Rammsayer, T. H. "Neuropharmacological Evidence for Different Timing Mechanisms in Humans." Quarterly Journal of Experimental Psychology. B, Comparative and Physiological Psychology 52, no. 3 (1999): 273–86.

-Roecklein, Jon E. The Concept of Time in Psychology: A Resource Book and Annotated Bibliography. Westport, CT: Greenwood Press, 2000.

-Sackett, Aaron M., Tom Meyvis, Leif D. Nelson, Benjamin A. Converse, and Anna L. Sackett. "You're Having Fun When Time Flies: The Hedonic Consequences of Subjective Time Progression." Psychological Science 21, no. 1 (2010): 111–17.

-Schirmer, Annett. "How Emotions Change Time." Frontiers in Integrative Neuroscience 5 (October 5, 2011): 1–6.

-Schuman, Howard, and Willard L. Rogers. "Cohorts, Chronology, and Collective Memory." Public Opinion Quarterly 68, no. 2 (2004): 217–54.

-Schuman, Howard, and Jacqueline Scott. "Generations and Collective Memories." American Sociological Review 54, no. 3 (1989): 359–81.

-Suddendorf, Thomas. "Mental Time Travel in Animals?" Trends in Cognitive Sciences 7, no. 9 (2003): 391–96.

-Suddendorf, Thomas, and Michael C. Corballis. "The Evolution of Foresight: What Is Mental Time Travel, and Is It Unique to Humans?" Behavioral and Brain Sciences 30, no. 3 (2007): 299–313; discussion 313–51.

-Swanton, Dale N., Cynthia M. Gooch, and Matthew S. Matell. "Averaging of Temporal Memories by Rats." Journal of Experimental Psychology 35, no. 3 (2009): 434–39.

-Tipples, Jason. "Time Flies When We Read Taboo Words." Psychonomic Bulletin and Review 17, no. 4 (2010): 563–68.

-Treisman, Michel. "The Information-Processing Model of Timing (Treisman, 1963): Its Sources and Further Development." Timing & Time Perception 1, no. 2 (2013): 131–58.

-Tuckman, Jacob. "Older Persons' Judgment of the Passage of Time over the Life-Span."

Geriatrics 20(February 1965): 136–40.

-Walker, James L. "Time Estimation and Total Subjective Time." Perceptual and Motor Skills 44, no. 2 (1977): 527–32.

-Wallach, Michael A., and Leonard R. Green. "On Age and the Subjective Speed of Time." Journal of Gerontology 16, no. 1 (1961): 71–74.

-Wearden, John H. "Applying the Scalar Timing Model to Human Time Psychology: Progress and Challenges." In Time and Mind II: Information Processing Perspectives, edited by Hede Helfrich. Cambridge, MA: Hogrefe & Huber, 2003, 21–29.

———. " 'Beyond the Fields We Know . . .': Exploring and Developing Scalar Timing Theory." Behavioural Processes 45 (April 1999): 3–21.

———. " 'From That Paradise . . .': The Golden Anniversary of Timing." Timing & Time Perception 1, no. 2 (2013): 127–30.

———. "Internal Clocks and the Representation of Time." In Time and Memory: Issues in Philosophy and Psychology, edited by Christoph Hoerl and Teresa McCormack. Oxford: Clarendon Press, 2001, 37–58.

———. "Origins and Development of Internal Clock Theories of Time," n.d. 1–39, https://www.keele.ac.uk/media/keeleuniversity/facnatsci/schpsych /weardenpublications/wearden_origins.pdf.

———. The Psychology of Time Perception. London: Palgrave Macmillan, 2016.

———. "Slowing Down an Internal Clock: Implications for Accounts of Performance on Four Timing Tasks." Quarterly Journal of Experimental Psychology 61, no. 2 (2008): 263–74.

-Wearden, John H., H. Edwards, M. Fakhri, and A. Percival. "Why 'Sounds Are Judged Longer than Lights': Application of a Model of the Internal Clock in Humans." Quarterly Journal of Experimental Psychology. B, Comparative and Physiological Psychology 51, no. 2 (1998): 97–120.

-Wearden, John H., and Luke A. Jones. "Is the Growth of Subjective Time in Humans a Linear or Nonlinear Function of Real Time?" Quarterly Journal of Experimental Psychology 60, no. 9 (2006): 1289–1302.

-Wearden, John H., and Helga Lejeune. "Scalar Properties in Human Timing: Conformity and Violations." Quarterly Journal of Experimental Psychology 61, no. 4 (2008): 569–87.

-Wearden, John H., and Bairbre McShane. "Interval Production as an Analogue of the Peak

Procedure: Evidence for Similarity of Human and Animal Timing Processes."
Quarterly Journal of Experimental Psychology 40, no. 4 (1988): 363–75.

-Wearden, John H., Roger Norton, Simon Martin, and Oliver Montford-Bebb. "Internal Clock Processes and the Filled-Duration Illusion." Journal of Experimental Psychology. Human Perception and Performance 33, no. 3 (2007): 716–29.

-Wearden, John H., and I. S. Penton-Voak. "Feeling the Heat: Body Temperature and the Rate of Subjective Time, Revisited." Quarterly Journal of Experimental Psychology. Section B: Comparative and Physiological Psychology 48, no. 2 (1995): 129–41.

-Wearden, John H., J. H. Smith-Spark, Rosanna Cousins, and N. M. J. Edelstyn. "Stimulus Timing by People with Parkinson's Disease." Brain and Cognition 67 (2008): 264–79.

-Wearden, John H., A. J. Wearden, and P. M. A. Rabbitt. "Age and IQ Effects on Stimulus and Response Timing." Journal of Experimental Psychology: Human Perception and Performance 23, no. 4 (1997): 962–79.

-Wiener, Martin, Christopher M. Magaro, and Matthew S. Matell. "Accurate Timing but Increased Impulsivity Following Excitotoxic Lesions of the Subthalamic Nucleus." Neuroscience Letters 440 (2008): 176–80.

-Wittmann, Marc, Olivia Carter, Felix Hasler, B. Rael Cahn, Ulrike Grimberg, Philipp Spring, Daniel Hell, Hans Flohr, and Franz X. Vollenweider. "Effects of Psilocybin on Time Perception and Temporal Control of Behaviour in Humans." Journal of Psychopharmacology 21, no. 1 (2007): 50–64.

-Wittmann, Marc, and Sandra Lehnhoff. "Age Effects in Perception of Time." Psychological Reports 97, no. 3 (2005): 921–35.

-Wittmann, Marc, David S. Leland, Jan Churan, and Martin P. Paulus. "Impaired Time Perception and Motor Timing in Stimulant-Dependent Subjects." Drug and Alcohol Dependence 90, no. 2–3 (2007): 183–92.

-Wittmann, Marc, Alan N. Simmons, Jennifer L. Aron, and Martin P. Paulus. "Accumulation of Neural Activity in the Posterior Insula Encodes the Passage of Time." Neuropsychologia 48, no. 10 (2010): 3110–20.

-Wittmann, Marc, and Virginie van Wassenhove. "The Experience of Time: Neural Mechanisms and the Interplay of Emotion, Cognition and Embodiment." Philosophical Transactions of the Royal Society of London. Series B, Biological Sciences 364, no. 1525 (2009): 1809–13.

-Wittmann, Marc, David S. Leland, Jan Churan, and Martin P. Paulus. "Impaired Time Perception and Motor Timing in Stimulant-Dependent Subjects." Drug and Alcohol Dependence 90, no. 2–3 (2007):183–92.

-Wittmann, Marc, Tanja Vollmer, Claudia Schweiger, and Wolfgang Hiddemann. "The Relation between the Experience of Time and Psychological Distress in Patients with Hematological Malignancies." Palliative & and Supportive Care 4, no. 4 (2006): 357–63.

489

찾아보기

492

495

WHY TIME FLIES :
A Mostly Scientific Investigation

Copyright© 2017 by Alan Burdick
Korean-language edition copyright (c) 2017 by XO books

이 책의 한국어판 저작권은 대니홍 에이전시를 통한
저작권사와의 독점 계약으로 엑스오북스에 있습니다.
저작권법에 의해 한국 내에서 보호를 받는 저작물이므로
무단전재와 복제를 금합니다.

시간은 왜 흘러가는가

초판 1쇄 발행   2017년 12월 10일

지은이 | 앨런 버딕
옮긴이 | 이영기
펴낸이 | 김태수
디자인 | 정다희
펴낸곳 | 엑스오북스
인쇄제본 | 정민문화사
출판등록 | 2012년 1월 16일(제25100-2012-11호)
주소 | 경북 김천시 개령면 서부1길 15-24
전화 | 02-2651-3400
E-mail | tskim10@naver.com

ISBN | 978-89-98266-22-6 03400

* 이 도서의 국립중앙도서관 출판예정도서목록(CIP)은 서지정보유통지원시스템 홈페이지
  (http://seoji.nl.go.kr)와 국가자료공동목록시스템(http://www.nl.go.kr/kolisnet)에서
  이용하실 수 있습니다. (CIP제어번호 : CIP2017026118)
* 잘못 만들어진 책은 구입하신 곳에서 바꾸어 드립니다.
* 값은 뒤표지에 있습니다.